中国科协三峡科技出版资助计划

滴灌
——随水施肥技术理论与实践

尹飞虎 等编著

中国科学技术出版社

·北京·

图书在版编目（CIP）数据

滴灌—随水施肥技术理论与实践 / 尹飞虎等编著 . —北京：中国科学技术出版社，2013.12

（中国科协三峡科技出版资助计划）

ISBN 978-7-5046-6490-7

Ⅰ. ①滴…　Ⅱ. ①尹…　Ⅲ. ①滴灌-施肥-研究　Ⅳ. ①S147.3

中国版本图书馆 CIP 数据核字（2013）第 287521 号

总　策　划　沈爱民　林初学　刘兴平　孙志禹	责任编辑　吕建华　史若晗
项目策划　杨书宣　赵崇海	责任校对　刘洪岩
出 版 人　苏　青	印刷监制　李春利
编辑组组长　吕建华　许 英　赵　晖	责任印制　李春利　张建农
策 划 编 辑　苏　青	

出　　版	中国科学技术出版社
发　　行	科学普及出版社发行部
地　　址	北京市海淀区中关村南大街 16 号
邮　　编	100081
发行电话	010-62103349
传　　真	010-62103166
网　　址	http://www.cspbooks.com.cn

开　　本	787mm×1092mm　1/16
字　　数	600 千字
印　　张	24
版　　次	2013 年 12 月第 1 版
印　　次	2013 年 12 月第 1 次印刷
印　　刷	北京华联印刷有限公司

书　　号	978-7-5046-6490-7/S·568
定　　价	108.00 元

（凡购买本社图书，如有缺页、倒页、脱页者，本社发行部负责调换）

《滴灌—随水施肥技术理论与实践》
编写人员

主　编：尹飞虎

编写人员：（按姓氏笔画排序）

尹飞虎　刘胜利　李　艳　何　梅

宋凤斌　陈远良　陈奇凌　陈海洲

林　海　周建伟　战　勇　柴付军

郭　斌　温浩军

总　序

　　科技是人类智慧的伟大结晶，创新是文明进步的不竭动力。当今世界，科技日益深入影响经济社会发展和人们日常生活，科技创新发展水平深刻反映着一个国家的综合国力和核心竞争力。面对新形势、新要求，我们必须牢牢把握新的科技革命和产业变革机遇，大力实施科教兴国战略和人才强国战略，全面提高自主创新能力。

　　科技著作是科研成果和自主创新能力的重要体现形式。纵观世界科技发展历史，高水平学术论著的出版常常成为科技进步和科技创新的重要里程碑。1543 年，哥白尼的《天体运行论》在他逝世前夕出版，标志着人类在宇宙认识论上的一次革命，新的科学思想得以传遍欧洲，科学革命的序幕由此拉开。1687 年，牛顿的代表作《自然哲学的数学原理》问世，在物理学、数学、天文学和哲学等领域产生巨大影响，标志着牛顿力学三大定律和万有引力定律的诞生。1789 年，拉瓦锡出版了他的划时代名著《化学纲要》，为使化学确立为一门真正独立的学科奠定了基础，标志着化学新纪元的开端。1873 年，麦克斯韦出版的《论电和磁》标志着电磁场理论的创立，该理论将电学、磁学、光学统一起来，成为 19 世纪物理学发展的最光辉成果。

　　这些伟大的学术论著凝聚着科学巨匠们的伟大科学思想，标志着不同时代科学技术的革命性进展，成为支撑相应学科发展宽厚、坚实的奠基石。放眼全球，科技论著的出版数量和质量，集中体现了各国科技工作者的原始创新能力，一个国家但凡拥有强大的自主创新能力，无一例外也反映到其出版的科技论著数量、质量和影响力上。出版高水平、高质量的学术著作，成为科技工作者的奋斗目标和出版工作者的不懈追求。

中国科学技术协会是中国科技工作者的群众组织，是党和政府联系科技工作者的桥梁和纽带，在组织开展学术交流、科学普及、人才举荐、决策咨询等方面，具有独特的学科智力优势和组织网络优势。中国长江三峡集团公司是中国特大型国有独资企业，是推动我国经济发展、社会进步、民生改善、科技创新和国家安全的重要力量。2011 年 12 月，中国科学技术协会和中国长江三峡集团公司签订战略合作协议，联合设立"中国科协三峡科技出版资助计划"，资助全国从事基础研究、应用基础研究或技术开发、改造和产品研发的科技工作者出版高水平的科技学术著作，并向 45 岁以下青年科技工作者、中国青年科技奖获得者和全国百篇优秀博士论文获得者倾斜，重点资助科技人员出版首部学术专著。

我由衷地希望，"中国科协三峡科技出版资助计划"的实施，对更好地聚集原创科研成果，推动国家科技创新和学科发展，促进科技工作者学术成长，繁荣科技出版，打造中国科学技术出版社学术出版品牌，产生积极的、重要的作用。

是为序。

中国长江三峡集团公司董事长

曹广晶

2013 年 12 月

序言 1

我爱新疆，它占祖国国土面积的 1/6；我爱新疆的各族人民，他（她）们以全国约 1/60 的人口经营着全国约 1/6 的国土；我爱新疆的兵团人，他们在十分艰苦的条件下，屯垦戍边，开拓奋进不断创造着奇迹，膜下滴灌的集成创新与推广，便是惊人的奇迹！我有幸见证了这一历史过程。

滴灌，特别是膜下滴灌，被认为是比较先进的能够实现科学用水、节约用水、高效用水的灌溉技术，1995—1998 年期间，新疆生产建设兵团第八师吴磊等老同志发起，在炮台试验站对引进的滴灌技术开展了可行性试验，1997—2000 年，由新疆天业集团对滴灌器材进行国产化生产及田间示范，在集成创新成就的推动下，有效地验证膜下滴灌在旱区田间应用的适应性、可靠性、经济可行性以及基本的技术方法。并从 2000 年开始先在第八师，进而在全兵团和自治区迅速推广，与此同时，兵团组织各方面力量对膜下滴灌及相应的棉花等受灌作物、栽培技术和土壤改良等，开展了比较全面的理论研究与技术方法再创新。

新疆生产建设兵团农垦科学院也开展了相应的研究，并开展了系列培训活动，使膜下滴灌在保证技术先进、运行可靠的条件下得到迅速推广。目前，不同型式的滴灌技术已经推广到包括新疆在内的陕西、内蒙古、甘肃、宁夏、河北、河南、山东、辽宁、吉林、黑龙江、广东、广西、云南、贵州等省、自治区，推广面积在 6000 万亩以上，在新疆就有 3000 万亩。由兵团自主研发、引进创新、推广集成的膜下滴灌，已在中华大地迅速推广！

农垦科学院研究员尹飞虎等兵团领导及科学家，不仅开展对膜下滴灌中出现的科技问题的研究，而且还编辑教材在不同省区组织培训，即将出版的这本书便是利用他们的培训教材充实编写的。本书的最大特点是理论结合实际！实用性强而又富于创新，特别值得重视的是随水施肥！

滴灌—随水施肥技术可被看作是最先进、最高效的灌水施肥一体化技术，它利用本来用于灌水的滴灌系统兼作施肥之用，以最经济、最有效的方式供给作物所需的养分，并随水一并进入作物有效根域范围之内，实现对作物供给的水分和养分及作物个体和群体的有效调控。在不大量增加设施投入的情况下，同时满足灌水和施肥双重需要，新疆农垦科学院长期致力于农田水肥资源高效利用关键技术的研究与应用，尤其着力滴灌—随水施肥技术体系的研究与示范推广，因地制宜的确立了我国西北、华北和东北地区滴灌—随水施肥技术模式。

在上述大量研究和试验、示范、推广、培训工作的基础上，以农垦科学院为主体的专家学者们在尹飞虎研究员的带领下，又编著了《滴灌—随水施肥技术理论与实践》这是十分有益应予庆贺的大好事，我由衷地祝愿该书早日出版。

中国工程院院士
长安大学教授

2013 年 10 月 16 日

序言 2

当今世界水资源日趋紧张，正逐渐成为人类和社会发展的制约因素，节约用水已成为世人关注的焦点。我国是农业大国，农业用水约占总用水量的 70%，其中灌溉用水约占 90%，然而，目前灌溉水利用率约为 50%，灌溉水生产率不足 $1.0kg/m^3$，远低于发达国家的水平。因此，发展节水农业显得尤为重要。

农田水肥一体化管理是建立高产、优质、高效、生态、安全农业技术体系的最重要的措施之一。但目前农业生产中普遍存在水肥失调，施用的肥料种类、养分配方和施肥方法不合理等现象，致使施用肥料后达不到预期的效果，有的甚至造成危害，可谓是既增加了成本又影响了产量，降低了经济效益。因此，运用水肥一体化管理手段，提高肥料利用效率，充分发挥肥料的增产增效作用，对于促进农业可持续发展意义重大。

针对上述问题，新疆农垦科学院在寻求农田灌溉中最节水的精确灌溉技术以及与之相配套的精确施肥技术方面，开展了比较系统的理论和结合实际的研究、示范、应用、推广工作，构建并提出了滴灌条件下随水施肥技术体系，为水肥高效利用研究增添了新内容，开拓了新领域。在此基础上进一步开展改进与完善滴灌技术和随水施肥技术，以提高滴灌条件下随水施肥技术对不同区域、不司生态环境条件的适应能力，为农业高产、稳产、优质、高效生产创造条件，具有重要的理论意义和实践价值。

作者在准确把握精确灌溉与精确施肥的发展趋势、归纳总结前人研究成果的基础上，通过对 20 余项与高效节水灌溉和肥料高效利用密切相关的国家重大、重点项目的研究，取得了重要的科学结论与显著的应用效果，形成了独特见解，编著了《滴灌—随水施肥技术理论与实践》一书。书中重点介绍了我国水资源及节水灌溉状况、滴灌工程规划设计、滴灌随水施肥技术原理与应用以及棉花、玉米等 10 余种作物滴灌水肥高效利用高产栽培技术。在形成滴灌工程规划设计完整解决方案及滴灌—随水施肥技术原理的基础上，研发并大面积应用主要作物滴灌—随水施肥技术体系，对于我国节水增粮行动具有实际指导意义。

本书内容丰富、科学性强、理论联系实际，是一部具有明显技术创新特点的著作，可为农业水肥资源高效利用提供科学依据和技术指导。我特向广大节水农业与水肥高效利用研究和实践者推荐此书。

中国工程院院士
中国农业工程学会副理事长
中国农业节水与农村供水技术协会副会长

2013 年 9 月 26 日

前　言

　　农业是我国的用水大户，其用水量占全社会总用水量的 70% 以上，但其平均利用率只有 50% 左右。随着我国经济社会的进一步发展，水资源的战略性地位日渐重要，发展节水农业已经成为缓解我国水资源紧缺矛盾的战略选择。"九五"计划实施以来，国家多次强调要"大力发展节水农业和大力普及节水灌溉技术"、"大幅度提高水的利用率，努力扩大有效灌溉面积"。2011 年，中央以 1 号文印发了《关于加快水利改革发展的决定》，全面部署了今后 10 年水利改革发展的目标任务和政策举措。要求华北、西北地区要大力推广农业高效节水，强化农业节水。把节水灌溉作为发展现代农业的一项根本性措施和重大战略来抓，要因地制宜大力推广渠道防渗、管道输水、微灌、喷灌、滴灌等节水灌溉技术，推动农业节水增效技术的综合集成和规模化、产业化发展，争取 5 年内新增高效节水灌溉面积 5000 万亩，全国农田灌溉水有效利用系数达到 0.53 以上。到 2020 年，农田灌溉水有效利用系数提高到 0.55 以上。这些目标和举措，足以表明我国政府已把节水灌溉提到了战略的高度。

　　目前的农业节水灌溉已由采用渠系防渗、间歇灌溉、覆盖保墒等简单的工程和农艺节水发展到了现阶段的较先进的喷滴灌、渗灌等节水灌溉方式。实践证明：这些节水灌溉方式都有着较好的节水效果。但目前世界上最先进、节水效果最明显、比较适合于大田农作物的节水灌溉方式是滴灌，一般节水在 50% 以上。滴灌技术主要是利用管道系统将灌溉水缓慢地、定量地均匀滴入作物根系最发达的区域，使作物根系主要活动区的土壤始终保持在最优含水状态的节水灌溉技术。它能将作物生长所需的水分和各种养分适时适量地输送到作物根部附近的土壤，具有显著的节水、增产效果。

随水施肥是滴灌的配套技术，也可以说是支撑技术，它的优点具体表现在：第一，滴灌田间铺设了管网后，机车施肥作业困难，作物中后期易脱肥，特别是保水保肥较差的土壤，采用随水施肥是最好的弥补方式；第二，滴灌随水施肥可根据作物需求、土壤养分供给状况，定时定量将肥料施入作物根区，精准度高，损失少，肥料利用率高，以实现节本增效、总体推进节水灌溉的发展。

滴灌随水施肥技术是当今世界公认的最先进、最高效的水肥一体化技术之一。它是利用滴灌设施以最经济有效的方式供给作物所需的养分、水分，并使其限定在作物有效根域范围内，实现对供给的水分和养分及作物个体和群体的有效调控，旨在作物的不同生育阶段将所需的不同养分和水，分多次小量供给，肥水均匀的浸润在特定区域的耕层内，满足作物生长发育的需要，达到高产高效的目的。

以解决区域农业发展过程中共性、关键技术为工作重点的新疆农垦科学院，历时十几年，深入开展了滴灌—随水施肥技术研究、应用、示范、推广工作，而且具有较强的系统性和理论结合实际的特点，构建并提出了滴灌—随水施肥技术体系，为水肥高效利用研究增添了新内容，开拓了新领域。特别是结合科技部"863"计划：北方干旱内陆河灌区节水农业综合技术集成与示范（2002AA6Z3201）及新疆干旱区现代节水农业技术研究与集成（2006AA100218）、科技部攻关计划：棉花喷滴灌专用肥的研究与示范（2001BA901A23）、科技部成果转化资金：地膜棉花高效微滴灌专用肥中试（02EFN216510664）、科技部星火计划：年产3万吨微滴灌固态复合肥产业化建设（2001EA891011）、国家科技支撑计划项目课题：天山北坡滴灌条件下粮食作物高效生产关键技术集成与示范（2012BAD42B00）、农业部跨越计划：微滴灌高效故态复合肥的中试示范（2001-16）、农业部公益性行业（农业）科研专项：北方旱作农业滴灌节水关键技术研究与示范（201203012）、国家发改委高技术产业化项目：年产8万吨微滴灌固态复合肥产业化示范工程（发改高技［2003］1933号）等20余项国家重大、重点项目的实施，进一步改进与完善了滴灌—随水施肥技术，大大提高了该项技术对不同区域、不同生态环境条件的适应能力，在实现水肥资源高效利用的同时，可彻底解决水分与养分缺乏对作物生育和产量形成的限制作用，增产20%以上。该项技术适应的区域范围之广、作物种类之多、节水节肥与增产增收效果之显著以及各级政府和农民的接受程度，在当前的农业实用技术之中实属少见。而且，该项技术更为中国的周边国家，尤其为东亚几个国家如吉尔吉斯斯坦、塔吉克斯坦等所青睐。

本书由作者在多年理论研究与实践应用的基础上，经过全面认真总结、科学提练而成。全书共分十三章，系统介绍了我国水资源状况、我国节水灌溉状况，科学精解了滴灌工程规划设计、滴灌随水施肥技术原理与应用，重点阐述了棉花、玉米、小麦等10余种经济和粮食作物、特色水果、油料作物的滴灌节水高产高效栽培及田间机械化作业技术。本书在形成滴灌工程规划设计完整解决方案及滴灌随水施肥技术原理的基础上，研发并大面积推广应用主要作物滴灌随水施肥技术体系，对于我国节水增粮行动具有实际指导意义。

本书参照大专院校教科书的内容形式组织编辑，全书内容丰富、观点鲜明、图文并茂、系统性强，可读性极强。可作为大专院校节水领域的专门教材及参考书，更可为广大从事节水与节肥及水肥资源高效利用的科技工作者提供重要参考，而且最适合作为滴灌—随水施肥技术培训教材。

本书在付梓之际，承蒙李佩成、康绍忠两位院士作序以及在研究过程中给予的指导，农业部农垦局在技术的应用与推广方面给予的大力支持，陈云、池静波及团队人员在研究过程中付出的艰辛以及中国科学技术出版社苏青社长的倾力支持，作者对此一并表示衷心感谢！

本书由尹飞虎统筹编写，书中各章作者如下：

第一章宋凤斌编写；第二、四章尹飞虎编写；第三章柴付军编写；第五章周建伟编写；第六章郭斌编写；第七章林海编写；第八章战勇、刘胜利编写；第九、十章李艳编写；第十一章陈奇凌编写；第十二章陈远良、何梅、陈海洲编写；第十三章温浩军编写。本书稿虽然经过多次讨论和反复修改，仍难免存在一些不妥之处，为使其更臻完善，敬请读者多加指正。

最后，希望《滴灌—随水施肥技术理论与实践》一书的出版能够为发展节水农业和水肥资源高效利用提供科学依据，为滴灌—随水施肥技术研究、教学与培训提供参考，为国家节水增粮行动提供技术支撑。

2013 年 12 月

目　录

总　论

分　论

总　　论

第一章 中国水资源总体状况

第一节 水资源数量与质量

一、水资源总量不足

中国是一个水资源短缺的国家，年降水总量约为 6.2 万亿 m^3，多年平均地表水资源量为 2.7 万亿 m^3，地下水资源量为 0.83 万亿 m^3，扣除重复计算量 0.73 万亿 m^3，水资源总量并不丰富，约为 2.8 万亿 m^3（表 1-1），占全球水资源的 6%，水资源供需矛盾突出，全国年平均缺水量 500 多亿 m^3。20 世纪末，全国 600 多座城市中有 400 多个城市存在供水不足问题，其中比较严重的缺水城市达 110 个，全国城市缺水总量为 60 亿 m^3。全国每年因缺水而影响的经济损失约达 1200 亿元。

表 1-1 中国水资源总量统计结果[2-3]

分 区	计算面积（km^2）	年降水量		年河川径流		年地下水（亿 m^3）	年水资源总量（亿 m^3）
		总量（亿 m^3）	深（mm）	总量（亿 m^3）	深（mm）		
黑龙江流域片（中国境内）	903418	4476	496	1166	129	431	1352
辽河流域片	345027	1901	551	487	141	194	577

据水利部预测，在 2030 年中国人口将达到 16 亿时，中国人均水资源量将仅有 1750m^3。在充分考虑节水情况下，预计用水总量为 7000 亿～8000 亿 m^3，要求供水能力比现在增长 1300 亿～2300 亿 m^3，全国实际可利用水资源量接近合理利用水量上限，水资源开发难度极大[1-3]。

续表

分 区	计算面积（km²）	年降水量		年河川径流		年地下水（亿 m³）	年水资源总量（亿 m³）
		总量（亿 m³）	深（mm）	总量（亿 m³）	深（mm）		
海滦河流域片	318161	1781	560	288	91	265	421
黄河流域片	794712	3691	164	661	83	406	744
淮河流域片	329211	2803	860	741	225	393	961
长江流域片	1808500	19360	1071	9513	526	2464	9613
珠江流域片	58041	8967	1554	4685	807	1115	4708
浙闽台诸河片	2398038	4216	1758	2557	1066	613	2592
西南诸河片	851406	9346	1098	5853	688	1544	5853
内陆诸河片	3321713	5113	154	1064	32	820	1200
额尔齐斯河片	52730	208	395	100	190	43	103
全　国	9545322	61889	648	27115	284	8288	28124

二、水资源人均占有量少

在世界主要国家中，中国河川径流量仅次于巴西、苏联、加拿大、美国和印度尼西亚，居世界第六位。人均占有水资源量仅 2100 m³，人均淡水资源仅为世界平均水平的 1/4、美国淡水资源的 1/5，人均水资源量在世界银行统计的 153 个国家中非在第 121 位（表 1-2），是全球 13 个人均水资源最贫乏的国家之一[2-4]。

表 1-2　世界各主要国家年径流量、人均和单位面积耕地占有量[3]

国家	年径流量（亿 m³）	单位国土面积产水量（万 m³/km²）	人口（亿）	人均占有水量（m³/人）	耕地（10⁸ m²）	单位耕地面积水量（m³/100m²）
巴西	69500	81.5	1.49	46808	32.3	215170
苏联	54660	24.5	2.80	19521	226.7	24111
加拿大	29010	29.3	0.28	103607	43.6	66536
中国	27115	28.4	11.54	2350	97.3	27867
印尼	25300	132.8	1.83	13825	14.2	178169
美国	24780	26.4	2.50	9912	189.3	13090
印度	20850	60.2	8.50	2464	164.7	12662
日本	5470	147.0	1.24	4411	4.33	126328
全世界	468000	31.4	52.94	8840	1326.0	35294

与世界主要国家相比，中国水资源总量是可观的，但是由于人口众多，导致人均水资源量远远低于上述主要国家，也大大低于全世界的平均水平。如果从单位耕地面积水量来看，也远远低于世界的平均水平，中国仅用占全球9%的耕地和8%的淡水资源支撑全球22%的人口，基本实现了粮食生产供需平衡、丰年有余，从中可以看出中国的水土资源稀缺。应该特别强调，由于中国国土辽阔，各地区之间自然条件存在很大差异，导致水资源丰富程度出现显著差别。

三、水资源质量堪忧

1. 地表水资源质量状况

多年来，中国水资源质量不断下降，水环境持续恶化。由于污染所导致的缺水和事故不断发生，有时不仅使工厂停产、农业减产甚至绝收，同时也造成了不良的社会影响和较大的经济损失，严重地威胁了社会的可持续发展及人类的生存。为了加强水资源管理，提高人们的环境意识，引起政府和更多民众关注环境，中国在每年6月5日"世界环境日"前夕均发表《中国环境公报》，其中水环境作为重要的组成部分予以公布[2-3,5-7]。

全国2222个监测站监测结果统计表明，中国七大水系均存在不同程度的污染，按污染程度大小进行排序，其结果为：辽河、海河、淮河、黄河、松花江、长江，其中，辽河、海河、淮河污染最重。综合考虑中国地表水资源质量现状，符合《地面水环境质量标准》的Ⅰ、Ⅱ类标准的只占32.2%（河段统计），符合Ⅲ类标准的占28.9%，属于Ⅳ、Ⅴ类标准的占38.9%，如果将Ⅲ类标准也作为污染统计，则中国河流长度有67.8%被污染，约占监测河流长度的2/3，可见中国地表水资源污染非常严重[2-3,5-7]（表1-3）。

表1-3　中国地表水污染状况[3]

水系	符合Ⅰ、Ⅱ类标准占监测河段长比例（%）	符合Ⅲ类标准占监测河段长比例（%）	符合Ⅳ、Ⅴ类标准占监测河段长比例（%）	主要污染参数	综合评价
长江	38.8	33.7	27.5	氨氮、高锰酸钾指数、挥发酚	干流水质好，岸边污染严重
黄河	8.2	26.4	65.4	氨氮、高锰酸钾指数、生化需氧量、挥发酚	水质污染日趋严重，并随水量减少和沿岸污染物增加加重，1996年断流136天

续表

水系	符合Ⅰ、Ⅱ类标准占监测河段长比例（%）	符合Ⅲ类标准占监测河段长比例（%）	符合Ⅳ、Ⅴ类标准占监测河段长比例（%）	主要污染参数	综合评价
珠江	49.5	31.2	19.3	氨氮、高锰酸钾指数、砷化物	水质总体较好，部分支流河段受到污染
松辽	2.9	24.3	72.8	氨氮、高锰酸钾指数、挥发酚	水系污染严重
海河	39.7	19.2	41.1	氨氮、高锰酸钾指数、生化需氧量、挥发酚	污染一直严重，部分重要地面水源地已受污染或受污染威胁
浙闽	40.7	31.8	27.5	氨氮	水质较好，少数河段受到污染
内陆河	63.5	25.4	11.1		水质较好，部分河段的总硬度和氯化物偏高
七大水系	32.2	28.9	38.9		同往年相比，水质状况没有好转，污染加剧，范围扩大

2. 地下水资源质量状况

中国地表水资源污染严重，地下水资源污染也不容乐观。"八五"期间水利部组织有关部门完成了《中国水资源质量评价》，其结果表明，中国北方五省区和海河流域地下水资源，无论是农村（包括牧区）还是城市，浅层水或深层水均遭到不同程度的污染，局部地区（主要是城市周围、排污河两侧及污水灌区）和部分城市的地下水污染比较严重，污染呈上升趋势（金传良等，1996）。

具体而言，根据北方五省区（新疆、甘肃、青海、宁夏、内蒙古）地下水监测井点的水质资料，按照《地下水质量标准》（GB/T14848-93）进行评价，结果表玥，在69个城市中，Ⅰ类水质的城市不存在，Ⅱ类水质的城市只有10个，只占14.5%；Ⅲ类水质城市有22个，占31.9%；Ⅳ、Ⅵ类水质的城市有37个，占评价城市总数的53.6%，即1/2以上的城市地下水污染严重。至于海河流域地下水污染更是令人触目惊心，2015眼地下水监测井点的水质监测资料表明，符合Ⅰ至Ⅲ类水质标准仅有443眼，占评价总数的22.0%，符合Ⅳ和Ⅵ类水质标准的有880眼和629眼，分别占评价总井数的43.7%和34.3%，即有78%的地下水遭到污染；如果用饮用水卫生标准进行评价，在评价的总井数中，仅有328眼井水质符合生活标准，只占评价总数的31.2%，另外 2/3 以上的监测井水质不符合生活饮用卫生标准。总之，中国水环境总的态势是局部有所好转，整体持续恶化，形势十分严峻，前景令人担忧。

第二节 水资源时空分布

一、水资源分布不均衡

中国水资源分布不均衡，长江流域及其以南的珠江流域、浙闽台诸河、西南诸河等流域，国土面积、耕地和人口分别占全国的 36.5%、36% 和 54.4%，但水资源总量却占全国的 81%，人均水量为全国平均水平的 1.6 倍，亩均占有量是全国平均值的 2.3 倍；辽河、海滦河、黄河、淮河流域面积为全国的 18.7%（相当于南方的一半），水资源总量却只为南方 4 片的 10%；北方耕地占全国的 45.2%，人口占全国的 38.4%，水资源总量更少，特别是海滦河流域尤为明显，人均占有水量为全国平均水平的 16%，亩均为全国平均水平的 14%。水资源这种不均衡分布，严重制约了国民经济的健康发展，调水已成为经济和政治的热门话题（表 1-4）。

表 1-4 中国水资源分布与人口、耕地分布的关系[3]

流　域	河川年径流（亿 m³）	人口（万人）	耕地（万亩）	人均水量（m³/人）	亩均水量（m³/亩）
松花江	742	5112	15662	1451	474
辽　河	148	3400	6643	435	223
海滦河	288	10987	16953	262	170
黄　河	661	9233	18244	716	362
淮　河	622	14169	18453	439	337
长　江	9513	37972	35171	2505	2705
珠　江	3360	8202	7032	4097	4778
（1）黄、淮、海、辽	1729	37789	60293	455	285
（2）长江、珠江	12873	46174	42203	2788	3050
（1）／（2）（%）	13.4	82	143	16.3	9.3

二、水资源分布不协调

1. 水资源与人口分布不协调

1993 年国际人口行动提出的《持续水—人口和可更新水的供给前景》报告认为：

区域人均水资源量少于 1700m³ 将出现用水紧张现象；少于 1000m³ 将面临缺水；少于 500m³ 则严重缺水。按此标准，则中国有 8 个省级区面临缺水或严重缺水，4 个省级区用水紧张（过境水大的省市区除外）。全国人均水资源占有量低于全国平均水平的省级区有 18 个，且基本都在中国北方地区。如若按上述标准，则全国目前有 4.3 亿人口面临缺水，其中 3.9 亿人口面临严重缺水。

2. 水资源与生产力布局不协调

中国东、中、西三大经济地带 GDP 比例为 58∶28∶14，水资源的构成为 27∶25∶48。北方片 GDP 和工业总产值占全国的 45%，而水资源不到 20%；黄淮海地区 GDP 和工业总产值约占全国的 1/3，而水资源仅占 7.7%；西南诸河流域片，水资源占全国的 21.3%，但 GDP 和工业总产值仅为全国的 0.7% 和 0.4%。由此可见，中国水资源与生产力布局不协调[8-9]（表 1-5）。

表 1-5　中国省市区水资源与人口、GDP、耕地和矿产资源价值分布状况[10-15]

省 （直辖市、自治区）	水资源总量	单位面积水资源量	人口		GDP		耕地面积		45 种潜在资源价值	
	亿 m³	万 m³/（km²）	总量（万人）	人均占有水资源量（m³）	总量（亿元）	百元占有水资源量（m³）	总量（万 hm²）	每 hm² 占有水资源量（m³）	价值量（亿元）	百元占有水资源量（m³）
北京	40.8	24.4	1240	329	1810	2.3	34.4	11865	160.1	25.5
天津	14.6	12.6	953	153	1240	1.2	48.6	3000	121.6	12.0
河北	236.9	12.6	6525	363	3954	6.0	688.3	3435	2198.3	10.8
山西	143.5	9.2	3141	457	1480	9.7	458.9	3135	11529.2	1.2
内蒙古	506.7	4.3	2326	2178	1095	46.3	820.1	6180	5035.6	10.1
辽宁	363.2	24.6	4138	878	3490	10.4	417.5	8700	2436.6	14.9
吉林	390.0	20.8	2628	1484	1447	27.0	557.8	6990	492.1	79.3
黑龙江	775.8	17.1	3751	2068	2708	28.6	1177.3	6585	2194.4	35.4
上海	26.9	42.2	1457	185	3360	0.8	31.5	8535	3.5	768.6
江苏	325.4	31.7	7148	455	6680	4.9	506.2	6435	401.8	81.0
浙江	897.1	88.1	4435	2023	4638	19.3	212.5	42210	55.7	1610.6
安徽	676.8	52.1	6127	1105	2670	25.3	597.2	11340	1998.5	33.9
福建	1168.7	96.3	3282	3561	3000	39.0	143.5	81465	116.1	1006.6
江西	1422.4	85.2	4150	3428	1715	82.9	299.3	47520	595.6	238.8
山东	335.0	21.4	8785	381	6650	5.0	768.9	4350	2374.5	14.1
河南	407.7	24.4	9243	441	4079	10.0	811.0	5025	2179.1	18.7

续表

省 （直辖市、 自治区）	水资源 总量 亿 m³	单位面积 水资源量 万 m³/ （km²）	人口		GDP		耕地面积		45 种潜在资源价值	
			总量 （万人）	人均占有 水资源量 （m³）	总量 （亿元）	百元占有 水资源量 （m³）	总量 （万hm²）	每 hm²占有 水资源量 （m³）	价值量 （亿元）	百元占有水 资源量 （m³）
湖北	981.2	52.8	5873	1671	3450	28.4	495.0	19830	388.7	252.4
湖南	1626.6	76.8	6465	2516	2993	54.3	395.3	41145	1249.8	130.1
广东	1817.7	102.2	7051	2578	7316	24.8	327.2	55545	459.0	396.0
广西	1880.0	79.4	4633	4058	2015	93.3	440.7	42660	488.4	384.9
海南	316.4	93.2	743	4258	410	77.2	76.2	41520	87.5	361.6
四川	3133.8	55.0	11472	2732	4670	67.1	916.9	34185	13239.4	23.7
贵州	1035.0	58.8	3606	2870	793	130.5	490.3	21105	1736.9	59.6
云南	2221.0	56.4	4094	5425	1644	135.1	642.2	34590	2648.7	83.9
西藏	4482.0	36.5	248	180726	77	5820.8	36.3	1236075	43.6	10279.8
陕西	441.9	21.5	3570	1238	1326	33.3	514.0	8595	1443.5	30.6
甘肃	274.3	6.0	2494	1100	781	35.1	502.5	5460	1048.1	26.2
青海	626.2	8.7	496	12625	202	310.0	68.8	91020	748.2	83.7
宁夏	9.9	1.9	530	187	211	4.7	126.9	780	802.3	1.2
新疆	882.8	5.3	1718	5139	1050	84.1	398.6	22155	1012.3	87.2
合计	27460	29.3	123626	2221	76954	35.7	13003.9	21120	57289.0	47.9

注：四川省含重庆市。

3. 水资源与耕地资源分布不协调

中国耕地和灌溉面积主要分布在北方，分别占全国的 65% 和 59%，而中国北方地区水资源量只占全国的 1/3。南方地区耕地每公顷水资源量为 49065m³，而北方地区只有 6315m³，前者是后者的 7.8 倍。在全国耕地每公顷水资源量不足 7500m³ 的 11 个省市区中，北方地区占了 10 个。耕地每公顷水资源占有量超过 30000m³ 的 11 个省区中，北方地区仅有青海省 1 个。此外，中国约有 19.95 亿亩可耕后备荒地，也主要集中在中国北方地区。由此可以看出，中国水资源与耕地资源分布严重不协调[8]。

4. 水资源空间分布与生态需水不相协调

中国国土辽阔，降水和蒸发在不同地域变化较大，生态环境空间特征差异明显，单位面积水资源产水量严重不平衡。全国单位面积产水量平均为 29.3 万 m^3/km^2，但全国有 15 个省级行政区低于平均值，且都在干旱、半干旱的北方地区。这些地区生态环境建设和保护对水资源的需求较大，而这些地区水资源又相对不足。这种水资源空间分布对中国区域发展产生了不利的影响[8]。

第三节　西北地区水资源

一、水资源及其变化态势

参照陈志恺、王浩、汪党献执笔的"西北地区水资源及其供需发展趋势分析"，西北地区包括中国西北地区的内陆河流域（包括新疆国际河流）和黄河流域，西起新疆帕米尔高原国境线，东至内蒙古锡林郭勒盟与兴安盟交界处，北到中国与蒙古人民共和国国境线，南至长江黄河分水岭。包括新疆、宁夏的全部，属于黄河流域和内陆河流域的有内蒙古、青海、甘肃、陕西等省（自治区）[10-11,16]。

根据水利部有关部门评价成果，西北地区年降水资源量为 6934 亿 m^3，折合降雨量 201mm，形成河川径流量 1441 亿 m^3，地下水资源量 1067 亿 m^3。扣除地表水与地下水重复量 874 亿 m^3 后，西北地区多年平均水资源总量为 1635 亿 m^3，其中黄河西北片为 533 亿 m^3，内陆河流域为 1102 亿 m^3。内陆河流域有 6 条出入国境的河流，集中在新疆，多年平均出境水量 240 亿 m^3，入境水量 88 亿 m^3。扣除出境水量，加上入境水量，现状条件下西北地区全区可被经济社会和生态环境系统所利用的总水资源量为 1484 亿 m^3，其中黄河西北片为 533 亿 m^3，西北内陆河流域为 951 亿 m^3[8]。

西北地区基本上为干旱、半干旱地区，人类活动和生态系统均依赖于径流性水资源，有限的径流性水资源既要支撑经济社会发展，还要支持生态环境的稳定。尽管现在西北地区全区综合人均水资源量比较高，但考虑到干旱区生态环境对水资源的要求后，西北地区水资源紧张程度仍然比较突出。

由于有冰川和融雪补给，西北地区年际径流量相对稳定。但区域分布和年内时段分配很不均匀，致使干旱季节用水与来水矛盾大，这正是西北地区水资源调控的主要任务之一。西北地区降水、地表水与地下水转化关系复杂，且生态环境对水资源的依存度高。因而，西北地区水资源的开发利用应充分注意地表水与地下水合理调配，特别要注意地下水的合理利用。

二、水资源的开发利用

2000 年西北地区供水总量已达到 871 亿 m³，其中西北内陆河流域为 578 亿 m³，黄河西北片为 293 亿 m³。水资源利用率（供水量和水资源总量的比值），全区综合为 53.3%，其中黄河西北片为 55.0%，内陆河流域为 52.5%。总体看，水资源开发利用程度尚不算高，但甘肃河西走廊的开发利用率已达到 92%，其中石羊河为 154%、黑河为 112%（主要是水资源的重复利用和超采了地下水）、新疆的塔里木河为 79%、准噶尔盆地为 80%。调查和研究发现，区内凡是水资源利用率高于 70% 的河流，生态环境问题均十分突出。因此，可以认为西北地区水资源利用率应控制在 70% 以内为宜。

2000 年西北地区总用水量基本和供水量一致，其中生活用水量 40 亿 m³，工业用水量 53 亿 m³，农业用水量 778 亿 m³。因农业用水比重大，全区综合人均用水量高达 949m³。其中，黄河西北片为 459m³，内陆河流域高达 2047m³，在全国居首位，但每立方米水 GDP 产出很低，仅 3.4 元，居全国末位，此种高消耗、低产出的开发模式亟待调整。

全区经济社会系统耗水总量为 547 亿 m³，其中黄河西北片为 158 亿 m³，西北内陆河流域 389 亿 m³。在耗水总量中农林牧渔耗水量占 91.8%。根据水资源量分区平衡计算，内陆河流域现状生态耗水总量为 466 亿 m³，其中天然绿洲生态耗水为 318 亿 m³，人工生态用水 148 亿 m³，灌区内部盐碱地以及有明确耗水迹象的原生盐碱地无效耗水 33 亿 m³。初步估算，黄河西北片现状生态耗水总量为 38 亿 m³，其中水土保持耗水量 16 亿 m³，灌区水域耗水量 15 亿 m³，闭流区耗水量 7 亿 m³。随着退耕还林还草，小流域治理，淤地坝的发展，拦蓄水沙能力的提高，耗用水量将会增大。

西北地区经济社会系统耗水量占水资源可利用量的综合比值为 37%，其中黄河西北片为 30%，西北内陆片为 50%。但各分区的比值在地域上分布很不平衡，超过 50% 的地区有：新疆的艾比湖流域（53%）、天山北麓中段诸小河（67%）、天山北麓东段诸小河（58%）、吐哈盆地（64%）、阿克苏河流域（57%）、渭干河流域（59%）、叶尔羌河流域（62%）、喀什噶尔河流域（69%），甘肃的黑河流域（56%）和石羊河流域（108%）等。从这些地区可以看出，凡是经济社会系统耗水量超过 50% 的地区，均会出现严重或十分严重的生态环境问题。为此，对于西北内陆河流域，经济社会系统耗用的水资源应控制在 50% 以内，也即，西北内陆区一定要保证生态环境的耗水不低于水资源总量的 50%[17]。

三、经济社会发展对水资源的要求[18]

西北地区灌溉农业特征明显，土地的合理、高效、科学利用是西北农业开发的基本前提。这包括现有耕地和灌溉面积的结构性调整、以节水为核心的灌区改造以及在水资源丰富和土地资源适宜地区发展少量新的灌溉面积。新发展的灌溉面积应遵循"宜农则农、宜林则林、宜草则草"原则和执行"退耕还林还草"的国家政策。结合水土资源条件、农业结构调整、节水高效农业发展的要求等诸多因素，预测西北地区灌溉面积总的规模应控制在1.5亿亩左右，预计在2030年以前可开发完毕，全区尚有约1455万亩灌溉面积的发展潜力，主要为灌溉林草面积以及现有灌溉面积的挖潜改造。

根据经济社会发展的要求，在充分考虑节约用水和科学高效用水的前提下，西北地区经济社会系统的需水高峰在2030年前后出现，将达到950亿m^3。也就是说，在2030年以前，西北地区经济社会发展对水资源的需求量，还将比现在用水量新增80亿m^3。

为了满足日益增长的经济社会发展的水资源需求，也为了更好地保护和修复生态环境，西北地区的经济社会发展和水资源的开发利用模式必须转变。西北地区应以全面建设高效、节水、防污的经济与社会为总体目标，水资源开发利用应优先保障生态环境合理用水的要求。

四、生态环境水资源需求量分析

西北地区生态环境需水量应保障现状生态环境总体状况不再恶化、生态环境面临重大危机的局部地区应有所改善为基本前提。这意味着，在进行西北地区水资源配置时，体现生态环境用水优先的原则，要求生态环境需水量至少比现状生态环境用水量不再减少，局部生态环境恶化地区应有所增加。重点地区生态环境需水量分析如下。

塔里木盆地：为了恢复下游大西海子以下320km的天然植被与尾闾湖泊50km^2水面，新增生态需水5.3亿m^3，主要通过减少现状人工绿洲耗水量和控制灌区盐碱地耗水量予以满足；着手建设昆仑山北坡生态林带，阻止沙漠南移趋势，最终形成环塔里木盆地生态带。

准噶尔盆地：天山北坡西段的艾比湖近期目标为恢复水面到800km^2，防治裸露盐尘的危害，并且保护恢复甘家湖梭梭自然保护区生态系统多样性，共计新增需水4.5亿m^3；远期艾比湖恢复水面到1000km^2，并且维护湖滨湿地，新增需水总量为7亿m^3。天山北坡中段，近期恢复地下水亏缺量2亿m^3，远期为维护天然生态格局稳定，需要新增生态需水5.1亿m^3。天山北坡东段现状生态较好，但要调整人工与天然生态耗水比例，增加天然生态耗水量，以恢复下游天然生态，建立沙漠与绿洲的天然屏障。

疏勒河流域：近期要控制下游地区地下水位不再下降，遏制沙漠化的发展，至少需要保持天然生态耗水量4.0亿m^3。中期适当恢复尾闾西大湖的水面，确保整个下游区的天然生态不再恶化并有所恢复，约需增加生态需水3.5亿m^3。

黑河流域：保护和恢复下游额济纳旗天然绿洲植被，适当恢复尾闾东居沿海的水面，按照国务院分水协议，保证从正义峡向下游输水 9.5 亿 m³。

石羊河流域：首要目标是实现流域内的水资源总量基本平衡，不再超采并回补地下水，同时向尾闾青土湖补水，这要求该流域生态用水至少保证 8.5 亿 m³。

柴达木盆地：维护盐湖资源的可开发状态成为首要的保护目标，同时还需要保护细土带的天然植被基本不退化。按此计算，生态需水总量为 43 亿 m³，通过合理配置水资源可以达到供需平衡。

青海湖：国际七大湿地保护区之一。目前存在的问题主要为湖面萎缩、水位下降和国家稀有水生动物湟鱼数量急剧减少。经计算，维持青海湖的水量平衡需要补水约 2.5 亿 m³，湟鱼产卵期的主要河流布哈河河道内生态需水为 24m³/s 以上。

内蒙古内陆区：现状的主要问题是过牧超载，加上连续干旱，使草原退化与沙化不断加剧。为了恢复草场需要开发利用水资源，发展饲草料基地。草原区水资源直接支撑的天然生态主要是东部区的湖泊沼泽，为了使水资源开发中不至于造成新的生态问题，经研究分析后认为，保护湖泊沼泽的生态需水约占水资源量的 75% ~ 80%，即 38 亿 ~ 40 亿 m³。

渭河流域：主要的生态环境问题为近年来渭河入境水资源锐减，造成河道干涸、地下水超采、水质污染与下游淤积严重、洪涝灾害频繁。根据有关研究成果，防止渭河河道淤积的生态需水量约为 65 亿 m³，相当于通过华县断面的年平均流量为 207m³/s。

五、水资源合理配置格局

水资源配置总要求为：在保证生态环境建设必要用水和社会经济合理用水的同时，还要保持水资源的可持续利用，并留有适当余地。各区水资源配置的基本要求分述如下。

内陆干旱区水资源配置的主要问题是：保证河流下游生态环境的耗水要求，使下游的生态环境和上中游的社会经济系统合理分享水资源，原则要求该区域水资源利用率应控制在 70% 以内为宜，要保证生态环境的耗水不低于水资源总量的 50%。从总体上说，贺兰山以西内陆河流域的社会经济用水总量应基本控制在现有规模，不再增加。超过规定限额所挤占的生态环境耗水，或通过从外流域调水补足，或通过产业结构调整、节水加以压缩。经济社会用水的内部配置为：农田灌溉用水应大力节约并逐步压缩；城镇和工矿发展必须增加的用水量，除少数地区由外流域适当调水外，大部地区原则上由农业用水有偿转移，并提高水的回收利用率。

半干旱草原区水资源配置的主要问题是：防止因地下水超采而影响草原的天然植被。本区绝大部分属于半干旱区，天然降水形成的土壤水和地下水，主要维持草原的天然植被，不能形成可集中开发的地表或地下径流。目前水资源的开发利用率虽然只占水资源总量的11%，但今后也没有更多的开发利用空间。因此，只可能在一些降水量接近或超过400mm及个别有引水条件和地下水丰富的地方，适当建设人工饲料基地，少量用于发展社会经济。

黄河西北区水资源配置的主要问题是：如何缓解干旱年份的水资源危机。流域内的降水首先为当地的植被耗用，剩余的才形成可供开发的地表径流和地下水。水资源配置的顺序是：当地植被耗水，当地社会经济用水，最后形成黄河干支流出境的径流。目前黄河上游的来水主要供黄河下游使用，在南水北调西线调水工程实施以前，各省（自治区）用水基本上接近或超过国务院1987年黄河分水指标，该流域已不具备进一步开发利用的潜力，局部地区或支流上开发利用潜力也十分有限。

第四节　农业用水与节水农业

农业以土而立、以肥而兴、以水而旺。水是最短缺的农业重要资源之一，也是制约农业可持续发展的关键因素。挖掘农业节水潜力，提高水分利用效率，降低农业用水比重，对于保障国家粮食安全、转变农业发展方式意义重大[7]。

一、农业用水资源紧缺矛盾越来越突出

中国水资源总量仅占世界的6%，人均不足世界平均水平的1/4。农业用水量约3600亿 m^3，用水比重从1997年的69.7%下降到当前的61.3%，减少了200亿 m^3。随着人口增长，特别是工业化、城镇化进程的加快，工农之间、城乡之间用水矛盾进一步加大，保障农业灌溉用水的难度不断增加。目前，全国农田灌溉面积9.05亿亩，灌溉用水缺口300多亿 m^3。根据国家水资源发展规划，未来15年农业可用水量将维持零增长，农业缺水形势日益严峻。

二、干旱对农业生产的威胁越来越大

随着全球气候变暖，中国旱灾发生频率越来越高、范围越来越广、程度越来越重，干旱缺水对农业生产的威胁越来越大，旱情已成为影响粮食和农业生产发展的常态，农业可持续发展面临严重威胁。近10年来，全国平均每年旱灾发生面积4亿亩左右，是20世纪50年代的两倍以上，平均每年成灾面积2亿多亩，因旱损失粮食300亿 kg以上。因此，必须把发展节水农业作为一项革命性措施，探索出一条合理用水、高效节水的水资源利用途径。

三、发展节水农业的潜力越来越显现

目前，在全国9.05亿亩灌溉面积中，工程设施节水面积仅占44.3%；在23亿亩

农作物播种面积中，农艺节水面积仅占 17.4%。中国农业用水利用率比发达国家低 20%，据测算，通过推广农田节水技术，在灌区小麦和水稻生产上具有节水 360 亿 m³ 的潜力，相当于新增灌溉面积 8200 万亩，按每亩增产 150kg 粮食计算，可新增粮食生产能力 123 亿 kg。在旱作区提高自然降水利用率，具有 260 亿 m³ 的潜力。同时，通过推广农田节水技术，将灌溉水的粮食生产效率提高 0.1kg/m³，旱作区每毫米降水的粮食生产效率提高 0.1kg/亩，可增加粮食生产能力 500 亿 kg 以上，相当于国家新增 500 亿 kg 粮食产量的目标。

四、发展节水农业的政策越来越有力

党中央高度重视节水农业工作，近几年出台了一系列扶持政策推进节水农业发展。面对 2010 年西南大旱，安排 3 亿元用于地膜覆盖技术推广，2011 年又安排 5 亿元用于西北地膜覆盖。2012 年 6 月 27 日，水利部、财政部、农业部联合召开东北四省区节水增粮行动项目工作会议，明确东北四省区节水增粮行动的目标任务是：用 4 年时间，投资 380 亿元，在东北四省区集中连片建设 3800 万亩高效节水灌溉工程，新增粮食综合生产能力 100 亿 kg，年均增收 160 多亿元，基本建立工程运行管护长效机制。各地积极响应，整合资源，加大投入，统筹协调，形成合力。据不完全统计，全国每年全社会投入节水农业的资金高达 50 亿元以上。节水农业发展形势越来越好、氛围越来越浓、政策越来越有力，全膜覆盖、膜下滴灌等农业节水技术模式日益成熟，为谋划大项目、建设大示范区、大面积推广应用节水农业新技术创造了难得的机遇和条件[19]。

五、存在问题与突破重点

农业节水效率的提高依赖科学技术。目前，有关农业节水技术很多，包括农业水资源合理开发利用技术、节水灌溉工程技术、农业节水技术、节水管理技术等，但在实际应用中，不同地区往往偏向于某单项技术的应用，缺乏将这些技术根据各地实际情况进行的综合集成应用，特别是缺乏将节水技术与作物栽培技术、土壤耕作技术、培育优良抗旱品种、节水管理技术等有效地结合起来，致使农业用水效率达不到相应的程度。因此，迫切需要实施农业节水技术一体化战略，将单项节水技术逐步调整为综合配套技术。

在推广现有节水技术的同时，应将加强中国节水高效农业技术创新能力提高到战略高度加以突破。瞄准世界节水农业技术前沿，就关键设备、技术及其管理技术重点突破，研制适合国情的节水高效农业技术。中国地域辽阔，自然条件、经济条件差异较大，加之各种技术存在一定的适宜范围，因此，选择最适合本地区的节水技术关系到技术推广的成败，必须慎重选择。充分利用费用效益分析方法，开展多方案的比较，从众多技术中进行优选，充分听取专家意见，避免长官意志，并且形成一种制度，贯

彻实施，建立技术选择论证制度。开发用户易接受的"傻瓜型"节水技术是非常迫切的，该种技术并非降低技术水平，而是将现有的难操作的高技术进行科学的包装，赋予其易操作性。

第五节 建立节水防污型社会

一、水资源开发利用现状

新中国成立50年以来，中国水利建设有了很大发展，全国兴修了大量水利工程，初步控制了大江大河的常遇洪水；形成了5800亿 m^3 的供水能力，灌溉农田由2.4亿亩扩大到8.3亿亩，并为城市和工业发展提供了水源，有力支持了中国经济社会的发展[12,13]。

中国水资源的开发利用大致可划为分两阶段：第一阶段从1949年到1980年，在以粮为纲的思想指导下，通过经济恢复建设，全国灌溉农田由2.4亿亩扩大到7.2亿亩，全国工农业和生活用水总量从1949年约1000亿 m^3 增加到1980年有4403亿 m^3 ，人均用水量约448 m^3 。其中农业占84.2%，工业和生活占15.8%，为工业化建设打下了基础；第二阶段从1980年到现在，在改革开放政策指引下，中国经济取得了巨大发展，在人口进一步增长31%的状况下，创造了国内生产总值（GDP）年均增长率连续25年超过8%的世界奇迹。2002年用水总量进一步增加到5497亿 m^3 ，较1980年新增加用水量1094亿 m^3 ，全国人均综合用水量为428 m^3 。其中农业用水3736亿 m^3 ，灌溉农田扩大到8.3亿亩，农业用水量基本上与1980年持平；工业用水1142亿 m^3 ，比1980年增加724亿 m^3 ，年均增长率4.7%，生活用水619亿 m^3 ，比1980年增加342亿 m^3 ，年均增长率3.7%，两者合计比1980年新增加用水量1066.6亿 m^3 ，年均增长率4.3%。

从1980年到2002年用水结构也有很大的变化。农业用水的比重由84.2%下降到68%，工业用水比重由9.5%上升到20.8%，生活用水由6.3%上升到11.3%。以上情况表明，改革开放以来，中国用水量的增加主要受到工业化和城市化发展的影响，农业灌溉面积受到农田占用和灌溉水源挤占的影响，基本上处于停滞状态。

二、未来国民经济发展对水资源的需求

党的十八大提出，到中国共产党成立100年时，建成惠及十几亿人口的更高水平的小康社会，到新中国成立100年时基本实现现代化，建成富强民主文明和谐的社会主义现代化国家。根据以上国家发展战略和发展目标，采用多种方法，预测了未来国民经济发展对水资源的需求（表1-6）。

表1-6 未来国民经济发展对水资源的需求

年 份	需水（亿 m³）	当地供水（亿 m³）	调水（亿 m³）	缺水（亿 m³）
2020	6800	6150	250	400
2030	7100	6640	350	110
2050	7300	6850	450	0

三、水资源利用面临的挑战

从1980年到2002年，在经济高速增长的同时，受气候变化影响，在南涝北旱同时出现的情况下，暴露了现有水利工程抗御自然灾害能力的不足。①防洪能力方面，不少地区防洪标准偏低，设施老化失修，目前的防洪工程体系尚难抗御连续多次的大洪水或特大洪水，防洪安全保障体系尚未完善；②抗旱能力方面，在持续干旱气候影响下，中国北方黄、淮、海、辽各大河流地表径流量持续衰减，地表水源不足，导致平原地区大量持续超采地下水，地下水位大幅度下降，湖泊干涸，地面下沉，入海水量锐减，尤其是黄河下游引黄抗旱，造成黄河连年频繁断流；③生态环境持续恶化。由于城市和工业用水剧增，废污水大量排放，污水处理未能及时跟上，水污染加剧、江河湖库的水质下降；西北干旱地区水土资源过度开发，促使荒漠化的发展与生态环境严重恶化，引起了国内外的关注。

根据陈志恺院士团队（2004）调查分析：2000年全国工业（不包括电力）废污水排放量约516亿t，万元工业产值排放量为37t（东部地区占49%，中部占35%，西部占16%），排放系数为0.64；全国城镇生活污水排放量为213亿t，人均生活污水排放量151L／（人·日）（东部地区占57%，中部占27%，西部占16%），排放系数为0.72。2000年全国点污染源、废污水排放总量为747亿t（其中工业污水排放占69%，城镇生活污水占31%），入河量为534亿t，入河系数为0.79（表1-7）。

表1-7 点污染源和非点污染源的贡献率

污染物	点污染源（万t）		非点污染源（万t）		入河贡献率（%）	
	排放量	入河量	源强产生量	入河量	点源	非点源
COD	1920.4	1258.6	6456.7	796.2	61.3	38.7
总氮	381.0	209.6	3056.2	527.4	29.7	70.3
总磷	67.5	36.2	1864.5	229.6	13.6	86.4

四、不同地区水资源开发利用对经济发展的影响

位于北方缺水地区的辽宁、北京、天津、河北、山东五省市用水受到当地水资源严重短缺的制约，2002年与1980年比较用水总量相差不大，该地区的经济主要依靠节约用水，提高用水效率，调整用水结构和超采地下水的方式得到发展，但也付出了生态环境恶化的代价。

江苏、上海、浙江、福建、广东、海南六省市，位于湿润多雨的丰水地区，人均水资源占有量2800～3200 m^3。2002年总用水量比1980年有较大的增长。由于耕地面积的缩减，虽然2002年农业灌溉用水量略有减少，但工业和城乡生活用水分别为1980年的3.14倍和2.72倍，年增长率分别达到5.3%和4.7%，其增长速度均超过全国的平均水平。而2002年人均用水量450～540 m^3，占水资源量的17%～18%，每年有大量余水排泄入海，按理说不该缺水。但由于工业和生活用水的增长过于迅猛，未经处理达标的城市和工业废污水排放量急剧增加，2002年珠江流域的排污量达到157亿t，东南沿海诸河达到42亿t，两者合计达到199亿t，约占全国污水排放总量627亿t的31.7%。因此，江河水质普遍下降，珠江流域Ⅳ、Ⅴ类水占评价河长的19.4%，劣Ⅴ类水占10.3%，两者合计占29.7%。东南沿海Ⅳ、Ⅴ类水占15.5%，劣Ⅴ类水占8.7%，两者合计占24.2%。由于江河水质恶化，珠江三角洲和东南沿海其他经济发达地区Ⅰ、Ⅱ、Ⅲ类优质水的取得已十分困难，给当地居民饮用水的安全带来了严重威胁。可见在水资源相对丰富的地区，不重视水资源的保护也可出现污染型的缺水。因此，丰水地区同样需要重视节水，提高水的利用率，减少污水的排放，为加快污水的处理、降低污水费用创造条件。

综上可见，从全国来看，无论北方缺水地区或南方丰水地区都应该坚持全面推进节水防污型社会的建设，这是一项十分重要的战略措施。必须长期坚持，才能保证中国有限水资源通过水循环得以永续利用，以水资源的可持续利用保障中国经济社会的全面、协调和可持续发展。

参 考 文 献

[1] 中华人民共和国国家统计局. 中国统计年鉴［M］. 北京：中国统计出版社，1998.

[2] http：//www. china. com. cn/node_ 7064072/content_ 19634796. htm.

[3] http：//www. dgxianghe. com/index-8. html.

[4] 水利电力部水电规划设计院. 中国水资源利用［M］. 北京：水利电力出版社，1989.

[5] 陈海燕. 可利用水量变化影响国际河流分水的实例及其启示. 水利发展研究，2006. 7.

[6] 姜文来，唐曲，雷波，等著. 水资源管理学导论［M］. 北京：化学工业出版社，2005.

［7］金传良，等．中国水资源质量评价概述．水文［J］.1996，5：1-7.

［8］水利电力部水文局．中国水资源评价［M］.北京：水利电力出版社，1987.

［9］水利部南京水文水资源研究所，中国水利水电科学研究院水资源研究所．《21世纪中国水供求》［M］.北京：中国水利水电出版社，1998.

［10］钱正英，陈家琦，冯杰．从供水管理到需水管理．CHINA WATER RESOURCES 2009. 5.

［11］中国工程院．中国工程院重大咨询项目-向国务院汇报材料：新疆可持续发展中有关水资源的战略研究，2010.01.

［12］陈志恺、王浩、汪党献执笔．西北地区水资源及其供需发展趋势分析，详见 http：//www. chinawater. net. cn/Journal/cwr/200305A/09. htm.

［13］陈志恺．坚持科学发展观建设节水防污型社会，保障水资源的可持续利用.2004.9.16. http：//www. iwhr. com/zgskyww/xsltone/xslt/webinfo/2004/09/1272331303785991. htm.

［14］中国科学院可持续发展研究组．中国可持续发展战略报告［M］.北京：科学出版社，1999.

［15］中华人民共和国水利部．中国水资源公报（1997），［Z］.1998，11.

［16］钱正英．中国工程院重大咨询项目-西北地区水资源配置生态环境建设和可持续发展战略研究［M］.2004.05.

［17］宋翠翠，周玉玺．山东省水资源储备模式的选择分析．水利发展研究［J］.2012，10：48-51.

［18］李爱花，李原园，郦建强．水资源与经济社会及生态环境系统协同发展初探．人民长江，2011，42（19），117-121.

［19］农业部关于推进节水农业发展的意见，农发〔2012〕1号，2012.01.31.

第二章　中国节水灌溉基本状况

第一节　节水灌溉技术内容

一、节水灌溉技术体系

节水灌溉技术是比传统的灌溉技术明显节约用水和高效用水的灌水方法、措施和制度等的总称。灌溉用水从水源到田间，到被作物吸收、形成产量，主要包括水资源调配、输配水、田间灌水和作物吸收四个环节。在各个环节采取相应的节水措施，组成一个完整的节水灌溉技术体系，包括水资源优化调配技术、节水灌溉工程技术、农艺及生物节水技术和节水灌溉管理技术。

1. 灌溉水资源优化调配技术

主要包括地表水与地下水联合调度技术、灌溉回归水利用技术、多水源综合利用技术、雨洪利用技术。

2. 节水灌溉工程技术

主要包括渠道防渗技术、管道输水技术、喷灌技术、微灌技术、改进地面灌溉技术、水稻节水灌溉技术及抗旱点浇技术。直接目的是减少输配水过程的跑漏损失和田间灌水过程的深层渗漏损失，提高灌溉效率。

3. 农艺及生物节水技术

主要包括耕作保墒技术、覆盖保墒技术、优选抗旱品种、土壤保水剂及作物蒸腾调控技术。

4. 节水灌溉管理技术

主要包括灌溉用水管理自动信息系统、输配水自动量测及监控技术，土壤墒情自动监测技术、节水灌溉制度等。

二、节水灌溉主要方法[1]

灌水方法即田间配水方法，就是如何将已送到田头的灌溉水均匀地分布到作物根系活动层。按灌溉水是通过何种途径进入根系活动层，灌水方式可分为地面灌溉、喷灌、微灌和地下灌溉。

（一）地面灌溉

地面灌溉是灌溉水通过地面渠道系统或地下管道系统输送到田间，水流在田块表面形成薄水层或细小的水流向前移动，通过土壤毛细管作用和重力作用渗入土壤中。这种灌水方法，设备较为简单，成本低，便于掌握运用。

地面灌溉技术经过改进可以在旱地农业中应用的主要有畦灌、沟灌、膜上灌和涌流灌溉等。近年来，这些灌溉技术在国内外按照旱地农业的技术要求已有不少改进，如畦灌和沟灌。在美国已通过使用改进的简易人工控制阀进行间歇灌，输水速度比连续沟灌快 1.8 倍，节约水量 48％，比连续畦灌快 1.34 倍（畦长 55m）和 1.3 倍（畦长 65m），节水量分别为 34％ 和 30.6％，且灌水均匀并可提高田间供水效率，已成为一个自动化的间歇灌溉系统，是一种很有生命力的新灌水方法。在中国新疆地区，20 世纪 80 年代以来通过研制成功的膜上灌溉铺膜机具把膜侧水流改为膜上流，利用地膜输水，通过放苗孔和膜侧旁渗给作物供水的灌溉方法（即膜上灌），也是对地面灌溉的一大改进。

1. 畦灌新技术

畦灌是用田埂将灌溉土地分用成一系列小畦，灌溉水从毛渠或输水沟进入畦田后，形成很薄的水流，沿畦长方向流动，流动过程中借重力作用湿润土壤的一种灌水方法。它主要适用于小麦、谷子等密植作物及牧草与某些蔬菜等。

（1）小畦灌：目前，中国一些灌区在采用畦灌时，畦长往往过长，容易形大水漫灌，既浪费水量，也使土壤养分流失严重。甚至造成地下水位上升，形成土壤次生盐碱化。近几年来，中国各地推广减少畦长的方法，对增加产量，节约用水，减少灌水不均匀现象等方面都取得了良好的效果。为了便于推广而与部分地区的大畦灌相区别，称为小畦灌。它有如下优点：节约水量，防止深层渗漏，灌水均匀度高、质量好，均匀度可达 80％，减少土壤冲刷。

（2）小畦分段灌：小畦灌需要增加田间输水渠沟和分、控水建筑物，田埂占地也较多，推广有一定困难，所以近年来在中国北方干旱地区兴起了一种长畦分段灌溉法，它是将一条长畦分为若干横向畦埂的小畦，用塑料软管或地面纵向扬水沟将灌溉水送到陇内，自上而下或自下而上进行灌溉的方法。

（3）宽浅式沟畦结合湿润灌水技术：该技术是与"两密一稀"玉米小麦间作套种相配套的节水灌溉技术。它的特点是畦田和灌水沟相向交替更换。这种灌水技术的优点是，在灌溉水流入浅沟后，沿浅沟沟壁湿润畦田，对土壤结构破坏小；灌水定额小，并可减少玉米生育期灌水一到两次，有利于促进玉米早播，解决小麦、玉米两茬作物争水争肥矛盾和"迟种迟收"的恶性循环问题。但它也存在田间沟畦多，沟畦轮番交替，劳动强度大，费工等缺点。

（4）水平畦田灌：水平畦灌是大地块灌水的一种新方法。它的主要特点是畦田地块非常平整，使入畦的水流能迅速布满整个地块。因此，水平畦灌具有灌水速度快、深层渗漏少、灌水均匀度高、水的利用率可达90%以上、灌水时间短等优点。

（5）畦灌的新型配水方式：目前畦灌多采用人工开渠放水。不但劳动量较大，而且由于开口大小不易掌握，使得入畦流量控制不准，水流还容易冲坏畦田。因此，现在世界上许多先进国家已广泛采用闸门孔管或虹吸管道进行配水。

2. 沟灌新技术

沟灌是在作物行间开挖灌水沟，灌溉水从输水沟进入灌水沟后，在流动的过程中主要借毛细管作用由沟底和沟壁向周围入渗而湿润土壤，与此同时沟底也在重力作用下湿润土壤的灌水方式。沟灌不会破坏作物根部附近的土壤结构，可以保持根部土壤疏松，透气良好；不会形成严重的土壤表面板结，能避免深层渗漏，减少土壤水分蒸发；沟灌主要适用于玉米、棉花等宽行中耕作物及薯类和某些蔬菜。

（1）细流沟灌：根据不同地区的地形、土壤作物条件，地下沟灌的形式会有所变化，形成不同节水型沟灌技术。在一些地面坡度较大、土壤透水性较小的地区，可采用细流沟灌。细流沟灌是用短管（或虹吸管）或从输水沟上开一小口引水入沟，流量较小，一般为 0.1~0.3L/s，在水流动过程中，将全部水量渗入土壤，放水停止后在沟内不形成积水。细流沟灌的优点是：沟中水流浅，受重力作用湿润土壤范围小，有利于保持土壤结构；可减小地面蒸发量，试验证明比淹水沟灌蒸发损失量要少 2/3~3/4；可以使土壤表层温度比淹水沟灌提高 2℃左右；渗水深，保墒时间长。细流沟灌的灌水技术要素除流量较小以外，其他与一般沟灌相同。

（2）方形沟沟灌技术：它可在地形较复杂，地面坡度较陡（1/50~1/200）的地段采用，灌水沟长一般为 2~10m。地面坡陡时宜短，坡缓时宜长。每 5~10 条灌水沟为一组，组间留一条灌水沟，成为一组方形沟组。灌水时，从输水沟下段第一组开口，由下而上灌。第二次灌水时，仍利用原渠道口由上而下浇灌。

（3）锁链沟沟灌技术：在地面坡度 1/200~1/600，土壤透水性较弱的地块，可采用锁链沟灌技术，锁链沟可以延长水在沟中的入渗时间；提高灌水均匀度，适当加大灌水定额，以增强抗旱、防风抗倒伏能力。

（4）隔沟灌技术：近年来，为减少作物植株间的土壤蒸发水分和控制作物根系的生长；对宽行作物采取控制隔沟灌水。这种隔沟灌水方法是在作物某个时期只对某些灌水沟实施灌水，另外一些灌水沟干燥，干燥灌水沟一边对作物根系产生干旱信号，控制叶片气孔蒸腾，而灌水沟保持作物正常生长。而在另一个时期，则对其相邻的灌水沟灌水，反复交替。这样就达到了节水增产的目的。

（5）波涌灌溉：波涌沟灌亦可称为间歇性沟灌。就是水流在特定的时间间隔内，时断时续地交替放水的灌水方式。即第一次水，将水灌到沟长的一部分，暂停放水，把水导向邻近另一灌水沟灌溉，过一段时间后，再导入该灌水沟灌水，几个灌水沟为一组，轮流间歇供水。在波涌灌时，当一个灌水沟导向另一灌水沟时，先浇的灌水沟处在停水落干状况，由于灌溉下渗水的再分配，使土壤导水性下降，土壤颗粒膨胀，孔隙变小，沟面土壤颗粒重新排列，形成光滑的致密层。这样在下一次供水时，田间糙率减小土壤入渗减慢，使其沟内灌水的水流推进速度加快，沟内水流推进距离扩大，灌水时间减少，且避免了畦田首端的深层渗漏，灌水均匀，节约用水。据对比报道：波涌灌比连续灌的水流推进速度可提高 18% ~ 50%，相同水量的水流推进距离可增大 2 ~ 3 倍，灌水效率可提高 15% ~ 33%，灌水均匀度可达 80% 以上，节水 15% ~ 30%。

（6）变流量沟灌：一般沟灌的入沟流量基本上都是恒定流量，而变流量沟灌则是在灌水开始时，以允许的最大流量（不致造成冲刷土壤为限）灌水，使水流流速加快，迅速推进到一定的沟长，然后逐渐减小流量，到完全断流。变流量沟灌的优点是随着流量从大到小的减小，避免了尾流末端的积水的现象，有效地调整了沿沟各点的受水时间，从而提高了灌水均匀度。变量流沟灌的原理同样适用于畦灌。

3. 地膜覆盖灌溉技术

地膜覆盖灌水，是在地膜覆盖栽培的基础上，结合传统地面沟畦灌发展起来的新型灌水方式，特别适合在干旱严重、地面蒸发量大的特性土质的地方推广。薄膜灌溉起源于膜侧灌开沟、打埂膜上灌。目前主要有打埂膜上灌、膜孔灌、膜缝灌、喷灌膜上灌、膜下滴灌以及膜下沟灌等形式。

（1）膜侧沟灌：膜侧沟灌是最早开发地膜覆盖的灌溉方法，具体做法是在灌水沟垄背部位覆膜，灌溉水流在膜侧的灌水沟中流动，通过膜测入渗到作物根区，其灌水技术要素与传统的沟灌相同；适合于垄背窄膜覆盖，一般膜宽 70 ~ 90cm，主要用于条播作物和蔬菜。该技术虽能减少作物土壤蒸发，但灌水均匀度和田间水有效利用率与传统沟灌基本相同，且裸沟土壤蒸发量较大，目前使用较少。

（2）打埂膜上灌：由传统开沟扶埂膜上灌发展而来，具体做法是将土壤地表 5 ~ 8cm 厚的土层，在畦田侧向构筑成高 20 ~ 30cm 的畦埂。其畦田宽 0.9 ~ 3.5m，膜宽

0.7~1.8m，根据作物栽培的需要，采用单膜或双膜铺设。对双膜在其中间或膜两边各留10cm宽的渗水带，水流在膜上流动通过膜埂、渗水带和放苗孔灌溉。

（3）膜缝灌：包括膜缝沟灌、膜缝畦灌、细流膜缝灌，其共同点是膜与膜间留有缝，水流在膜上流动，通过膜缝向作物供水。

（4）膜孔灌溉：又分为膜孔沟灌和膜孔畦灌两种。是指灌溉水流在膜上流动，通过膜孔（作物放苗孔或专用灌水孔）渗入作物根部土壤中的灌水方法。它与打埂膜上灌与膜缝畦灌的不同之处在于它没有膜侧与膜缝旁渗水。作物需水完全依靠放苗孔和增加的渗水孔供给，入膜流量为1~3L/s。该灌水方法灌水均匀度高，节水效果好。

（5）膜下灌溉：膜下灌溉又分为膜下沟灌和膜下滴灌两种。膜下沟灌是在地膜覆盖在灌水沟上，灌水在膜下灌水沟流动的灌水方法。这种做法能减少土壤水分蒸发，适用在干旱地区条播作物上使用。在温室等设施农业中使用，可减少其空气湿度，防止病虫害发生。膜下滴灌是将滴灌带铺放在膜下，可以减少土壤蒸发，特别适用于极缺水的干旱地区使用。

（二）喷灌

喷灌是通过空中进行喷水，由于需要压力所以常用压力管道输水。一般说来，其明显的优点是灌水均匀，少占耕地，节省人力，对地形的适应性强。主要缺点是受风影响大，设备投资高。喷灌系统一般由水源、动力、水泵、管道系统、喷头等部件组成。在中国用得较多的有以下几种：

1. 固定管道式喷灌

除喷头外，各组成部分均固定不动，水泵和动力机构成固定的系统，管道多埋入地下，也有固定于地面的，喷头装在固定的竖管上。在灌溉季节，除喷头可以装卸进行轮灌使用外，其他部分常年固定不动。固定管道式喷灌系统具有操作方便、生产效率高、运行成本低、工程占地少等优点。但喷灌设备利用率低，需管材多，单位面积投资较高。因此多适用于灌水次数频繁的蔬菜区、经济作物区以及地面坡度陡、局部地形复杂的地区。

2. 半移动式管道喷灌

该系统动力、水泵和干管是固定的，而喷头和支管是可以移动的。在干管上装有许多给水栓，每根支管上一般有2~10个喷头，支管接在给水栓上，由干管供水喷灌，按照灌水定额喷好后可移到下一个位置，再接到另一个给水栓上继续喷灌。该系统由于支管和喷头是可以移动的，支管和喷头数量减少，投资较低，设备利用率高。该灌溉方式是很多国家发展喷灌采用的主要方式。

3. 滚移式喷灌机

将喷灌支管（一般为金属管）用法兰连成一个整体，每隔一定距离以支管为轴安装一个大轮子。在移动支管时用一个小动力机推动，使支管滚到下一个喷位。每根支管最长可达 400m。这种机型中国已有产品，适用于矮秆作物（如蔬菜、小麦等），要求地形比较平坦。

4. 时针式喷灌机

将支管支撑在高 2~3m 的支架上，全长可达 400m，支架可以自己行走，支管的一端固定在水源处，整个支管就绕中心点绕行，像时针一样，边走边灌，可以使用低压喷头，灌溉质量好。自动化程度很高。中国已有产品，在华北和东北已有一定的使用经验，适用于大面积的平原（或浅丘区），要求灌区内没有任何高的障碍（如电线杆、树木等）。其缺点是只能灌溉圆形范围内的区域，边角要想方设法用其他方法补灌。此机在美国应用广泛，也值得中国在大平原地区大规模农场推广。

5. 大型平移喷灌机

为了克服时针式喷灌机只能灌溉圆形区域的缺点，近代在时针式喷灌机的基础上研制出可使支管做平行移动的喷灌系统。这样灌溉的面积就形成矩形。但其缺点是当机组行走到田头时，要专门牵引到原来出发地点，才能进行第二次灌溉。而且平移的准直技术要求高。因此，没有时针式喷灌机使用得那么广泛，中国也已有大型平移喷灌机产品，适于推广的范围与时针式相仿。

6. 纹盘式喷灌机

用软管给一个大喷头供水，软管盘在一个大绞盘上。灌溉时逐渐将软管收卷在绞盘上，喷头边走边喷，灌溉一个宽为两倍射程的矩形田块。这种系统，田间工程少，机械设备比时针式简单，从而造价也低一些，工作可靠性高一些。但一般要采用中高压喷头，能耗较高。适合于灌溉粗壮的作物（如玉米、甘蔗等）。也要求地形比较平坦，地面坡度不能太大，在一个喷头工作的范围内最好是一面坡。该机型中国也已有系列产品。

7. 中、小型喷灌机组

这是中国在 20 世纪 70 年代用得最多的一种喷灌模式，常见的形式是配有 1~8 个喷头，用水龙带连接到装有水泵和动力机（多为柴油机与电动机）的小车上，动力功率为 2.2~8.8kw 居多。投资较低，使用灵活，每公顷投资为固定管道式的 20%~60%，但移动耗费劳力大，管理要求高。近年来，发展的规模似有降低的趋势，只适用于中小型的农场和田块。

以上各种喷灌形式各有利弊，各自适合于不同的条件，因此，只能因地制宜地决策选用。

（三）滴灌

滴灌是利用滴头把水和肥料液一滴一滴均匀而又缓慢滴入作物根部附近，主要借重力作用渗入作物根系区并使根区土壤经常保持最优含水状况的一种局部灌水技术，它具有非常省水、适用于各种地形和土质、灌水与施肥同步、有利于提高作物产量与品质等优点，但存在滴头易堵塞、水质要求高、单位面积投资较大的缺陷。主要有以下几种形式。

1. 固定式地面滴灌

一般是将毛管、滴头和支管都固定地布置在地面（干管一般埋在地下），整个灌水季节都不移动，毛管用量大，造价与固定式喷灌相近。其优点是节省劳力，由于布置在地面，施工简单而且便于发现问题（如滴头堵塞、管道破裂、接头漏水等），但是毛管直接受太阳曝晒，老化快，而且对其他农业操作有影响，还容易受到人为的破坏。

2. 半固定式地面滴灌

为降低单位面积上的工程投资只将干管和支管固定在田间，而毛管及滴头都是可以根据轮灌需要移动。投资仅为固定式的50%～70%。这样就增加了移动毛管的劳力，而且易于损坏。

3. 地下滴灌

地下滴灌是将滴灌干、支、毛管和滴头全部埋入地下，这可以大大减少对其他耕作的干扰，避免人为的破坏及太阳的辐射，减慢老化，延长使用寿命。其缺点是不容易发现系统的事故，如不作妥善处理，滴头易受土壤或根系堵塞。

（四）微喷灌

微喷灌是介于喷灌与滴灌之间的一种灌水方法。因此，主要灌水质量指标分别与两者相似。灌水均匀系数和灌水效率与滴灌相同。喷水强度的要求与喷灌相似，一般不考虑湿润面积的重叠，所以要求单喷头的平均喷灌强度不超过土壤的允许喷灌强度。另外，由于微喷头的出口和普通喷头的出口比起来一般都非常小，水滴对作物土壤的打击力不大，不会构成对作物和土壤团粒结构的威胁，所以水滴直径不作为主要指标。主要灌水质量指标是：灌水均匀系数、灌水效率和单喷头平均喷灌强度。近年来，中国微喷灌设备生产逐渐完善。微喷灌面积的发展很快，主要适用于灌溉果园和草地等。

（五）渗灌

渗灌是一种地下微灌形式，在低压条件下，通过埋设在作物根系活动层的灌水器（微孔、多孔渗灌管），根据作物的需水量定时定量地向土壤渗水供给作物。渗灌与地下滴灌相似，只是用渗头代替滴头全部埋在地下，渗头的水不像滴头那样一滴一滴地流出，而是慢慢地渗流出来，这样渗头不容易被土粒和根系所堵塞。具有能减少土壤表面的无效蒸发，特别是具有省水、节肥、省工，增产、提高果品品质，管理方便的优点。目前，渗灌主要适用于极缺水的果树等宽行距经济作物区推广应用。国内外采用较多的渗灌有两类：一类是利用废旧轮胎橡胶制成的微孔渗灌管灌溉，另一类是从塑料管打孔制成多孔渗灌管灌溉。

（六）地下灌溉

地下灌溉是指灌溉水从地面以下的一定深度处，借助毛管力的作用，自下而上浸润土壤的一种灌水方法。包括地下水浸润灌溉和地下暗管灌溉。

地下水浸润灌溉：适用于土壤透水性较强，地下水位较高，地下水及土壤含盐量均较低的不易发生盐碱化的地区。具体做法是利用沟渠河网及其节制建筑物控制，将地下水位上升到一定高度，借助毛管引力作用向上湿润土壤；在不灌溉时开启节制闸门，使地下水位回降到一定深度，以防作物遭受渍害。

地下暗管灌溉：利用修筑在地下的专门设施（管道为主）将灌溉水引入田间耕作层，借毛细管作用自下顺上湿润作物根区附近土壤的灌水方法，适用地下水较深、灌溉水质较好、要求湿润土层透水性适中的地区。

（七）低压管道灌溉技术

近年来，低压管道灌溉技术是在中国北方迅速发展起来的一种节水、节能型的新式灌溉技术。在田间灌水技术中与地面灌溉相同。具体做法是以管道代替明渠输水灌溉系统的一种工程形式，包括地面软管系统和地下输水系统，利用低耗能机泵或者由地形落差所提供的自然压力水头，将灌溉水加低压。管道系统的压力一般不超过 0.2 MPa（2kg/m³），然后再通过低压管网，把水输送到田间沟、畦灌溉农田，以满足作物对水分的需求。

三、节水灌溉发展概况

（一）国外节水灌溉发展概况[2]

喷灌是一种先进的节水灌溉技术。早在 20 世纪 30 年代，世界上科技先进、经济发达的国家就开始在庭园花卉和草坪灌溉上研究和使用喷灌技术。进入 40 年代，随着冶炼、轧制技术和机械工业的迅速发展，一些欧洲发达国家，逐渐采用薄壁金属管做喷灌的地面移动输水管来代替埋地固定管，用缝隙或折射喷头浇灌作物。"二战"后，喷灌技术和机具设备的研制又一次得到快速发展，特别是大型自走式喷灌机和摇臂式喷头等技术的发展，使喷灌技术大大改进，由于其节省大量劳力，灌溉水量均匀，增产显著，在美国干旱的西部得到广泛的使用。与此同时，在欧洲，薄壁金属移动管道喷灌系统和卷管式喷灌机因其简便耐用，投资少，效益高，也不断地发展。50 年代后，由于塑料工业的飞速发展，塑料制品取代金属制品的范围越来越广，为适应水资源极度短缺地区灌溉的需要，以塑料为原材料的微喷灌系统逐渐发展起来。到 70 年代中期，澳大利亚、以色列、墨西哥、新西兰、南非和美国等国家开始推广滴灌，滴灌面积迅速从当时的84.9万亩发展到1991年的2400万亩。地下滴灌可利用污水进行灌溉，美国堪萨斯州将地下滴灌作为利用污水进行大田作物灌溉的一种主要灌水技术。据估计，美国地下滴灌面积已达234.105万亩，分别占微灌面积和灌溉总面积的5%和0.6%。由于滴灌和微喷灌系统需克服灌水器堵塞的缺陷，故发展不如喷灌快。尽管美国和罗马尼亚的有效灌溉面积不多，但喷灌和微灌面积却分别占到有效灌溉面积的56.5%和80%以上。几十年来，特别是近10年来，全世界微灌面积年平均增长速度高达33%，据国际灌排协会2012年发布的世界喷灌和滴灌灌溉面积统计，2011年世界微灌总面积已达到1.5465亿亩。而中国微灌面积仅占灌溉面积的7.8%左右。以色列、英国、荷兰、捷克斯洛伐克四个国家灌溉面积的99%以上均为喷灌和微灌。

低压管道输水是世界发达国家非常重视的主要输水方式，如美国的输水管道化在大型灌区实现了近半；而日本在输水管道化方面更是超前一步，主要灌区基本实现输水管道化。

（二）国内节水灌溉发展概况[3]

1. 国内节水灌溉发展历程

喷灌技术于20世纪50年代初引进，并在大城市郊区对蔬菜进行试点应用。到20年代末80年代初，中国已初步形成了多种类配套齐全的喷灌机组，如喷头、喷灌泵、喷灌管及移动式、半固定式等喷灌机组，全国约有500多家生产厂生产喷灌设备，为喷灌技术在中国发展提供了物质保障，目前已在28个省、市、自治区应用喷灌技术。北京、天津、山东、黑龙江、江苏、浙江、湖北、福建等省（市）喷灌面积最大，喷灌范围已发展到小麦、果树、茶树等作物。

微灌技术于20世纪70年代引进，在消化吸收外国先进技术的基础上，从无到有、从少到多、从初级发展到快速发展，设备、技术水平不断进步，为中国微灌技术向高层次发展和更大规模的应用推广创造了物质技术基础，积累了较为丰富的经验。应用范围主要是北方的果树滴灌、微喷灌，南方的果园、茶园微喷灌，大中城市郊区保护地蔬菜、花卉微灌，以及少量的苗圃、绿地、草坪的微灌。全国各省都有不同数量的微灌示范，其中山东省面积最大。近几年，西北严重干旱缺水地区大田作物的集雨微灌发展迅速。目前，就中国微灌的总体水平来看，已从20世纪80年代的初级阶段发展和提高到中级阶段。其中，部分微灌产品的性能已达到20世纪90年代初期与中期发达国家水平，大大缩短了与国外微灌产品的差距，虽然某些微灌产品的质量以及微灌枢纽控制设备和自动控制方面与国外尚存在很大差距，但中国的微灌试验研究水平尤其是设计理论和开发已接近或达到国际先进水平，工程设计、管理等规范规程的可操作性已达到世界先进水平。存在的问题主要是微灌产品的规格、品种少，产品配套水平低，质量稳定性差；工程设计、管理尚存在设备选型不当，工程专业研究、设计人员严重不足，管理人员缺乏专业知识和经验、管理制度不健全、运行管理水平低，致使微灌的许多功能未能充分发挥，微灌的效果远没有达到应有的水平。

"人工集蓄天然雨水"在中国干旱、半干旱及丘陵地区成功开展。即利用水窖集蓄暴雨径流作为灌溉的水源，形成了"拦截地表径流发展灌溉"的模式，变浇"救命水"为浇丰产水，预示着中国干旱地区节水灌溉农业的新曙光。

渠道防渗技术在中国北方地区推广，已建成渠道防渗工程长度约 55 万 km，占渠道总长度的 18%。控制面积 1.5 亿亩，根据使用的防渗材料不同可分为：土料压实防渗、石料衬砌、混凝土衬砌防渗、塑料薄膜防渗等。

低压管道输水灌溉技术是中国在 20 世纪 60 年代就开始试点应用的节水技术，虽然节水效果显著，但因当时技术不够配套，价格高以及农村经济水平低，致使这项节水技术未能大面积推广应用。进入 20 世纪 80 年代以来，为了节省水资源，缓解北方地区水资源短缺状况，国家部委将节水技术列入重点科技攻关项目，从规划设计、配套设备、施工安装及运行管理等方面进行了系统研究，取得了成套的技术成果。由于低压管道输水灌溉技术比喷灌、滴灌等一次性投资少，要求的设备较简单，管理也较方便，农民易掌握，因此，在短短的几年里，低压管道输水灌溉技术已在中国北方地区发展到 4500 多万亩。对这些地方的井灌区农业发展发挥了重要的作用。实践证明，低压管道输水灌溉技术是中国北方地区发展节水灌溉的重要途径之一。

改进地面灌水技术在中国已进行了 20 多年来的研究及应用，并且取得了显著的成绩。平整土地、大畦改小畦、长沟改短沟后，作物生长期灌水量减少 20%～30%。近几年来，在中国西北地区还开展了膜上灌和波涌灌溉的节水机理的研究。该技术在中国新疆等地区已推广应用 300 多万亩，取得了良好的节水增产效果。

2. 国内节水灌溉发展的特点

（1）政府为主导、多部门结合更加紧密。发展节水灌溉必须采取水利、农业、农机、农艺等各项农业生产要素结合，工程、农艺、管理措施并举才能取得事半功倍的作用。这些因素的有效结合，涉及水利、农业、环保、农机、财税等多个相关部门以及多个产业和多种技术的集成创新，必须通过政府部门主导，各有关部门的协作才能达到。目前，新疆、内蒙古、河北、黑龙江、浙江、山东等地在地方政府统一主导下，通过各部门通力协作，建立起有效的工作协调机制，节水灌溉技术得到了大力推广、成规模发展应用，均取得了显著的效果。

（2）由单一技术向综合集成模式发展。经过"九五"以来节水灌溉技术的示范和推广，目前，节水灌溉技术推广已从单一的技术模式向综合集成模式转变，并且与农业种植结合更加紧密。如西北、东北地区的膜下滴灌技术，就是滴灌、农膜、施肥、农业机械铺设等多项技术的集成。山东省是多年的节水灌溉先进省，近几年来，各地将节水灌溉技术与管理措施结合，因地制宜形成了不同的节水灌溉综合集成技术模式。如引黄灌区坚持"以井保丰，以河补源，以库调蓄，节水灌溉"的方针，结合国家实施的灌区续建配套与节水改造项目，积极推行"骨干渠道节水改造+田间节水工程规范化建设+用水户参与管理"的节水灌溉综合发展模式。井灌区主要发展"低压管道化+射频卡自动控制"灌溉模式，实现了节水工程与管理技术的有机结合，取得了很好的节水效益。

（3）喷灌、微灌等先进节水技术已呈规模化、区域化推进趋势。经过近十几年的发展，喷微灌技术已由过去分散、小面积应用示范发展为大面积规模化、区域化推广。以滴灌为代表的微灌技术已从过去主要用于大棚、果树等小规模的推广应用，演变为应用于大田，开始大规模成区域的推广。如新疆生产建设兵团从 1996 年开始推广膜下滴灌，到 2010 年年底，该技术在新疆（包括兵团）已推广了 2500.95 万亩，规划 2020 年前再推广喷微灌技术 3000 万亩；内蒙古自治区将滴灌技术应用于马铃薯等大田作物，全自治区已推广马铃薯滴灌面积 199.5 万亩，2020 年前，拟再推广喷微灌技术 499.5 万亩；水利部正在组织实施东北三省和内蒙古自治区玉米重点种植区膜下滴灌发展计划，在 2011～2015 年，发展玉米膜下滴灌面积 1999.5 多万亩；内蒙古、黑龙江应用大型喷灌机喷灌牧草、马铃薯及小麦，目前已推广近 300 万亩。以区域优势作物为对象，大规模区域推进节水灌溉技术的趋势已经形成。

（4）微灌技术开始用于粮食作物。微灌技术从 20 世纪 80 年代末就开始在胶东半岛的蔬菜、果树灌溉中得到很好的应用；在新疆棉花和西红柿等经济作物、大中城市周边都市农业和设施农业中，微灌技术也得到了大量的推广应用。目前，随着微灌质高价低产品的研制成功，微灌技术已开始应用于大田粮食作物。新疆兵团自 2002 年开始将滴灌技术应用于玉米生产，2005 年在小麦上应用成功，并取得了显著的节水增产增效作用，截至 2012 年推广面积近 120 万亩；黑龙江省大庆市于 2007 年开始将滴灌结合覆膜技术应用于玉米，截至 2010 年，推广面积近 100 万亩，增产、节水效益显著；内蒙古赤峰市 2012 年玉米应用膜下滴灌面积 202.5 万亩，5 年计划推广 499.5 万亩。中国西北、华北、东北的其他粮食产区，微灌技术的试验示范已广泛开展。

3. 中国节水灌溉发展成效

（1）有效地缓解了中国水资源供需矛盾。1996 年以来，通过节水灌溉工程建设，中国灌溉水利用系数由"八五"末不足 0.40 提高到 2010 年年底的 0.50，在灌溉用水总量基本不增加的情况下，全国新增有效灌溉面积 49999 多万亩，农田有效灌溉面积由 1995 年的 75600 万亩增加到 2010 年的 90495 万亩；节水灌溉工程面积占有效灌溉面积的比重由不足 30% 增加到 42%，其中，喷灌、微灌面积达到 6894 万亩，有效缓解了全国水资源的供需矛盾。

（2）为保障中国粮食安全做出了重要贡献。20 世纪 80 年代以来，由于发展了近 30000 万亩节水灌溉工程面积，不但用节约出的水增加了灌溉面积，同时，使单位灌溉面积上产出效益显著提高，全国粮食生产能力由 3206×10^8 kg 增加到约 5281×10^8 kg。在占全国耕地面积 45% 左右的灌溉面积上生产了占全国总产量 75% 的粮食，提供了占全国总产量 80% 以上的经济作物和 90% 以上的蔬菜，确保了中国用世界耕地的 9%、世界淡水资源的 6%，成功解决占世界 22% 左右人口吃饭和其他农产品供给的问题。

（3）保护了中国生态环境和水环境。1996 年以来通过发展节水灌溉，节约的水量除用于新增和改善灌溉面积，提高灌溉保证率外，部分水量提供给生态用水和支持工业及城镇生活用水，取得了显著的社会及生态环境效益。主要表现在：通过发展节水灌溉，减少了灌溉水对农田化肥、农药的淋洗，在提高了农药、化肥使用效率的同时，减轻了其对水体的污染；在北方井灌区，通过发展节水灌溉，亩均用水量大幅度降低，减少了地下水的开采量，保护了地下水环境。

四、节水灌溉发展趋势和方向[2]

（一）田间灌溉方式的发展趋势

田间灌溉方式的发展趋势是喷灌和微灌的应用面积将进一步扩大。中国地域辽阔，各地的气候、土壤、水源等自然条件、作物种植模式和经济发展水平千差万别，因此目前推广的各种节水灌溉方式都有其适用的地区和作物。但从上面的分析可以看出，中国喷灌和微灌面积的数量以及占灌溉面积的比例都很小，与中国水资源的紧缺形势和生产力发展水平严重不相适应。因此，可以预测，未来中国节水灌溉发展的总体趋势是，喷灌和微灌等先进节水灌溉技术和设备的应用面积将进一步扩大，而其他简易节水灌溉方式的发展速度将减缓。

（二）输水方式的发展趋势

输水方式的发展趋势是逐步实现管道化。灌溉水的输送方式有三种，即土渠、防渗渠道和管道。国内外的大量实践证明，近距离土渠输水的损失为 10% ~ 40%，而远距离土渠输水的损失甚至高达 50% 以上。防渗渠道可以减少或避免渗漏损失，但仍然存在蒸发损失，泄漏损失也比管道输水严重。根据有关资料对中国目前节水灌溉工程的投资统计，渠道防渗的亩投资为 200 ~ 400 元，而管道输水为 160 ~ 300 元，前者比后者亩投资高 40 ~ 100 元。另外，与渠道防渗相比，管道输水还具有使用寿命长、维护费用低、便于管理等优点。因此，在中国未来农业节水灌溉的发展中，应重点发展管道输水，逐步实现输水管道化。发展管道输水，在中国北方井灌区尤其重要。

（三）低压节能是喷灌技术的发展方向

随着世界能源紧张局势的加剧，石油等燃料价格大幅度增长。近年来，美国、以色列、欧洲各国等都在研制低压节能型喷头，用以替代十几年前广泛采用的中高压喷头。在新建的农业和城市绿地喷灌工程中，普遍采用低压喷头；中心支轴式和平移式喷灌机以前都采用旋转式喷头，目前，几乎全世界都改为低压散射式喷头。采用低压喷头除了降低能耗，减少运行费用外，还可减少漂移损失，提高灌水均匀性和灌溉水利用率。

（四）滴灌技术和设备发展

滴灌技术和设备发展加速，地下滴灌更具发展潜力。由于滴灌技术的不断完善和成熟，滴灌设备的价格和工程投资持续下降，近年来滴灌在全世界的应用面积高速增长。与地面滴灌相比，地下滴灌具有一次安装多年受益、不影响耕种作业、灌溉水利用率极高（有报道认为可达98%）、可节省大量铺放和回收管道的劳动力等优点，显示出了广阔的发展前景。目前，地下滴灌主要用于葡萄、果树、蔬菜等经济作物。

（五）微灌系统的发展

压力补偿式灌水器是微灌尤其是滴灌灌水器的发展方向。微灌系统工作压力低，对水源压力波动和地面高程变化非常敏感。为了保证灌水均匀度，在设计微灌系统时，常常需要增加许多压力调节装置，不但设备投资增加，使用维护管理也非常麻烦。近年来，国外的微灌设备制造厂商都非常重视并倾力研制开发压力补偿式灌水器。由于该类灌水器技术复杂，加工精度高，生产难度大，因而价格偏高，使推广应用受到一定影响。但随着大规模产业化生产水平的提高，价格必然随之下降，该类灌水器将会逐步替代目前中国大量采用的非压力补偿式灌水器。

第二节　中国滴灌技术发展状况

20世纪50年代末，以色列水利工程师西姆查·布拉斯父子首次提出了滴水灌溉的设想，并研制发明了滴灌装置，使以色列农业灌溉发生了根本性的革命，以色列超过80%的灌溉土地使用滴灌技术。如今，这项技术已传播到80多个国家和地区，以滴灌为代表的科学灌溉在一定程度上缓解了全球水资源危机。

滴灌是将具有一定压力的水，过滤后经输水管网和滴头以水滴的形式缓慢而均匀地滴入植物根部附近土壤的一种灌水方法。滴灌是迄今为止农田灌溉最节水的灌溉技术之一。

一、中国滴灌技术发展现状

中国从20世纪70年代开始引进滴灌技术，经过40多年的努力，通过引进、消化吸收再创新，在灌溉设备和配套技术等方面有了长足的发展，基本形成了国内具有区域特色的滴灌技术体系，已具备快速发展的技术基础。

（一）中国滴灌技术发展进程[4]

回顾中国滴灌技术发展历程，归纳国内相关专家的认识，按时间划分，大约可分为四个阶段。

1. 起始、尝试阶段（1975～1980年）

据部分学者撰文报道，中国滴灌技术的引入始于1973年，但笔者没能查到相关依据。有记载的是1975年3月，时任国务院副总理的陈永贵出访墨西哥，对墨西哥农场使用的滴灌设备很感兴趣，埃切维里亚总统当即决定赠送中国两套滴灌设备，运回后其中一套给了大寨。据初步查证，这应是中国引进最早的成套滴灌设备。

1977年，新疆农垦科学院魏一谦、罗家雄等专家学习以色列经验，购置部分滴灌器材，利用饮用水源，在蔬菜、瓜果等园艺作物开展了滴灌技术的试验研究。1979年该团队参加了农业部组织的滴灌技术试验协作计划，并进行了80余亩的试验示范，取得了显著的节水、增产、省工效果，节水34%～75%，增产25%～100%。该成果于1983年获新疆兵团科技成果奖二等奖。

2. 引进、消化、研究阶段（1981～1995年）

20世纪80年代，在国家的支持下，国内有关研究单位和企业利用引进国外灌溉设备和购买专利、模具，进行了消化吸收和仿制等研究工作，并在田间和温室大棚的蔬菜、花卉等园艺作物上开展了应用试验，取得了较好效果，曾一度助推了80年代中期滴灌技术在中国的发展。但受当时经济、国有技术以及进口设备价格昂贵等因素的限制，滴灌技术的研究与应用进展缓慢。

进入90年代，国家充分意识到中国水资源的短缺，重新大力推广节水技术。启动了国家重点科技攻关项目，引进消化吸收及仿制了不少条滴灌生产线。北京绿源公司、山东莱芜塑料厂等厂家试制并生产出内镶式滴灌管及配套器材，生产技术及产品质量逐步提升。因工艺技术仍是仿效和沿用国外模式，产品的生产和应用成本很高，应用对象主要集中在蔬菜、花卉、果树等高经济价值作物上，大田作物应用较少。

3. 创新、国产化、示范推广阶段（1996～2005年）

"九五"、"十五"期间，国家科技部、水利部等部门共同实施了国家重点科技攻关项目"节水农业技术研究与示范"和国家重大科技产业工程项目"农业高效用水科技产业示范工程"，加快了滴灌设备、技术的创新和国产化进程，促进了技术成果的示范推广。

在技术模式创新方面：1996年，新疆兵团引进以色列成套滴灌设备，将滴灌技术与地膜覆盖技术有机结合，创造了膜下滴灌技术。之后，开展了滴灌条件下作物的灌溉制度、施肥制度、机械化作业及相关配套高产栽培技术的试验研究，并对进口滴灌设备、器材进行了吸收、消化、改进和创新，研究集成了适合中国国情的固定式滴灌、自压式滴灌、移动式滴灌和自动化滴灌等多种技术模式，充分发挥其节水、节肥、节机力、省工和增产、增效作用，为干旱地区发展高效节水灌溉技术开辟了一条新路。

在设备引进和产业化生产方面：北京绿源公司等企业，从瑞士线缆公司引进了内镶式滴灌带生产线，生产管径16mm、壁厚0.2mm的滴灌带，该产品技术性能好，但产品成本较高，是当时灌区林果及园艺滴灌作物选用最多的滴灌带产品之一；河北龙达、山东莱芜等企业，先后引进了以色列、意大利、德国技术和设备，生产壁厚为0.6~1.2mm的圆柱状滴头滴灌管，该产品结实耐用、滴水均匀、不易堵塞，但因制造成本比较高，主要用于果树、蔬菜大棚；新疆天业塑料股份公司从德国引进了侧翼迷宫式薄壁滴灌带生产线，生产管径16mm，壁厚0.18mm的滴灌带，该产品生产和田间应用成本低，一次性亩投资在400元/亩左右，年运行成本（含折旧）在120元/亩左右。成本的降低，加速了大田作物应用滴灌技术的进程。

在相关技术理论研究方面："十五"期间，中国农业大学、西安交通大学、华中科技大学率先开展了灌水器流道结构形式对滴头水力性能影响、齿形迷宫流道结构参数对滴头水力性能影响、齿形迷宫流道结构参数对滴头抗堵塞性能影响、迷宫式滴头内部流动的CFD数值模拟、滴灌灌水器流道中流体流动机理及其数字可视化等方面的研究工作，获得了相关技术成果和知识产权。同时，国内有关研究、教学单位就滴灌系统的过滤器、注肥装置、控制调节装置、自动控制设备也进行了国产化研究和试制，在自动过滤器、水动注肥泵、压力调节器研发上取得了突破性进展。

4. 规模化快速发展阶段（2006~2012年）

"十一五"以来，是中国滴灌技术发展最快、成效更突出的时期。其主要标志：一是滴灌设备及器材全面实现了国产化、产业化，产品的质量及性能的稳定性、可靠性大幅提升，基本接近发达国家水平；二是相关配套技术及产品日趋完善，田间作业机械及管网设计逐步优化，工程与农艺的结合更加紧密，水溶性肥料的开发及施肥技术发展迅速；三是滴灌技术应用的作物种类增多、范围扩大，由园艺作物扩展到了大田作物，由经济作物扩展到了粮食作物，特别是玉米、小麦增产效果显著；四是应用区域增大，中国华北、东北、西北的大部分灌区已大面积示范应用，至2011年，滴灌面积已发展到600余万亩（新疆除外），其中超百万亩的省区有内蒙古自治区、甘肃、吉林、辽宁等。据不完全统计，目前，中国大田作物滴灌总面积近4000万亩。

（二）中国滴灌技术研究的主要成果

1. 滴灌产品的研究开发

（1）滴灌器材。"九五"以来，国家启动了节水产品及技术研究专项。科技部、水利部、农业部分别在"863"、"攻关"、"948"、"跨越"等计划设专项支持节水技术研究。"十五"正式将大田滴灌节水技术设专题研究。

经过数十年的引进、吸收和开发，中国滴灌设备设计、工艺制造水平已有很大改进和提高，各种类型的管材管件、灌水器、水质净化装置和注肥设备已达到国际 A 类产品标准，基本实现国产化。某些产品初步形成系列，系统自动化控制装置研制成功并批量生产。主要种类包括：

管材及管件：PVC 管材及管件、PE 管材及管件、鞍坐和纳米改性 PE 输水软管、稳流三通、旁通等；

灌水器：单翼迷宫式薄壁滴灌带、压力补偿灌水器、内镶式滴灌管（带）等；

水质净化装置：筛网过滤器、叠片过滤器、砂石过滤器、水沙分离器、LZ 型自动清洗立式过滤器、自动反冲洗过滤器及沉淀池等；

控制装置：压力调节器、流量调节器、各种手动阀门、流量阀、电磁阀、控制器等；

注肥设备：压差式、文丘里式、水动泵（活塞式、隔膜式）等。

（2）滴灌田间铺管及回收机械研制。中国新疆大面积发展滴灌技术，得益于田间管网铺设的机械化作业。2002 年，新疆农垦科学院研制出了棉花、玉米、甜菜、豆类等多种作物的滴灌铺管铺膜精量播种一体机，该机可一次完成膜床整形、铺管铺膜、膜边覆土、膜上打孔播种、膜孔封土、镇压等多项作业。与此同时，新疆天业集团等单位发明了滴灌管回收设备和再利用技术。使滴灌管田间铺设和管材成本大大降低，支撑了滴灌技术的发展。作为核心技术分别获得 2008 年和 2009 年国家科技进步奖二等奖。

（3）滴灌专用肥的研制。滴灌的出水流道及滴孔小、易堵塞，故用于滴灌随水施的肥料的首要条件是水溶性好，同时按照作物配方施肥的要求，研制一种专用肥非常必要，特别是成百上千万亩用于大田作物，按照国外那种临时配用，对于农民来说非常不便。新疆农垦科学院针对需求，与湖南、贵州、四川技术人员合作，于 1999 年在国内率先研制出适于大田农作物随水施肥的滴灌专用大量元素固态肥。产品质量优于当时国外同类产品，价格也比国外同类产品低 2/3 左右，深受农民欢迎。该技术成果于 2004 年获新疆兵团科技进步一等奖。此后，国内众多的单位相继开发出水溶性肥料产品。根据国家化肥质量监督检验中心登记数据显示，至 2012 年 10 月 26 日，全国登记的水溶肥料总数达 4487 个，其中微量元素水溶肥占 31%，大量元素水溶肥占 16%。

（4）滴灌平衡施肥专家决策系统开发。为实现滴灌专用肥养分配方的精准、快速和应用中的科学、合理，新疆农垦科学院专家根据大田滴灌随水施肥技术的特点，按照作物需肥规律和土壤养分状况及供肥特性，运用地力差减法、土壤养分丰缺指标法、养分平衡法和肥料效应函数法，通过大量田间试验，经综合分析、评判和验证，确定了适合棉花、小麦、玉米等作物的施肥参数；建立了条田养分、盐分、质地、pH 等大田基础信息数据库和条田分布图、养分专题图、渠系分布图、道路和居民点分布图等地理信息图库；利用计算机和网络技术，自主研发出单机版和网络版滴灌平衡施肥专家决策系统。与目前国内外同类产品比，该系统与 GIS 系统无缝集成，提高了系统运行的独立性和稳定性；面向个人和企业用户，提供单机和联机操作，具有友好的交互式地图处理和多元空间数据的图像化、可视化表达功能，实现条田数字化档案管理；集多种推荐模式于一体，可对不同土壤和气候条件的多种作物（棉花、小麦、玉米、甜菜、大豆、泊葵等）进行精准水肥决策和管理。此外，还基于上述软件，结合施肥制度、施肥方法的研究，形成了棉花、加工番茄、葡萄、油葵等随水施肥技术规程，并在新疆兵团和自治区部分地（州）推广应用，效果明显。

2. 滴灌系统配置研究

根据灌溉水源（河水、井水）和水质变化情况，新疆兵团水利系统、新疆农垦科学院等研究单位、新疆天业集团等相关企业先后研制出了不同的滴灌首部过滤系统、地埋干管与地面支辅管相结合的"支管+辅管"滴灌系统、不使用辅管的"大支管轮灌系统、移动首部滴灌系统、小农户滴灌系统、微压滴灌系统、自压滴灌系统、重力滴灌系统、自动化控制灌溉滴灌系统"等多种形式的滴灌系统。

3. 滴灌相关综合配套技术研究

新疆灌区研究了在滴灌条件下，不同作物的需水需肥规律及高效灌溉制度、随水平衡施肥与水肥一体化耦合技术、化学调控技术、病虫害防治技术、高密度高产栽培技术；不同土壤质地水盐、养分运移规律和土壤次生盐渍化的综合防治技术；作物需水预测预报及农田灌溉调度管理、水库群灌溉优化调度技术等关键技术；并取得了重要进展和创新成果。形成了干旱区域（棉花、小麦、玉米、番茄、油料、瓜果等作物）滴灌综合配套技术体系。

4. 形成的知识产权

（1）专利。据国家知识产权部门公布，"十五"以来，中国滴灌器材的专利申请数截至 2011 年达 630 件，其中发明专利 177 件、实用新型专利 425 件、外观设计 28 件；截至 2012 年，滴灌专用肥料发明专利 19 件。

（2）论文。据不完全统计，自 1989 年至 2012 年中国各类期刊登载的有关滴灌方面的文章达 4496 篇，其中刊登于国家级刊物的约占 1/9。

（3）标准。1990 年以来，中国先后制定滴灌器材相关标准 31 部，主要涉及管材、灌水器、水质净化、控制系统、工程设计技术规范等；制定水溶性肥料标准 5 部，主要包括大、中、微量元素类，氨基酸、腐殖酸类，分液体和固体等类别。

（三）中国滴灌技术主要成效[5-6]

滴灌技术一度被人们称为"贵族农业技术"，在国外主要应用于特种经济作物和温室大棚。自引进中国以来，不断进行消化、吸收，特别是新疆兵团在短期内实现了主要滴灌器材的国产化和属地化生产，并结合地膜覆盖技术，发明了大田作物膜下滴灌技术，使中国在滴灌技术应用于大田农作物的步伐取得了突破性进展，从目前应用推广情况看，经济、社会、生态效益显著。

1. 技术经济效益

（1）劳动效率提高、强度降低。管理定额提高：以植棉为例，常规灌溉种植每个劳动力只能管理30亩左右，采用滴灌技术每个劳动力可管理60～90亩，劳动效率是原来的2～3倍。管理面积大幅提高，提高了劳动生产率。

省工和节能：地面灌时，挖土堵口、打埝、修毛渠，工作条件差，劳动强度大，采用滴灌后，主要工作是观测仪表、操作阀门，工作条件好。滴灌能随水施肥、施药；局部灌溉，作物行距间几乎无水，杂草难以生长，且土壤不板结，田间人工作业（包括锄草、施肥、病害治理等）等大大减少，减轻了劳动强度，提高了劳动效率，单位面积节省劳务30%以上，农机作业量节省劳务15%左右。

（2）水的有效利用率高。节水显著：滴灌是一种可控制的局部灌溉，可适时适量的灌水，不产生地面径流；滴灌易掌握精确的灌水深度，灌溉水仅湿润作物根部附近部分土壤，可有效减少土壤水分的无效蒸发；同时，滴灌系统采用管道输水，减少了渗漏损失，比地面漫灌省水40%～50%。

水产比高：滴灌既能节水，又能做到适时适量的均匀灌溉，保持着作物生长发育的最佳供水状态和供肥状态，作物增产显著，水产比明显提高。滴灌棉花水产比达到1：1.5，即1m³水产1.5kg籽棉，比常规灌溉提高1.4倍。

灌溉保证率提高：供水总量一定，应用滴灌技术的灌溉面积是常规灌溉的1.5倍左右，灌溉保证率提高15%以上。

（3）肥料利用率提高。运用滴灌随水施肥，肥料可根据作物不同生育阶段对某种养分的需求，按时、按量准确地随滴灌水流直接送达作物根系部位，并能保持较长时间的、有利于作物根系吸收的水肥环境，作物根系吸收利用的概率比常规灌溉和施肥方式高，提高了肥料的利用率和利用效率。据新疆农垦科学院试验研究表明：棉田的氮肥当季利用率可达到65%以上，磷肥当季利用率可提高到24%以上。

（4）土地利用和产出率提高。由于田间全部采用管道输水，代替了地面灌溉时需要的农渠及田间灌水毛渠及埝子，可节省土地5%～7%。

滴灌能够在较大压力范围内工作，对地形适应能力较强，一般地面灌溉方式难较灌溉的山地、坡地和高低不平的洼地，采用滴灌均能实现有效灌溉。特别是在地下水位较高的盐渍化土壤，采用滴灌可以控制作物生长期间的灌溉水与地下水相连，控制地下盐分随水上移而影响作物生长，结合定期大水压盐措施，达到耕层土壤逐步脱盐的效果，以提高土地的利用率和产出率。

（5）抑制病、虫、草害。滴灌水通过过滤器进入管道传输到田间，杜绝了渠道输水过程中草种的传播，同时因滴灌属局部灌溉，作物行间始终比较干燥，有效抑制了杂草种子的萌发和生长；其次，水在管道中封闭输送，避免了常见的虫害；另外，采用滴灌技术进行灌溉，地表无积水，田间地面湿度小，不利于滋生病菌和虫害。因而，除草剂、杀虫剂用量明显减少，可省农药用量 20% 以上，降低防治成本。

（6）有利作物高产优质。滴灌技术可及时对缺墒土壤补给水分，使作物出苗整齐集中、早生快发，搭建较理想的高产群体；滴灌能科学调控水肥，使土壤疏松，通透性好，并经常保持湿润，作物生长条件优越，生长发育健壮，有利于作物的高产和优质和农产品商品率经济效益的提高。

（7）经济效益增加。滴灌技术不仅具有突出的节水效果，同时具有显著的增产增效作用。据新疆兵团近年统计，滴灌较常规灌溉每亩增加纯收入分别为：棉花 352 元，加工番茄 714.2 元，小麦 198 元，玉米 400 元。主要作物不同灌溉方式经济效益分析见表。

不同作物滴灌与常规灌溉年成本投入产出对比

项　　目	棉　花		加工番茄		小　麦		玉　米	
	滴灌	常规灌	滴灌	常规灌	滴灌	常规灌	滴灌	常规灌
滴灌设备费用（元/亩）	203.0	—	161.8	—	191.0	—	169.7	—
首部、管网折旧（元/亩）	30.0	—	30.0	—	30.0	—	30.0	—
支管及管件（元/亩）	28.0	—	28.0	—	28.0	—	28.0	—
毛管（元/亩）	120.0	—	78.8	—	108.0	—	86.7	—
维修安装费（元/亩）	25.0	—	25.0	—	25.0	—	25.0	—
生产成本费用（元/亩）	1281.5	1313.6	1037.0	1085.0	736.0	860.0	787.0	900.5
种子（元/亩）	30.0	45.0	38.0	46.0	48.0	60.0	21.0	31.5
地膜（元/亩）	42.0	42.0	43.0	43.0	—	—	37.0	37.0
肥料（元/亩）	150.0	197.0	175.0	218.0	167.0	227.0	185.0	231.0
农药（元/亩）	35.0	40.0	48.0	62.0	15.0	15.0	25.0	29.0
水费（元/亩）	85.0	120.0	70.0	95.0	85.0	120.0	105.0	137.0
机械作业（元/亩）	122.0	150.0	112.0	135.0	78.0	85.0	60.0	65.0
人力费（元/亩）	75.0	90.0	73.0	87.0	35.0	45.0	41.0	57.0
收获费（元/亩）	464.5	351.6	200.0	121.0	30.0	30.0	35.0	35.0
各项利费（元/亩）	278.0	278.0	278.0	278.0	278.0	278.0	278.0	278.0

续表

项　　目	棉　花		加工番茄		小　麦		玉　米	
	滴灌	常规灌	滴灌	常规灌	滴灌	常规灌	滴灌	常规灌
成本合计（元/亩）	1484.5	1313.6	1198.8	1085.0	927.0	860.0	956.7	900.5
毛利润（元/亩）	2328.3	1805.42	286.0	1458.0	1255.0	990.0	1624.2	1168.0
滴管带回收（元/亩）	45.0	—	45.0	—	45.0		45.0	
产量（t/亩）	0.387	0.306	8.300	5.400	0.550	0.450	0.987	0.730
价格（元/kg）	5.90	5.90	0.27	0.27	2.20	2.20	1.60	1.60
净利润（元/亩）	843.8	491.8	1 087.2	373.0	328.0	130.0	667.5	267.5

注：①表内数据由新疆兵团部分师、团提供；②一次性迷宫滴灌带单价0.13～0.18元/m，滴灌折旧费按团场现行价格30元/亩，农资、农产品单价按2009年市场价格计算。

2. 社会、生态效益[6]

（1）社会效益。以新疆兵团为例：新疆兵团自大面积推广滴灌技术后，灌溉面积增大，现有耕地的灌溉保证率大幅度提高，农业职工的收入大幅度增加，相关产业得到了快速发展。

（2）生态效益。据统计，新疆兵团实施大面积滴灌节水后，年节水量达 $12 \times 10^8 m^3$ 以上，至2010年总节水量 $65.88 \times 10^8 m^3$，相当于节约了41个新疆天池的水量。在有效灌溉农田的同时，防护林及草地灌溉面积及灌溉质量得到了提升，有效灌溉林、草，园林（含饲草饲料）面积迅速扩大，耕地风沙灾害明显减少，在井灌区地下水位大幅度下降的现象得到了有效控制，农林牧草复合型农业生态系统初见雏形。近年，新疆塔里木河下游断流的危机已有所好转，艾比湖的水位近年已逐渐回升。

此外，因滴灌灌溉水量少，灌溉下渗水未与地下水汇合，有效抑制了地下深层盐分随水上升至土壤表层，有利控制土壤次生盐渍化的发生。同时，通过滴灌随水施肥技术的应用，提高了肥料利用率，降低了肥料的使用量，抑制了氮肥挥发对大气的污染，减少了肥料对土壤和水体环境的污染。

（四）中国滴灌技术主要技术模式[7]

滴灌技术的研究、应用与推广具有一定的区域性。不同地区因灌溉水源、供电状况、地理条件及作物种类等的不同，形成了不同的滴灌技术模式，现阶段主要有以下几种。

1. 固定式滴灌技术模式

该技术是中国新疆、内蒙古、甘肃、吉林、辽宁等地目前发展的主要滴灌技术方式，主要应用于棉花、玉米、小麦、酱用番茄、马铃薯、瓜果蔬菜等作物和生态、经济林上。该模式田间灌溉系统主要由首部、干管、支管和毛管四部分组成。根据毛管和支管铺设的位置，分为地表式滴灌、膜下滴灌和地下滴灌三种。地表式滴灌是将毛管、支管铺设在地的表面，膜下滴灌是将毛管、支管铺设在塑料覆盖膜下，地下滴灌是将毛管、支管铺设在离地面30cm耕层以下。因该模式的首部及田间管网按设计固定在一定的位置，故称固定式滴灌技术模式。

特点：灌溉效果好、省工省力、操作方便，一次性投资400～500元/亩，年运行费用在120元/亩左右。适宜条田规整、规模较大、水源及电网配套的地区推广。

2. 移动式滴灌技术模式

该模式田间灌溉系统主要由移动式首部和支管、毛管三部分组成。首部设有自吸式组合型过滤站和工程过滤装置，由小型拖拉机牵引和传动（或用小型柴油机传动），首部可以移动（一台首部可供多块地共用），田间管网相对固定不动。

特点：没有地埋管，一次性投资少，约为固定式滴灌的50%；运行成本低，比固定式滴灌低30%左右；田间配置和使用方便，适宜分散的小地块、电网不配套的地区推广应用。

3. 自压式滴灌技术模式

该技术模式有关田间设施及灌溉技术与固定式滴灌技术模式相同，区别在于灌溉时不需动力加压，依托地形自然坡降形成的自然高差，满足滴灌系统所需的压力。

特点：自压滴灌无需能耗，运行费用低于固定滴灌的20%左右，有高位水源或有承压水可利用的地区，或者地面自然坡降≥15‰的地区适合发展。

4. 自动化滴灌技术模式

自动化滴灌系统由计算机控制中心、自动气象站、自动定量施肥器、自动反冲洗过滤装置、自动模拟大田土壤蒸发仪、自动监测土壤水分张力计和田间设置远程终端控制器（CRTU）、液力阀或电磁阀等组成。通过自动监测土壤水分状况，结合气候、土质等条件，对作物进行适时适量自动灌溉和施肥。

特点：自动化程度高、省工省力，比人工控制节水5%～10%，一次性投资比固定式模式增加130元左右/亩。是滴灌技术未来发展的方向。

5. 低压微水头灌溉技术模式

田间灌溉系统主要由支管和毛管两部分组成。其技术原理是利用灌溉渠道与田块的水位差和地面的自然坡降实现的自流灌溉。要求地面坡度在1‰～5‰，水头压力30～40cm。该技术模式在兵团起始于1998年，是当时新疆兵团地面节水灌溉的一种补充形式。

特点：投资少，一次性田间灌溉设施投入约120元/亩，年运行成本约70元；滴孔大，抗堵塞性好；灌溉及节水效果比不上滴灌。该模式宜于在电源不足、电网不配套、同一地块内种多种作物、投资能力有限等条件下应用。

6. 微喷带灌溉技术模式

该技术属微灌范畴。在中国华南、华北季节性缺水的补充灌溉区，一般用于林果和绿化较多，近年河北将该技术应用于小麦灌溉，获得较好的效果。该技术田间灌溉系统主要由干管、支管和微喷带组成。一次性投入与固定式滴灌相近，年运行成本略低于滴灌。

特点：与滴灌比年运行成本低（约50~70元/季）、等水量灌溉速度快、抗堵塞性好，但灌溉及节水效果次于滴灌。该技术适宜于密植作物和牧草灌溉。

二、中国滴灌技术存在的主要问题

（一）滴灌工程规划与设计欠规范

规划是滴灌系统设计的前提，它制约着滴灌工程投资、效益和运行管理等多方面指标，关系到整个滴灌工程的质量优劣及其合理性，是决定滴灌工程成败的重要工作之一；滴灌系统的设计是在科学规划的基础上，根据当地的地理环境、水源水质、作物及栽培耕作方式等条件，因地制宜的配置滴灌系统。但中国目前绝大部分地区还没有将滴灌工程纳入农田水利工程规划之中，且田间设计和系统配置也不尽合理。应加强这方面的工作，特别要注重工程与农艺的结合。

（二）水肥一体化不到位

滴灌随水施肥是滴灌技术的内容之一，是实现肥水一体化、提高肥料利用率、增产增收、节本增效的关键措施。但目前相当部分滴灌区只注重滴灌的田间装备，没有重视与农艺技术结合，特别是没有实施随水施肥或者是技术措施还没完全到位，滴灌的综合效益没有得到充分发挥。应加强灌溉及施肥制度的属地化研究，尽快推进滴灌随水施肥。

（三）滴灌设备及产品不配套、成本高

通过多年的技术引进、消化和吸收，中国已能独立生产相对成套的滴灌设备，部分滴灌设备产品性能水平已接近国外同类产品水平，但一些关键设备，特别是首部枢纽设备、自动控制设备等与国外同类先进产品相比仍存在较大的差距。总体上来讲产品品种少，缺乏系列化，配套水平低，并且一直没有形成规模，市场上没有多大选择的余地。另外，国家尽管已制定滴灌器材相关质量标准，但滴灌器材的生产仍存在生产不规范、产品质量不稳定，市场混乱、鱼目混珠等现象；田间作业机械还不配套，水溶性肥料产品混乱；各地滴灌器材及产品成本仍较高，价格无序，售后服务差。同

时，产品检测监督体系尚未形成，缺乏有效的产品质量监督。这些都不同程度制约了滴灌事业的健康发展。

各滴灌区应尽快实现滴灌器材及产品的属地化生产，以降低田间装备和使用成本，并加强对滴灌器材生产及市场质量的监管力度。

（四）技术、认识、基础储备不足

滴灌技术是一项系统工程，交叉学科多，涉及工程、农艺、生态、环境等方方面面，加之滴灌技术在中国是一项新兴技术，人们在这方面的认识水平、知识水平有待提高，由于相关知识基础差、技术储备不足，很难支撑这一技术的发展。必须加大宣传力度，强化技术培训，教育部门应将相关知识纳入教学内容，提高全社会对节水灌溉的认识。

三、滴灌发展前景展望

（一）现代农业发展的需求

早在1949年，我国就提出了建设中国农业现代化的目标。60多年来，在党和国家的重视下，中国的农村改革、粮食生产和现代农业的建设取得了举世瞩目的成就，如农田土壤培肥、农作物品种更新、农业耕种和收获的机械化、农业经营模式和结构的优化、农产品加工及产业化、商品化的提升等，都为中国经济和社会的快速发展奠定了良好的基础。但是，由于中国农业人口多、规模小，基础差、底子薄，致使农业生产中的某些环节仍停留在传统农业的水平上。如种植业最基本的两项农事活动（灌溉、施肥）仍基本靠手工作业，凭经验判断。水资源浪费严重，肥料利用率低，这与现代农业的要求是不相称的。

滴灌技术是一种集先进理念、先进技术、先进装备于一体的先进灌溉技术，是实现田间灌溉、施肥等作业设施化、规模化、自动化、生态化的有效途径，能大大提高劳动生产率和农业资源的产出率，发展滴灌技术是农业现代的需要。

（二）社会发展的需求[8]

水是生命之源，是社会发展必不可少的重要战略资源之一。中国是农业大国，农业是国民经济的基础。水安全、粮食安全、生态安全是确保中国可持续、和谐发展的基本国策。

中国是一个严重缺水的国家，水资源总量为$28100\times10^8m^3$，人均水资源占有量约为$2100\ m^3$，仅为世界平均水平的1/4。预计到21世纪30年代，当中国人口达到16亿高峰时，在降水不减少的状况下，人均水资源量将下降到$1760m^3$，逼近国际上公认的$1700\ m^3$的严重缺水警戒线！中国水资源时空分布极不均衡，占国土面积65%、人口40%和耕地51%的长江淮河以北地区拥有的水资源总量只占全国的水资源总量的20%。华北与西北地区的区域性缺水更为严重，许多地区的人均水资源已大大低于1700 m^3 的缺水警戒线。水资源短缺已成为中国国民经济和社会可持续发展的严重制约因素。农业是中国用水最多的产业。目前，中国农业用水量约占全国总用水量的70%，其中灌溉用水总量 $3600×10^8 \sim 3800×10^8 m^3$，占全国总用水量的65%。尽管该比例在未来呈下降趋势，但到2030年仍将维持在60%左右，农业将继续保持用水大户的地位。按照水利部、中国工程院的预测结果，在不增加灌溉用水的条件下，2030年全国缺水高达 $1300×10^8 \sim 2600×10^8 m^3$，其中农业缺水 $500×10^8 \sim 700×10^8 m^3$。在中国水资源日益紧缺的同时，农业用水中的浪费现象却相当严重，灌溉水的利用率仅为46%左右，农业灌溉的作物水分利用效率仅为 $1.0kg/m^3$ 左右，远低于发达国家的水平。采用滴灌技术，可提高灌溉水的利用率50%以上，单位面积灌溉定额降低1/3以上，在很大的程度上可缓解中国水资源的不足。

据有关部门预测，在灌溉用水量不增加的前提下，保障21世纪中国粮食安全的唯一选择就是大力发展节水农业，推广应用农业节水技术，挖掘农业用水的内部潜力，提高水分生产效率，确保农田灌溉面积稳定在9亿亩以上，实现中国粮食生产能力7.0亿t的目标，保证2030年人口达到16亿高峰时的粮食安全。实践证明：采用滴灌技术，田间不需毛渠和田埂，单位耕地的播种面积增加5%～7%，加上水肥供应及时均匀，粮食作物增产20%以上，水产比提高80%以上。该技术的应用推广，将为中国的水安全、粮食安全发挥积极的作用。

水资源短缺问题不仅制约着农业的发展，还引发了严重的生态环境问题和社会问题，已逐步演变为农业可持续发展的瓶颈。灌溉用水粗放、浪费严重，既加剧了水资源供需矛盾的激化，也引发了生态环境问题。在引水条件优越的自流灌区，过量灌溉导致土壤次生盐渍化。在水资源不足的西北内陆河流域，上游过量用水造成下游绿洲的逐渐萎缩甚至消失，沙漠化面积逐年扩大。在地表水资源紧缺的地区，无节制地开采地下水导致地下水位持续下降，引起地面沉降、海水入侵等一系列环境问题。此外，过量灌溉还造成耕地中残留农药及化肥等有害成分的淋洗流失，成为污染地下水和地表水的主要来源。因此，大力发展节水农业，提高农业水资源的利用率和利用效率，促进农业水资源的优化配置、高效利用和有效保护，通过一系列现代节水农业技术的集成与应用，推动中国农业由低产、低效、高耗向高产、优质、高效、可持续发展的方向转变，才能切实建立起适宜于中国水资源特点和国民经济发展的可持续型农业。滴灌技术可控制过量灌溉，防止次生盐渍化，可使单位面积等产量的农药化肥使用量减少30%以上，有效降低了农田和农产品的污染源，是促进清洁农业、生态农业的有效途径。

（三）应用前景[8]

滴灌技术是一种广普的节水技术。无论是在干旱、半干旱区和湿润半湿润区，还是平原丘陵和山地洼地；无论是经济作物，还是粮食园艺作物。采用滴灌技术，都能挖掘出作物产量和质量最佳潜力。

在中国年降水量 100～200mm、年水面蒸发量 1000～2000mm 的干旱区（包括东北地区西部、西北地区沙漠和西藏部分地区）和年降雨量在 200～400mm 的半干旱区（包括新疆、青海、甘肃、宁夏、陕北、内蒙古的大部分地区、西藏北部和云贵高原的部分地区），属资源性缺水地区。此地区没有灌溉就没有农业，最适宜发展滴灌技术。

中国黄淮海流域的华北平原、黄河中游、淮北平原以及东北的松辽平原等半湿润地区，是中国主要的粮食产区。年降雨量虽然在 500～800mm，但年际变化大，年内分配又不均匀，干旱威胁一直是这一地区农业高产稳产的最大障碍。此区发展滴灌，一可解决前茬作物旱季缺水，二可补充后季作物缺肥。

中国淮河、秦岭以南的汉水流域、长江中下游地区、西南四川、湖北、云南、贵州诸省大部分的湿润地区。其陆面蒸发和水面蒸发接近相等，为 800～1600mm。为中国水稻和重要经济作物茶叶、柑橘和黄连、杜仲、川贝等名贵中药材的产区。这一地区虽然雨量充沛，但降雨年际变化大，最大降雨量 1640mm，最小降雨量 498.4mm，且年内分配极不均匀，主要集中在 5～10 月（占全年降雨量的 78%），时常出现季节性春旱、伏夏旱和秋旱。此区可有选择性地在旱作地上发展滴灌技术。

从地形地貌看，山地丘陵虽然自然条件较平原差，却是中国果品生产的集中区域，发展林、牧、农、大农业的潜力很大，果品资源极其丰富。果、桑、茶、橡胶、热带作物等，居世界首位，仍有很大的增产潜力。目前，制约果品生产发展的主要原因之一就是分布在 80% 的山地丘陵区的果树没有灌溉措施。近年来，中国北方果树滴灌已经取得了成功的经验，正处在发展推广阶段。南方的广大山区由于地形复杂，传统的地面灌溉方式难以胜任。尽管南方雨量充沛，但季节性干旱对柑橘等果品生产已经构成威胁，仍然需要补充灌溉。可以认为滴灌是解决中国 80% 的果树果园水利化的有效途径之一。

目前，适宜采用滴灌的作物和面积：油料、棉花、麻类、糖料、烟草、药材、蔬菜瓜果等大田经济作物播种面积合计 76117.5 万亩；灌区小麦、玉米等粮食作物播种面积 60312 万亩；果园面积 13800 万亩，相当部分分布在坡地和丘陵山区，缺少水源工程设施，果园灌溉面积仅占 18.1%；设施温室、大棚面积 2500.5 万亩；治沙造林（仅经济林）5535 万亩；合计 15.8262 亿亩。

总之，在中国干旱半干旱地区、季节性和资源性缺水地区、突发性缺水隐患区，发展滴灌技术为主的综合配套技术，已经成为缓解中国水资源紧缺矛盾、确保粮食安全的战略选择。

参 考 文 献

［1］马孝义．节水灌溉新技术［M］．北京：中国农业出版社，2000．

［2］康绍忠，许迪．中国现代农业节水高新技术发展战略的思考［J］．中国农村水利水电，2001（10）：25-29．

［3］吴文荣，丁培峰，忻龙祚，等．中国节水灌溉技术的现状及发展趋势［J］．节水灌溉，2008（4）：50-51．

［4］尹飞虎，周建伟，等．兵团滴灌节水技术的研究与应用进展［J］．新疆农垦科技，2001，1：3-7．

［5］尹飞虎．北方干旱内陆河灌区节水农业技术集成模式及应用——节水农业在中国［M］．北京：中国农业科学技术出版社，2006，10：366-374．

［6］新疆生产建设兵团统计年鉴（2006—2012）［M］．北京：中国统计出版社，2006—2012，7．

［7］尹飞虎．棉花节水模式与技术集成——节水农业技术［M］．北京：中国农业科学技术出版社，2007，10：334-350．

［8］沈蓓蓓，等．滴灌在农业现代化中的战略地位与发展研究［J］．农村经济与科技，2011，22（11）：57-58．

第三章　滴灌工程规划设计与施工安装

第一节　滴灌系统组成与分类[1]

一、系统组成

滴灌是利用安装在末级管道（毛管）上的滴头或与毛管制成一体的滴管带，将压力水以水滴或连续细小水流湿润土壤的一种高效节水灌溉方式。通常将毛管和管水器放在地面，也可以把毛管和管水器埋入地面以下，前者称为地表滴灌，后者称为地下滴灌。

滴灌系统由水源、首部枢纽、输配水管网和灌水器以及流量、压力控制部件和量测仪表等组成。

二、系统分类

按滴灌系统给压方式分为加压滴灌和自压滴灌；按毛管铺设位置分为地面滴灌和地下滴灌（深埋、中埋和浅埋三种）；按移动性分为固定式滴灌、半固定式滴灌和移动式滴灌等。

三、滴灌主要设备

（一）滴灌灌水器

1. 灌水器的种类

（1）滴头

通过流道或孔口将毛管中的压力水流变成滴状或细流状的装置称为滴头。其流量一般小于 12L/h。

长流道型滴头：长流道型滴头是靠水流与流道壁之间的摩阻消能来调节出水量的

大小。

孔口型滴头：孔口型滴头是靠孔口出流造成的局部水头损失来消能调节出水量的大小。

涡流型滴头：涡流型滴头是靠水流进入灌水器的涡室内形成的涡流来消能调节出水量的大小。

压力补偿型滴头：压力补偿型滴头是利用水流压力对滴头内的弹性体（片）的作用，使流道（或孔口）形状改变或过水断面面积发生变化，即当压力减小时，增大过水断面积，压力增大时，减小过水断面积，从而使滴头出水量自动保持稳定，同时还具有自清洗功能。

（2）滴灌管（带）

滴头与毛管制造成一整体，兼具配水和滴水功能的管称为滴灌管（带）。

内镶式滴灌管：在毛管制造过程中，将预先制造好的滴头镶嵌在毛管内的滴灌管称为内镶式滴灌管。内镶式滴灌管有两种，一种是片式，另一种是管式。

薄壁滴灌带：目前，国内使用的薄壁滴灌带有两种，一种是在0.2～1.0mm厚的薄壁软管上按一定间距打孔，灌溉水由孔口喷出湿润土壤；另一种是在薄壁管的一侧热合出各种形式的流道，灌溉水通过流道以滴流的形式湿润土壤。

2. 灌水器的结构与水力性能参数[2]

（1）结构参数

灌水器的结构参数主要包括灌水器的流道大小或孔口尺寸、滴灌带直径和壁厚等。灌水器的流道大小或孔口尺寸直接影响到灌水器的抗堵塞性能，滴灌带的直径与其过流量和水头损失有关，壁厚与抗压能力和使用寿命有关。

（2）水力性能参数

灌水器的水力性能参数主要包括：①流量的大小。②工作压力及范围。③流量压力关系及其长期的稳定性。④对堵塞、淤积沉淀的敏感性。根据最小流道尺寸对滴头堵塞的敏感性分类：<0.7mm很敏感；0.7～1.5mm敏感；>1.5mm较不敏感。⑤对温度变化的敏感性：水温变化后，水的黏滞系数、某些滴头的流道形状以及压力补偿灌水器中弹性材料的性能将发生变化，从而导致滴头流量发生变化。⑥与毛管连接造成的局部水头损失。⑦流态指数（对压力变化的敏感性）。⑧制造偏差。

灌水器的流量与压力关系用下式表示：

$$q = k \times hx \qquad (3-1)$$

式中：q—灌水器流量；h—工作水头；k—流量指数；x—流态指数。

流态指数 x 反映了灌水器的流量对压力变化的敏感程度；

制造上的微小偏差将会引起较大的流量偏差。在灌水器制造中，由于制造工艺和材料收缩变形等的影响，不可避免地会产生制造偏差。实践中，一般用制造偏差系数来衡量产品的制造精度。

$$Cv = S/\bar{q} \tag{3-2}$$

$$S = \sqrt{\frac{1}{n-1} \sum_{i=1}^{n} (q_i - \bar{q})^2} \tag{3-3}$$

$$\bar{q} = \sum_{i=1}^{n} q_i/n \tag{3-4}$$

式中：Cv—制造偏差；S—流量标准偏差；q_i—所测每个滴头的流量，L/h；n—所测灌水器的个数。

（二）管道与连接件

管道是滴灌系统的重要组成部分，各种管道与连接件按设计要求组合安装成一个滴灌输配水管网，向田间和作物输配水。管道与连接件在滴灌工程中用量大、规格多、所占投资比重大，因此，其规格选配是否合理、质量好坏直接关系到滴灌工程投资大小，也关系到滴灌能否正常运行和寿命的长短。

1. 管道种类

滴灌工程的管道主要采用塑料管，包括聚乙烯管（PE）和聚氯乙烯管（PVC）。对于大型滴灌工程的骨干输水管道（如上、下山干管、输水总干管等），当塑料管不能满足设计要求时，可采用其他材质的管道，但要防止锈蚀堵塞灌水器。滴灌工程中的地埋干管多采用聚氯乙烯管（PVC 灰色），地面管道多采用聚乙烯管（PE 黑色）。

2. 管道连接件种类

连接件是连接管道的部件，也称管件。管道种类及连接方式不同，连接件也不同。主要有以下几种：

（1）接头：根据两个被连接管道的管径大小，分为同径和异径接头；根据连接方式不同，聚氯乙烯管的连接可分为承插连接和粘接两种，聚乙烯管接头分为倒钩内承插式接头、螺纹接头和螺纹锁紧式接头三种。

（2）三通：与接头一样，三通有等径和异径三通两种，对聚乙烯管每种型号的结构又有倒钩内插式、螺纹连接和螺纹锁紧连接式三种。

（3）弯头：在管道转弯和地形坡度变化较大之处就需要使用弯头连接。有倒钩内插式、螺纹连接和螺纹锁紧连接式三种。

（4）堵头：封闭管道末端的管件叫堵头。

（5）旁通：用于毛管与支管或辅管之间的连接。

（6）密封紧固件：用于内接式管件与管连接时的紧固。

（7）增接口、鞍座、法兰、密封胶圈、卡子等。

（三）控制、量测与保护装置

为了确保滴灌系统正常运行，系统中必须安装必要的控制、量测与保护装置。如阀门、流量和压力调节器、流量表或水表、压力表、安全阀、进排气阀等。

（四）过滤设备[3]

1. 离心式过滤器

又叫旋流水砂分离器或涡流式水砂分离器。它能连续过滤高含砂量的灌溉水，滤去水中大颗粒高密度的固体颗粒，而且只有在其工作流量范围内，才能发挥出应有的水质净化效果，流量变化较大的灌溉系统不宜使用。因为滴灌系统正常运行时，如流量稳定，其水头损失也就是恒定的，一般在 3.5～7.5m 水头范围，而在此范围以外将不能有效分离水中杂质。若水头损失小于 3.5m，说明流量太小而难以形成足够的离心力，将不能有效分离出水中的杂质。缺点是不能除去与水的比重相近和比水轻的有机质等杂物，特别是水泵启动和停机时过滤效果下降。因此，同沉淀池一样，它只能作为初级过滤器，然后使用网式过滤器进行二次处理。

2. 砂石过滤器

又叫砂过滤器或砂介质过滤器。它是利用砂石作为过滤介质，滤除水中的有机杂质、浮游生物以及一些细小颗粒的泥沙，对有机杂质与无机杂质都非常有效，只要水中有机物含量超过 10mg/L，均应选用此种过滤器。砂石过滤器通常为多罐联合运行，以便用一组罐中滤后的清洁水反冲洗其他罐中的杂质，流量大需并联运行的罐越多。由于反冲洗水流在罐中有循环流动的现象，少量细小杂质可能被带到罐的底部，当转入正常运行时为防止杂质进入灌溉系统，应在砂石过滤器下游安装筛网或叠片过滤器，确保系统安全运行。

3. 筛网过滤器

又叫网式过滤器，是一种简单而有效的过滤设备，它的过滤介质是尼龙筛网或不锈钢筛网。这种过滤器造价便宜，在滴灌中使用最广泛。筛网的孔径大小即目数的多少要根据所使用灌水器的类型及流道断面大小而定。一般要求所选用的过滤器的滤网的孔径大小应为所使用的灌水器流道孔径的 1/7～1/10。筛网过滤器主要用于过滤灌溉水中的粉粒、沙和水垢等污物。尽管它也能过滤含有少量有机污物的灌溉水，但当有机物含量稍高时过滤效果很差，尤其当压力较大时，大量有机污物会"挤出"过滤网而进入管道，造成灌水器的堵塞。

4. 叠片式过滤器

叠片过滤器是由大量很薄的圆形叠片重叠起来，并锁紧形成一个圆柱形滤芯，每个圆形叠片一面分布着许多 S 形滤槽，另一面为大量的同心环形滤槽，水流通过滤槽时将杂质滤出。过流量的大小受水质、水中有机物含量和允许压差等因素的影响。叠片过滤器的过滤能力也以目数表示，不同目数的叠片制作成不同的颜色加以区分。手动冲洗叠片过滤器冲洗时，可将滤芯拆下并松开压紧螺母，用水冲洗即可。自动冲洗叠片过滤器自动冲洗时叠片必须能自动松散，否则叠片粘在一起，不易冲洗干净。

（五）施肥施药装置

滴灌系统中，向压力管道内注入可溶性肥料或农药溶液的设备及装置称为施肥（药）装置。常用的有以下几种：

1. 压差式施肥罐

压差式施肥罐一般由储液罐（化肥罐）、进水管、供肥液管、调压阀门等组成。

2. 开敞式自压施肥装置

在自压滴灌系统中，使用该施肥装置也非常简单。只需把施肥装置放在自压水源如蓄水池的正常工作水位下部适当位置上，将肥料箱供水管与水源相连接，将输液管及阀门与滴灌主管道连接。打开肥料箱供水管，水进入肥料箱可溶解化肥或农药，然后打开肥料箱输液阀，肥料箱中的肥液或农药就自动随水流进入管网及灌水器。

3. 文丘里注入器

文丘里注入装置可与敞开式肥料箱配套组成一套施肥装置。主要适用于小型滴灌系统（如温室滴灌）向管道注入肥料或农药。

4. 注射泵

根据驱动水泵的动力来源可分为水驱动和机械驱动两种形式。

5. 自动施肥（药）装置

包括半自动和全自动施肥（药）装置。该装置可用人工或电脑控制程序来调控肥（药）液的浓度和施肥（药）量，做到精准施肥（药）。

第二节　滴灌工程规划设计[4]

一、滴灌工程规划

规划是滴灌系统设计的基础，它关系到工程建设是否合理，技术上是否可行，经济上是否合算。因此，规划是关系滴灌工程成败的重要工作之一。

1. 滴灌工程规划原则

在规划滴灌工程时应遵循以下原则。

（1）滴灌工程的规划，应与其他节水灌溉工程因地制宜地统筹安排，使各种灌溉技术都能发挥各自的优势。

（2）滴灌工程规划应考虑多目标综合利用。目前灌溉技术主要用于干旱缺水的地区，规划滴灌工程时应与当地人畜饮水、乡镇工业用水统一考虑，以求达到一水多用。这样不仅可以解决滴灌工程投资问题，而且还可以促进乡镇工农业的发展。

（3）滴灌工程规划要重视经济效益。尽管滴灌具有节水、节能、增产等优点，但也有一次性单位土地面积投资较高的缺点。兴建滴灌工程应力求获得最大的经济效益，为此，在进行工程规划时，要先考虑在经济收入高的经济作物、水果和城郊蔬菜生产区发展滴灌。

（4）因地制宜地合理地选择滴灌形式。中国地域辽阔、各地自然条件差异很大，山区、丘陵与平原的气候、土壤、作物等都不尽相同，滴灌的形式多种多样，又各有其特点。因此，在规划和选择滴灌形式时，应贯彻因地制宜的原则，切忌盲目照搬外地经验。

（5）近期发展与远景规划相结合。滴灌系统规划要将近期安排与远景发展结合起来，既要着眼长远发展规划，又要根据现实情况，讲求实效，量力而行。根据人力、物力和财力，做出分期发展计划。在初次发展滴灌的地方，应先搞试点，再大面积推广，使滴灌工程建成一处，用好一处，尽快发挥工程效益。

2. 滴灌工程规划内容

（1）勘测和收集基本资料。包括地形地貌、水文、水文地质、土壤、气象、作物、灌溉制度、动力和设备、乡镇生产情况和发展规划、管理方式以及经济条件等。

（2）根据当地自然条件、社会和经济状况等论证工程的必要性和可行性。

（3）根据水资源状况、土地资源、农业生产结构、农场或乡镇其他产业的情况，确定工程的控制范围和规模。

（4）选择适当的取水方式。根据水源条件，选择引水或提水到高位水池、机井直接加压、地面蓄水池配机泵加压或自压等滴灌取水方式。

（5）滴灌系统选型。要根据当地自然条件和经济条件，因地制宜地从技术可行性和经济合理性方面选择系统形式、灌水器类型。

（6）工程布置。在综合分析水源水压力方式、地块形状、土壤质地、作物种植结构、种植方向、地面坡度等因素的基础上，确定滴灌系统的总体布置方案。

（7）做出工程估算。选择滴灌典型地段进行计算，用扩大经济技术指标估算出整个工程的投资、设备、用工和用材种类、数量以及工程效益。

3. 基本资料的收集

需要收集项目区的自然条件、生产条件和社会经济条件等方面的基本资料。

（1）自然条件资料

地形资料：反映项目区地形、地貌、地面坡度的地形图及相应的高程资料。这是进行滴灌系统的布置、系统总扬程的计算以及管道设计所必需的。

土壤资料：在滴灌工程规划设计时，必须掌握灌区土壤的特性，包括土壤质地、容重、土壤水分常数和土壤温度等。土壤质地是确定土壤允许滴灌强度的依据，依此进行选择滴头间距和滴头流量（指测鉴定土壤质地指标见表3-1）。

表3-1　指测鉴定土壤质地指标

质地类型	在手掌中研磨时的感觉	用放大镜或肉眼观察的情况	干燥时状态	湿润时状态	揉成细条时的状态
砂土	砂粒感觉	几乎完全由砂粒组成	土粒分散不成团	流砂、不成团	不能揉成细条
砂壤土	不均质，主要是砂粒的感觉，也有细土粒感觉	主要是砂粒也有较细的土粒	用手指轻压或稍用力能碎裂干土块	无可塑性	揉成细条易裂成小段或小瓣
壤土	感觉到砂质和黏质土粒大致相同	还能见到砂粒	用手指难于破坏干土块	可塑	易揉成完整的细条，将其弯曲成圆环时裂开成小瓣
壤黏土	感到有少量砂粒	主要有粉砂和黏粒，砂粒几乎没有	不可能用手指压碎干土块	可塑性良好	易揉成细条，任在卷成圆环时有裂痕
黏土	有细的均质土，难于磨成粉末	均质的细粉末没有砂粒		可塑性良好呈黏糊性	揉成的细条易卷成圆环，不产生裂痕

作物资料：包括滴灌作物的种类、品种、种植面积、种植模式、分布位置、生育期、各生育阶段及天数、需水量，主要根系活动层深度以及当地灌溉试验资料。这些资料是确定灌溉制度和灌溉用水量，从而确定水源工程及整个滴灌工程规模的主要依据。

水源资料：对于滴灌的水源（水库、河流、机井等）要了解逐年水量、水位的变化情况及水质情况，特别是在灌溉季节的情况。在收集资料的基础上，经过分析计算，取得用作滴灌系统规划设计依据的水量和水位，经过灌溉用水量平衡计算，确定灌溉面积以及系统所需扬程或确定是否需要规划蓄、提、引水工程及其规模。

气象资料：包括气温、降雨、蒸发等气象资料，作为计算作物需水量和制定灌溉制度的依据。

（2）生产条件资料

水利工程现状：引水、蓄水、提水、输水和机井等工程的类别、名称、位置、容量、配套和效益等情况。在滴灌系统规划设计时应考虑充分利用现有水利设施，以确保水源可靠并减少投资。

生产现状：规划区历年作物单产、干旱、盐碱、病虫害、低温霜冻等灾害发生情况和减产程度。

动力和机械设备：主要指电力和燃料供应情况，动力消耗情况，已有机械的规格、数量和使用情况，供选择滴灌系统类型时考虑。

当地材料和设备生产供应情况：特别是管道、滴灌设备和建筑材料等的规模、性能、价格以及当地的生产情况，供选择和进行投资计算。

（3）社会经济条件资料

灌区的行政区划：工农业生产水平、经营管理水平、劳力价格等，都是选择系统时所必须考虑的因素。

交通情况：道路分布，运输能力及价格，供投资效益计算使用。

4. 水利计算

水利计算的任务是根据滴灌工程和用水单位的需水要求和水源的供水能力，进行平衡计算和分析，确定滴灌工程的规模。遵循保证重点、照顾一般的原则，统筹兼顾，合理安排。

（1）用水分析

灌溉用水量是指为满足作物正常生长需要，由水源向灌区提供的水量。它取决于滴灌的面积、作物种植情况、土壤、水文地质和气象条件等因素。

（2）供水分析

供水分析的任务是研究水源在不同设计保证率年份的供水量、水位和水质，为工程规划设计提供依据。滴灌工程水源通常有以下几种类型。

井水：水井出水量一般依据成井后抽水试验资料进行确定。作为可供水量的设计依据，需分析其补给源和区域性开采对水井出水量的影响。在出水量确定的基础上，还需确定能源条件对可供水量的影响，如供电保证率或柴油机日允许运行时间以及各种故障的影响。

渠水：由于滴灌系统与渠灌水系统可能存在作物组成和灌溉制度的不同，在供水时段上会有一定矛盾。因此，需要分析研究渠灌系统供水计划，保证程度，以便确定滴灌系统相应保证率的可靠供水时段。渠水中多数都含有泥沙、有机物等，也应分析确定。

（3）水量平衡计算

在水源供水流量稳定且无调蓄时，可用式（3-5）、式（3-6）确定滴灌系统控制面积。

$$A = \eta Qt/10Ia \tag{3-5}$$

$$Ia = Ea - Po \tag{3-6}$$

式中：A—可灌面积，hm^2；Qt—可供流量，m^3/h；Ia—设计供水强度，mm/d；Ea—设计耗水强度，mm/d；Po—有效降水强度，mm/d；t—每日供水时数，h/d；η—灌溉水利用系数。

在水源有调蓄能力且调蓄容积已定时，可用式（3-7）确定滴灌系统控制面积。

$$A = \frac{\eta KV}{10 \sum I_i T_i} \tag{3-7}$$

式中：K—塘坝复蓄系数，$K = 1.0 \sim 1.4$；η—蓄水利用系数，$\eta = 0.6 \sim 0.7$；V—蓄水工程容积，m^3；I_i—灌溉季节各月的毛供水强度，mm/d；T_i—灌溉季节各月的供水天数。

水源为机井时，应根据机井可供流量确定最大可能的灌溉面积。水源为河、塘、水渠时，应同时考虑水源水量和经济等方面的因素确定灌区面积。关于单项工程灌水规模，目前地表水滴灌工程，一个首部系统控制的灌溉面积一般为 500～3000 亩。较为经济合理的单项工程面积为 500～1500 亩，不宜超过 3000 亩，而且大多数是灌溉单一作物。

5. 滴灌工程总体布置

规划阶段工程布置主要是在确定灌区位置、面积、范围及分区界限，选定水源位置后，对沉淀池、泵站、首部等工程进行总体布局，合理布设管线。地形状况和水源在灌区中的位置对管道系统布置影响很大，一般应将首部枢纽与水源工程布置在一起。田间管网一般分为三级或四级，即：干管、支管（辅管）、毛管或主干管、分干管、支管（辅管）、毛管。毛管铺设方向与作物种植行方向一致，毛管与支（辅）管相互垂直，支（辅）管与分干管一般相互垂直，也可以相互平行。

（1）灌区范围的确定

根据计划灌溉的作物和灌溉面积，选定发展滴灌范围，划定灌区界线，在划定灌区范围时，应根据水源、地形、土壤等条件综合考虑，使滴灌与其他节水灌溉方法有机结合，提高水资源的利用率，扩大总的灌溉面积，取得较高的综合效益。

（2）滴灌水源工程

滴灌用水的水源可分为两类，地下水和地表水。不同的灌溉水源，水源工程也不同。

①地下水水源工程。滴灌以地下水为水源时，需打井取水，工程相对比较简单。要依据地下水开发利用规划，将井位尽可能选择在灌区的中心。这样，田间管网系统布置简便，主干管、分干管等主要管道长度短，节省投资，也便于管理。当规划井点在灌区周边时，则尽可能地选择在地形的高处，并且靠近连通灌区内外的交通道路、

电力系统和通信设施，以便机井、泵站的建设和运行管理。当灌区位于山区丘陵地带或山前冲洪积区时，井位的选择要注意利用地形落差，尽可能形成自压滴灌的条件，以节省运行费用。

②地表水水源工程。滴灌以地表水为水源时，按水源条件与滴灌区的相对位置可分以下几种工程，即取水、提水、蓄水、输水工程及初级水质净化工程和措施。

取水工程：在河道上取水、有无坝取水及拦河式渠首取水等多种工程类型。

提水工程：包括抽水泵站，有时还要多级抽水满足灌区高程要求。

蓄水工程：包括水库、塘坝、蓄水池等，其主要作用是解决用水与来水时间上的差异，即调节水量。

输水工程：将从河道引进或提取的水以及由蓄水工程供给的水输入灌区的工程，一般由明渠、管道、隧洞等工程。

初级水质净化工程和措施：包括拦污栅、拦污筛和沉淀池等。拦污栅主要用于河流、库塘、涝坝等含有漂浮物及其他杂质的灌溉水源，其构造简单。拦污筛用于首部枢纽水泵的进口处，用浮筒固定在水泵吸水管进口周围，用于河水、库水、湖水、塘水、涝坝水等。拦污栅与拦污筛用户可自行制作。沉淀池是解决多种水的初级净化问题经济有效的常用方式，主要用来清除水中悬浮固体污物，也可用来处理高含铁物质的水体。在需建沉淀池的灌区，可以与蓄水池结合修建。

在实际应用中，水的初级净化工程视水源水质情况与首部过滤设施统一布置，共同构成滴灌工程的水质净化处理设施。

（3）系统首部枢纽和输配水管网的布置

系统首部枢纽通常与水源工程布置在一起，但若水源工程距灌区较远，也可单独布置在灌区附近或灌区中间，以便于操作管理和减少投资。

管网布置应遵循下列原则：①符合滴灌工程总体要求；②管道总长度尽可能短，选择穿越其他障碍物少的路线；③满足各用水单位需要，能迅速分配水流，管理维护方便；④输配水管道沿地势较高位置布置，支管垂直作物种植行布置，毛管顺作物种植行布置；⑤管道的纵剖面应力求平顺。

二、滴灌系统设计[5]

滴灌系统的设计是在滴灌工程总体规划的基础上进行的。其内容包括系统布置、设计流量确定、管网水力计算以及泵站、沉淀池、蓄水池的设计等，最后提出工程材料、设备及预算清单、施工和运行管理要求。

（一）滴灌系统布置

滴灌系统的布置通常是在地形图上做初步的布置，然后将布置方案带到实地与实际地形作对照，并进行必要的修正。滴灌系统布置所用的地形图比例尺一般为 1 ： 1000 ～ 1 ： 5000。

1. 毛管和滴头的布置

毛管和滴头的布置方式取决于作物种类、种植方式、土壤类型、降雨及所选滴头类型。

毛管的铺设长度直接影响灌水的均匀度和工程费用，毛管铺设越长、支管间距越大，则支管数量越少，工程投资越少，但灌水均匀度越低。因此，布置的毛管长度应控制在允许的最大长度以内，而允许的最大毛管长度应满足设计均匀度的要求，并由水力计算确定。

2. 干、支管布置

干、支管的布置取决于地形、水源、作物分布和毛管的布置。其布置应达到管理方便、工程费用小的要求。在丘陵地区，干管多沿山脊布置或沿等高线布置。支管则垂直于等高线，向两边的毛管配水。在平地，干、支管应尽量双向控制，两侧布置下级管道，可节省管材。

（二）灌水器的选择

灌水器是指把末级管道中的压力水流均匀而又稳定地灌到作物根区附近的土壤中，以满足作物生长对水分需要的装置。如滴灌带（或毛管）上的滴头、微喷灌的喷洒器、涌泉灌的涌水器等。滴灌的灌水器一般指毛管或滴灌带上的滴头。灌水器是否适用，直接影响工程的投资和灌水质量。设计人员应熟悉各种灌水器的结构性能、适用条件。在选择灌水器时，应考虑以下因素。

1. 作物种类

不同的作物对灌水的要求不同，如窄行密植作物，要求湿润条带土壤，湿润比高，可选用边缝迷宫式、内镶式毛管；而对于高大的果树，株、行距大，毛管常需要绕树湿润土壤，如用单出水口滴头，常常要 5 ～ 6 个滴头，如用多出水口滴头，只要 1 ～ 2 个滴头即可，也可用价格低廉的微管代替多出水口滴头。

2. 土壤性质

不同质地的土壤，水的入渗能力和横向扩散力不同。对于轻质土壤，可用大流量的灌水器，以增大土壤的横向扩散范围。而对于黏性土壤选用流量小的灌水器。

3. 灌水器流量对压力变化的反应

灌水器流量对压力变化的敏感程度直接影响灌水的质量和水的利用率。层流型灌水器的流量对压力的反应比紊流型灌水器敏感的多。例如当压力变化 20% 时，层流灌水器（流态指数 $X=1$）的流量变化 20%，而紊流灌水器（流动指数 $X=0.5$）的流量只变化 11%。因此应尽可能选用紊流型灌水器。

4. 灌水器的制造精度

滴灌的均匀度与灌水器的精度密切相关，在许多情况下，灌水器的制造偏差所引起的流量变化，超过水力学引起的流量变化。因此，设计应选用制造偏差系数 C_v 值小的灌水器。

5. 灌水器流量对水温反应的敏感度

取决于两个因素：①灌水器的流态，层流型灌水器的流量随水温的变化而变化，而紊流型灌水器的流量受水温的影响小，因此，在温度变化大的地区，宜选用紊流型灌水器；②灌水器的尺寸和性能易受水温的影响，例如压力补偿滴头所用的人造橡胶片的弹性，可能随水温而变化，从而影响滴头的流量。

6. 灌水器抗堵塞性能

灌水器的流道或出水孔的断面越大，越不易堵塞。但是对于流量很小的滴头，过大的流道断面可能因流速过低，使穿过过滤器的细泥粒在低流速区沉积下来，造成局部堵塞，流量变小。一般认为，流道直径 $d < 0.7\text{mm} \cdot \text{h}$，极易堵塞；$0.7\text{mm} \cdot \text{h} < d < 1.5\text{mm} \cdot \text{h}$，易于堵塞；$d > 1.5\text{mm} \cdot \text{h}$，不易堵塞。

7. 价格

一个滴灌系统有成千上万的灌水器，其价格的高低对工程投资的影响很大。设计时，应尽可能选择价格低廉适用的灌水器。

（三）滴灌工程设计参数选取和计算[3]

1. 根据规范和经验选取的参数

（1）保证率：随着降雨量及分配的变化，各年灌溉水量不同，根据历年降雨资料，用频率计算方法进行统计分析确定不同程度的干旱年份作为设计的依据。如中等年（降雨量频率 50%），中等干旱年（频率 75%），干旱年（频率 80% ~ 95%）。滴灌设计保证率应根据自然条件和经济条件确定。如丰水地区或作物经济价值较高时，可取较高值；缺水地区或作物经济价值较低时，可取较低值，依据《规范》一般不低于 85%。

（2）灌溉水利用系数（η）：指灌到田间可被作物利用的水量与水源处引进的总水量的比值，《规范》要求应不低于 0.9。

（3）系统日工作小时数（C）：根据工程运行经验，机井供水不宜超过 22h/d；地表水有条件或需实行连续供水，也不宜超过 22h/d，剩余时间为停机故障和系统检修时间。

（4）流量偏差率：是同一灌水小区内灌水器的最大、最小流量之差与设计流量的比值，是目前滴灌工程设计中反映设计灌水均匀度的指标，用 q_v 表示。

2. 通过计算确定的参数

（1）允许水头偏差率 h_v：根据《规范》用式（3-8）计算。

$$h_v = \frac{1}{x} q_v \left(1 + 0.15 \frac{1-x}{x} q_v \right) \tag{3-8}$$

式中：x—灌水器的流态指数；q_v—流量偏差率，%；h_v—允许水头偏差率，%。

（2）土壤湿润比（p）：设计土壤湿润比是指被湿润土体体积与计划土壤湿润层总土体体积的比值。湿润比的大小取决于作物、滴头间距及流量、灌水量、毛管间距、土壤理化特性等因素。在工程规划设计时，湿润比常以地面以下 $20 \sim 30cm$ 处的平均湿润面积与作物种植面积的百分比近似地表示。沿毛管灌水器间距较小时（图 3-1）用式（3-9）计算土壤湿润比（p）。

$$p = \frac{n S_e S_w}{S_t S_r} \times 100\% \tag{3-9}$$

式中：p—土壤湿润比，%；S_e—滴头间距，m；S_t—作物株距，m；S_r—作物平均行距，m；当如图 3-2 布置时，为作物窄行与宽行距离的平均值，即 $S_r = (S_{r1} + S_{r2})/S_n = S_L/S_n$；$S_w$—湿润带宽度，m，它的大小取决于土壤质地、滴头流量和灌水量大小；n——棵作物所占有的灌水器数目，个，$n = S_t / S_e \times S_n$，S_n 为毛管直线布置时一条毛管灌溉的作物行数，1 管 1 行布置时 $S_n = 1$，1 管 2 行布置时 $S_n = 2$，…，当一行作物布置两条或两条以上毛管时 $S_n = 1/2$，$S_n = 1/3$，…

如图 3-1，$S_t = 0.1m$，$S_e = 0.3m$，

则 $n = 0.1/(0.3 \times 2) = 1/6$ 个。将 n 和 S_r 值代入式（3-9）得：

$$p = \frac{n S_e S_w}{S_t S_r} \times 100\% = \frac{\dfrac{S_t}{S_e S_n} \cdot S_e S_w}{S_t \cdot \dfrac{S_L}{S_n}} \times 100\% = \frac{S_w}{S_L} \times 100\%$$

当沿毛管灌水器间距较大，湿润带直径 $D_w \leqslant S_{ew}$ 时，如图 3-2，用式（3-10）计算。

$$p = \frac{0.785 D_w^2}{S_e \times S_L} \times 100\% \tag{3-10}$$

式中：D_w—湿润带直径，m；S_L—毛管间距，m；其余符号意义同前。

当湿润圆重叠时，即 $S_e < D_w$，则需用式（3-9）计算。

（3）灌溉制度：滴灌灌溉制度是指全生育期每次灌水量、灌水时间间隔（或灌水周期）、一次灌水延续时间、灌水次数和全生育期灌水总量。

①灌水定额的计算

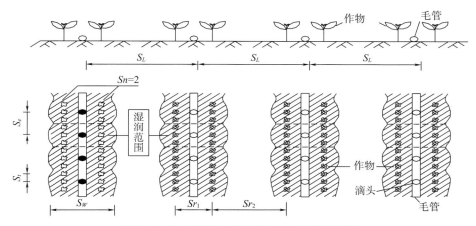

图 3-1　沿毛管灌水器间距较小时湿润示意图

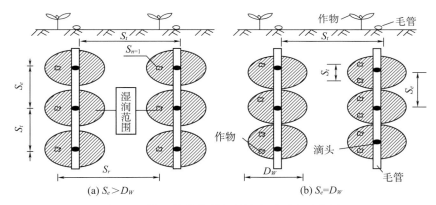

(a) $S_e > D_w$　　　　　　　　(b) $S_e = D_w$

图 3-2　沿毛管灌水器间距较大时湿润示意图

设计灌水定额应根据当地试验资料按式（3-11）计算确定。

$$m = 0.1\gamma zp(\theta_{max} - \theta_{min})/\eta \qquad (3-11)$$

式中：m—设计灌水定额，mm；γ—土壤容重，g/cm^3；z—计划湿润土层深度，m；p—滴灌设计土壤湿润比，%；θ_{max}、θ_{min}—适宜土壤含水率上下限（占干土重%）；η—灌溉水利用系数。

②灌水周期的确定

设计灌水周期应根据试验资料确定。在缺乏试验资料的地区，可参照邻边地区的试验资料并结合当地实际情况按式（3-12）计算确定。

$$T = (m/Ea) \cdot \eta \qquad (3-12)$$

式中：T—设计灌水周期，d；Ea—作物生育期最大日耗水量，mm/d。

③一次灌水延续时间的确定

设计系统日工作小时数应根据当地水源、电力和农业技术条件确定，不宜大于20h。一次灌水延续时间由式（3–13）确定：

$$t = mS_eS_t/\eta q \tag{3-13}$$

式中：t—1 次灌水延续时间，h；m—1 次滴灌用水量，mm；S_e—灌水器间距，m；S_t—毛间距，m；η—灌溉水利用系数；q—灌水器流量，L/h。

（四）滴灌系统工作制度[3]

滴灌系统通常有续灌、轮灌、随机供水灌溉三种配水方式。在确定系统工作制度时，应考虑种植作物、水源条件、经济状况、农户承包及管理方式等因素，合理选择。

全系统续灌要求系统内全部管道同时供水，对设计灌区内所有作物同时灌水，因而系统流量大，增加工程投资，设备利用率低，所以全系统续灌多用于较小的滴灌系统。较大的滴灌系统，其灌水方式往往是以同时开启的数条（对）毛管为一个基本灌水单元（灌水小区），运行时它们按轮灌分组依次轮流受水；对于基本灌水单元上游的各级管道，一般是上一级管道向下一级管道配水时，下一级管道轮流受水，这是目前大田滴灌系统中普遍采用的一种轮灌工作制度。随机供水灌溉适合于一个系统包含多个承包农户、种植多种作物的形式。

1. 轮灌方式

目前应用较多的轮灌方式有两种：辅管轮灌和支管轮灌。

（1）辅管轮灌：每条支管上布置有若干条辅管，以一条辅管控制的灌溉范围为基本灌水单元，系统运行时，每次开启该轮灌组支管上的一条或多条辅管，该辅管上的毛管同时灌水。这样，系统流量分散，节省投资，操作灵活。

（2）支管轮灌：支管上不设辅管，以一条支管控制的灌溉范围为基本灌水单元，一条或多条支管构成一个轮灌组。每个轮灌组运行时，该轮灌组内的支管上所有毛管全部开启。一个轮灌组灌水完成后开启下一个轮灌组内的支管，关闭前一个轮灌组内的支管。此种轮灌方式水量相对集中，管理简便，但投资较大。

2. 划分轮灌组的原则

轮灌组的划分对系统投资影响较大，同一轮灌组内的地块集中连片，运行管理方便，但流量集中、管路投资较高；若地块过于分散，管路投资可减小但又导致管理不便。轮灌组划分需遵循以下原则：

（1）轮灌组的数目应满足作物需水要求，同时使水源的水量与计划灌溉的面积相协调。

（2）每个轮灌组控制的面积应尽可能相等，以便水泵工作稳定，提高动力机和水泵的效率，减少能耗。

（3）轮灌组的划分应照顾农业田间管理的需要，尽可能减少农户之间的用水矛盾，并使灌水与其他农业技术措施如施肥、施药、施生长调节剂等得到较好的配合。

（4）为了便于运行操作和管理，通常一个轮灌组管理辖的范围宜集中连片，轮灌顺序可自左向右或自右向左进行。

3. 轮灌组数目的确定

按作物需水要求，系统轮灌组的数目划分如下：

$$N \leqslant CT/t \tag{3-14}$$

式中：N—允许的轮灌组最大数目，取整数；C—每天运行的小时数，一般为 12～20h；T—灌水周期，d；t—1 次灌水延续时间，h。

实践表明，轮灌组过多，会造成农户用水矛盾，按上面公式计算的 N 值为允许的最多轮灌组数，设计时应根据具体情况确定合理的轮灌组数目。

（五）管网水力计算

管网水力计算是滴灌系统设计的中心内容。其任务是在满足水量和均匀度前提下，确定管网布置方案中各级（段）管道直径、长度和系统扬程并进而选择水泵型号等。由于各级管道直径与水泵扬程之间存在各种组合，只有通过反复比较才能得出经济合理的结果。

必须指出，确定水泵、各段管道之间的最经济的组合方案，实质上是确定系统最优水头损失值及其分配问题，最终必须通过优化计算，才能真正解决；传统方法所得成果不是最优方案，它与最优方案的距离，取决于设计者的经验和认真程度。

1. 毛管水力计算

毛管水力计算的任务是根据灌水器的流量和规定的允许流量偏差，计算毛管的最大允许铺设长度和实际使用长度，并按使用长度计算毛管的进口水头。

计算步骤：

选择下列两种方法之一，核算毛管是否满足允许水头偏差要求：

①计算极限孔数 N_m，使 $N \leqslant N_m$（N 为滴头个数）；②计算毛管最大允许水头偏差 Δh_{max}，使 $\Delta h_{max} \leqslant [\Delta h_2]$（$[\Delta h_2]$ 为毛管的允许水头偏差，m）。

毛管极限孔数 N_m 的计算方法有两种：

第一种：水平毛管的极限孔数，按式（3-15）计算。

$$N_m = \text{INT}\ (5.446[\Delta h_2]d^{4.75}/K \cdot S \cdot q_d^{1.75})^{0.364} \tag{3-15}$$

式中：N_m—毛管的极限分流孔数；INT（ ）—将括号内实数舍去小数成整数；$[\Delta h_2]$—毛管的允许水头偏差，m；$[\Delta h_2]=\beta_2[\Delta h]$；$d$—毛管内径，mm；$K$—水头损失扩大系数，为毛管总水损与沿程水损的比值，$K=1.1～1.2$；S—毛管上分流孔的间距，m；q_d—毛管上单孔或灌水器的设计流量，L/h。

第二种：均匀地形坡毛管的极限孔数，应按 SL103-95《微灌工程技术规范》附录 C 所述方法确定（详见 SL103-95，第 33 页）。

对满足允许水头偏差的毛管，按公式（3-16）、式（3-17）计算首孔水头 h_1。

$$h_1 = h_d + R\Delta H - 0.5(N-1)JS \tag{3-16}$$

$$\Delta h = Gh_d(N-0.52)^{2.75}/2.75 \tag{3-17}$$

式中：ΔH—首孔与最末孔之间毛管的总水头损失，m；h_d—孔口设计水头，与 q_d 相对应；R—平均磨阻比，可根据 N 按 SL103-95《微灌工程技术规范》附录 C 中表 C_1 查用。

毛管进口水头 h_0 应按公式（3-18）计算：

$$h_0 = h_1 + KfS_0(Nq_d)^{2.75}/d^{4.75} - JS_0 \tag{3-18}$$

式中：S_0—毛管进口至管孔之管长，m；qd—单孔设计流量，L/h。

毛管沿程水头损失计算公式为：

$$H'_f = h_1 + fS \cdot q_d^m/d^b[(N+0.48)^{m+1}/(m+1) - S_0/S] \tag{3-19}$$

式中：H'_f—等距多孔管沿程水头损失，m；S—分流孔间距，m；S_0—多孔管进口至首孔的间距，m；N—分流孔总数，个；q_d—单孔设计流量，L/h。

附管沿程水头损失计算同毛管。

各种管材的 f、m、b 值，可按 SL103-95 中表 4.2.1 选用。

2. 支管水力计算

支管水力计算的任务是确定支管的水头损失、沿支管水头分布和支管直径。

（1）支管沿程水头损失计算

$$H_f = f(Q^m/d^b)L \tag{3-20}$$

式中：H_f—沿程水头损失，m；f—摩阻系数；Q—流量，L/h；d—管径内径，mm；L—管长，m；m—流量指数；b—管径指数。

（2）沿支管压力分布：支管内任一点的水头应大于或等于该处附管进口要求的工作水头，以保证灌水小区内灌水器具有足够的流量和灌水均匀度。

3. 干管水力计算

（1）干管的沿程水头损失和局部水头损失计算：干管的作用是将灌溉水输送并分配给支管。其水力计算按两个阶段进行。

①按最不利的轮灌组自下而上计算水头损失，以确定各段干管的直径和干管进口水头。由于干管上的分水口间距大，以分水口分段，自下而上逐段计算水头损失。

干管的沿程（$h_干$）和局部水头损失（$h'_干$）计算公式如式（3-21）、式（3-22）：

$$h_{\mp} = \frac{fQ^m}{d^b}L \qquad\qquad (3-21)$$

$$h'_{\mp} = \frac{\sum \xi v^2}{2} \qquad\qquad (3-22)$$

局部水头损失也可以按沿程水头损失的 10% 估算。

②待系统水泵型号选定，可先用经济法求出各级管径，作为初选管径，然后根据运行费用、压力要求、分流要求和布置的调整，通过比较验算确定管径。

干管经济管径可用式（3-23）计算：

$$D = K\left(t_n X_d\right)^\alpha Q^\beta \qquad\qquad (3-23)$$

式中：D—干管的经济管径，mm；t_n—干管每年工作小时数；X_d—电价，元/kW·h；K、α、β—系数和指数，PVC 管其值分别为 10、0.15、0.43。

（2）水锤压力验算与防护：滴灌系统运行时，管道内可能发生水锤作用。对滴灌专用的聚乙烯管材可不进行水锤压力计算，但对聚氯乙烯管材需进行水锤压力验算与防护。水锤压力按式（3-24）、式（3-25）计算：

$$\Delta H = C\Delta V/g \qquad\qquad (3-24)$$

$$C = \frac{1435}{\sqrt{1+\dfrac{2100\,(D-e)}{E_s e}}} \qquad\qquad (3-25)$$

式中：ΔH—直接水锤的压力水头增加值（m）；C—水锤波在管中的传播速度（m/s）；g—重力加速度（m/s^2）；D—管道外径（mm）；e—管壁厚度（mm）；E_s—管材的弹性模量（MPa），聚氯乙烯管为 $E_s=250\sim300$MPa，高密度聚乙烯管为 $E_s=750\sim850$MPa，低密度聚乙烯管为 $E_s=180\sim210$MPa。

（六）首部枢纽设计

1. 滴灌水的净化处理[3]

（1）处理标准：不同的滴灌灌水器其出水孔孔径和设计流道不同，抗堵塞性能也不同，对水质净化处理要求不同。

悬浮固体颗粒粒径标准：大量观测资料表明，多个悬浮固体颗粒就可能在灌水器流道口形成一个弧形堆积带，从而引起堵塞。要防止这种弧形堆积带的形成，对采用长流道滴头的滴灌系统，过滤器要将大于 1/7～1/10 的出水孔等效直径的杂质全部拦截。对于不同的滴灌系统过滤器的有效尺寸可用式（3-26）计算。

$$d_L \leqslant \left(\frac{1}{7} \sim \frac{1}{10}\right) d_D \qquad\qquad (3-26)$$

式中：d_L—要求的过滤介质的有效孔径，mm；d_D—采用的灌水器出水孔等效直径，mm。

悬浮固体颗粒浓度标准：含有粒径小于推荐标准的泥沙的水流进入滴灌系统，就粒径而言，虽然不致产生灌水器堵塞，但停灌期间可在管道内产生沉积物，第二次灌水时，这些沉积物可能形成团块涌向灌水器，从而发生堵塞。因此可用实验方法建立悬浮物浓度标准。

一般情况下，单翼迷宫滴头流道的等效直径为 0.8mm 左右，应配 120 目过滤器；内镶式滴头流道的等效直径 0.62mm，应配 180 目过滤器可除去此粒径以上的固体颗粒；压力补偿式滴头出水孔孔径为 0.42mm，应配 200 目过滤器。

单翼迷宫式滴灌带可通过含小于要求粒径的泥沙浑水的浓度指标为 1000mg/L，内镶式滴头通过含小于要求粒径的泥沙浑水的浓度指标为 650mg/L，作为所要求的水质标准。滴灌灌水器对过滤设施的精度要求见表 3-2。

表 3-2　滴灌灌水器要求过滤设施精度表

灌水器名称	流量（L/h）	砂石过滤器滤料选择与精度		筛网过滤器	
		标号	过滤能力（目）	目（英寸）	孔径（mm）
单翼迷宫式滴灌带	1.8～3.2	#8 花岗岩	100～140	120	0.125
内镶贴片式滴灌带	1.4～2.6	#11 花岗岩	140～180	180	0.069
压力补偿式滴灌管	2～8	#16 花岗岩	150～200	200	0.074

（2）处理方法：①机械处理。澄清：澄清的作用是从水中除去较大的无机悬浮颗粒，经常用于湍急的地面水源，如河流和沟渠。澄清也是水质初步处理的经济而有效的方法，可大大减少水中泥砂的含量。过滤：是指通过过滤设备将滴灌用水中所含悬浮物分离而达到滴灌要求的水质标准的过程，是目前滴灌工程中最常用且有效的一种水质净化处理方法。②化学处理。水的化学处理的目的是向水中加入一种或数种化学物品，以控制生物生长和化学反应。化学处理可以单独进行，也可以与机械处理同时进行。滴灌系统中最常使用的化学处理方法是氯化处理和加酸处理。

（3）水质净化处理设施的选配：滴灌系统能否正常、稳定、持久地运行与水质净化处理设施的性能、质量以及各种类型过滤设施的选配有着密切关系，应根据水源水质和滴头抗堵塞能力选择过滤设备型号，由于流道设计上的差异，各种灌水器对水质的要求不同。

①灌溉水中无机物含量小于 10ppm* 或粒径小于 80μm 时，宜选砂石过滤器或筛网过滤器。

---

　*　ppm＝溶质的质量/溶液的质量×10^6。

②灌溉水中无机物含量在 10 ~ 100ppm 或粒径在 80 ~ 500μm 时，宜选用离心过滤器或筛网过滤器作初级处理，然后再选用砂石过滤器。

③灌溉水中无机物含量大于 100ppm 或粒径大于 500μm 时，应使用沉淀池或离心过滤器作初级处理，然后再选用筛网或砂石过滤器。

④灌溉水中有机污物含量小于 10ppm 时，可用砂石过滤器或筛网过滤器。

⑤灌溉水中有机污物含量大于 100ppm，应选用初级拦污筛作第一级处理，再选用筛网或砂石过滤器。

⑥单翼迷宫滴灌带≥120 目，内镶式滴头≥180 目，压力补偿滴头（锥形阀芯）≥200 目。

2. 滴灌配套施肥设施

滴灌施肥（药）采用随水施肥（药），可溶性肥料（或适于根施的可溶性药）通过施肥设施注入滴灌管道中，随灌溉水一起施给作物。常用的施肥装置中，施肥罐结构简单、造价低、适用范围广、无需外加动力，因而在大田滴灌工程中被广泛应用。如图 3-3、图 3-4 所示，其位置一般在筛网过滤器之前，施肥罐进水口与出水口和主管相连，在主管上位于进水口与出水口中间设置施肥阀或闸阀，调节阀门开启度使两边形成压差，一部分水流经施肥罐后进入主管，因此，通常将施肥罐称为压差式施肥罐，也可采用无压开敞式施肥箱。

施肥罐一般按容积选型，其计算可按式（3-27）进行。

$$V = \frac{F \cdot A}{C_0} \qquad (3-27)$$

式中：V—施肥罐容积，L；F—单位面积上一次施肥量，kg/亩；A——一次施肥面积，亩；C_0—施肥罐中允许肥料溶液最大浓度，kg/L。

根据大田滴灌施肥实践经验总结，可参照表 3-3 选型。

表 3-3　大田滴灌压差施肥罐常用规格选型表

产 品 名 称	产品规格（L）	系统流量（m³/h）	控制面积（亩）
压差式施肥罐	30	30	<200
	50	50	200 ~ 400
	100	100	400 ~ 600
	150	150	600 ~ 900
	200	200	900 ~ 1200
	300	300	1200 ~ 1500
	500	500	2000 ~ 3000

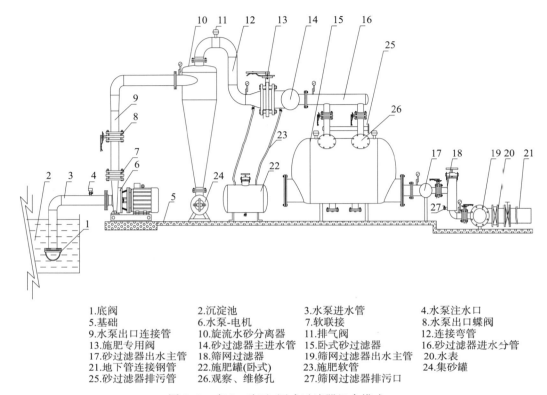

1.底阀　　　　　　　2.沉淀池　　　　　　3.水泵进水管　　　　4.水泵注水口
5.基础　　　　　　　6.水泵-电机　　　　　7.软联接　　　　　　8.水泵出口蝶阀
9.水泵出口连接管　　10.旋流水砂分离器　　11.排气阀　　　　　　12.连接弯管
13.施肥专用阀　　　　14.砂过滤器主进水管　15.卧式砂过滤器　　　16.砂过滤器进水分管
17.砂过滤器出水主管　18.筛网过滤器　　　　19.筛网过滤器出水主管　20.水表
21.地下管连接钢管　　22.施肥罐(卧式)　　　23.施肥软管　　　　　24.集砂罐
25.砂过滤器排污管　　26.观察、维修孔　　　27.筛网过滤器排污口

图 3-3　离心+砂石+网式过滤器组合模式

3. 量测、控制和保护设施

量测设施主要指流量、压力测量仪表，用于管道中的流量及压力测量，一般有压力表、水表等。压力表是滴灌系统中不可缺少的量测仪表，特别是过滤器前后的压力表，反映着过滤器的堵塞程度及何时需要清洗过滤器。水表用来计量系统的灌溉水量，多用于首部枢纽中，也可用在支管进口处。压力表与水表在首部枢纽中的工作位置见图 3-3、图 3-4。

控制设施一般包括各种阀门，如闸阀、球阀、蝶阀、流量与压力调节装置等，其作用是控制和调节滴灌系统的流量和压力。

保护设施用来保证系统在规定压力范围内工作，消除管路中的气阻和真空等，一般有进（排）气阀、安全阀、逆止阀、空气阀等。其安装位置见图 3-3、图 3-4。

4. 滴灌用水泵的选型配套

滴灌常用水泵为离心泵和井用潜水电泵。潜水泵常用 QJ 型，离心泵常用 IS 型。在滴灌系统中，水泵的选型、工况点的确定和安装高程的确定十分重要。

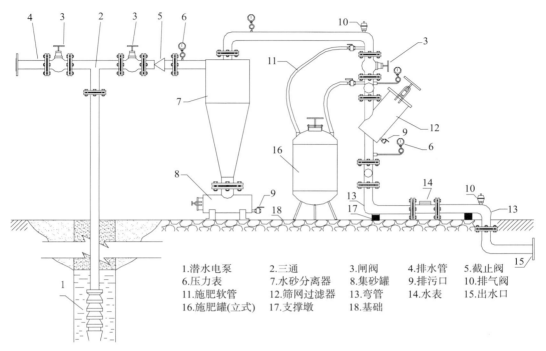

1.潜水电泵　　2.三通　　　　3.闸阀　　　4.排水管　　5.截止阀
6.压力表　　　7.水砂分离器　8.集砂罐　　9.排污口　　10.排气阀
11.施肥软管　12.筛网过滤器　13.弯管　　14.水表　　　15.出水口
16.施肥罐(立式)　17.支撑墩　　18.基础

图 3-4　离心+网式过滤器组合模式

（1）水泵的工作参数：主要有流量、扬程、功率、效率、转速、允许吸上真空高度、口径、比转数等，可参考有关专业书籍。

（2）水泵工况点的确定与校核：水泵铭牌上的流量与扬程是水泵的额定流量和扬程。在不同的管路条件下，系统需要水泵提供的流量和扬程是不同的，即工况点不同。因此，水泵工况点需用水泵的流量—扬程（$Q-H$）曲线与滴灌系统不同轮灌组时需要扬程曲线来共同确定。

一般来说，在无调压设施与变频装置条件下，不同轮灌组水泵的工况点不同。水泵的 $Q-H_{水泵}$ 曲线由水泵制造厂家提供，系统的需要扬程曲线，即 $Q-H_{需}$ 曲线是在滴灌管网系统与轮灌组确定的条件下求得，一个轮灌组有一条曲线，如图 3-5，n 个灌组有 n 条曲线，与水泵性能曲线 $Q-H_{水泵}$ 有 n 个交点，即 1，2，…，n 个工况点，均在高效区即可。

（3）水泵选型配套[6]：①水泵选型原则。a）在设计扬程下，流量满足滴灌设计流量要求；b）在长期运行过程中，水泵工作的平均效率要高，而且经常在最高效率点的右侧运行为最好；c）便于运行和管理；d）选用系列化、标准化以及更新换代产品。

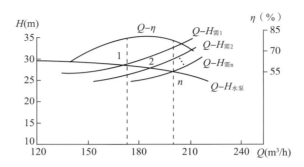

Q-η—水泵流量、效率曲线　Q-$H_{水泵}$—水泵的性能曲线　Q-$H_{需1}$、Q-$H_{需2}$、Q-$H_{需n}$—分别为第一轮灌组、第二轮灌组、…、第n轮灌组的需要扬程曲线

图 3-5　水泵工况点确定与校核图

②水泵选型配套。滴灌系统的水泵型号应根据系统设计流量和系统总扬程确定。滴灌系统设计流量等于同时工作的毛管流量之和，即：

$$Q_{总} = \sum Q_{毛} \tag{3-28}$$

系统总扬程可由公式（3-29）确定：

$$H_{总} = H_{滴} + \sum \Delta h_i + \sum \Delta h + \Delta Z \tag{3-29}$$

式中：$H_{总}$—系统总扬程，m；$H_{滴}$—滴头工作压力，m；$\sum \Delta h_i$—水泵、阀门、施肥罐、过滤器、监控仪表的局部水头损失之和，m；$\sum \Delta h$—设计参考点至干管进口处各级管道水头损失之和，m；ΔZ—设计参考点高程与水源水面高程之差，m。

根据确定的设计流量和扬程，查阅水泵生产厂家的水泵技术参数表，选出合适的水泵及配套动力。一般水源设计水位或最低水位与水泵安装高度（泵轴）间的高差超过 8.0m 以上时，宜选用潜水泵。反之，则可选择离心泵。

当选择水泵配套动力机时，应保证水泵和动力机的功率相等或动力机的功率稍大于水泵的功率，防止出现"大马拉小车"或"小马拉大车"的情况。

（4）水泵安装高程的确定：水泵的安装高程是指满足水泵不发生汽蚀的水泵基准面（对卧式离心泵是指通过水泵轴线的水平面，对于立式离心泵是指通过第一级叶轮出口中心的水平面）高程，根据与泵工况点对应的水泵允许吸上高度和水源水位来确定。水泵的允许吸上真空高度可用必需汽蚀余量（NPSH）r 或允许吸上真空高度 H_{sa} 计算，水泵制造厂家提供的必需汽蚀余量是额定转速的值，需用工作转速修正；而允许吸上真空高度 H_{sa} 是在标准状况下，以清水在额定转速下试验得出的，须进行转速、气压和温度修正得到水泵允许吸上高度，然后参照式（3-30）计算水泵安装高程。

$$\nabla_{安} = H_{允许} + \nabla_{min} \qquad\qquad (3-30)$$

式中：$\nabla_{安}$——水泵安装基准面高程，m；∇_{min}——水泵取水点最低工作水位高程，m；$H_{允许}$——水泵允许吸水高度，m。$\nabla_{安}$的确定实际上是$H_{允许}$的计算，可参考有关专业资料。

第三节　滴灌工程施工安装要点

一、滴灌首部施工安装[4]

（一）过滤装置安装要求

（1）各级过滤设施的安装顺序应符合设计要求，不得随意更改。

（2）过滤器各组件应按水流标记方向及其在图中位置进行安装。

（3）需配备相应的量测仪表、控制与保护设备等。

（二）施肥装置安装要求

（1）进出水管的连接应牢固，如使用软管，严禁扭曲打褶。

（2）施肥装置应安装在初级与末级过滤器之间。

（3）与施肥罐连接的进、出水口不能反向安装。

（三）过滤、施肥装置的安装

（1）查验过滤器及施肥装置的生产合格证，确保安装应用合格产品。

（2）应对首部系统地基进行硬质处理，确保过滤、施肥装置放置在硬质、水平基础上。

（3）在安装过程中，应该按照设计图纸的顺序连接，并按水流方向标记安装，不得反向，不可接错位置。

（四）测量仪表及保护控制设备安装

（1）测量仪表和保护设备安装前应清除封口和接头的油污和杂物，安装按设计要求和水流方向标记进行。

（2）检查安装的管件配件，如螺栓、止水胶垫、螺纹口等是否完好，管件及连接处不得有污物、油迹和毛刺，不得使用老化和直径不合规格的管件。

（3）截止阀与逆止阀应按流向标志安装，不得反向。

（4）安装前应清除封口和接头的油污和杂物，压力表宜装在环形连接管上，如用直管连接，应在连接管上与仪表之间安装控制阀。

（5）法兰中心线应与管件轴线重合，螺栓要紧固齐全，并能自由穿入孔内，止水胶垫不得阻挡过水断面。

（6）安装三通、球阀等螺纹件时，用生料带或塑料薄膜缠绕，确保连接牢固不漏水。

滴灌首部施工安装见图3-6。

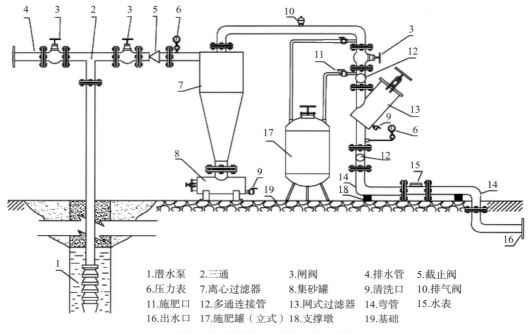

1.潜水泵　　2.三通　　　　3.闸阀　　　　4.排水管　　5.截止阀
6.压力表　　7.离心过滤器　8.集砂罐　　　9.清洗口　　10.排气阀
11.施肥口　　12.多通连接管　13.网式过滤器　14.弯管　　15.水表
16.出水口　　17.施肥罐（立式）18.支撑墩　　19.基础

图3-6　首部施工安装连接示意图

二、输配水管网施工安装[4]

输配水管网施工安装是滴灌工程施工安装的主体工程，工作量大，施工安装环节多。

（一）地埋干管、分干管施工安装

滴灌工程的地埋干管、分干管一般采用硬聚氯乙烯管，其施工安装过程为放线、管槽开挖、管道安装、部分回填、冲洗管道及试压、全面回填等。其中施工放线就是在管线埋设的位置进行测量、规划、定位并清除所有障碍。

1. 管槽形式

管槽断面主要有矩形、梯形和复合式3种形式，如图3-7所示，采用哪一种形式应根据项目区土质、地下水位、管材型号规格、最大冻土层深度及施工方法确定。

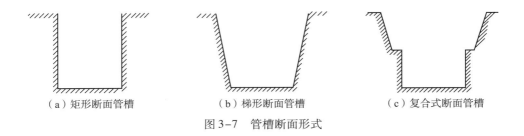

（a）矩形断面管槽 　　　　　（b）梯形断面管槽 　　　　　（c）复合式断面管槽

图 3-7　管槽断面形式

根据实践经验，管槽深度和宽度可用式（3-31）、式（3-32）、式（3-33）确定，管槽深度除满足式（3-33）外，其最小埋设深度不得小于70cm。

$$D \leqslant 200\text{mm} \text{ 的管材，} B = D + 0.3 \tag{3-31}$$

$$D > 200\text{mm} \text{ 的管材，} B = D + 0.5 \tag{3-32}$$

$$H \geqslant D + h_{\text{冻}} + 0.1 \tag{3-33}$$

式中：B—管槽底部宽度，m；D—管道外径，m；H—管槽开挖深度，m；$h_{\text{冻}}$—最大冻土层深度，m。

2. 管槽开挖

施工放线及管槽形式确定后，即可进行管槽开挖。管槽开挖时有如下要求：

（1）在放（定）线前，管线经过的所有障碍物要清除，并准备小木桩与石灰，依测定的路线定位、放线，便于管沟挖掘。

（2）管槽开挖须依照管线设计线路正直、平整施工，不得任意偏斜曲折，管线如必须弯曲时，其弯曲角度应按照管子每一承口允许的弯折角度进行，一般为2°以内。

（3）PVC管与其他埋设物交叉或接近时，至少应保持20cm的间距，以利施工。

（4）基槽应平整顺直，并应按规定放坡。当依靠重力排水时，管沟纵坡应大于2‰，以便将管中的余水排入水井或排水渠。

（5）应按施工放线轴线和槽底设计高程开挖管槽，管槽开挖宽度不宜小于60cm。

（6）管线应尽量避开较弱、不均质地带和岩石地带，若无法避开，须进行地基处理。一般采用原土地基即可；对松软土或回填土应夯实，夯实密度应达到设计要求；当地下水位较高，土层受到扰动时，一般应铺碎石垫层处理；对于硬岩石可采取超挖再回填沙土的办法处理，超挖深度不应小于10cm。

（7）应将槽底部石块、杂物清除干净，并一次整平。为方便安装，管槽开挖时弃土应置于管槽一边30cm以外。管底坡度应均匀，以便管道排空积水。

（8）镇墩、阀门安装处的开挖宜与管槽开挖同时进行。

3. 地埋管道安装

管槽开挖完成并经质量检查合格后，可进行地埋管道安装，包括：管道连接、部分回填、冲洗管道及试压、全部回填。

（1）地埋管道安装要求：①管道安装前要认真复测管槽，管槽基坑应符合设计要求；②管道安装施工过程中，及时填写施工记录，并按施工内容进行阶段验收。尤其对一些隐蔽工程和意外情况的处理应及时记录清楚；③管道上的附属设备（如闸阀、水表等）与管道连接时，应垫置加固支撑，避免设备的重量加压在管道上；④管道安装时，如遇地下水或积水，应采取排水措施；⑤管道穿越公路、沟道等处时，应采取加套管、砌筑涵洞等措施。⑥对暴露的管线应采取防腐蚀处理；⑦管道安装工作间断期间，应及时封闭敞开的管口，以防老鼠等小动物钻入；⑧塑料管承插连接时，承插口与密封圈规格应匹配；⑨在干管与支管连接设置闸阀井，在干管的末端设置排水井。

（2）地埋聚氯乙烯管道安装。主要有两种方式：承插式和粘接式。分述如下：

承插式聚氯乙烯管道安装：

① 在铺设地埋管道前要对塑料管规格和尺寸进行复查，并检查管材、管件、胶圈、黏结剂的质量是否合格。不得使用有问题的管材、橡胶圈。管道穿越公路时应设钢管或混凝土套管，套管直径大于硬聚乙烯管直径加60mm；塑料管采用胶圈连接，其放入沟槽时，扩口应在水流的上游；清除承插口的污物，管内必须保持清洁；将橡胶圈正确安装在管道承插口的橡胶圈槽内，橡胶圈不得装反或扭曲；②用塞尺顺承插口量好插入的长度，不同管径管道最小插入长度见表3-4。③在插入口涂润滑剂（洗洁精或洗衣粉水剂）；用紧绳器将管插口一次性插入到要求的长度；插入以后，用塞尺检查橡胶圈安装是否正常；④在沟槽内铺设聚氯乙烯管，如设计未规定采用其他材料的基础，应铺设在未经扰动的原地上。管道安装后，铺设管道时所用的垫块应及时拆除。⑤管道不得铺设在冻土上，冬季施工应清完沟底后及时安装并回填，防止在铺设管道和管道试压过程中沟底冻结；在昼夜温差较大地区，应采用胶圈（柔性）连接，如采用黏结口连接，应采取措施防止温差产生的应力破坏管道及接口；⑥施工温度要求：黏结剂黏结不得在5℃以下施工；胶圈连接不得在-10℃以下施工。⑦管道在铺设过程中可以有适当的弯曲可利用管材的弯曲转弯；但幅度不能过大，曲率半径不得小于管径的300倍，并应浇筑固定管道弧度的混凝土或砖砌固定支墩；⑧当管道坡度大于1∶6时应浇筑防止管道下滑的混凝土防滑墩。防滑墩基础必须浇筑在管道基础下的原状土内，并将管道锚固在防滑墩上。混凝土防滑墩宽度不得小于管外径加300mm；长度不得小于500mm；防滑墩与上部管道的锚固定可采用管箍，或浇筑在防滑墩混凝土内。管箍必须固定在墩内的锚固件上。采用钢制管箍时应作相应的防腐处理；⑨管道若在地面连接好后放入沟槽则要求：管径小于160mm；柔性连接（黏结管道放入沟槽必须采取固化稳定措施）；沟槽浅；靠管材的弯曲转弯；应特殊原因沟宽达不到要求，无法在沟内施工；安装直管无节点；⑩管道安装中断时，应用木塞或其他材料封堵管口，防止杂物、动物等进入管道；承插管安装轴线应对直重合，承插深度应为管外径的1~1.5倍。

表 3-4 管道接头最小插入长度

公称外径（mm）	63	75	90	110	125	140	160	200
插入长度（mm）	64	67	70	75	78	81	86	94

粘接管道安装：

① 管道切割：选用细齿锯、割刀或专用 PVC-U 断管具，将管道按要求的长度垂直切开，用板锉将端口毛刺和毛边去掉，然后倒角（锉成坡口）。切断管材时，应保证断口平整且垂直于管的轴线。锉成的坡口长度一般不小于 3mm，厚度为管壁厚度的 1/3～1/2，坡口锉完后，将残屑清除干净；② 确定插入深度：粘接前应将两管试插一次，使插入深度及配合情况符合要求，并在断面划出插入承口深度的标记线，管端插入承口深度根据表 3-5 的数据确定；③ 涂抹胶黏剂：在涂抹胶黏剂之前，用干布将承插口外粘接表面的残屑、灰尘、水、油污擦净，然后用毛刷将胶黏剂迅速均匀地涂抹在插口外表面或承口内表面；④ 插入连接：将两根管道和管件的中心找准，迅速将插口插入承口，保持至少 2min，以便胶黏剂分布均匀固化；⑤ 保持固化：承插接口连接完毕后，用布擦去管道表面多余的胶黏剂，10min 内避免向管道施加外力，固化 24h 后可进行试压、使用。固化时间见表 3-6。

表 3-5 粘接时管道和管件插入长度

公称外径（mm）	63	75	90	110	125	140	160
插入长度（mm）	37.5	43.5	51.0	61.0	68.5	76.0	86.0

表 3-6 粘接管道或管件静止固化时间

公称外径（mm）	管道表面的温度（℃）	
	5～18	18～40
63	20	30
63～110	45	60
110～160	60	90

4. 管道固定及附属设施的安装

在管道分岔、拐弯、变径、末端、阀门位置应设置镇墩。如果安装管道较长、地形坡降较大或地形比较复杂，要加设镇墩或支墩。要注意的是不能将镇墩、支墩和管道一起浇筑，镇墩、支墩浇筑时先留预埋件，安装后进行固定。在装阀门的位置要安装闸阀井，在管道的低处应考虑排水措施。

5. 出地管安装

（1）根据设计图纸确定出地管的位置。

（2）如果干管上已安装好连接出地管的三通，直接与立挺管连接；如果没有，用打孔器在干管上打孔（打孔器垂直干管轴线打孔）安装增接口，并将增接口的鞍座对准孔口固定位置，并套好胶圈，固定增接口上的螺丝，再接立挺管。

（3）出地管（立挺）下端与干管上三通或增接口连接，上端接法兰、变径接头和三通或直接与一体的出水栓（塑料或铁件）连接。

（4）出地三通或出水栓两边分别与塑料球阀连接后，再与地面支管连接。

6. 管槽回填

在管段无接缝处先覆土固定，待安装完毕后经冲洗试压，全面检查质量合格后方可全面回填。回填前应清除槽内一切杂物，排除积水，在管壁四周 10cm 内的覆土不应用直径大于 2.5cm 的碎石和直径大于 5cm 的土块回填，回填土应高于原地面 10cm，并分层压实。回填必须在管道两侧同时进行，严禁单侧回填，并应严格按施工要求填埋。采用机械回填时，应先人工覆土，管顶覆土厚度不小于 30 cm。

（二）地面支管、辅管的安装

1. 地面支管、辅管安装要求

（1）应按设计要求由上而下依次安装。

（2）管端应剪成平口，不得有裂纹，并防止混进杂物。

（3）厚壁支管连接气温低时应对管端预热后安装。

（4）支管、辅管铺设时应留有余量，呈"S"形铺设，避免热胀冷缩使滴灌带和管件脱落。

2. 支管安装

目前，滴灌系统中使用的支管有薄壁和厚壁两种，薄壁支管居多，这里仅介绍薄壁支管的安装。支管在铺设时不宜拉得过紧，铺设 1 ~ 2d 后使其处于自由弯曲状态，并在当地时间早上 6：00 前后测量、打孔或截断。支管连接参照以下步骤进行：

（1）连接出地管上球阀、阳纹承插直通。

（2）将支管进口断面剪切平齐，钢卡套在薄壁支管上，再将薄壁支管承插到带有止水胶圈的阳纹直通插口端、卡紧钢卡。

（3）将支管末端折叠后用铁丝扎紧，或用一小段支管环套折叠部位，以封闭末端。

3. 辅管安装

（1）确定铺管安装位置，截断薄壁支管。

（2）将钢卡套在薄壁支管上，将薄壁支管承插到带止水胶圈的承插三通两端，最后将钢卡卡紧。

（3）在支管变径三通上安装球阀，再与辅管连接的等径三通连接。

（4）根据设计要求截取相应的辅管长度，连接辅管与三通，并封堵辅管的末端。

（三）滴灌带施工安装

1. 滴灌带铺设装置

滴灌带田间铺设装置为田间覆膜、播种、铺管联合作业机，由以下几部分组成：机架部分、滴灌带铺设装置、铺膜装置、播种装置、镇压整形装置和覆土装置。可一次完成膜床整形→铺管→铺膜→膜边覆土→膜上点播→膜孔覆土→镇压等多项工序。机具与滴灌带接触部位应顺畅平滑，转动灵活，不能有毛刺或外加摩擦力，以免对滴灌带造成损伤。滴灌带铺设装置的结构如图3-8所示。

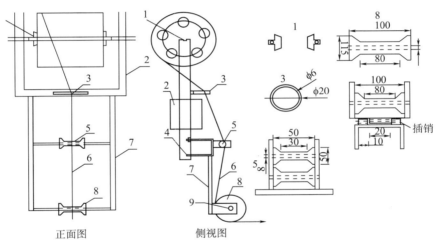

正面图　　　　侧视图

1.轴承　2.带盘架　3.钢筋环　4.累栓　5.导向轮　6.滴灌带　7.轮架　8.定位轮　9.联动轴

图3-8　滴灌带田间铺设装置图

2. 滴灌带田间铺设

（1）滴灌带田间铺设要求：①铺设滴灌带的装置，导向轮应转动灵活，导向环要光滑，最好用薄壁缠住，使滴灌带在铺设中不被划破或磨损；②滴灌带铺设不要太紧，要留有一定的余量便于自由伸缩，防止铺设过紧造成安装困难，同时，也不能太松，以免造成浪费；③单翼迷宫式滴灌带铺设时应将流道凸起面向上；④滴灌带铺设装置进入工作状态后，严禁倒退；⑤在铺设过程中，对于断开位置应及时用直通连接，避免沙子和其他杂物进入；⑥滴灌带连接应紧固、密封，两支管间滴灌带中间应扎紧，末端应封闭，以阻断水流。

（2）滴灌带田间铺设：①检查播种机改装是否合适；②将滴灌带架设于滴灌带铺设装置上，流道凸面朝上；③为使播种机在滴灌带张力均衡状态下自然播种，要求滴灌带与定位轮成90°夹角；④机具进入工作状态后，不得倒退；⑤铺设滴灌带时，在地两边应留1.0~2.0m伸缩余量。

3. 滴灌带与支、铺管连接

（1）在支管或辅管上打孔，孔眼位置要与滴灌带铺设位置对准，当采用按扣三通连接时，孔眼朝上，将按扣三通承插端装入孔内。当采用旁通连接时，孔口朝向滴灌带铺设的一侧，且与地面平行。孔眼打好后，将按扣三通或旁通插入支管。

（2）将滴灌带与支、辅管连接处用剪刀剪成平口状。

（3）将滴灌带与支、辅管上的按扣三通连接，滴灌带之间用直通连接。

（4）滴灌带与支管、辅管连接处不能打褶。

三、管道冲洗和试运行[4]

（一）管道冲洗

（1）管道冲洗应由上至下逐级进行，支管和毛管应按轮灌组冲洗，冲洗过程中应随时检查管道情况，并作好冲洗记录。

（2）应先打开枢纽总控制阀和待冲洗的阀门，关闭其他阀门，启动水泵对干管进行冲洗，直到干管末端出水清洁。然后关闭干管末端阀门，进行支管冲洗，直到支管末端出水清洁。最后关闭支管末端阀门冲洗毛管，直到毛管末端出水清洁为止。

（二）系统试运行

（1）系统试运行应按设计要求，分轮灌组进行。

（2）初检合格后关闭管道所有开口部分的阀门，利用控制阀门逐段试压，试验压力可取管道设计压力，即水泵正常运行时的最大扬程，保压时间为1h。试压后将管道、接头、管件等渗水、漏水处进行处理，如漏水严重须重新安装，待装好后再试压。要连续运行4h，全系统运转正常，指标达到设计规定值后，才能进行管道回填。

（3）管道允许最大渗漏水量应按式（3-34）计算：

$$q_s = k_s d \qquad (3-34)$$

式中：q_s—100m长管道允许最大渗漏量，L/min；k_s—渗漏系数，硬聚乙烯管、聚丙烯管取0.08，聚乙烯管取0.12；d—管道内径，mm。

四、滴灌系统地埋 PVC 管道施工安装中几个需要注意的问题

（一）水锤的发生原因及防止措施

（1）管道内空气未能排出易产生水锤，管线较高位置容易积存空气，体积会被压缩变小，内压大幅度增加，导致产生水锤，水锤则造成管壁承受瞬间加压。

防止措施：在管线较高处装自动排气阀。

（2）当管道施工完成准备通水，止水阀若打开过急或过大，致排气不及时，空气大量遗留管内，再加上过大水流冲击，也会产生水锤。

防止措施：各排气阀都打开，以利排气。通水时止水阀打开不可过快或过大，使空气能顺利排出原则；当排气阀（指另装排气阀，非自动排气阀）有水流出，则表示管道水已满，此时才可关闭排气阀。

（二）寒冷地区管道施工

（1）PVC-U 管材应埋设在当地多年最大冻层以下，如果埋设深度小于最大冻层，入冬前应确保排净管道中积水。否则管内结冰，体积增加易导致管材破裂，具体按有关规定及设计要求处理。

（2）寒带地区露出管部分 PVC-U 管外表必须包裹石棉（石棉绳）、纤毯、保利龙等保温材料。

（3）搬运装卸或施工中注意管材的保护，不得有野蛮施工现象，避免冲击管材。当管材有刻痕时，会影响管材的承压能力。

（三）特殊情况下管道施工

1. 管道过路时注意事项

（1）注意地下隐蔽物、建筑物及其他管线，不得影响其他管线的正常使用。管道靠近建筑物铺设时，管道中线与建筑物外墙之间水平距离不宜小于下列规定：管材外径不大于 200mm 时为 1m，管材外径大于 200mm 时为 3m。与其他线交叉时，应查明管径和埋深，依照雨水管在上、污水管在下，给水管让排水管，有压力管让无压力管；

（2）应考虑管道承受外压问题，管沟挖掘宁深勿浅，过路设计时管材应承受 3 倍的最大轮压，沟槽应在 1.2m 以下，过路时必须加钢筋混凝土套管、钢管或铁管保护 PVC-U 管材，套管内径不宜小于 PVC-U 管径加 300mm；

（3）做好管道弯头、三通及其他附件的巩固措施；

（4）回填土时要夯实，但不得损伤管材，管沟回填最好填有黏度的黄砂或砂拌水泥，利于分散管道承受的压力。

2. 过河、过沟时注意事项

（1）根据工地实际情况陡坡变缓坡，降低水对管材的冲击。

（2）大口径管件最好采用与 PVC 管配套的铸铁管件。管件处必须进行巩固，减少水冲击。

（3）管线弯曲位置易产生水锤、气锤，为防止问题发生，管线最高点应安装排气阀。

（4）穿越河道时还应在保护套管外采取包混凝土等措施。

3. 高温施工（气温或地温至40℃以上）注意事项

（1）避免气温过高，特别是地温过高时，管材放置于柏油路面或堆放受挤压，导致管材承口及插入端变形，影响正常施工。特别是在薄壁管施工时，应特别注意管材堆放高度不应超过1.5m，插口及承口宜交替堆放，不得垂直堆放。承口部分应悬出插口端。

（2）与热力管交叉施工时，注意热力管散发热量是否会影响到 PVC 管正常使用，为防止问题发生，交叉时最好采用钢管或球墨铸铁管代替，连接接口不可用橡胶垫连接，因温度过高会使橡胶劣变，可采用石棉垫连接。与热力管、燃气管等管线水平净距离施工中不宜小于1.5m，与其他一般管线交叉时注意管线之间距离不小于0.4m。

第四节　滴灌系统运行管理要点

一、组织管理

根据滴灌系统所有权的性质，应建立相应的经营管理机构，实行统一领导，分级管理或集中管理，具体实行工程、机泵、用水、用电等项目管理。为提高滴灌工程的管理水平应加强技术培训，明确工作职责和任务，建立健全各项规章制度，实行滴灌产业化管理。

二、用水管理

应根据作物不同生育时期和气候条件制订滴灌系统用水计划，避免盲目性和随意性。具体灌水时，根据作物长势、地力等情况，实行用水科学调度（轮灌次序、轮灌面积、轮灌时间），计划管理。

三、工程运行管理[7]

1. 管网的运行管理

（1）系统每次工作前先进行冲洗，在运行过程中，要检查系统水质情况，视水质情况对比系统进行冲洗。

（2）定期对管网进行巡视，检查管网运行情况，如有漏水要立即处理。

（3）灌水时每次开启一个轮灌组，当一个轮灌组结束后，先开启下一个轮灌组，再关闭上一个轮灌组，严禁先关后开。

（4）系统运行时，必须严格控制压力表读数，应将系统控制在设计压力下运行，以保证系统能安全有效的运行。

（5）每年灌溉季节应对地埋管进行检查，灌溉季节结束后，应对损坏处进行维修，冲净泥沙，排净积水。

（6）系统第一次运行时，需进行调压。可通过调整球阀的开启度来进行调压，使系统各支管进口的压力大致相等。薄壁毛管压力可维持在1kg左右，调试完后，在球阀相应位置做好标记，以保证在其以后的运行中，开启度能维持在该水平。

（7）应教育和监督田间管理人员在放苗、定苗、锄草时要认真、仔细，不要将滴管带损坏。

2. 首部枢纽的运行管理

（1）水泵应严格按照其操作手册的规定进行操作与维护。

（2）每次工作前要对过滤器进行清洗。

（3）在运行过程中若过滤器进出口压力差超过正常压差的25%～30%，要对过滤器进行反冲洗或清洗。

（4）应严格按过滤器设计流量与压力进行操作，不得超压、超流量运行。

（5）施肥罐中注入的固体颗粒不得超过施肥罐容积的2/3。

（6）每次施肥完毕后，对过滤器进行冲洗。

（7）系统运行过程中，应认真做好记录。

3. 沉淀池（地表水灌溉）运行操作

（1）开启水泵前认真检查各级过滤筛网是否干净，有无杂物或泥堵塞筛网眼的现象以及筛网是否有破损现象，如有破损需及时更换。

（2）检查过滤筛网边框与沉淀池边壁是否结合紧密，如有缝隙较大现象，应采取措施堵住。

（3）检查无纺布是否铺放平展，并用石头压稳；检查无纺布是否干净，如杂物太多，需用清水进行冲洗或更换一次。

（4）水泵泵头需用50～80目筛笼罩住，筛笼直径不小于泵头直径2倍。

（5）系统运行前先清除池中脏污，当水质较混浊时，应关闭进水口，待水清后再进入沉淀池，以免沉淀池过滤负担过重。

（6）系统运行时，对于积在过滤筛网前的漂浮物、杂物应及时捞除，以免影响筛网过水能力，对于较密如30～80目筛网被泥颗粒糊住，导致筛网两侧水位差达10～15cm，应换洗筛网。①筛网换洗方法：将脏网提起，将干净的网沿槽放下，脏网需用刷子和清水刷洗干净。停泵后应用清水冲洗无纺布及各级筛网，藻类较多时，需另换一块无纺布，将取下的无纺布晾干拍打干净，预备下次换洗。②无纺布冲洗办法：用较强压力水流冲洗粘附在无纺布上的藻类和泥。

4. 过滤器运行操作

（1）砂石过滤器：砂石过滤器是利用过滤器内的介质间隙过滤的，其介质层厚度是经过严格计算的，所以不得任意更改介质粒度和厚度，介质之间的空隙分布情况决定过滤效果的优劣。在使用该种过滤器时应注意：①必须严格按过滤器的设计流量操作，不得超出，因为过多地超出使用范围，砂床的空隙会被压力击穿，形成空洞效应，使过滤效果丧失。②由于过滤器是靠介质层的空隙过滤，被过滤的混浊水中的污物、泥砂会堵塞空隙，所以应注意压力表的指示情况，当下游压力表压力下降，而上游压力表摆针上升时，就应进行反冲洗，其反冲洗界线为超过原压力差 0.02MPa。

反冲洗方法：①在系统工作时，可关闭一组过滤器进水中的一个蝶阀，同时打开相应排水蝶阀排污口，使由另一只过滤器过滤后的水由过滤器下体向上流入介质层进行反冲洗，泥砂、污物可顺排砂口排出，直到排出水为净水无混浊物为止。②反冲洗的时间和次数依当地水源情况自定。③反冲洗完毕后，应先关闭排污口，缓慢打开蝶阀使砂床稳定压实。稍后对另一个过滤器进行反冲洗。④对于悬浮在介质表面的污染层，可待灌水完毕后清除，过污的介质，应用干净的介质代替，视水质情况应对介质每年进行 1~4 次彻底清洗，对于存在的有机物和藻类，可能会将砂粒堵塞，这时应按一定的比例加入氯或酸，把过滤器浸泡 24h，然后反冲洗直到放出清水。⑤过滤器使用到一定时间（砂粒损失过大，粒度减小或过碎），应更换添加过滤介质。

（2）网式过滤器：网式过滤器在结构上较简单，当水中悬浮颗粒尺寸大于过滤网上孔的尺寸，就会被截流；同时当网上积聚了一定数量的污物后，过滤器进出口间会发生压力差，当进出口压力差超过原压差 0.02MPa 时，就应对网芯进行清洗。

清洗方法：①将网芯抽出清洗，两端保护密封圈用清水冲洗，也可用软毛刷刷净，但不可用硬物。②当网芯内外都清洗干净后，应将金属壳内的污物用清水冲净，由排污口排出。③过滤器的网芯为不锈钢材料，很薄，所以在保养、保存、运输时要格外小心，不得碰破，一旦破损就应立即更换过滤网，严禁筛网破损使用。

（3）离心过滤器：由水泵供水经水管切向进入离心体内，旋转产生离心力，推动泥砂及其他密度较高的固体颗粒向管臂移动，形成旋流，促使泥砂进入砂石罐，清水则顺流进入出水口，即完成了第一级的水砂分离，清水经出水口弯管、三通，进入网式过滤器罐内，再进行后面的过滤。

离心式过滤器集砂罐设有排砂口，要不间断排砂。

（4）过滤器操作注意事项：①过滤站按设计水处理能力运行，以保证过滤站的使用性能。②过滤站安装前，应按过滤站的外形尺寸做好基础处理，保证地面平整、坚实、做混凝土基础，并留有排砂及冲洗水流道。③应有熟知操作规程的人负责过滤站的操作，以保证过滤站设备的正常运行。④露天安装的过滤站，在冬季不工作时必须排掉站内的所有积水，以防冻裂，压力表等仪表装置应卸掉妥善保管。⑤为保证过滤站的外观整洁，安装时应尽可能防止损坏喷漆表面。⑥砂石过滤器安装好后，有条件的应先将过滤介质冲洗干净后再装入过滤器内，其冲洗标准以在容器内冲洗后无混浊水为准。无此条件者先将介质装入过滤器，但使用前应关闭后边的阀门，对介质进行反冲洗，每组两罐交替进行，以无混浊水排出为准。

5. 施肥罐运行操作

（1）打开施肥罐，将滴施肥（药）倒入施肥罐中。注入肥料不得超过施肥罐容积的 2/3。

（2）打开进水球阀，进水至罐容量的 1/2 后停止进水，并将施肥罐上盖拧紧。

（3）滴施肥（药）时，先开施肥罐出水球阀，再打开进水球阀，稍后缓慢关两球阀间的闸阀，使其前后压力表差比原压力差增加约 0.05MPa，通过此压力差将罐中肥料带入系统管网中。

（4）滴肥（药）约 30min 即可完毕，具体情况根据经验以及罐体容积大小和肥（药）量的多少判定。

（5）滴施完一轮罐组后，将两侧球阀关闭，先关进水阀后关出水阀，将罐底球阀打开，把水放尽，再进行下一轮灌组滴施。

6. 注意事项

（1）罐体内肥料必须溶解充分，否则堵塞罐体影响滴施效果。

（2）滴施肥（药）应在每个轮灌小区滴水 1/3 时间后滴施，并且在滴水结束前半小时必须停止施肥（药），即进行半小时滴清水冲洗管网，以免肥料在管内沉积或施入其他轮灌组。

（3）定期对施肥罐进行清洗。

第五节　灌溉实时预报与滴灌自动控制技术

一、灌溉实时预报技术

目前，国内外普遍采用的灌溉预报方法主要有两种，即实际年法和频率分析法。前者参照过去某一实际年份的降水量、作物蒸发蒸腾量及其他水文气象特征，预先进行灌溉制度分析，将分析的灌水日期和灌水量作为灌溉预报值；后者着眼于模拟一定条件下的降水分布，然后考虑一定频率的作物蒸发蒸腾量等进行水量平衡演算，预测灌水日期和灌水量。这两种方法均以历史资料为依据，而考虑当时的情况不够。因此，有许多缺陷：首先，只考虑频率相近的水文年份之间，水源来水量和作物蒸发蒸腾量的大小及变化过程相似，而没考虑当年的实际水文气象特征和作物蒸发蒸腾量的特征。其次，在缺乏水文资料、作物蒸发蒸腾量资料、灌溉制度资料或虽有资料，但资料的系列较短时，用水计划的制订带有盲目性。另外，由于水文频率相近的年份之间，年内降水量分布不同，影响灌溉用水量的主要因素不一定完全同步，按过去年份所确定的灌水时间往往与作物需灌溉的关键时期不一致。

由于任何季节，实际的气象因素、土壤因素及作物因素都不可能与历史上某一时期完全相同，也不可能与长期预测情况完全吻合，这就使得预先编制的用水计划往往与实际灌溉要求不符。如果以当时的田间水分状况、作物生长状况、作物蒸发蒸腾量、地下水动态以及最新预测信息（如短期天气预报、作物生长趋势等）为基础，则可以对这种条件下作物所需的灌水日期和灌水量做出比较准确的预测。这种灌溉预报方法就是实时灌溉预报。

（一）灌溉实时预报原理

实时预报是对在一定条件下作物所需要的灌水日期及灌水定额作出预测。作物蒸发蒸腾量预报是灌溉预报的基础，当未来一定时期的各种作物蒸发蒸腾量、降水量、可能的水文气象、水文地质条件通过预测得到后，就可对各种作物的各次灌水定额进行预测。

影响灌水日期及灌水定额的主要因素有三类，第一类为确定性因素，如当时的田间水分状况、作物生长状况、土壤水分常数等；第二类为不确定性因素，如预测时段内的气象条件、田间水分消长、作物生长发育变化等；第三类因素人为确定的因素，如适宜田间水分上下限、水量平衡方程及参数选择、预测时段等。这三类因素同等重要。

实时灌溉预报强调正确地估计初始状态及最新预测资料。每一次预测，都是以修正后的初始状态为基础，而不是事先所确定的条件。然后利用短期水文气象预报资料，对灌溉日期及灌水定额作出预测，从某种意义上说，在灌溉预报过程中，更重要的是利用各种反馈的信息对前一时期的各种条件进行逐日修正。

实时灌溉预报的第一个要求，就是要根据地形条件、土壤条件、作物品种、生育阶段、小气候条件、水文地质条件等不同的条件，分别对各代表田块进行初始状态修正。如果想在当时用实测资料来修正初始状态显然是不可能的，因此，虽然采用了土壤水分等实测资料的传统墒情预报，因不能反映大多数田块的初始状态，不是实时灌溉预报。但是，完全脱离反馈信息，而只用计算机模拟的方法所得出的初始状态，也未必能够客观反映整体情况。实时灌溉预报的另一个要求，是要对所有田间水量平衡要素及影响灌水日期、灌水定额的各种因素进行逐日递推或逐日分析，而不可能用某一时段的平均情况来代替逐日过程。由于每一天的初始状态都是前一天的结果，而后一天的水分消长又以前一天的各种条件为前提，如作物蒸发蒸腾量不仅与当日的气象条件和作物长势有关，而且也是当时土壤水分条件的函数，而当时的土壤水分状况只有进行逐日递推，才能比较准确、简便地确定。

（二）灌溉实时预报的基本步骤和方法

1. 前期准备

（1）代表田块的选定。代表田块对灌溉的要求应能反映全灌区的灌水要求，不同的作物品种、播种时间、土壤质地、地下水埋深、地理位置、地形条件都要分别选择代表田块。如果以支渠为模拟系统，则每条支渠下均应按上述要求选择代表田块；如果以行政区划（国外一般按农场）为模拟系统，则每个行政区应按上述要求选择代表田快；如果田块面积较大而田块数量不多，可以在同一田块中选择几个"代表点"。一般来说，视灌区面积大小和自然条件差异，可选择 30～300 个代表田块或代表点。分别对这些"点"进行实时灌溉预报，再综合考虑各点的灌水要求，最后预报全灌区灌水要求。

（2）气候分区及气象资料利用。对于面积较大的灌区，应进行气候分区。由于降水的时空变化相对较大，应尽可能多地布设雨量筒，以保证降水信息能反映全灌区各处降水情况；而用于作物蒸发蒸腾量分析计算及预测的气象资料只能利用条件较好的现有气象站收集，因此，分区不可能太多。

（3）基本资料收集。包括长系列气象资料，作物面积和品种、生育阶段及其蒸发蒸腾量规律，灌溉渠系工程资料及各种水源条件，代表田块的土壤水分常数等。

（4）模型及参数确定。根据灌区面积、作物、水源、土壤、气象、水文地质等条件，确定进行实时灌溉预报的数学模型和方法，并事先确定有关参数。

（5）计算机程序编写。国内外专家的共识是，用于实时灌溉预报的计算机程序宜采用工作底稿方式（worksheets），并具有菜单结构（menu driven）。

2. 初始田间水分状况修正

如前所述，初始田间水分状况修正是实时灌溉预报中最关键的步骤之一。对于一般大田作物最简便的方法是要求基层将时段初的田间水分状况告诉计算机处理者。由于各田块之间的水分消长是不同的，在修正各田间初始水分状况时，如果要求过高，则不利于资料的迅速获得，也无必要；如果太粗，则不能保证预测精度。对于旱作物田间，应根据上一时段的实际降水、灌溉、地下水补给量、自由排水通量以及实际的作物蒸发蒸腾量逐日推算其土壤含水率，直至该时段初。如果是生育期第一次灌溉预报，应在灌溉季节前选择降水量较大或十分干燥的某一天作为起始，初拟土壤含水率值（如饱和含水率，田间持水率等），再利用实际资料逐日递推至生育期的开始。如果不是生育期第一次模拟，则以上时段末土壤含水率为基础，逐日修正土壤含水率。

由于上一时段实际降水、灌溉已知，故只要利用实测气象资料、实际作物系数和实际土壤水分胁迫系数重新计算作物实际蒸发蒸腾量，便可用上时段初始土壤含水率递推至本时段初，以确定初始田间水分状况。其中，需要先进行作物生长过程修正（确定作物系数）和作物蒸发蒸腾量修正。

作物生长过程修正。在预测作物蒸发蒸腾量时，往往只能根据预测时段第 1 日（若以旬为时段，则每旬第 1 日；若以周为时段，则每星期一，其他原理同），由下面反馈的作物生长状况信息以及作物生长一般过程来估算今后一段时间内作物的生长过程，特别是根系层和作物叶面积变化过程。然而，当实际的气候条件或其他环境条件与往年有差异时，作物的实际生长过程也会与预测情况不同。为了准确地修正初始田间水分状况，需要利用上一时段初及该预测时段初的实际作物叶面积覆盖百分率资料（均已知）对上一时段内作物叶面覆盖百分率和根系层深度进行重新修正。

作物蒸发蒸腾量修正。与作物生长过程相似，作物逐日蒸发蒸腾量值也是根据各种预测资料预测的，在取得实际资料后，应立即采用实际资料对蒸发蒸腾量进行修正。若灌溉作物品种包含旱作物或只有旱作物，则要对该作物蒸发蒸腾量进行修正，直至该预测时段初。如果精度要求较高，则应采用实际的气象资料计算逐日参考作物需水量，然后再根据上一步所修正的作物叶面生长过程和实际土壤含水率资料所确定的土壤水分胁迫系数，土壤表层湿润系数等逐日修正作物实际蒸发蒸腾量。

3. 作物蒸发蒸腾量预测

按照实时灌溉预报的原理和作物蒸发蒸腾量预测方法，各种作物蒸发蒸腾量的预测可采用逐日均值修正法。

4. 灌水日期及灌水中间日预测

灌水日期预测是实时灌溉预报的主要任务之一。在对田间初始水分状况进行修正后，主要是进行田间水量平衡逐日模拟。与农田水利学的农田水量平衡演算不同的是，此处的地下水补给量、作物蒸发蒸腾量、降水量、自由排水通量、渗漏量等均为预测值。由于农田水量平衡诸要素互相联系，互相影响，互为函数，故应逐日逐项递推。例如，作物蒸发蒸腾量是土壤含水率等因素的函数，而土壤含水率的大小又是由作物蒸发蒸腾量等因素决定。同样的道理，自由排水通量、渗漏量、地下水补给量等也是土壤含水率的函数，而田间水分状况又是这些因素综合作用的结果。在一定的田间适宜水分上下限情况下，经过逐日水量平衡模拟，即可得出某一种作物、某一代表田块所需要灌水的日期。对所有代表田块分别进行水量平衡模拟，则可得各田块需要的灌水日期。在各田块的灌水不需统一时，各田块的灌水日期可以根据该模拟日期确定。据此进行灌溉，可适时满足田块作物对水分的需求。但是在许多灌区，某一时段某一次灌水必须统一时间进行，否则不便管理，这样，需要根据各田块的灌水要求及灌溉管理的要求，综合考虑作物需水的轻重缓急、劳力情况、工程管理要求等确定一个或几个统一的灌水中间日，以便满足所有作物的灌水要求。

5. 净灌溉需水量预测

各种作物的灌水定额是计算综合净灌水定额和各系统的净灌溉需水量的基础。根据各典型田块所代表的面积以及该类田块所需要的灌水定额，可推算出其净灌溉需水量。

6. 毛灌溉需水量预测

根据净灌溉需水量分析毛灌溉需水量可按以下三个步骤进行：① 各片净灌溉需水量除以田间水利用系数，得该片实际净灌溉需水量；②各片实际净灌溉需水量分别除以该片的渠系水利用系数，得各片毛灌溉需水量；③将各片毛灌溉需水量相加，得总的毛灌溉需水量。

（三）灌溉实时预报主要数学模型

无论是修正田间初始水分状况，或是预测灌水日期和灌水定额，其基本运算是田间水量平衡。在不同条件下，旱作物田间水量平衡基本方程如下所示：

$$D_i \begin{cases} 0, \text{ 当 } D_{i-1}=0, P_{0i}+I_i+k_i>ET_i\text{时，或 } D_{i-1}>0, P_{0i}+I_i+k_i \geq ET_i+D_{i-1}\text{时；} \\ D_{i-1}, \text{ 当 } ET_i>P_{oi}+I_i+k_i, ET_i \leq W_i+P_{oi}+I_i+k_i\text{时；} \\ D_{i-1}+ET_i-P_{oi}-I_i-k_i, \text{ 当 } P_{oi}+I_i+k_i>ET_i, P_{oi}+I_i+k_i < ET_i+D_{i-1}\text{时；} \\ \qquad\qquad\qquad \text{或 } P_{oi}+I_i+k_i \leq ET_i, Td_i>TD \text{ 时；} \\ \qquad\qquad\qquad \text{或 } P_{oi}+I_i+k_i \leq ET_i, CC \leq 10\%\text{时；} \\ D_{i-1}+ET_i-P_{oi}-I_i-k_i, Td_i \leq TD, CC>10\%, ET_i \geq W_i+P_{oi}+I_i\text{时，} \\ \qquad\qquad\qquad P_{oi}=\beta \cdot P_i \\ \qquad\qquad\qquad k_i = e^{-nH} \cdot ET_i \\ \qquad\qquad\qquad W_i=1000 \cdot K_0 / (1+K_0 \cdot a \cdot Td_i/h_i) \end{cases}$$

式中：D_i、D_{i-1}——分别为第 i、第 $i-1$ 相对于田间持水率状态时的土壤水分亏缺；

ET_i——第 i 天实际作物蒸发蒸腾量，mm；

P_i、P_{oi}——分别为实际降水量和渗入土壤的（包含深层渗漏）降水量，mm；

I_i——第 i 天灌水量，mm；

K_i——第 i 天地下水对根层的补给量，mm；

W_i——第 i 天计划湿润层内自由排水量，mm；

Td_i——从饱和状态下（$TD=1$）达到第 i 天土壤含水率水平的排水天数，d；

TD——从饱和状态下，重力水全部移出计划湿润层的天数，当计划湿润层大于0.6 时，TD 一般为土壤愈密实、黏重，TD 愈大；

CC_i——第 i 天作物绿叶覆盖率,%；

β——降水径流系数；

n——经验值，对砂土、壤土、黏土分别取 2.1、2.0、1.9；

H——地下水平均埋深，m；

K_0——饱和水力传导度，mm/d；

α——经验常数；

h_i——第 i 天计划湿润层深度，m。

干渠渠首的毛灌溉需水量按公式（3-35）计算：

$$MG = \sum_{j-1}^{j} (MB_j N_i / \eta_{田} - LS_j) / \eta_{渠系} \tag{3-35}$$

式中：MG——干渠渠首的毛灌溉需水量，m^3；

$MB_j N_i$——第 j 支渠系统净灌溉需水量，m^3；

$\eta_{田}$——田间水利用系数；

LS_j——第 j 支渠系统内当地地面径流可供水量，m^3；

$\eta_{渠系}$——干、支、斗、农渠渠系水利用水系数。

二、滴灌自动控制技术

（一）灌溉自动控制概述[8]

1. 自动化控制的基本概念

（1）自动控制系统：控制客体和控制装置的总和，这些装置能保证在人不参与的情况下按指定的控制规律在客体上完成控制操作。为了完成这一任务，广泛使用反馈控制的原理。

（2）远动系统：远距离对客体运行过程实施自动控制系统称为远动系统。远动系统实际上是自动系统的一个分支。

（3）自动控制系统的组成：任何一种自动化系统，至少应具有下面三种基本成分：①传感器：又叫测量部件，用以监测系统内一些参数的变化情况，并将信息馈送给控制器。②控制器：对传输的信息进行分析、加工、从中导出指令，指挥执行机构的动作。③执行机构：执行控制操作指令，对运行过程产生影响的机构，如各种自动闸阀等。

2. 自动化灌溉系统的特点

（1）分散特性：控制对象数量多，很分散。

（2）输水过程的波动特性：当信号通过水体传递时，由于较长的时间滞后，会使系统由于超调面发生波动，因此常需要系统分散设置蓄水体，并使得水体的体积最小。

（3）可靠性要求高：露天设置的控制装置易受周围环境介质的影响（温度、湿度、含尘度的变化），因此，对自动化和远动工具提出了高度可靠性的要求。

（4）快速性要求低：控制装置工作状态的改变并不频繁，因此，对控制装置在快速性上没有严格的要求。

（二）滴灌自动控制技术

滴灌技术的发展与广泛应用，为实现灌溉自动化提供了很好的实施平台。同时，也要求滴灌系统各部件的工作非常可靠，这样对过滤装置、施肥装置、系统管网和各种阀门等工作的可靠性提出了更高要求。一般自动化滴灌系统的启闭主要根据土壤湿度、作物长势、田间气象等控制参数自动进行，自动化程度较高的滴灌系统，灌溉季节无需进行人为干预。当然，这种系统一般用于经济价值较高的农作物灌溉。

1. 自动化滴灌系统的分类与组成

（1）滴灌自动化系统的分类：按照自动化程度，可大致分为三类。

① 全自动化滴灌系统：这种系统是预先将灌水、施肥和喷洒农药的程序输入计算机控制系统内，根据预定参数和各类实时信息，判断是否需要灌溉和施肥施药。这种系统一般配有计算机、土壤水分传感器、田间气候和作物长势等信息采集、传输装置以及配套软件等。系统技术要求高，投资大，管理人员要具备较高的科技知识和技能。②半自动化系统：半自动化滴灌系统中常将劳动强度大、重复次数多的工作予以自动化，如闸门启闭等。而判断何时启闭则靠管理人员决定，这就大大简化了传感—控制系统，减少了设备，降低了投资。这是中国目前采用较多的一种方式。③远动化系统：远动化系统一般包括遥测、遥控、通讯和遥调。这种系统由操作员直接控制田间设备（如阀门）或监测田间气象、土壤湿度、作物长势和压力流量等各类控制参数。一个完整的自动化滴灌系统应包括如图3-9所示的几个主要部分。

（2）滴灌自动化系统的组成[9]：一般来说，滴灌自动化系统由计算机中央控制中心、自动气象采集站、自动定量施肥罐、自动反冲洗过滤装置、自动模拟大田土壤蒸发仪、自动监测土壤水分的传感器和远程终端控制器、液力阀或电磁阀等组成。从数据传输方式及控制流程上来看，主要包括有线传输监控系统和无线传输监控系统两个方向或两者的结合。前者主要借助数传电台、GSM/GPRS网络等完成数据通信，后者主要依靠电缆线来完成数据传输及控制。自动化滴灌系统的结构如图3-9所示。

①传感器：滴灌自动控制系统所需要的传感器如表3-7所示。②控制机构：控制机构是自动化系统的中枢，它把自传感器或检查机构传来的信号经分析运算后，确定采用怎样的操作，并发出指令使滴灌系统运行或停止工作。其由电子管或晶体管加继电器、集成电路或单片机加继电器、微型计算机加继电器三类主要形式。控制机构应

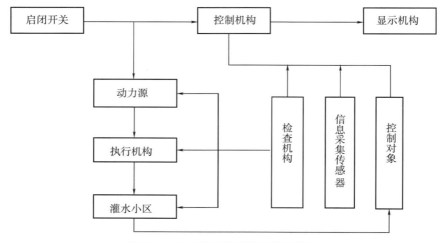

图 3-9　自动化滴灌系统结构示意图

能接受手动开关指令，以便人为干预操纵过程。③执行机构：根据控制机构的指令进行实际操作，多是一些电动阀、电磁阀、气动阀或水动阀等自动阀门，此外，丕有水泵机组的自动启闭设备、管网压力自动调节设备等。④检查机构：检查机构应耗检查执行机构的指令执行情况、监测系统工况，如水泵、电机、灌水器及系统压力是否正常等。并将检测信号反馈给显示机构以便操作人员了解系统工作情况。遇到非正常情况即发出信号，使执行机构调整相应设备工况，如仍无效，则通知显示机构并发出警报。⑤显示机构：显示机构是将系统所有参数显示在屏幕上或打印出来，以使澡作员能直观地了解系统各部件运行情况。

表 3-7　滴灌自动控制系统中常用传感器

监测对象	传感器
土壤湿度	土壤水分张力计或电容湿度计
作物含水量	作物叶面水分张力计
田间湿度	电传湿度计
田间气象	自动气象站
流量	流量阀
压力	压力传感器

2. 自动化滴灌系统设计

（1）控制参数及相应的传感器：控制自动化滴灌系统自动启闭的参数称为控制参数。常用的控制参数有以下四种：

土壤湿度　土壤湿度控制是靠土壤湿度传感器和滴灌系统进行的。土壤湿度传感器可有不同形式，如土壤张力计、电子土壤湿度计、中子水分仪等。

作物叶面水分　作物叶面张力大小能反映出作物和土壤水分的盈缺。控制系统可根据叶面张力信号，自动启动或关闭滴灌系统。

田间气象　田间气象参数包括气温、风速、空气相对湿度、降雨量、大气压力、太阳辐射等，这些参数主要由自动气象站采集。

压力　滴灌系统中，对管网水压有一定要求，除应保证滴头在合适的压力范围工作外，还要保证系统上下游滴头压力差不得超出设计的允许值，使滴灌水肥的供应满足均匀度要求。如不满足则可发出警报并停机。

（2）自动控制原理：①系统控制方法：一个全自动滴灌系统应在完全无人操作的情况下工作。设计时应考虑作物种类、长势、土壤、气象因素、水源及动力条件等。根据上述条件，预先编制出系统运行计划。以这些计划为基础，编制系统运行程序，并将其输入控制机构中储存起来，也有使用将灌水计划临时输入的控制机构。当系统投入使用后，控制机构必须在作物全生育期内或灌溉季节内连续工作，也就是连续运行预先编制的自动控制程序，以决定系统是否需要灌溉。系统的日常能源（非灌溉的情况下）多采用太阳能蓄电池。一旦确知系统需要灌水，则自动接通动力源。使系统投入运行。②运行方式：当传感器发出需要灌水的信号时，系统就投入运行。运行过程中向田间灌水的多少，由传感器信号决定，也可由预定的灌水量或灌水时间来决定。因此应根据系统的具体要求设计或选购传感器。运行过程中，检查机构应能时刻监测水泵机组、水源水位、滴头和管网压力，检查灌溉流量及各运行部件是否正常，一旦偏离预定值，则自动进行调整修正，当自动调整无效，则停机显示故障信息并报警。灌溉完毕，系统自动停机并处于等待的初始状态。③自动灌水方式：以轮灌小区为单元，轮灌时间视所控制的参数是否达到而定，轮灌顺序按轮灌小区土壤和作物的缺水状态或人为排列顺序确定。避免了人为因素造成的误差和影响，以达到按需灌溉和精准灌溉的目的。

（3）自动控制过滤装置：对水质过滤净化装置可以通过反冲洗的方式达到自动清洗的目的。可以采用压差作为控制反冲洗的参数，也可以用时间控制。目前应用较多的自动反清洗过滤器包括砂石过滤器和网式（立式、卧式）过滤器等。

（4）自动控制施肥装置：该装置在滴灌施肥（灌溉施肥或随水施肥）系统安装有计算机和根据田间土壤肥力、作物长势、目标产量等开发出的推荐施肥程序软件，并按照适宜的肥液浓度和适宜的施肥量进行自动施肥（水肥一体化）。

（5）田间灌溉信息自动采集系统：包括土壤湿度（水分、水势）信息、作物长势信息和田间气象信息等的自动采集，及时为计算机分析计算提供大量准确的第一手资料。

（6）自动水泵启闭与能效监测系统：主要包括首部控制仪、超声波流量计、压力变送器等。可以实现远程控制水泵启停，同时可远程设定参数，实时显示压力、流量、电压和电流数据，并可以判断水泵工作是否正常，自动发出报警信息。

由于滴灌自动化的实施是一个较为复杂的过程，目前，中国滴灌自动化技术的实施情况大体上有以下三种：一是首部设备的自动控制，包括水泵自动化开启及过滤系统的自动反冲洗；二是田间管网阀门的自动控制；三是田间灌溉信息的自动采集与智能决策。大多滴灌自动化系统的前两种功能基本都可以实现，并且技术上也较为成熟，而后一种功能要真正实现生产应用还存在一定困难。

参 考 文 献

［1］周卫平，宋广程，邵思．微灌工程技术［M］．北京：中国水利水电出版社，1999．

［2］国家微灌工作组．微灌工程技术规范［M］．北京：中国水利水电出版社，2009．

［3］顾烈烽．滴灌设计图集［M］．北京：中国水利水电出版社，2005．

［4］严以绥．膜下滴灌系统规划设计与应用［M］．北京：中国农业出版社，2003．

［5］兵团节水灌溉建设办公室．新疆生产建设兵团节水灌溉工程优秀设计成果选编［M］．2002．

［6］把多铎，马太铃．水泵与水泵站［M］．北京：中国水利电力出版社，2004．

［7］中国水利学会农田水利专业委员会微灌工作组，等．论文汇编：第六次全国微灌大会，2004.5．

［8］王长德，等．灌溉自动化的基本原理与技术发展［J］．中国农村水利水电，2002.2．

［9］王晓伟，等．自动化控制在棉花膜下滴灌系统中应用现状和建议［J］．新疆农垦科技，2012.3．

第四章 滴灌随水施肥技术原理与应用

第一节 滴灌随水施肥概况

一、滴灌随水施肥概念

将肥料溶入施肥容器中，并随同灌溉水顺管道进入作物根区的过程叫作滴灌随水施肥，国外称灌溉施肥（Fertigation），即根据作物生长各个阶段对养分的需要和土壤养分供给状况，准确将肥料补加和均匀施在作物根系附近，并被根系直接吸收利用的一种施肥方法。滴灌随水施肥技术是当今世界公认的最先进、最高效的肥水一体化技术之一。

二、滴灌随水施肥的必要性

1. 随水施肥是滴灌技术的主要内容

滴灌作为一种先进的节水灌溉技术，由工程、农艺、生态和管理等多种技术要素构成，是一个系统工程，缺一不可。随水施肥是农艺技术中的主要内容。习惯上，众多管理部门和单位将滴灌技术仅视为一项节水技术措施，从节水的方面考虑较多，与其他要素，尤其是农艺技术结合不够，导致滴灌的效果是只节水、不增效，直接影响了农民应用滴灌节水技术的积极性，增加了国家推行高新节水灌溉的难度。

滴灌随水施肥可根据作物不同生育阶段对养分的需求，通过滴灌系统适时、适量的将肥料随水施入作物根际土壤，精确度高、损失少、肥料利用率高、效果好，作物增产显著，增效突出，从而比较理想的实现滴灌技术节水、节本、增产增效，总体推进节水灌溉发展的目标。

2. 农田农事活动需要实施随水施肥

首先是现代农业对农业农田农事活动现代化的需求。2007年中央1号文件中对农业现代化的概述是：用现代物质条件装备农业，用现代科学技术改造农业，用现代产业体系提升农业，用现代经营方式推进农业，用现代发展理念引领农业，用培养新型农民发展农业。这一论述为发展现代农业明确了方向。众所周知，农田在管理阶段最基本的两项农事活动是灌溉和施肥。如果这两项农事都做不到精准和有效控制，农业现代化是很难实现的。滴灌和滴灌随水施肥属现代先进的灌溉和施肥技术，代表着现代农业在该领域的发展方向。其次是农田农事作业对滴灌随水施肥的需求。农田实行滴灌后，田间铺设有管网，不利于机车田间施肥作业，同时传统的一次性深层施肥和人工施肥也不适宜滴水灌溉方式，否则将影响肥料利用率和作物产量。水肥一体化将是滴灌技术的合理选择。

三、国内外滴灌随水施肥技术现状

20 世纪 50 年代末期，以色列成功研制出常流道滴头，开创了滴水灌溉技术。70 年代开始，以色列、美国等国的研究人员先后开展了滴灌施肥方面的试验研究，肯定了这一施肥措施的效果。据广西大学农学院李伏生教授 2000 年撰文报道，至 20 世纪末期，节水灌溉先进国以色列 75% ~ 80% 的灌溉地采用随水施肥技术，美国约 3%，澳大利亚 8%。同时这些国家在研究滴灌随水施肥状态下化肥的利用率方面也获得了大量的可喜成果：如甘蔗滴灌随水施肥对 N 的利用高达 75% ~ 80%，而常规施肥仅 40%。2010 年农业部全国农技推广服务中心节水处高祥照处长在《南方农村报》介绍：美国灌溉农业中，25% 的玉米、60% 的马铃薯、32.8% 的果树均采用水肥一体化技术；以色列水肥一体化应用比例达 90% 以上。

灌溉施肥技术早在 20 世纪 80 年代初即引入中国，主要应用于温室的无土栽培和一些地区的果园生产。国内随水施肥技术的研究与应用始于 20 世纪 90 年代，近年发展较快。据不完全统计，截至 2011 年中国水肥一体化面积约为 3100 万亩，主要应用于西北棉花、加工番茄、马铃薯、果树蔬菜等经济作物，最近两年在东北的春玉米上也有所尝试，增产效果不错。据全国农技中心旱作节水农业财政专项水肥一体化技术示范结果：蔬菜、果树等经济作物采用水肥一体化技术，可提高肥料利用率 50% 以上，节肥 30% 以上；蔬菜、果树、棉花、玉米、马铃薯分别增产 15% ~ 28%、10% ~ 15%、10% ~ 20%、25% ~ 35% 和 50% 以上，品质明显提高。

第二节　滴灌随水施肥技术体系[1]

一、滴灌随水施肥的原理

滴灌随水施肥是利用滴灌设施将作物需要的养分、水分以最低限度的供给，使其限定在作物根域 25cm 左右，能随意控制水分、养分，对作物的个体和群体调控，满足作物生长需要，达到高产的目的。旨在将作物的不同生育阶段所需的不同养分的肥料和水，分多次小量供给，肥水均匀的浸润在耕层一定的区域。也可根据作物不同根系种类的需要，让肥水浸润更深、更广。

二、滴灌随水施肥装置设计与田间布局

1. 滴灌水肥总流程装置

水源→水泵加压→计量（水、压力表）→施肥容器→过滤器→主干管→分干管→地面支管→地面附管（目前大田作物不设次级）→毛管（滴灌带）→滴头→土壤。

2. 干、支、毛管设置

干管与毛管沿垂直方向铺设，干、支管的长度必须根据本系统控制的滴灌面积、水压以及单次最少的施肥量为标准，以防止干、支管过长，肥料分布不匀造成上游滴肥过多，下游肥少或者无肥现象。根据新疆近年在棉田大面积实践表明：一般干管长度设 1000m 左右，支管长度 90～120m，支管与支管间距 130～150m 为宜。每条支管安装 5～6 条附管，每条附管接毛管的数量需根据土壤质地而定：沙质土可接毛管 14 条，黏质土可接毛管 24 条，毛管长度 65～75m。采用支管轮灌模式的可直接在支管上接毛管，毛管的间距根据作物播种行距设定。

3. 灌随水施肥设备的设置

（1）滴头的选择与毛管上滴头间距的设定。滴头的种类很多，有发丝滴头、管式滴头、孔口滴头、内镶式和迷宫式滴头等。目前使用较普遍的是内镶式与迷宫式，这类滴头的特点是耐用，流量稳定，不易堵塞。从实践出发，选择滴头特别应注重滴头的流量。

滴头的配置及毛管上的滴头间距也同样取决于土壤类型和作物种类。尤其是土壤类型。根据近年对棉花膜下滴灌条件下水肥在土壤中的运移规律研究的结果：①重壤土和中壤土，滴头流量不应大于 3L/h，过大易造成地面经流。滴头间距：重壤土为 60cm，中壤土为 40～50cm。②砂质土湿润宽度很小，故滴头间距要小，以小于 30cm 为宜。因砂质土水肥以垂直运移为主，在田间持水量范围内应减少滴水量，而加大滴头流量。具体范围控制在多少，还有待于进一步研究。③滴头流量的增大，有使湿润增宽的趋势；而滴水量的增加，不仅湿润的宽度增加，更表现出使湿润的深度增加。

（2）过滤器是滴灌施肥系统中的关键设备之一。其作用是将灌溉水中的固体颗粒、有机物质及化学沉淀物等各种污物和杂质清除掉，以防止滴头堵塞而影响滴水施肥效果。常用的过滤器有筛网过滤器、砂砾石过滤器、离心式过滤器等。如用井水灌溉，可选用筛网过滤器；如用河水、水库水、渠水灌溉，一般选用砂砾过滤器。在施肥装

置之后还应设有二级过滤器，避免灌溉水中因加入肥料形成沉淀堵塞滴头。

（3）施肥装置。即向滴灌系统注入肥料溶液的装置。常用的有注入器，水力、电力驱动的注入泵，压差式施肥罐等。施肥装置的选择决定于设备的使用年限，注入肥料的准确度，注入肥料速率及化学物质如酸对滴灌系统的腐蚀性大小等。其效率取决于肥料罐的容量、用水稀释肥料的稀释度、稀释度的精确程度、装置的可移动性以及设备的成本及控制面积等。注入泵或文丘里注入器是将开敞式肥料罐的肥料溶液注入滴灌系统中；压差式施肥罐（具备防腐功能）应与滴灌管并联连接，使进水管口与出水管口之间产生压差，使部分灌溉水从进水管进入肥料罐，从而使出水管将经过稀释的营养液注入灌溉水中。

三、滴灌随水施肥对肥料品种的要求

1. 肥料的水溶性好、杂质少是随水施肥不同于其他施肥方法对肥料的特殊要求。随水施肥需将肥料随灌溉水经施肥装置同步滴入田间，所以用于随水施肥的肥料品种，无论是固体还是液体都必须具备良好的水溶性。即必须能与水亲和、融为一体，这样才能达到施肥均匀的效果。一般要求这类肥料的水不溶物不能超过0.5%。此外还应注重肥料中有害离子的指标，如尿素中的缩二脲、磷肥中的砷等。近年中国已把重金属离子的含量如钙、镁、铝等已列入土壤及肥料应严格控制的指标（表4-1、表4-2），因这些离子的存在直接与无公害、绿色有机农产品紧密相关。

表4-1 土壤中各项污染物的含量限值（CNY/T391—2000）（单位：mg/kg）

耕作条件	旱 田			水 田		
pH	<6.5	6.5~7.5	>7.5	<6.5	6.5~7.5	>7.5
镉	0.30	0.30	0.40	0.30	0.30	0.40
汞	0.25	0.30	0.35	0.30	0.40	0.40
砷	25	20	20	20	20	15
铅	50	50	50	50	50	50
铬	120	120	120	120	120	120
铜	50	60	60	60	60	60

注：①果园土壤中的铜限量为旱田中的铜限量的1倍；②水旱轮作用的标准值取严不取宽。

表4-2 大量元素水溶肥料（微量元素型）产品登记技术指标（NY 1107—2010）

项 目	固体指标	液体指标
大量元素含量①	≥50.0	500
微量元素含量②	0.2~3.0	2~30

续表

项　目	固体指标	液体指标
水不溶物含量	≤5.0	50
pH（1∶250 倍稀释）	3.0～9.0	
水分（H_2O），%	≤3.0	
汞（Hg）（以元素计）	≤5	
砷（As）（以元素计）	≤10	
镉（Cd）（以元素计）	≤10	
铅（Pb）（以元素计）	≤50	
铬（Cr）（以元素计）	≤50	

注：①大量元素含量指总 N、P_2O_5、K_2O 含量之和。产品应至少包含两种大量元素。单一大量元素含量不低于 4.0%（40 g/L）；②微量元素含量指铜、铁、锰、锌、硼、钼元素含量之和。产品应至少包含一种微量元素。含量不低于 0.05%（0.5 g/L）的单一微量元素均应计入微量元素含量中。钼元素含量不高于 0.5%（5 g/L）。

2. 肥料养分配比合理（单指复合型肥料）。随着滴灌和随水施肥技术的发展，用于该方面肥料的研究已逐步深入，从以往的单元肥发展到复合多元肥。肥料的养分结构也趋向于以作物生长需求为根据，以避免因某种营养元素过多或过少而造成的养分不平衡现象，以最大限度地提高肥料利用率，降低物化成本。

3. 肥料的价格合理。肥料价格直接关系到投入成本，同质产品一定要择优价。优价就是要按质论价。肥料的质量主要是指有效养分的含量。按肥料的有效养分估算肥料的价格是较科学、合理的方法。如某阶段单个 N 的价格约 30 元，P_2O_5 约 55 元，K_2O 约 30 元。则尿素的市场参考价格应为 46×30＝1380 元/吨；磷酸二氢钾的参考价为 52×55+27×30＝3670 元/吨；微量元素价格的估算类同。

四、滴灌随水施肥对灌溉水质的要求

滴灌随水施肥对灌溉水质的要求最主要的一点是水质的酸碱度。据有关报道，灌溉水 pH 不能高于 7.5，过高时很易与施入的肥料发生化学反应，在管道中、滴头上形成钙、镁的磷酸盐和碳酸盐的沉积而造成灌溉系统堵塞，同时也降低了磷的利用率，影响铁、锌等对作物的有效性。当灌溉水 pH 接近 7.5 时，特别要注意不能施碱性肥料，如氨水等。适当加施硝酸、磷酸能降低灌溉水 pH，但在大田农业生产中是很难做到的。

五、滴灌随水施肥量与周期

1. 滴灌施肥总量的确定

一定面积的施肥总量是根据某作物目标产量、肥料的利用率和土壤养分供给状况决定的。每次施肥量则要根据作物各个生长发育阶段对养分的需求量而定。

2. 滴灌施肥周期的确定

施肥周期即每相隔多长时期施一次肥。应根据作物总施肥和全生育期分几次施来确定施肥周期。习惯上也有凭经验看苗施肥。目前我国干旱区一般在作物生长前期和后期每 10 天施肥一次；中期每周施一次。

3. 滴灌随水施肥的方法

①地表式滴灌：每次施肥基本分三个阶段进行，第一阶段先用无肥水将土壤表层湿润，一般约 30～45min；第二阶段肥水同步施入，一般需 3～4h。应注意肥液的注入速度不能过快，以免施肥不均匀；第三阶段用清水冲洗系统，一是使肥料分配到所需土层，二是防止肥水腐蚀滴灌系统。②地埋式（地下）滴灌：黏质土施肥方式与上同，轻质土（如沙壤土）灌溉一开始就得水肥同步（见图 4-1、图 4-2：来源于《节水农业新技术研究》钱蕴璧等）。

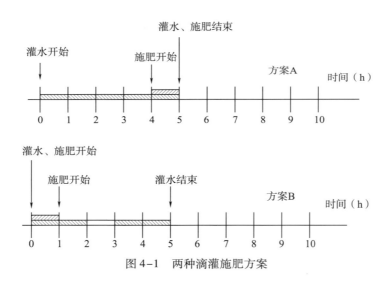

图 4-1　两种滴灌施肥方案

方案 A 是在灌水结束前 1h 进行施肥，并与灌水同时结束；方案 B 是施肥与灌水同时开始，但施肥时间要小于灌水时间。

如图 4-2，在方案 A 中，土壤水溶质向下运移的趋势非常明显，且施肥结束 5h 后，肥料已扩散到距滴头以下 60cm 深处；方案 B 施肥结束 9h 后，肥料溶质在土壤剖面上近似于椭圆形，向下运移的趋势明显小于方案 A，与方案 A 比，可以相对减少肥料流失。

土壤深度

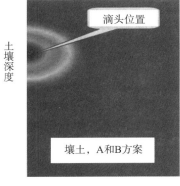
壤土，A和B方案

沙壤土，A方案

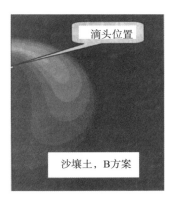
沙壤土，B方案

图 4-2　两种滴灌施肥方案对土壤水溶质的影响

第三节　固态滴灌专用肥的开发

一、国内外滴灌专用肥发展状况

随着喷灌、滴灌等先进灌溉技术的发展和随水施肥技术的需求，国际上开发和生产水溶性肥料的国家及企业众多，主要集中在一些工业比较发达的国家，如智利化学矿业（SQM）公司，挪威的雅冉（YARA）公司，芬兰的凯米拉（Kemira）公司，英国的奥美施（Omex）公司、普朗特（Prandtl）公司，以色列的海法（Haifa）公司，德国的圃朗特（Planta）公司，美国的施可得（Scotts）公司、果茂（Grow More）公司、Greencare 公司和 Plant-marvel 公司，韩国的现代特产（Hyundai Tuksan）公司，加拿大的植物产品（Plant-prod）公司，等等。

产品种类主要有：德国康朴公司的大量元素水溶狮马牌系列叶面肥——"狮马绿"、"狮马蓝"、"狮马红"、"狮马金"，中微量元素叶面肥——康朴牌系列"康朴螯合铁"、"康朴悬浮锌"、"康朴多元微肥"、"康朴液硼"、"康朴液钙"、"康朴盖美膨"，生物活性物质"康朴凯普克"等；智利化学矿业公司的 SQM 硝酸钾、优聪素、多聚硼、美钙镁、瑞恩系列等，古米系列产品等；以色列化学工业公司的钾宝（硝酸钾 13-0-46）、含磷钾宝（1 保力丰 2-2-44）、含氮、磷、钾及六种微量元素的魔力康等；美国施可得公司的 Agroleaf（叶面肥）、Universol（滴灌冲施肥）、Peters、Agrolution（软、硬水滴灌肥料）；英国的禾丰锰、锌、铁、钼、钾，无线美，海绿素，欧麦思系列水溶肥，海德鲁光合有限公司的翠康系和绿芬威列产品等；比利时利玛（Lemagro NV）公司的 GROGREEN 品牌 NPK 水溶性复合肥系列、Grinta 专用肥系列、Subtil 无土栽培肥系列和微量元素肥系列产品，ROOTCARE 品牌产品主要用于花卉类园艺作物；意大利瓦拉格罗股份有限公司，其产品包括植物生长促进剂、海藻肥、全水溶 NPK 及微量元素肥，产品有高得收、美加富、保田福等；特别是美国的 Plant-marvel 公司以它特有的水溶性配方肥，在园艺肥料市场上独占鳌头，号称世界第一个制造出高浓缩、经济型的水溶性肥料，第一个将红色的微量元素高度溶解于肥料之中，第一个针对不同品种的植物开发出不同配方的肥料，第一个研制出植物在不同生长阶段施用的不同配方的肥料，第一个提出"一勺一勺喂养"的施肥方法并开发了适合于这种方法的肥料。

国际上一般称水溶肥料为 100% 全水溶，主要强调产品无杂质不会堵塞滴灌管微小滴头，并且说明原料的高质量高品位，国际水溶性肥料主要指标参照表 4-3。

表 4-3　国际水溶性肥料主要指标

水不溶物	水分	外观1	重金属含量限制	pH
≤0.1% ~0.2%	≤0.2% ~0.5%	晶体或者粉状流动性好不结块	日本、中国台湾、欧盟限制较为严格	≤7

与国外相比，国内水溶性肥料的发展较晚。据报道，国内喷、滴灌专用肥料的研发始于 20 世纪 90 年代，此前，市场上只有少量来自以色列、挪威、美国等国的进口水溶肥，由于价格过高，市场普及率极低。1996 年，新疆兵团利用引进世界先进的滴灌技术与地膜栽培相结合，创造了大田膜下滴灌技术，并大大降低了田间管网投资成本，使有"贵族农业"之称的滴灌技术应用于大田生产成为可能。但由于当时市场上流通的肥料品种不完全具备大田作物滴灌随水施肥的要求，水肥一体化综合效应没有得到充分发挥，以致出现滴灌只节水、不增效的局面，影响了滴灌节水技术的发展。

据此，新疆农垦科学院组织专家团队，在 1995 年前期研究工作的基础上，于 1997 年兵团正式立项研究，1999 年在专用肥产品的水溶性、多元素间的防拮抗和低成本等方面获得了突破，同年申报了国家发明专利"喷滴灌专用肥及其生产方法"，专利号 ZL 99123097.3，并授权；2000 年 8 月该技术通过了新疆兵团科技成果鉴定，并于 2004 年获新疆兵团科技进步奖一等奖。此后，课题组根据滴灌随水施肥技术发展需求，在有机-无机结合、多种作物生育阶段专用和应用技术等方面进行了深入研究和完善，研发出适应不同土壤条件下多种作物的无机、有机-无机固体滴灌专用系列肥 80 余个品种，形成了滴灌专用肥生产和应用技术体系。一批发明和实用新型专利"水溶性腐殖酸多元固体肥料及其生产方法"，专利号 ZL 200910130413.0；"水溶性固体有机络合微肥及其生产方法"，专利号 ZL 200910130412.6；"利用贫泥磷生产低度磷酸的燃烧炉装置"，专利号 ZL 200920140400.7；"一种用于以氨为原料生产铵盐的冷却结晶装置"，专利号 ZL 200920140371.4 获得授权；2008 年 10 月由新疆兵团科技局邀请国内知名专家对该项技术进行了总体评价，一致认为："该技术成果推广应用前景广阔，与国内外同类研究相比，达到国际先进水平，部分技术达国际领先。"产品的研发与大面积应用推动了新疆滴灌节水的迅猛发展。

1999 年以后，国内众多的科研单位和相关企业相继开展了水溶性专用肥的研发。主要产品有两大类，一类是完全水溶性肥料，其产品的水不溶物 ≤0.5%，适应于滴灌、喷灌等微流道灌水器随水施；另一类是不完全水溶性的肥料，其产品的水不溶物 ≤5.0%，不适合滴灌、喷灌等微流道灌水器随水施，一般用来做冲施肥。

近年来，中国水溶性肥料无论在种类，还是产能方面发展迅猛。根据国家化肥质量监督检验中心登记数据显示，2010 年 6 月 7 日，全国颁发的水溶性肥料正式登记证 1615 个，临时登记证 1938 个，可用于生产冲施肥的登记证共计 2149 个，其中大量元素水溶肥料 409 个，含氨基酸水溶肥料 985 个，含腐殖酸水溶肥料 650 个，有机质水溶肥料 105 个。2011 年 7 月，全国已登记的水溶肥料总计 3433 个，其中大量元素水溶肥产品有 433 个，中量元素水溶肥有 50 个，微量元素水溶肥有 1195 个，含氨基酸类水溶肥有 1010 个，含腐殖酸类水溶肥有 745 个。2012 年 10 月 26 日，全国登记的水溶肥料总计 4487 个，数量最多的是微量元素水溶肥（1401 个），占总数的 31%，其次是含氨基酸类和含腐殖酸类水溶肥，分别占 26% 和 22%，大量元素水溶肥有 706 个，占 16%。

据中国化肥网报道，至 2011 年国内有 800 多家化肥生产企业在农业部备案生产水溶肥，规模较大的有上海的芳甸、永通公司，江苏龙灯，青岛苏贝尔，深圳芭田，四川什邡德美、安达公司、新都化工、好时吉，北京新禾丰，河北萌帮、丰旺公司，新疆农垦科学院三益化工等；在中国开展水溶性肥料业务的外国公司主要有：挪威雅苒（YARA），德国康朴（COMPO），智力 SQM，美国施可得（Scotts），以色列海法（Haifa），以色列化工集团（ICL），比利时利玛（Lemagro NV）等。2009 年国产水溶肥的年产量约 30 万吨，2010 年约 60 万吨，2011 年达 159 万吨，2012 年超过 200 万吨。

二、滴灌专用肥主要原料

以上介绍了国内外水溶性肥料的研发、生产及规模情况。这些肥料产品，特别是国内产品，相当一部分不适用于滴灌随水施肥，主要原因是产品的水不溶物含量高，而控制产品水不溶物的关键是选择好产品生产的原料。下面重点介绍作者单位新疆农垦科学院制备滴灌专用肥的几类主要原料。

（一）主要氮素原料

氮是作物必需的三大营养元素之一。氮素根据化合物形态分为铵态氮、硝态氮和酰胺态氮。

1. 铵态氮

含有铵根离子（NH_4^+）或氨（NH_3）的含氮化合物。包括碳酸氢铵（NH_4CO_3）、硫酸铵［$(NH_4)_2SO_4$］、氯化铵（NH_4Cl）等，含 N 17% ~ 25%。共同特点：易溶于水，属速效养分；移动性小，不易淋失；遇碱性物质分解产生氨气挥发损失。

（1）碳酸氢铵（NH_4HCO_3），无色或浅色化合物，常温下是固体粉末或颗粒，相对密度 1.59；含氮 17.7% 左右；易溶于水，0℃时溶解度为 11.3%；20℃时为 21%；40℃时为 35%；易潮解、结块；水溶液呈碱性，性质不稳定，36℃以上分解为二氧化碳、氨和水，因其三个组分都是作物的养分，不含有害的中间产物和最终分解产物，长期施用不影响土质，是最安全的氮肥品种之一。选配为滴灌专用肥原料时，不宜与菌肥和碱性肥料混合施用，以免降低肥效。

（2）硫酸铵［$(NH_4)_2SO_4$］，无色斜方晶体，相对密度为 1.77，易溶于水。水中溶解度：0℃时为 70.6g，100℃时为 103.8g。0.1mol/L 水溶液的 pH 为 5.5。农业用硫酸铵一级品含氮量大于 21%，水分小于 0.5%，游离酸小于 0.08%。是一种优良的氮肥，适用于各种土壤和作物。因水溶液呈酸性，用做滴灌专用肥原料时，宜于在偏碱性土壤区域使用，南方酸性土壤不宜长期使用，以免酸化板结。

（3）氯化铵（NH_4Cl），无色立方晶体或白色结晶，相对密度为 1.527；易溶于水，溶于液氨，微溶于醇，不溶于丙酮和乙醚；吸湿性小，但在潮湿阴雨天气也能吸潮结块；水溶液呈弱酸性，加热时酸性增强。氯化铵是一种速效氮素化学肥料，含氮量为 24% ~ 25%，属生理酸性肥料。用做滴灌专用肥原料，适用于小麦、水稻、玉米、油菜、棉麻类作物等，忌氯作物免用。

2. 硝态氮

含有硝酸根离子（NO_3^-）的含氮化合物。包括硝酸铵、硝酸钠等，含 N 13% ~ 35%。共同特点：易溶于水，属速效性氮肥；不易被土壤胶体吸附，易淋失；吸湿性较大，物理性状较差；易爆、易燃。

（1）硝酸铵（NH_4NO_3），无色无臭的透明结晶或呈白色的小颗粒，相对密度为 1.72，含氮 35%；易溶于水，溶水时吸热、易吸湿和结块；与氢氧化物等碱反应有氨气生成；易发生热分解，在 400℃ 以上时，发生爆炸。硝酸铵属生理中性肥料，适用的土壤和作物范围广，宜于旱地和烟、棉、菜等作物做滴灌专用肥原料。存放时应避免和油脂、棉花、木屑等易燃物及有机肥在一起，使用时不能用铁锤猛击，防止发生爆炸。

（2）硝酸钠（$NaNO_3$），无色透明或白色微带黄色菱形晶体，相对密度为 2.26（20℃时），熔点为 306.8℃；易溶于水和液氨，微溶于甘油和乙醇中，易潮解，特别在含有极少量氯化钠杂质时，硝酸钠潮解性就大为增加。在加热时，硝酸钠易成分解成亚硝酸钠和氧气。硝酸钠属强氧化性，可助燃，与有机物或磷、硫接触，摩擦或撞击能引起燃烧和爆炸，须存储在阴凉通风的地方。用做滴灌专用肥配方，适用酸性土壤和块根作物，如甜菜、萝卜等。

（3）硝酸钙 [$Ca(NO_3)_2 \cdot 4H_2O$]，无色立方晶体；相对密度 α 型 1.896，β 型 1.82；熔点 α 型 42.7℃，β 型 39.7℃；易溶于水、乙醇、甲醇和丙酮，几乎不溶于浓硝酸；有强氧化性，跟硫、磷、有机物等摩擦、撞击能引起燃烧或爆炸。硝酸钙含氮 11.8% 及 23.7% 的水溶性钙，用作滴灌专用肥配方，宜于缺钙的酸性土壤和植物快速补钙等，能增强瓜果蔬菜抗逆性，促进早熟，提高果菜品质，最适宜施用于甜菜、马铃薯、大麦、麻类等作物；连年施用不仅不会使土壤的物理性质变坏，还能改善土壤的物理性质。

3. 酰胺态氮（尿素）

尿素是化学合成的有机小分子化合物，分子式 $CO(NH_2)_2$，含 N 44%~46%，是固体氮肥中含氮量最高的；易溶于水，水溶性 1080 g/L（20℃），水溶液呈中性反应，属生理中性肥料；施入土壤后一小部分以分子态吸收，大部分经脲酶作用转化为 $(NH_4)_2CO_3$ 被吸收，肥效较 NH_4^+—N 和 NO_3^-—N 慢；适于各种土壤和作物。在土壤中不残留任何有害物质，长期施用没有不良影响。但在造粒中温度过高会产生少量缩二脲，对作物有抑制作用。

尿素是有机态氮肥，经过土壤中的脲酶作用，水解成碳酸铵或碳酸氢铵后，才能被作物吸收利用。因此，用尿素作为氮素的滴灌专用肥，施用时需在作物需肥期提前4~8d。

（二）主要磷素原料

磷是作物必需的三大营养元素之一。用于肥料的磷一般以盐的形态存在。主要种类有磷的铵、钾、钙盐等，产品如磷酸一铵（$NH_4H_2PO_4$），磷酸二铵 [$(NH_4)_2HPO_4$]，磷酸二氢钾（KH_2PO_4），磷酸脲，磷酸二氢钙（CaH_2PO_4）等。

1. 磷酸铵是正磷酸与氨的化合物

正磷酸与氨反应时因中和程度不同，生成三种盐类，即磷酸一铵、磷酸二铵、磷酸三铵。磷酸三铵的性质很不稳定，在常温下放出氨而变成磷酸二铵。磷酸铵是生产混合肥料的一种理想的基础肥料。磷酸铵中氮素为铵态氮，磷素几乎都是水溶态，适合于各种作物和土壤施用。

2. 磷酸一铵（$NH_4H_2PO_4$）

又称磷酸二氢铵。无色透明正方晶系晶体，密度为 1.803（19℃）；易溶于水，微溶于醇、不溶于丙酮；水溶液呈酸性，pH（1%水溶液）为4.4～4.8，水不溶物（%）≤0.10。纯品含磷（P_2O_5）61.71%，含氮（N）12.17%。

3. 磷酸二铵 $[(NH_4)_2HPO_4]$

又称磷酸氢二铵，分子量为132.056；易溶于水，不溶于乙醇；水溶液呈弱碱性，pH（1%水溶液）为8.0～8.2，水不溶物≤0.10%；有一定吸湿性，在潮湿空气中易分解，挥发出氨变成磷酸二氢铵；含磷（P_2O_5）≥53.0%，含氮（N）≥21.0%。

4. 磷酸二氢钾（KH_2PO_4）

无色结晶或白色颗粒状粉末。分子量为136.09，相对密度为2.34；溶于约4.5份水，溶解度为83.5g/100mL水，不溶于乙醇；空气中稳定，在400℃时失去水，变成偏磷酸盐。纯品含K_2O 34.61%，含$P_2O_5$52.16%，属二元化合物，是复配滴灌专用肥的优质原料。

5. 磷酸脲 $CO[(NH_2)_2 \cdot H_3PO_4]$

无色透明棱柱状结晶。分子量为158.06，溶点为117.3℃，易溶于水，水溶液呈酸性，1%水溶液的pH为1.89；正品含$P_2O_5 > 44\%$，含$N > 17\%$，$As < 0.003\%$，$F < 0.1\%$，重金属物（以Pb计）$< 0.002\%$，属二元化合物，国外用于灌溉施肥的主要产品，也是本滴灌专用肥生产的主要原料。

（三）主要钾素原料

钾是作物必需的三大营养元素之一。用于肥料的钾一般以盐的形态存在，主要种类有氯化钾（KCl）、硫酸钾（K_2SO_4）等。

1. 氯化钾（KCl）

无色立方晶体，常为长柱状，分子量为74.560，相对密度为1.98，溶于水，氧化钾含量为60%。在碱性土壤中不宜长期使用，否则会导致土壤盐碱化加重；对马铃薯、番薯、甜菜、烟草等忌氯农作物不宜施用。作为钾源用于滴灌专用肥产品，主要用于非碱性土壤和非忌氯作物。

2. 硫酸钾（K_2SO_4）

无色或白色结晶，相对密度为2.477；溶于约50份水（40℃时溶于25份水），不溶于乙醇，水溶液呈酸性；吸湿性小，不易结块，物理性状良好；属化学中性、生理酸性肥料；在酸性土壤中，多余的硫酸根会使土壤酸性加重；在石灰性土壤中，硫酸根与土壤中钙离子生成不易溶解的硫酸钙（石膏），过多会造成土壤板结。作为滴灌专用肥产品中的钾源，宜用于弱碱性土壤。

（四）主要微量元素原料

植物体生长发育除需要大量的钾、磷、氮等营养元素外，还需要吸收极少量的微量元素。复合于本滴灌专用肥中的微量元素主要有铁、硼、锰、钼、锌。

1. 铁（Fe）

原子量为 55.85。人类最早发现的铁是从天空落下来的陨石–铁、镍、钴等金属的混合物，中国是最早发现和掌握炼铁技术的国家。

铁是植物必需的微量元素之一。铁是光合作用、生物固氮和呼吸作用中的细胞色素和非血红素铁蛋白的组成。铁在这些代谢方面的氧化还原过程中都起着电子传递作用。由于叶绿体的某些叶绿素–蛋白复合体合成需要铁，所以缺铁时会出现叶片叶脉间缺绿，缺铁过甚或过久时，叶脉也缺绿，全叶白化；铁是土壤中的一个重要组分，其在土壤中的比例从小于 1% 至大于 20% 不等，平均是 3.2%，铁主要以铁氧化物的形式存在，大多数铁氧化物在土壤颗粒中以不同程度的微结晶形式存在。常用的铁肥是硫酸亚铁 $FeSO_4 \cdot 7H_2O$，相对分子质量 278.03，含铁 20.09%、含硫 11.53%，为蓝绿色晶体，溶于水，几乎不溶于乙醇。硫酸亚铁化学性质常不稳定，易失水氧化而变成棕色的硫酸铁，硫酸铁植物不易吸收利用，特别在高温、光照强或有碱性物质存在的条件下更不稳定，用来溶解硫酸亚铁的水如果 pH 大于 6.5 时就会失去效力。

2. 硼（B）

原子量为 10.811。约公元前 200 年，古埃及、罗马、巴比伦曾用硼砂制造玻璃和焊接黄金。1808 年法国化学家盖·吕萨克和泰纳尔分别用金属钾还原硼酸制得单质硼。

硼是植物必需的微量元素之一，硼以硼酸分子（H_3BO_3）的形态被植物吸收利用。硼能促进根系生长，对光合作用的产物——碳水化合物的合成与转运有重要作用，对受精过程的正常进行有特殊作用。因此，对防治油菜"花而不实"、棉花"蕾而不花"和果树"落蕾、落花、落果"、小麦"不稔"等症均有明显能力；豆科作物缺硼，则根瘤发育不良，甚至失去固氮能力；油菜、棉花、大豆、甜菜、苹果、柑橘等施硼都有显著增产，并改善品质。常用硼肥主要是四硼酸钠，俗称硼砂 $Na_2B_4O_7 \cdot 10H_2O$，属强碱弱酸盐，可溶于水，在水溶液中水解而显示较强的碱性，在植物体内不易移动。

3. 锰（Mn）

原子量为 54.94。1774 年，瑞典的甘恩用软锰矿和木炭在坩埚中共热，发现一纽扣大的锰粒。

锰是植物必需微量元素之一。提供植物养分的锰肥品种主要是硫酸锰（$MnSO_4 \cdot 3H_2O$），易溶于水。锰在植物体内移动性较小，但比钙、硼、铜容易移动；锰控制着植物体内的许多氧化还原反应，还是许多酶的活化剂，并直接参加光合作用中水的光解，锰也是叶绿体的结构成分；土壤中锰的有效性受土壤 pH 和碳酸盐含量的影响较大，土壤 pH 高或碳酸盐含量高于 9% 时容易缺锰。在缺锰土壤上施用锰肥的增产幅度：小麦 6.3% ~ 30.8%；玉米 5.4% ~ 15.7%；棉花 10.0% ~ 20.0%；花生 5.4% ~

33.2%；大豆10.9%～11.4%；甜菜5.9%～21.5%；烟草15%左右。

4. 钼（Mo）

原子量为95.94。1782年，瑞典的埃尔姆用亚麻子油调过的木炭和钼酸混合物密闭灼烧，而得到钼。

钼是植物所必需的微量元素之一，是固氮酶和硝酸还原酶的组成元素，缺钼会影响根瘤固氮和蛋白质的合成。钼还能促进作物对磷的吸收和无机磷向有机磷的转化。钼在维生素C和碳水化合物的生成、运转和转化中都有重要作用。提供植物养分的钼肥有：钼酸铵（$H_8MoN_2O_4$），分子量为196.0145，无色或浅黄绿色单斜结晶，相对密度2.498，溶于水、酸和碱中，不溶于醇；钼酸钠（$Na_2MoO_4 \cdot 2H_2O$），分子量为241.95，白色结晶性粉末，相对密度为（d184）3.28，溶于1.7份冷水和约0.9份沸水，5%水溶液在25℃时pH为9.0～10.0。

5. 锌（Zn）

原子量为65.39。中国在10世纪首先发现锌，明朝末年宋应星所著的《天工开物》一书中有世界上最早的关于炼锌技术的记载。

锌是植物必需的微量元素之一。锌在作物体内间接影响着生长素的合成，当作物缺锌时茎和芽中的生长素含量减少，生长处于停滞状态，植株矮小；同时锌也是许多酶的活化剂，通过对植物碳、氮代谢产生广泛的影响，有助于光合作用；同时锌还可增强植物的抗逆性；提高籽粒重量，改变籽实与茎秆的比率。提供植物养分最常用的锌肥有：七水硫酸锌（$ZnSO_4 \cdot 7H_2O$），分子量为287.56，无色斜方晶体、颗粒或粉末，无气味，相对密度为1.957，易溶于水；一水硫酸锌（$ZnSO_4 \cdot H_2O$），白色流动性粉末，密度$3.28g/cm^3$，溶于水，微溶于醇，在空气中极易潮解。锌肥可以基施、追施、浸种、拌种、喷施，对锌敏感的玉米、水稻、花生、大豆、甜菜、菜豆、果树、番茄等作物，施用效果较好；与磷肥混用，易产生拮抗作用。

6. 铜（Cu）

原子量为63.546，密度8.92 g/cm^3。铜是人类发现最早的金属之一，早在3000多年前人类就开始使用铜。

铜是植物正常生理活动所必需的微量元素之一，参与植物生长发育过程中的多种代谢反应。铜是多酚氧化酶、抗坏血酸氧化酶、细胞色素氧化酶等的组成成分，参与植物体内的氧化还原过程。它也存在于叶绿体的质体蓝素中，参与光合作用的电子传递。植物通过根部从土壤中以离子形式吸收铜，也可通过叶面吸收。根部除了吸收溶解在土壤溶液中的铜以外，还能通过分泌出柠檬酸、苹果酸等有机酸以及呼吸作用形成的碳酸溶解难溶性物质以获取铜。提供植物养分最常用的铜肥有：硫酸铜（$CuSO_4 \cdot$

$5H_2O$），分子量为 249.68，相对密度为 2.28，为天蓝色或略带黄色粒状晶体，溶于水，水溶液呈酸性，硫酸铜是制备其他铜化合物的重要原料。

（五）主要有机物原料

本章介绍的滴灌专用肥产品主要有三个系列：无机、有机-无机、生物有机，其中有机质原料为腐殖质。

腐殖质是已死的生物体在土壤中经微生物分解而形成的有机物质，黑褐色，含有植物生长发育所需要的一些元素，能改善土壤结构，增加肥力。腐殖质是土壤有机质的主要组成部分，一般占有机质总量的 50%～70%。腐殖质的主要组成元素为碳、氢、氧、氮、硫、磷等。腐殖质不仅是土壤养分的主要来源，而且对土壤的物理、化学、生物学性质都有重要影响，是土壤肥力指标之一。腐殖质在土壤中，在一定条件下缓慢地分解，释放出以氮和硫为主的养分来供给植物吸收，同时放出二氧化碳加强植物的光合作用。

腐殖质并非单一的有机化合物，而是在组成、结构及性质上既有共性又有差别的一系列有机化合物的混合物，其中以胡敏酸与富里酸为主。胡敏酸是一类能溶于碱溶液而被酸溶液所沉淀的腐殖质物质，其分子量比富里酸大，分子组成中各元素的百分含量分别是：C 50%～60%，H 2.8%～6.6%，O 31%～40%，N 2.6%～6.0%。胡敏酸比富里酸的酸度小，呈微酸性，吸收容量较高，它的一价盐类溶于水，二价和三价盐类不溶于水，这对土壤养分的保持及土壤结构的形成都具有意义。富里酸是一类既溶于碱溶液又溶于酸溶液的腐殖质物质，其分子量比胡敏酸小，分子组成中各元素的百分含量分别是：C 40%～52%，H 4%～6%，O 40%～48%，N 2%～6%。富里酸呈强酸性，移动性大，吸收性比胡敏酸低，它的一价、二价、三价盐类均溶于水，因此，富里酸对促进矿物的分解和养分的释放具有重要作用。腐殖质在土壤中可以呈游离的腐殖酸和腐殖酸盐类状态存在，也可以呈凝胶状与矿质黏粒紧密结合，成为重要的胶体物质。

腐殖酸主要由植物残体在微生物作用下形成的亲水酸性物质。工业产品主要有腐殖酸钠盐、钾盐。

腐殖酸钠（HA-Na），分子式 $C_9H_8Na_2O_4$，分子量为 226.14，TECH. 50%～60%（AS HUMIC ACID），pH 为 8～9，水溶性腐殖酸含量（干基）≥70%，水不溶物（干基）≤12%；外观呈黑亮色，不定型固体颗粒，系采用天然含腐殖酸的优质低钙低镁风化煤经化学提炼而成，它是多功能的高分子化合物，含有羟基、醌基、羧基等较多的活性基团，具有很大的内表面积，有较强的吸附、交换、络合、螯合能力。在农业中作为复合肥料，可改变土壤结构，对农作物起到防病抗病增产增收的效果。

腐殖酸钾，又名胡敏酸钾，中国习惯缩写：HA-K。分子式 $C_9H_8K_2O_4$，分子量为

258.35，外观为黑色粉末，易溶于水，水溶液呈酱色。是一种高效有机钾肥，因为其中的腐殖酸是一种生物活性制剂，可提高土壤速效钾含量，减少钾的损失和固定，增加作物对钾的吸收和利用率，也具有改良土壤、促进作物生长、提高作物抗逆能力、改善作物品质、保护农业生态环境等功能；它与尿素、磷肥、钾肥、微量元素等混合后，可制成高效多功能复混肥料。

腐殖酸钾中的腐殖酸功能团可以吸收贮存钾离子，防止在沙土及淋溶性土壤中随水流失，又可防止黏性土壤对钾的固定。另外腐殖酸钾的某些部分为黄腐酸等低分子腐殖酸，对含钾硅酸盐、钾长石等矿物有溶蚀作用，可以缓慢分解增加钾的释放量，提高速效钾的含量。比普通钾肥利用率提高87%～95%，使肥效增加、作物产量提高、品质改善。它具有用地养地相结合；长效与速效协调；保水、保肥效果明显等方面的特殊功效，它综合了无机肥与农家肥的优点而优于它们，具有很好的养分释放周控功能，是一种很好的控释肥，使养分前期不致太多，后期养分不致太低，供肥曲线为平稳。还可通过物理、化学生物技术手段来调控释放速度，实现促释和缓释的双向调节。使肥料中营养元素的供应与作物对养分的需求基本同步，实现动态平衡。普通化肥（如尿素、50%～60%钾肥、磷酸二铵等）容易产生的使土壤板结和对水、气的污染，腐殖酸钾均能避免或明显减少。并明显高作物产量，提高作物品质，使作物营养成分提高、硝酸盐含量降低，色、香、味和耐贮性俱佳。是具备环保功能的农业清洁生产和绿色食品的物质基础。腐殖酸钾流失少、利用率高，植物吸收稳定，产量与品质双向提高，它是农业应用的"绿色"钾肥，是普通农用氯化钾、硫酸钾的替代产品。腐殖酸钾适用于任何农作物，也可与普通化肥配合施用。

黄腐酸钾是一种高效大分子有机化合物，本品能刺激作物快生根，多生根、健壮生长，增加叶绿素、维生素C含量和含糖量，起到抗旱、抗寒、抗病能力，还是一种优质的价格低廉的络合剂。该品全水溶、耐酸碱、抗二价离子，可与多种微量元素和大量元素共溶复配，不絮沉。用做叶面肥、有机肥、冲施肥或有机肥的主剂或添加剂。

黄腐酸钾外观为棕黄色特细粉末，略有焦糖味，速溶全溶无残渣，细度<120目，水可溶物>99.7%，水溶性黄腐酸>50%，氧化钾9.7%、氮2.8%、磷0.6%、粗蛋白含量19.78%、氨基酸8.51%、有机质55%，以及大量的B族维生素、维生素C、肌醇、多糖等，pH在5～6之间，其活性是天然腐殖酸的10倍，还含有多种维生素、微量元素、菌体蛋白、核酸、表面活性物及促生长因子（生物活性物质）等。本品抗酸碱、抗氧化、对二价阳离子有很强的螯合能力，因此可与Fe、Cu、Zn、Mn、Ca等金属离子形成有机螯合微量元素，可促进植物对矿物质的吸收和利用。

黄腐酸钾是一种新型纯天然矿物质活性钾肥，属于绿色高效节能肥料，外观呈咖啡色，发泡式多微孔颗粒，含药物成分，具有速溶速效的特性。能有效地杀死各种地下害虫，对预防根结线虫病的发生有特效。可使瓜果蔬菜类延长保鲜期及采摘期，预防落花、落果，增加果品的含糖量，改善果品品质。是农民朋友所需的一种超高效、超浓缩的新型生物肥料。

黄腐酸钾可活化板结土壤，促进各种瓜果蔬菜和大田农作物的生理代谢，促进根系发达、茎叶繁茂。黄腐酸钾可基施、冲施、追施，冲施或追施亩用量约 20 ~ 30kg，可节约各种肥料，可使瓜果蔬菜及各种大田作物提前成熟 10 天左右，增产 20% 以上。

（1）改良土壤团粒结构，疏松土壤，提高土壤的保肥能力，调节 pH，降低土壤中重金属的含量，减少盐离子对种子和幼苗的危害。

（2）固氮、解磷、活化钾。特别是对钾肥的增效尤为明显，起到增根壮苗、抗重茬、抗病、改良作物品质的作用。

（3）强化植物根系的附着力和快速吸收能力，特别是对由于缺乏微量元素而导致的生理病害有明显的效果。

三、滴灌专用肥的生产[2,3]

滴灌专用肥，是新疆农垦科学院针对节水灌溉的滴灌及随水施肥对肥料的需求而研制的一种新型的无机、有机-无机、生物有机多元复合肥。为确保滴灌系列专用肥产品的养分配方精准、耐贮运、使用方便，本技术产品从形态上定位为固体。从生产工艺上采用化学反应与物理混配相结合的方法，创新集成了泥磷制低成本高水溶性磷酸盐技术；筛选出适合干旱区土壤的无氯钾肥生产的缔置法技术；研发出多种植物营养元素间的防拮抗技术；改进了磷酸铵生产工艺中的快速冷却结晶技术；集成水溶性有机质萃取技术；创建滴灌微机决策精准施肥技术等。其技术路线主要分为两个环节：一是大、中、微量元素、有机质等中间产品的制备。磷酸盐制备采用经创新的热法磷酸工艺，其特点是产品的水溶性高、杂质少；元素之间的防拮抗采取经创新的络合剂及络合技术，其特点是稳定性高、成本低。二是在平衡施肥专家决策系统确定的养分配方基础上，将已制备好的中间产品在微机程控下，按配比加入混合器中进行物理混配制成产品。产品生产技术路线示意如图 4-3 所示。下面我们重点介绍滴灌专用肥生产中的磷酸铵（脲）生产、多种微量元素复合、有机物制备等关键技术及工艺内容，供读者试制产品时参考。

（一）磷酸铵生产

磷酸铵是滴灌专用肥生产的主要磷、氮原料之一。

磷酸铵的生产采用热法磷酸工艺。首先选用工业黄磷生产过程中的副产品泥磷制成的热法磷酸，再与氨中和反应得磷酸铵。

1. 热法磷酸的生产

热法磷酸是将磷矿经热法加工制得单质黄磷，再经氧化、水合而得的磷酸。商品

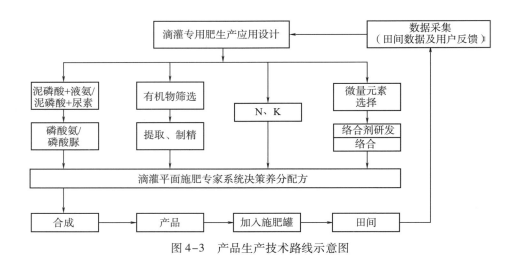

图 4-3　产品生产技术路线示意图

磷酸有 75% 和 85% 两种，它是目前生产精细磷酸盐的主要原料，其产量的 90% 都用于制造磷酸盐。

热法磷酸的生产，最早有"一段法"和"二段法"之分。一段法即将黄磷电炉出来的气体，直接燃烧生成五氧化二磷，水合生成磷酸。此法酸质量不高，设备多，能耗大，早已淘汰。二段法是先制得纯净的固体或液体黄磷，然后将磷在燃烧室内燃烧氧化，生成五氧化二磷，用水或稀酸吸收，制得磷酸产品。二段法制得的磷酸质量高，杂质含量少，浓度可任意调节。现在热法磷酸的生产均采用此法。

二段法生产磷酸的工艺流程基本相同，但燃烧、水合的设备设置有所不同。磷的燃烧和水合分开在不同设备中进行的，称为燃烧水合两步法；而将燃烧、水合在一个设备中进行的，称为燃烧水合一步法。这两种流程都有工厂使用，滴灌专用肥要求磷酸质量高、杂质含量少，故采用两步法。

磷酸生产中，磷燃烧产生的大量热的利用或去除是生产中的一个重要问题。其燃烧水合反应热如图 4-4。

为除去反应热，一般采用在燃烧室外喷淋冷却水或室内喷淋稀酸的方法将反应热带走，稀酸经冷却器冷却后循环使用。出燃烧室的五氧化二磷或磷酸雾因温度太高，仍需进一步冷却，以满足酸雾回收设备的要求。

由于磷酸酸雾粒子极小，一般雾滴回收设备难以除尽，目前国内外采用的酸雾回收设备多为电除雾器、文丘里管洗涤器、喷射除雾器，有的在最后工序还使用纤维或网状除雾器。这些设备效率都较高，可使每吨 85% 磷酸产品的黄磷消耗量降至 280kg 以下。尽管如此，此磷酸制成的磷酸铵，用于农业生产中成本仍高，农民无法

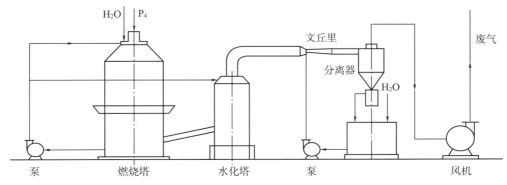

图 4-4　燃烧水合两步法工艺流程图

接受。

1994 年，新疆农垦科学院专家采用黄磷生产过程中的副产品——泥磷替代黄磷，用热法制酸的工艺，制成低度（65% ~ 70%）泥磷酸，其质量除含量偏低外，其他性质都能达到正品磷酸（85%）的标准要求，且成本低 20% 以上（按 P_2O_5 计），从而弥补了热法磷酸比湿法磷酸成本高的缺陷，为确保滴灌专用肥磷原料的质量、成本达标奠定了基础。

泥磷是工业黄磷生产中副产的炉尘与单质黄磷的混合物，属自燃、高毒性的有害工业废渣。一般含有 10% ~ 50% 的黄磷，以含量在 25% 以下的贫泥磷居多。

20 世纪 90 年代之前，因没有找到合适的利用途径，世界上绝大多数黄磷产区将泥磷废弃在山沟堰湖的水中。据有关资料介绍，仅哈萨克斯坦的奇姆肯特矿区就有近千万吨泥磷弃于水中；中国云、贵、川等黄磷产区也有百万吨以上的泥磷被废弃。这不仅浪费了宝贵的磷资源，更重要的是严重危及生态环境和人类生命安全。20 世纪 90 年代后，中国加强了对磷化工生产中的废气、废渣、废水的综合利用。此前寻求到的泥磷再利用的途径有两种：一是从泥磷中回收黄磷，回收率一般在 40% 左右，且副产贫泥磷，仍存在安全隐患；二是直接制磷酸盐，将泥磷燃烧生成气态五氧化二磷，用钙、钠等盐类的水溶液吸收，制成相应的磷酸盐类，回收率在 75% ~ 80%，因产品质量不稳定，该工艺尚未形成规模化生产。

泥磷的大规模利用，是从新疆农垦科学院确定用热法磷酸来生产磷酸铵盐开始。1994 年和 1997 年该院分别在贵州花溪、四川什邡建立了用泥磷酸制作磷酸铵生产基地，至 2005 年，年生产能力达 3 万吨。其产品质量符合 HG/T 4133—2010 要求（表 4-4）。

2. 磷酸铵的合成

用热法磷酸与氨中和反应生成磷酸铵。

反应原理：

中和反应式：$H_3PO_4 + NH_3 \rightarrow (NH_4) H_2PO_4$

工艺流程：采用加压氨化自然干燥法，见图4-5。

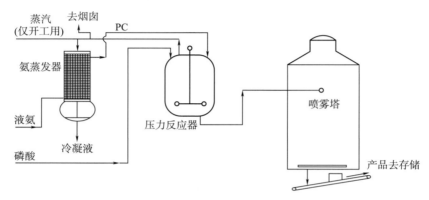

图4-5　加压氨化自然干燥法生产流程图

3. 工业磷酸—铵产品生产质量标准（表4-4）

表4-4　工业磷酸一铵产品生产质量标准（HG/T 4133—2010）

项　目		指　标		
		I 类	II 类	III 类
主含量 [以（NH_4）H_2PO_4 计]（w/%）	≥	98.5	98.0	96.0
主含量（以 P_2O_5 计）（w/%）	≥	60.8	60.5	59.2
总氮（以 N 计）（w/%）	≥	11.8	11.5	11.0
砷（As）（w/%）	≤	0.005	—	—
氟化物（以 F 计）（w/%）	≤	0.02	—	—
硫酸盐（以 SO_4 计）（w/%）	≤	0.9	1.2	—
水分（w/%）	≤	0.5	0.5	1.0
水不溶物（w/%）	≤	0.1	0.3	0.6
pH（10g/L 溶液）		4.2~4.8	4.0~5.0	4.0~5 0

（二）磷酸脲的生产

磷酸脲是滴灌专用肥生产中的主要磷、氮原料之一。

1. 技术原理

磷酸脲（urea phosphate）又称尿素磷酸或尿素酸盐，是由等摩尔磷酸和尿素反应生成的一种配位化合物，化学式 $CO(NH_2)_2 \cdot H_3PO_4$，分子量为 158.07，按理论化学量计算，含 N 17.73%，含 P_2O_5 44.9%。

磷酸脲是一种无色透明棱柱晶体，呈平行层状结构，层与层之间由氢键相连，属斜方晶系，熔点为 117～117.5℃，密度为 $1.74g/cm^3$。易溶于水和乙醇，46℃时在水中的溶解度为 202g/L，不溶于醚、甲苯、四氯化碳。磷酸脲的水溶液呈酸性，1% 水溶液的 pH 为 1.89。

磷酸脲的标准生成热 $\triangle H = -1643.78kJ/mol$，在水中的溶解热为 $-31.98\ kJ/mol$。由于磷酸脲属氨基结构的复盐，稳定性较差，受热易分解。经热分解研究表明，产品在熔点温度和 120℃ 以下时稳定，126℃ 以下热分解速度缓慢。随温度的升高热分解速度加快，128～185℃ 结晶磷酸脲分解生成偏磷酸铵，220～450℃ 生成偏磷酸并放出氨气，当温度高于 445℃ 时，偏磷酸分解，且 P_2O_5 开始蒸发。通常在 127～135℃ 磷酸脲分解按下式反应进行：

$$2\left[H_3PO_4CO(NH_2)_2\right] \rightarrow (NH_4)\,H_2P_2O_7 + CO(NH_2)_2 + CO_2\uparrow$$

磷酸脲水溶液中尿素分解动力学研究表明，在 50～60℃ 尿素有少量分解得到 CO_2 和 NH_3。当磷酸脲浓度为 58% 或温度达到 90℃ 以上时，尿素分解率最高。磷酸脲中水分的含量对其熔点和熔融物黏度有明显的影响。随产品水分的增加，熔点和黏度明显降低。

早在 1914 年德国巴斯夫公司就申请了制备磷酸脲的专利，但直至尿素实现大规模生产和成本显著降低之后，磷酸脲才真正变成工业产品并广泛应用于饲养业和工农业生产中。目前美国、意大利、俄罗斯、波兰、匈牙利等一些国家都建立了相应的工业生产装置。中国在 20 世纪 80 年代中期才开始进行研究，云南省化工研究所、内蒙古石油化工研究所、天津合成材料工业研究所、四川联合大学化学系、化工部第四设计院及上海化工研究设计院等单位，先后开展过磷酸脲的研制工作。

磷酸脲在农业上主要用于饲料添加剂和氮磷复合肥，是一种新型的高浓度 N-P 复合肥料，氮、磷总营养成分占 76%。磷酸脲入土水解后，产生的酸性降低了土壤的pH，可降低尿素在土壤中水解时氨的逸出，减少氮的挥发损失，是一种保氮能力很强的高效肥料。磷酸脲还可减少磷酸根被土壤的固定，提高有效性，特别适合碱性土壤施用。

2. 工艺设计

磷酸脲是由尿素和磷酸反应制得的反应式为：

$$CO（NH_2）_2+H_3PO_4=CO（NH_2）_2 \cdot H_3PO_4$$

磷酸脲的生产方法，按照生产工艺分为间歇式和连续式，按原料来源可分为湿法磷酸法、热法磷酸法和聚合磷酸法。间歇式生产工艺流程短、投资少，但规模小，操作不便；连续式生产工艺流程长，一次性投资较大，适宜于较大规模生产。聚合磷酸法受原料来源限制，发展前途不大；热法磷酸浓度高，杂质少，产品质量好，但价格贵，用以生产磷酸脲成本较高；湿法磷酸浓度低，杂质较多，但价格低，用以生产磷酸脲工艺流程较长，产品质量较差。

（1）原料配比：从理论上讲其反应的原料比是1∶1摩尔的磷酸和尿素，但根据滴灌肥产品不同配方对氮磷比的需求，进行了不同原料比对产品性能和性价影响的试验研究，尿素的磷酸摩尔比对产物性能的影响见表4-5。

表4-5　尿素和磷酸摩尔比对产物性能的影响

处理	1	2	3
尿素∶磷酸	1∶1	1.5∶1	2∶1
产物N（%）	17.55	21.9	24.8
产物P_2O_5（%）	47.05	37.78	33.55
产物熔点（℃）	114.5	67.0	70.5

结果表明：原料尿素与磷酸的摩尔比增加，其产物的氮含量增加，磷含量降低，反之亦然。当尿素与磷酸的摩尔比为1∶1时形成的$CO（NH_2）_2 \cdot H_3PO_4$结晶熔点114.5℃，而当尿素摩尔数大于1时，则形成低熔点的共熔物。显然尿素与磷酸摩尔比对产物和组成有很大影响。

（2）反应温度的确定：尿素和磷酸的反应各结晶为一放热过程，因此，温度对此反应有重要影响，降低反应温度使反应向生成磷脲方向进行，反之使其反应向磷脲分解成磷酸和尿素的方向进行，但尿素在溶解后才能与磷酸充分反应，因此，还需要一定的温度使尿素在磷酸中迅速溶解，为生产高纯净磷脲和减少产物的损失，缩短反应周期而寻求适宜的反应温度是尤为重要的，反应温度与产物得率试验结果参照表4-6、图4-6。

表4-6　反应温度与产物得率试验

温度（℃）	30	40	50	60	70	80	90	100	110	120	130	140
得率（%）	99.3	99.5	99.6	99.2	99.5	99.4	99.0	95.2	90.3	88.6	84.0	79.7

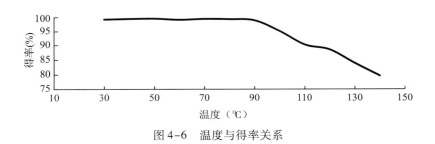

图 4-6　温度与得率关系

结果表明：反应温度 ≥90℃ 时，产物收率在 99% 以上；但温度 < 60℃ 时产物结晶细小；而温度在 60～90℃ 时则能形成较为均匀的疏松结晶；当反应温度到 90～110℃ 时，产物得率迅速下降；反应温度到 140℃ 得率已下降为 79.7%，母液中氮、五氧化二磷含量明显的增加，而且生成略带塑性的白色硬块状物。

实践中当温度上升到 70℃ 左右时，如果不能及时冷却就应停止升温，因为在反应中温度在放热中会继续升温，在反应时间到时应迅速降温。

（3）反应时间的确定：尿素与磷酸的摩尔比为 1：1，反应温度为 90℃ 时反应时间与产物的熔点见表 4-7。

表 4-7　反应时间与产品熔点试验

时间（min）	5	10	20	30	40	60	80	100	120	140	160	180
熔点（℃）	112.5	113	114	116.5	114.8	110.5	109	109.5	108.7	109	109	109

结果说明，反应为 5min 时产物熔点 112.5℃，10～30min 时熔点可保持在 113～116℃，这时产品呈疏松结晶状，但若继续延长反应到 80～180min 时，产物熔点降至 109℃，且产物逐渐变成硬块状。

（4）磷酸浓度的确定：若用不同浓度的热法磷酸按 1：1 的摩尔比与尿素在 90℃ 反应 20～40min，常温下冷却结晶，分离母液后其产物收率与磷酸浓度关系，见表 4-8、图 4-7。

表 4-8　磷酸浓度与产物收率试验

磷酸浓度（%）	35	40	50	60	70	80	85	90	95
产物收率（%）	16.2	17.5	43.0	56.8	68.2	87.6	98.4	99.3	99.5

从图中可见，产物收率随磷酸的浓度上升而上升，在磷酸浓度为 35% 以下则结晶

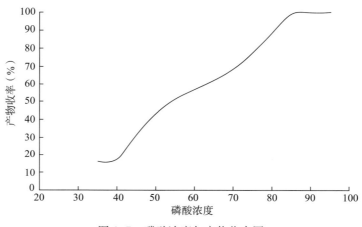

图 4-7　磷酸浓度与产物收率图

析出，在磷酸浓度为 85% 时产物的收率可达 98.4%。

泥磷生产的热法磷酸，浓度在 65% ~ 70%，将其浓缩到 85% 要消耗较多的能量，对设备要求较高，而将磷酸脲结晶分离的母液浓缩再结晶，消耗的能量要减少很多，因此采用泥磷酸直接反应母液浓缩的生产工艺经济可行。

3. 技术方案

通过正交试验，对反应温度、反应时间、物料比以及母液的循环利用等各影响因素加以分析，确定低度热法磷酸合成磷酸脲的最佳工艺条件。

根据试验，确定了最佳工艺条件：磷酸与尿素的物质的量比为 1∶1，反应温度 80℃，反应时间 30 min，在冷却结晶阶段选择先慢后快的程序降温方式，可以得到大颗粒且均匀的磷酸脲晶体。离心分离的母液循环使用，达到一定量时采用真空浓缩，冷却结晶分离见图 4-8。

4. 工艺流程

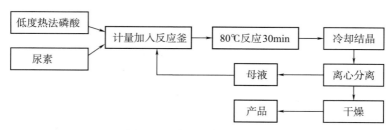

图 4-8　磷脲生产工艺过程

5. 关键技术

用生产黄磷的副产品泥磷生产的低度热法磷酸（65%~70%），不仅有热法磷酸的纯度高、杂质少，而且有湿法磷酸成本低的特点。采用间歇式生产工艺流程生产磷酸脲，母液循环使用，具有投资少、产品质量好（可达到 85% 磷酸生产同类产品的质量）、成本低（较 85% 磷酸生产同类产品的成本降低 20%）的特点。

6. 工业磷酸脲产品质量标准（表4-9）。

表4-9 工业磷酸脲产品质量标准（GB/T 27805—2011）

项 目		指 标
五氧化二磷（P_2O_5），w/%	≥	44.0
总氮（N）（w/%）	≥	17.0
水不溶物（w/%）	≤	0.1
干燥减量（w/%）	≤	0.5
氟（F）（w/%）	≤	0.05
砷（As）（w/%）	≤	0.01
重金属（以 Pb 计）（w/%）	≤	0.003
pH（10g/L 水溶液）		1.6~2.4

（三）腐殖酸的提取[4]

腐殖酸是有机-无机滴灌专用肥生产的主要有机原料。

腐殖酸（Humic Acid，简写 HA）广泛存在于土壤、湖泊、河流、海洋以及泥炭、褐煤、风化煤中。按照来源，腐殖酸可分为天然腐殖酸和人造腐殖酸两大类。在天然腐殖酸中，又按存在领域分为土壤腐殖酸、煤炭煤腐殖酸、水体腐殖酸和霉菌腐殖酸等。按照在溶剂中的溶解性和颜色分类，腐殖酸可分为黄腐酸、棕腐酸、黑腐酸。腐殖酸作为有机物原料，广泛地应用于农、林、牧、石油、化工、建材、医药、卫生、环保等各个领域，已经基本上构成了中国腐殖酸类产品的完整体系。

水溶性腐殖酸：它是用氢氧化钾从风化煤中提取出来的黄腐殖酸钾盐。

将腐殖酸含量≥40% 的原料与水按 1：10 的质量比进行湿法球磨成煤浆，输入配料槽，加入氢氧化钾，控制反应槽 pH 为 11 左右，液固体积比为（7~10）：1，温度控制在 85~90℃，搅拌 40min，输入沉淀池，沉淀过滤，滤液浓缩，干燥，粉碎并添加速溶物质，即得黄腐殖酸钾。质量要求：水溶性≥95%，腐殖酸≥60%。生产流程如图4-9。

用一定比例的氢氧化钾溶液萃取风化煤中的腐殖酸，与残渣分离后，浓缩、干燥，

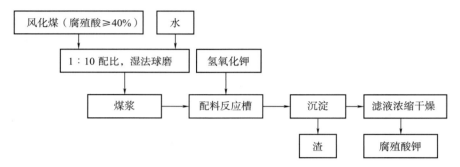

图4-9　水溶性腐殖酸生产流程图

得到固体的腐殖酸钠成品。具体过程如下：风化煤先进行湿法球磨，得到粒度小于20目的煤浆，放入配料槽，加入计算量的烧碱，控制pH到11，并把液固比9∶1混匀后送到抽提罐，夹套蒸汽加热，使罐内温度升到85～90℃，搅拌反应0.5h，卸入沉淀池使固液分离，上部清液转移到蒸发器浓缩到10Be，泵送到喷雾干燥塔干燥。

（四）复合络合剂的开发[5]

滴灌专用肥是一种多元素复合肥。在肥料生产中要实现多个大、中、微量元素的完美混合，关键是要解决元素之间的拮抗问题，通常方法是用络合剂将符合一定条件的微量元素进行络合，而后混入大、中量元素中，达到防止拮抗的目的。但现有的单质络合剂对络合对象选择性很强，很难达到作物所需、适合土壤条件的多种元素的组合，必须要研发一种具备有络合多种微量元素的络合剂和相应的络合技术。

1. 常用单质络合剂及性质

（1）EDTA外观为白色结晶性粉末，分子式$C_{10}H_{16}O_8N_2$，分子量292.25，溶于氢氧化钠、碳酸钠和氨溶液，不溶于冷水、酸和一般有机溶剂，240℃分解，螯合值为339mgCaCO$_3$/g，是最常用的络合剂。其二钠、四钠盐，溶于水，但螯合值有所下降，为272 mgCaCO$_3$/g和230 mgCaCO$_3$/g。当前市场价格在3万元/吨左右。

（2）柠檬酸为无色半透明晶体或白色颗粒或白色结晶性粉末，分子式$C_6H_8O_7$，分子量192.14，无臭、味极酸，易溶于水和乙醇，水溶液显酸性。柠檬酸结晶形态因结晶条件不同而不同，有无水柠檬酸$C_6H_8O_7$，也有含结晶水的柠檬酸$2C_6H_8O_7 \cdot H_2O$、$C_6H_8O_7 \cdot H_2O$或$C_6H_8O_7 \cdot 2H_2O$。在干燥空气中微有风化性，在潮湿空气中有潮解性。175℃以上分解放出水及二氧化碳。柠檬酸是一种较强的有机酸，有3个H^+可以电离；水溶液呈酸性。加热可以分解成多种产物，与酸、碱、甘油等发生反应。主要用于香料或作为饮料的酸化剂，在食品和医学上用作多价螯合剂，也是化学中间体。市场价格在 8000 元/t 左右。

（3）EDDHA（乙二胺二羟基苯乙酸），分子式（$CH_2N)_2$（$OHC_6H_4CH_2COOH)_2$，分子量为 360，外观为白色粉末状，水中的溶解度小。有着以下优点：对金属离子螯合力强；适用范围广，在酸性至碱性 pH 3~10 范围内均可使用；生物学活性高，使用量少；环境污染小。目前只有荷兰阿克苏诺贝尔化学公司推出该产品 Fe-EDDHA 肥，在中国经大面积大田试验，取得了极佳的效果，但价格极为昂贵，6% 的 Fe-EDDHA 市场价格为 20 万元/吨，极大地阻碍了本产品的应用。

（4）DTPA（二乙三胺五乙酸）分子式 $C_{14}H_{23}N_3O_{10}$，分子量 393.35，熔点 220℃，白色结晶或结晶性粉末。溶于热水和碱溶液，微溶于冷水，不溶于醇、醚等有机溶剂。螯合值（pH=11）为 254mgCaCO$_3$/g，用于络合剂，利用其络合力强，络合滴定钼、硫酸盐和稀土金属。但价格较贵，当前市场价在 45000 元/吨。

（5）HEEDTA（羟乙基乙二胺三乙酸），分子式 $C_{10}H_{18}N_2O_7$，分子量 278.26，白色结晶粉末，冷水中的溶解度小，易溶于热水及碱性溶液中，具有良好的稳定性，是氨羧络合剂。具有能在碱性溶液（pH 为 8~11）成稳定性的螯合盐，能和稀土族元素络合成稳定的络合物，并可用于农药杀虫剂、除草剂、杀菌剂；也用于纺织品，化妆品、皮革、造纸等，单价约 58000 元/吨。

2. 复合络合剂的配制

有资料表明：络合剂的稳定性最主要是看对铁络合的稳定性，在单质络合铁化合物中，如稳定常数愈高，其有效性就愈高；若络合值高，则络合微量元素的容量就大，常用络合剂的综合值详见表 4-10。

表 4-10　常用络合剂的综合值比较

络合剂	分子量	络合值	稳定常数（Fe^{3+}）	络合物含量	市场价格（元/t）
柠檬酸	192.14	520	11.2	16.5	8000
EDTA	292.25	339	25.0	15.22	30000
DTPA	393.35	254	30.2	11.0	45000
HEEDTA	278.26	176	19.6	5.3	58000
EDDHA	360	212	33.9	6.0	80000

根据中国主要灌区主栽作物必需的主要微量元素和土壤的供给状况，确定 Zn、B、Mn、Fe、Cu、Mo 六种微量元素为添加到滴灌专用肥中的主要品种。那么络合剂的制备也以对此六种微量元素的络合容量、稳定性为依据，同时兼顾成本、市场供应等因素。通过试验，选定 EDTA 和柠檬酸两种络合剂作为基本剂型，进行配比筛选。

经反复试验，EDTA:柠檬酸以 1:2 组合为最好，按络合值测定方法检测其络合值为459，稳定常数为25，络合微量元素重量可达26.0%，形成了一种新的复合型络合剂。

3. 络合技术与工艺

（1）工艺流程（图4-10）。

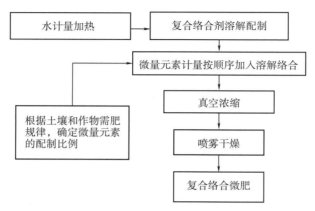

图4-10　复合型络合剂工艺流程

（2）工艺参数与方法：①温度的确定。经试验，反应温度控制在70~80℃，既缩短反应时间又可达到较好的络合效果，温度过高（超过100℃）会破坏络合剂的络合力；浓缩温度控制在70~90℃为宜。②时间的确定。经试验，反应时间在30min左右，可达到较好的络合效果；浓缩时间控制在30~60min即可。③浓缩与干燥方式。经试验，真空浓缩可较好的控制温度；喷雾干燥可提高产品得率。④微量元素加入顺序。根据微量元素的性质和被络合的难易程度，被选的六种微量元素络合时的先后顺序是：Fe、Cu、Zn、B、Mn、Mo，依次可提高络合效果，减少络合剂的用量。

（3）操作方法：根据土壤养分丰缺和作物需求状况，选择需补充的微量元素（如Zn、B、Mn、Fe、Cu、Mo）其中的几种和数量、复合络合剂（EDTA+柠檬酸）备用。具体步骤：①在1000L的反应釜中加入500L水，加热到70~80℃；②加入络合剂75kg到反应釜中搅拌溶解；③按顺序逐一加入微量元素Fe、Cu、Zn、B、Mn、Mo共500kg，在70~80℃下进行30min的络合反应；④在70~90℃下，真空浓缩30~60min；喷雾干燥制得。

生产的产品为淡绿色粉状固体，经检验：Fe、Cu、Zn、B、Mn、Mo的含量≥26%，水不溶物≤0.2%，水分≤0.5%，pH为3.5。与微滴灌固态复合肥中大量元素有较好的相溶性，没有不良反应。

4. 与国内外同类技术的对比分析

（1）络合容量大、产品微量元素含量高，产品中 Fe、Cu、Zn、B、Mn、Mo 的含量≥20%。

（2）生产成本低，12000 元/吨，低于市场同类产品 2~4 倍。

（3）微量元素养分配比均衡，易被植物吸收。养分配比是根据土壤状况和植物不同生育期的需肥规律而确定的，针对性强。

（4）以此络合微肥为原料生产的微滴灌复合肥，解决了营养元素间的拮抗作用，使微滴灌复合肥真正具有养分全、营养元素配比合理、利用率高的特点。

四、系列产品介绍

该部分主要介绍新疆农垦科学院研发的喷、滴灌专用系列肥产品。包括棉花、酱用番茄、玉米、小麦等作物 3 个关键生育期（前、中、后期）专用的无机系列滴灌肥和以特色瓜果蔬菜专用的有机-无机滴灌系列肥，共80 余种（见表4-11）。

表4-11　主要作物滴灌专用肥配方（N-P$_2$O$_5$-K$_2$O-Te-腐殖酸）

作物名称	苗期	中期	后期	备注
棉花	36-8-6-0.5	33-13-7-0.5	30-15-9-0.5	无机
小麦	35-10-7-0.5	32-15-7-0.5	28-15-10-0.5	无机
玉米	35-8-7-0.5	34-12-6-0.5	32-15-7-0.5	无机
油葵	30-13-9-0.5	28-14-10-0.5	26-15-12-0.5	无机
大豆	33-10-10-0.5	34-11-7-0.5	32-9-12-0.5	无机
甜菜	34-10-6-0.5	24-12-16-0.5	16-14-22-0.5	无机
酱用番茄	28-10-8-0.5-5	25-12-10-0.5-5	20-15-13-0.4-5	有机-无机
葡萄	26-8-13-0.5-5	18-13-16-0.4-5	10-20-20-0.4-5	有机-无机
红枣	27-8-10-0.5-5	6-33-18-0.4-5	4-12-30-0.4-5	有机-无机
瓜类	31-9-6-0.5-5	29-9-9-0.4-5	23-12-10-0.4-5	有机-无机
苹果	30-10-8-0.5-5	15-16-15-0.4-5	18-12-17-0.4-5	有机-无机
叶用蔬菜	28-11-8-0.5-5	25-12-10-0.4-5	20-18-10-0.4-5	有机-无机

第四节　滴灌随水施肥条件下的养分运移

在相同的土壤条件下，肥料类型以及施肥、灌溉技术对肥料中不同养分的利用率有明显影响。2001 年以来，笔者与同事们分别在室内和田间采用同位素示踪和对比差值分析方法，研究了在滴灌随水施肥条件下，不同施肥方法、不同肥料类型的氮、磷、钾元素在土壤中的运移及其利用率，为滴灌区域的精准施肥起到了较好的参考作用。研究整体情况已报告在相关刊物上，这里仅介绍有关结果。

一、氮在土壤中的移动及分布[7]

1. 不同肥料类型的氮素在土壤中的移动及分布（见图4-11、图4-12）

选用市场流通的含铵态氮的滴灌专用肥和酰胺态氮的尿素（以下称常规肥）在等量 N 的和随水滴施条件下，设置田间微区试验，进行研究测试和分析。

（1）滴灌棉田氮素养分水平移动特点：在相同的滴灌随水施肥条件下，滴灌专用肥与常规肥中的 N 素均能随水的湿润峰到达棉株行处（径向 14 cm），水平移动距离没有差异。但滴灌专用肥 N 素水平移动的各土层总量高于常规肥，表现出较强横向移动性。

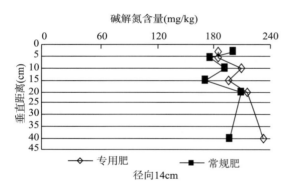

图4-11 径向 14cm 处专用肥与常规肥随水滴施的氮素在不同土层的分布

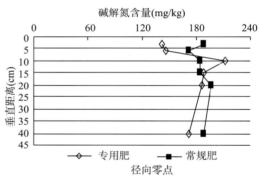

图4-12 径向零点处专用肥与常规肥随水滴施的氮素在不同土层的分布

（2）滴灌棉田氮素养分垂直分布特点：滴灌专用肥与常规肥中的 N 素在土壤中的垂直分布特点差异明显。以滴灌带为中心的零点处，总体来看，随水滴施常规肥处理，0～3cm 土层的碱解氮较高（188.4mg/kg），呈表聚现象，而 3～40cm 土层的碱解氮含量随着土层加深呈现增大趋势（171.6～196.8mg/kg）；滴施专用肥处理的 0～40cm 土层的碱解氮含量呈现明显"低-高-低"现象，即 10cm 土层中的碱解氮含量最高（212.4mg/kg），10～40cm 土层中的碱解氮含量又呈递减趋势（212.4～172.0mg/kg），尤其值得注意的是 20～40cm 土层中的碱解氮含量明显低于常规肥。说明常规肥中的氮即使在随水滴施条件下，也会发生表聚，同时常规肥中的氮在土壤中随水运移性高，在灌水达一定量时能随水运移到较深土层，从而也可能会发生氮的淋失。滴灌专用肥中的氮素，在灌水达一定量时无表聚现象发生，同时在滴头垂直向（径向 0cm）土层中的分布低于常规肥中的氮。

在随水滴施条件下，滴灌专用肥与常规肥的水平移动呈明显差异。以滴灌带为中心的径向 14cm 处，随水滴施常规肥的 0～40cm 土层中的碱解氮含量分布特点与径向 0cm 处的相似，0～3cm 土层的碱解氮较高（200.9mg/kg），发生明显的表聚现象，而 3～40cm 土层的碱解氮含量随着土层加深呈现增大趋势（175.8～196.7mg/kg）；滴施专用肥处理的 0～40cm 土层的碱解氮含量分布特点与其在径向 0cm 处的明显不同，呈现增大趋势，尤其是 10～40cm 土层中的碱解氮含量明显高于常规肥。径向 14cm 处也即棉株行，专用肥中的氮的水平移动性高于常规肥中的氮，且无表聚现象发生。也进一步说明了专用肥中的氮素更易于向棉花根系区域均匀分散，促进棉花根系吸收，从而有利于氮肥利用率的提高。

2. **不同施肥方式的氮素在土壤中的移动及分布**

在滴灌条件下，施氮采用随水滴施和耕层（深度 12cm）施两种方式，对 N 在土壤中的移动及分布进行研究。研究表明，酰胺态氮随水滴施在土壤中的移动速率及范围与常规施肥基本相近。但随水施肥 N 在作物根层的分布更均匀；因受水的控制，流失现象明显低于常规的沟施和深施肥。另有试验表明：同质地的地温在 25℃ 以下时，铵态氮比酰胺态氮移动快；超过 25℃ 并持续 100h 情况下，酰胺态氮（尿素）移动性基本接近铵态氮。再有：地膜覆盖植棉的膜下滴灌随水施肥，N 的挥发损失极低。据施肥后五天内定点对植株行间空气中氨含量的测定，施肥与不施肥田块空气中的含量差异甚微。（见图 4-13、图 4-14）

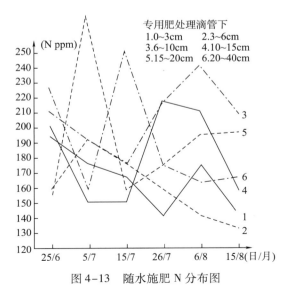

图 4-13 随水施肥 N 分布图

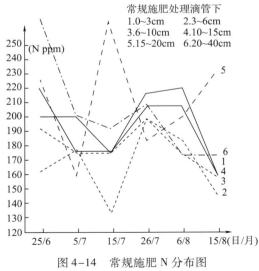

图 4-14 常规施肥 N 分布图

二、磷在土壤中的移动及分布

1. 田间试验磷素养分空间分布特点

（1）滴灌棉田磷素养分水平移动特点[7]：滴灌随水施肥条件下，棉花滴灌专用肥与常规肥中的 P 素能到达棉株行处（径向 14cm）。在零点处（径向 0cm），各土层中的 P 素水平整体上高于径向 14 cm 处。说明磷素在土壤中的横向运移相对有限。在径向 14cm 处，滴施专用肥和常规磷肥各土层中的磷素的水平尽管呈现相似的下降趋势，但是专用肥的磷素水平高于常规肥。

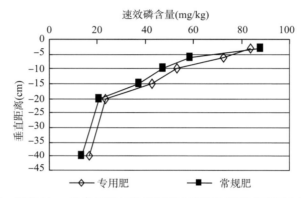

图 4-15　径向 14cm 处专用肥与常规肥随水滴施的磷素在不同土层的分布

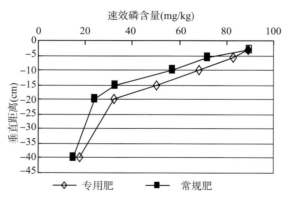

图 4-16　径向零点处专用肥与常规肥随水滴施的磷素在不同土层的分布

（2）滴灌棉田磷素养分垂直分布特点：分层取样分析表明，随水滴施肥条件下，P 素在土壤中的垂直分布随土层加深而呈现明显的浓度递减趋势。滴施的磷素大部分集中分布在耕层中上部，特别是表层含量较高（0～10cm），一部分磷素随水顺着较大的土壤孔隙和裂缝渗漏到耕层下部。

在径向14cm处，滴施常规肥0～3cm土层中的磷素水平为最高（88.0mg/kg），20～40cm土层中的磷素水平为最低（13.5mg/kg）；滴施专用肥以0～3cm土层中的磷素水平最高（84.0mg/kg），以20～40cm土层中的磷素水平最低（16.5mg/kg）。值得注意的是，专用肥的磷素水平在6～40cm土层中均高于常规磷肥。由此可见，无论专用肥还是常规肥的磷素在土壤中的移动性都有限，但专用肥中的磷素移动性高于常规肥，且能达到棉花根系主分布域，利于棉株对磷的吸收。（图4-15）

在径向0cm处，滴施常规肥0～3cm土层中的磷素水平为最高（89.5mg/kg），20～40cm土层中的磷素水平为最低（15.0mg/kg），说明即使在滴灌条件下，常规肥的磷素在土壤中的垂直移动性较有限，在棉花根系主要分布域（10～40cm土层）的量较少，不利于磷素吸收利用；滴灌专用肥以0～3cm土层中的磷素水平最高（89.0mg/kg），20～40cm土层中的磷素水平最低（17.5mg/kg），说明在滴灌条件下，专用肥的磷素的移动性有所增大，在棉花根系主分布域（10～40cm土层）的含量较大，易于棉花根系吸收利用。（图4-16）

2. 平面根槽试验磷素养分空间分布特点[6]

用同位素^{32}P标记肥料，通过放射自显影的方法测定随水施肥与基施肥（CK）磷的移动变化。结果表明：对照的扩散面积以100%计，随水施肥磷的扩散面积为对照的185.3%和220.6%。试验中还发现：①不同磷肥品种在土壤中移动速率和范围有差异。以湿法磷酸工艺生产的磷（复）肥如磷酸二铵、三料过磷酸钙的移动性明显小于以热法磷酸工艺生产的磷（复）肥磷酸二氢钾、喷滴灌专用肥。前者为对照（100%）的185.3%，后者为220.6%。②单质磷在土壤中的移动性要小于含磷复合肥。③磷在土壤中的移动与土壤质地有关。黏土、质地细的土壤磷的移动性要比砂土、质地粗的土壤慢。磷素在土壤中分布的^{32}P放射自显影见图4-17。

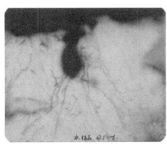 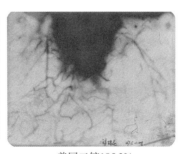 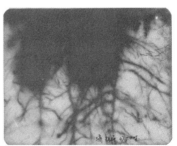

CK 100%　　　　　　美国二铵185.3%　　　　　　滴灌肥220.6%

图4-17　平面根槽试验磷素养分空间分布

三、钾在土壤中的移动及分布[7]

1. 滴灌棉田钾素养分水平分布特点

膜下滴灌施肥条件下，总体而言，距滴头径向14cm的棉株行处的K素水平高于滴头径向0cm处，说明K素在土壤中的横向移动性好，能充分到达植棉行，有利于棉株根系吸收利用。

2. 膜下滴灌棉田钾素养分垂直分布特点

分层取样分析表明，在随水滴施条件下，滴灌专用肥和常规肥中的钾素在土壤中的垂直分布随水的移动性均较强，不同土层中的分布特点很相似，但随着土层深度增大，钾素水平呈下降趋势。在径向0cm处，滴施专用肥的各土层中的K素水平（420~280mg/kg）整体上高于常规肥（410~250mg/kg）。径向14cm处，滴施专用肥的各土层中的K素水平除6~10cm土层中的K素水平（375 mg/kg）低于常规肥（385 mg/kg）以外，其他各土层中的K素水平均高于常规肥（410~268mg/kg）。在棉花根系主要分布区域，滴灌专用肥的钾素水平明显高于常规肥，这种分布特征有利于棉株的吸收利用。（见图4-18、图4-19）

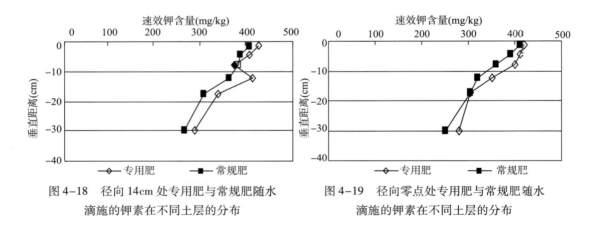

图4-18　径向14cm处专用肥与常规肥随水
滴施的钾素在不同土层的分布

图4-19　径向零点处专用肥与常规肥随水
滴施的钾素在不同土层的分布

四、滴灌棉田 N、P、K 肥利用效率[7]

1. 滴灌棉田 N 肥利用效率

在膜下滴灌施肥条件下，以棉花经济学产量与棉株吸收氮肥量为计算依据，滴灌专用肥氮肥生理利用率为19.49kg 籽棉/kg 氮，常规肥的氮肥生理利用效率为18.81kg 籽棉/kg 氮；滴灌专用肥的氮肥农学利用率为8.06kg 籽棉/kg 氮，常规肥的农学利用率则为5.23 kg

籽棉/kg 氮，滴灌专用肥与常规肥的氮肥农学利用率差异极显著。

2. 滴灌棉田 P 肥利用效率

膜下滴灌施肥条件下，以棉花经济学产量与棉株吸收磷肥量为计算依据，滴灌专用肥磷肥生理利用率为 64.23kg 籽棉/kg 磷，常规肥的磷肥生理利用率为 61.65kg 籽棉/kg 磷；滴灌专用肥的磷肥农学利用率为 18.39kg 籽棉/kg 磷，常规肥的磷肥农学利用率则为 14.21kg 籽棉/kg 磷，滴灌专用肥与常规肥的磷肥农学利用率差异极显著。

3. 膜下滴灌棉田 K 肥利用率

膜下滴灌施肥条件下，以棉花经济学产量与棉株吸收钾肥量为计算依据，滴灌专用肥钾肥生理利用率为 16.05 kg 籽棉/kg 钾，常规肥的钾肥生理利用率为 15.82 kg 籽棉/kg 钾；滴灌专用肥的钾肥农学利用率为 84.37kg 籽棉/kg 钾，常规肥的则为 65.21 kg 籽棉/kg 钾，滴灌专用肥与常规肥的钾肥农学利用率差异极显著。（见表 4-12）

表 4-12　植株氮磷钾含量及氮磷钾吸收量、利用效率及显著性分析

处理		生物产量 (kg/667m²)	氮磷钾含量 (%)			氮、磷钾吸收量 (kg/667m²)			生理利用率 (kg/kg)			农学利用率 (kg/kg)		
			N	P_2O_5	K_2O	N	P_2O_5	K_2O	N	P_2O_5	K_2O	N	P_2O_5	K_2O
空白	纤维	154.53	0.11	0.07	0.90									
	籽粒	99.00	4.87	1.50	0.37									
	茎秆根	309.76	0.90	0.46	2.72	12.57	4.35	17.36						
	叶	142.63	2.21	0.51	3.86									
	铃壳	164.30	1.00	0.37	1.02									
常规肥	纤维	201.28	0.21	0.07	0.90									
	籽粒	129.77	5.11	1.42	0.38									
	茎秆根	363.30	1.13	0.47	2.72	17.60	5.37	20.92	18.81	61.65	15.82	6.23	14.21	65.21
	叶	173.34	2.34	0.53	3.86									
	铃壳	199.99	1.19	0.38	1.02									
专用肥	纤维	214.11	0.21	0.07	0.90									
	籽粒	139.79	5.09	1.40	0.37									
	茎秆根	385.41	1.10	0.46	2.72	18.16	5.51	22.05	19.49	64.23	16.05	8.06**	18.39**	84.37*
	叶	181.81	2.25	0.48	3.85									
	铃壳	206.05	1.10	0.37	1.03									

注：专用肥与常规肥农学利用率差异显著性分析，N：$t=6.2229$，$P=0.0001<0.01$，差异达到极显著；P_2O_5：$t=6.2305$，$P=0.0001<0.01$，差异达到极显著；K_2O：$t=6.2243$，$P=0.0001<0.01$，差异达到极显著。

五、结论与讨论

1. 滴灌棉田滴灌肥和常规肥中 N、P、K 养分土壤运移特点

氮磷钾养分在土壤中的运移特点因土壤质地、肥料种类以及施肥策略而异。Cote 等认为重力与毛管力之间的竞争控制着溶质（硝酸盐）的运移。本研究表明，随水施肥条件下，滴灌专用肥中的氮磷钾运移及分布特点与常规肥相似，但在养分水平上存在差异。常规肥中的氮有表聚现象，而专用肥中的氮未发现有表聚现象。以滴头为中心的零点处，滴灌专用肥处理 0~40cm 土层中，除 6~10cm 土层外，其他取样土层中的氮素水平显著低于常规肥。氮素的分布受根系的影响较大，根系也影响养分的运移。有研究表明，滴灌条件下棉花根系主要分布在滴头附近区域，绝大部分根系分布在 0~40cm 土层，尤其是 10~20cm 土层的棉花根系明显多于常规灌溉。

膜下滴灌施肥条件下，磷素的移动性相对氮素而言较弱。本研究表明，滴灌专用肥中的磷素的横向和垂直移动性明显优于常规肥。这个结果与本研究小组先前采用 ^{32}P 法研究滴灌专用肥磷素移动的报道基本一致。滴灌专用肥中磷的水溶性达 99.5% 以上，而常规磷肥中磷的水溶性一般低于 70%。因此，推测磷的移动性差异可能与磷的水溶性有关，有研究同时认为磷的生产工艺对磷肥中磷的水溶性有明显的影响作用。

研究显示，滴灌专用肥和常规肥中的钾素均表现较好的移动性，且具相似的分布特点。但在棉花根系主要分布区域，滴灌专用肥的钾素水平明显高于常规肥，这种分布特征有利于棉株的吸收利用。

2. 滴灌棉田滴灌肥和常规肥中 N、P 养分利用效率差异

侯振安等认为在一次灌溉过程中先滴一半时间的肥液，再滴一半时间清水的施肥策略可提高氮肥利用率。在相同的土壤条件下，肥料类型以及灌溉技术对肥料中不同养分的利用率有明显影响。养分生理利用效率和养分农学利用率是常用的氮肥利用率评价指标。根系是作物最活跃的养分和水分吸收器官，在作物的生长发育和产量形成过程中起着非常重要的作用。主要农业措施如灌溉、施肥等都是首先影响到根系的生长、分布和功能，然后对地上部起作用进而影响到产量的高低。作物根系和养分在土壤中的分布直接影响着作物对养分的吸收。滴灌条件下，不同类型肥料施用后养分在土壤中的分布不同，同时也对作物根系的生长和分布造成影响，进而影响作物对养分的吸收和利用。研究表明，随水滴施条件下，滴灌专用肥氮、磷、钾肥生理利用效率、农学利用率均比常规肥高。就整体趋势来看，滴灌专用肥中的氮磷钾的运移与滴灌条件下棉花根系的分布更吻合，有利于根系对养分的吸收利用。

第五节　滴灌随水施肥应用效果与前景

一、滴灌随水施肥应用效果[8]

1. 节肥效果

滴灌随水施肥的节肥作用是众所周知的。据新疆兵团、新疆农垦科学院等单位近年研究表明：在棉花等产量同比情况下，滴灌随水施肥比常规施肥氮肥（尿素）节省30%以上，氮的利用率提高18%~25%；磷肥（折重钙）节省10%左右，磷的利用率提高5%~8%。

2. 增产效果

滴灌随水施肥根据作物不同生育阶段对养分的需求进行及时均匀的补给，确保作物的正常生长发育，而且可通过肥水来调节作物群体、个体，以达到一个较理想的群体及产量结构，从而使作物增产。据2001年新疆农垦科学院在兵团五个师局10个试点共309亩膜下滴灌棉田进行随水施肥和常规施肥对比试验，其结果：棉花单株平均成铃处理比对照增加0.39个，单铃平均增重0.21g，平均亩增收籽棉15.36kg，比对照增产4.47%。增产幅度大的田块达10.7%。特别是2001年新疆天业集团在邻国塔吉克斯坦480亩土地上，采用该技术植棉，其增产率是原有技术的218%。

3. 经济效果

滴灌随水施肥的经济效果评价主体现在节约成本与增产增收两方面。据2000和2001两年对25.05万亩滴灌随水施肥棉田的效益进行分析表明：

节约成本：滴灌随水施肥比常规施肥，每亩节省化肥成本22.5元；亩节省机力费10.8元；亩节省人力费4元。三项共计亩节省成本费用37.3元。

增产增收：25.05万亩棉田经实收，平均每亩比对照增收籽棉15.89kg，按政府当年收购价3.1元/kg计，实际每亩增收49.26元。

节约成本与增产增收合计86.56元/亩，经济效果明显。

4. 综合效应

实践证明，随水施肥从理论上和实践的角度至少有以下特点：

（1）水肥同步，可发挥二者的协同作用，使水肥耦合从理想变为现实；

（2）将肥料直接施入根区，降低了肥料与土壤的接触面积，减少了土壤对肥料养分的固定，有利于根系对养分的吸收；

（3）随水施肥持续的时间较长，为根系生长维持了一个相对稳定的水肥环境；

（4）可根据气候、土壤特性、作物不同生长发育阶段的营养特点，灵活地调节供应养分的种类、比例及数量等，满足作物高产优质的需要。

二、滴灌随水施肥应用前景

中国是一个水资源严重短缺的国家，干旱是制约中国农业发展的主要因素之一。滴灌等先进的节水灌溉在中国占总灌溉面积的比例还很小，大多数地区仍沿用地面灌溉。发展节水灌溉，提高农业生产力的潜力很大。除水分外，养分缺乏以及水、肥两者供应的不同步性，是制约中国农业生产发展经常遇到的问题。

滴灌随水施肥可有效地调节作物水分和养分的供应，在中国具有巨大的应用前景。全国农技推广中心数据显示，中国拥有果园面积 1.6 亿亩，其中 18.1% 的果园有灌溉条件；蔬菜面积 2.68 亿亩，大部分也可以发展水肥一体；玉米播种面积有 4.48 亿亩，马铃薯 1.7 亿亩，甘蔗 0.35 亿亩，均可以发展水肥一体化技术。西北和华北地区占我国国土面积的 52.2%，耕地面积约占我国耕地面积的 30%，尤其在该地区采用这一技术，不仅可节约该地区宝贵的水资源，而且可使原来一些采用常规灌水施肥方法不适宜种植的土地，如荒地种植，甚至沙漠种植变为现实。以色列对南部 Negev 沙漠的开发就是一个成功的范例。另外在地势不平、水土流失严重、土壤肥力低的丘陵沟壑区，常规的灌水施肥措施难于取得满意的效果，而滴灌施肥技术则可取得显著效果。

水肥一体化已被正式纳入"国家农业'十二五'规划"，2011 年，全国农业技术推广中心将水肥一体化定为全国重点推广的"一号技术"。2012 年初农业部印发了《关于进一步推进农田节水工作的意见》，中央财政也进一步加大了农田节水技术的补贴力度，拟从 2012 年开始到 2015 年的 4 年中投资 380 亿元，完成 3800 万亩的节水增产面积。随着国家支持力度的加大，滴灌随水施肥技术使用范围也逐渐由经济作物向大田作物扩展。农业部全国农技推广服务中心节水处处长高祥照表示："当下，水肥一体化不仅应用在经济作物，还要应用于大田作物上。据统计，目前中国水肥一体化应用面积达 3100 万亩，其中 2600 万亩都是大田种植，预计到 2015 年，应用总面积可能达到 1 亿亩，其中 8000 万亩主要是大田作物。"

参 考 文 献

［1］尹飞虎．滴灌随水施肥技术的研究与应用［J］．新疆农垦科技，2005（增刊），11-15.

［2］尹飞虎．不同工艺生产的磷在土壤中运移状况及利用率的研究［D］．中国农业大学硕士论文．2005.

［3］尹飞虎，陈云，等．滴灌专用肥及生产方法．发明专利．ZL 99123097.3.

［4］陈云，尹飞虎，等．水溶性腐殖酸多元固体肥料及其生产方法．发明专利．ZL 200910130413.0.

［5］陈云，尹飞虎，等．水溶性固体有机络合微肥及其生产方法．发明专利．ZL 200910130412.6.

［6］尹飞虎，刘洪亮，等．棉花滴灌专用肥氮磷钾元素在土壤中的运移及其利用率［J］．地理研究．2010，29（2）：235-242.

［7］尹飞虎，康金花，等．棉花滴灌随水施滴灌专用肥中磷素的移动和利用率的^{32}P研究［J］．西北农业学报．2005，14（6）：199-204.

［8］尹飞虎．喷滴灌专用肥研究与应用现状［J］．新疆农垦科技，2002，2：32-33.

分　论

第五章　小麦滴灌及麦后复播
水肥高效栽培技术

第一节　小麦滴灌水肥高效栽培技术

一、概述

（一）世界小麦生产概况

全世界小麦播种面积 34 亿亩左右，平均亩产 180kg 左右。主要的产麦国家除中国外，还有俄罗斯、美国、印度、加拿大、土耳其、澳大利亚、法国、阿根廷等。小麦亩产最高的国家为荷兰、丹麦、英国和法国，分别为 539 kg、498 kg、440 kg 及 425 kg。主要的小麦出口国有美国、加拿大、澳大利亚、法国、阿根廷等，这几个国家的小麦出口量占世界小麦总出口量的 80% 以上。世界小麦栽培以冬小麦为主，春小麦仅占 1/4。俄罗斯、美国和加拿大春小麦栽培面积的总和占全世界春小麦面积的 90%。

（二）中国小麦生产概况

小麦是中国仅次于水稻的第二大粮食作物，也是中国最重要的商品粮和储备粮品种。

目前，中国的小麦播种面积和总产量均居世界第一位，近几年中国小麦播种面积约为 4 亿亩，其中冬小麦约为 3.4 亿亩。

1. 中国小麦生产发展情况

（1）小麦总产量呈波浪上升趋势。小麦总产由 1978 年的 5384 万 t 增加到 2009 年的 11512 万 t，增长了 114%，小麦生产得到长足发展，但生产的波动性较大，1978 ~ 1984 年，小麦总产量不断提高，1984 ~ 1991 年一直在 9000 万 t 左右徘徊，1991 年以后小麦总产量波动较大，总产最高的年份达到 12329 万 t（1997 年），总产量最低的年份为 8648.8 万 t（2003 年），又降到了 1984 年、1985 年的水平（图 5-1）。

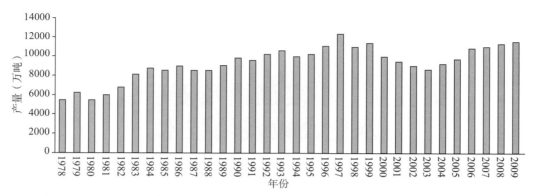

图 5-1　1978～2009 年中国小麦总产量变化（数据来源：《2010 中国农村统计年鉴》）

（2）小麦种植面积呈下降趋势。小麦播种面积由 1978 年的 43774.5 万亩，下降到 2009 年的 36436.5 万亩，下降了 16.7%。播种面积最高达到 46422 万亩（199？年），最低为 32439 万亩（2004 年）。1997 年以后基本处于下降的趋势（图 5-2）。

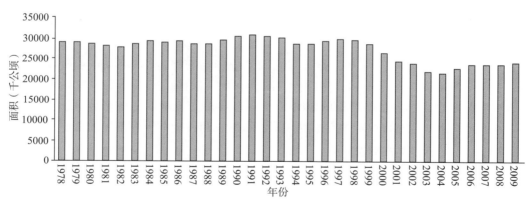

图 5-2　1978～2009 年中国小麦种植面积变化（数据来源：《2010 中国农村统计年鉴》）

（3）小麦单位面积产量大幅提高。小麦单产由 1978 年的 123kg/亩提高到 2009 年的 315.9kg/亩，增加了 1.57 倍（图 5-3）。

高产典型：

1977 年西藏江孜县农业试验场 1.32 亩冬麦田，亩产 836.6kg。

1977 年云南丽江县 4.12 亩冬麦田，亩产 825.45kg。

1978 年青海香日德农场 3.91 亩春麦田，亩产 1013.05kg。

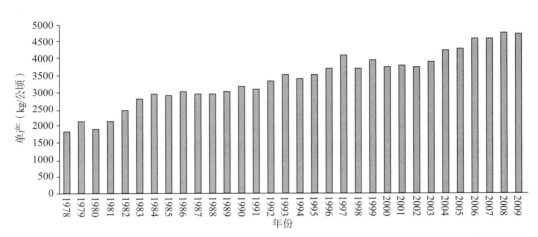

图 5-3　1978～2009 年中国小麦单产变化（数据来源：《2010 中国农村统计年鉴》）

2. 中国小麦生产发展的主要途径

目前中国小麦生产中存在的主要问题是单产较低、各地发展不平衡。根据中国自然气候特点和社会经济条件，小麦生产发展的主要途径是：

（1）稳定面积：从长期来看，耕地减少、水资源短缺的状况基本不可逆转，紧平衡将是中国粮食供求的一种常态。近些年来，由于小麦价格走弱，种植小麦的比较效益低，小麦种植面积一直在减少。目前这种状况如果任其发展下去，势必对中国粮食安全带来严峻问题。因此，在现有的种植结构下，应把小麦面积稳定在 3.45 亿～3.6 亿亩，以保证小麦生产和国民经济发展的需要。

（2）增加投入：对于一般麦田应加大投入，全面实行秸秆还田，增加土壤有机质含量；加大中低产田改造投入；加强农田水利基础设施建设，提高粮食生产能力；加强小麦良种补贴力度；提高小麦收购价格，降低农资成本。

最终实现中国小麦生产的高产、优质、高效、生态、安全。

3. 中国提高小麦单产的主要途径

（1）因地制宜推广小麦优良品种并实施良种良法配套。

（2）大力推广实用技术，建立技术推广示范田。

（3）建立小麦模式化栽培技术体系。

（4）增加灌溉能力，改变"两养"农业靠天吃饭的局面。

二、小麦滴灌技术特点

小麦滴灌系统一般由水源工程、首部枢纽、输配水管网、滴头，以及控制、量测和保护装置等组成。

滴灌小麦通过管道系统供水，将加压的水经过过滤设施滤"清"后，与水溶性肥料充分融合，形成肥水溶液，进入输水干管—支管—滴灌毛管，再由毛管上的灌水器一滴一滴地均匀、定时、定量浸润作物根际土壤，供根系吸收利用。此种灌水方式，实现了三个转变。一是从大水漫灌转向了浸润式灌溉。每个滴灌滴头的浸润半径保持在 40~50cm，使土壤始终保持疏松和最佳含水状态，土壤不板结，团粒结构不破坏，有很好的节水和改良土壤、抑制盐碱危害等作用；二是由浇地变为浇作物，田间无垄，作物棵间无积水，水流顺滴孔直达作物根系，减少了渠系和田间渗漏，提高了水资源利用率；三是充分实现了水肥一体化技术，灌水的同时进行施肥，提高了肥料的利用效率。

小麦滴灌和地面灌相比，具有以下优势：

（1）省水。田间不设毛渠，减少输水和灌溉过程水分渗漏、地面蒸发、流失及土地不平灌水不均造成的浪费现象。生育期田间灌水由原来每亩 400~450m^3，减少到 300~350m^3，节约 25% 左右；同时滴灌可控制性强，水分渗透在根际范围内，供水及时，提高了水资源的利用率。

（2）省地。用滴灌方式种植小麦，田间不需要开毛渠，土地利用率可提高 3%~5%，田间的实际保苗数增加，每亩可多收 1.0 万~1.5 万穗，有利于小麦增产。

（3）省肥。肥料溶于水，肥水一体化，通过随水滴肥，肥料供应在根层区域，便于根系及时吸收利用，减少了机车和人工追肥时地面抛撒、灌水冲失、土壤渗漏、空气挥发等损失，肥料利用率较常规灌溉提高 10%~15%。

（4）省工。由于田间不需要人工跟车追肥、人工撒肥、人工灌水、修毛渠、收获前平毛渠、割毛渠麦子等劳动环节，节约田间用工，减轻了劳动强度，农工承包土地面积提高 30%~50%，提高了劳动生产率。

（5）省机力。田间节省了机车追肥、机车开毛渠、平毛渠等作业过程，每亩可节省机力费 10~15 元。

（6）省种子。滴水出苗，供水及时，土壤湿度均匀，种子发芽好，出苗率由原来的 70%~75% 普遍提高到 90% 以上，同时可节省种子 2~3kg。

（7）灌水、施肥效果好。能适时适量、均匀地为作物供水供肥，不致引起土壤板结或水土流失，且能充分利用细小的水源。实现了灌水、施肥一体化、可控化和自动化。

（8）麦苗长势均匀。由于灌水、施肥均匀，麦苗生长势强，群体和个体能够均衡、协调地生长，而且生长整齐一致，提高了小麦的收获穗数和单穗粒数。

三、小麦滴灌设计及技术模式

（一）灌水器的选型与设计

1. 灌水器的选择

灌水器选择直接影响工程的投资和灌水质量。考虑以下因素选择适宜的灌水器。

滴灌小麦一般选择薄壁内镶式或侧翼边缝式滴灌带，壁厚0.2mm，管径16mm，滴头流量1.8~3.0L/h。滴头流量不宜过大和过小，流量过大工程投资会增加，流量过小滴管带用量会增加。

2. 滴灌毛管的设计

毛管布置主要取决于小麦的栽培模式，毛管一般沿小麦种植方向布置。其布置主要考虑的因素有：小麦的特性、土壤性状、水质和农业技术水平。

在平坡地形条件下，毛管与支（辅）管相互垂直，并在支（辅）管两侧对称布设。在均匀坡地形条件下，毛管在支（辅）管两侧布设，并依据毛管水力特性计算，逆坡向短，顺坡向长；当逆坡向水力特性不佳时，则仅采用顺坡向铺设。布设毛管时，不能穿越田间机耕作业道路。

毛管铺设采用播种铺管机械铺设，在播种时采用播种、铺管一次完成，毛管铺设时为了防止风将毛管刮跑，应浅埋1~3cm，由播种铺管机械完成。

新疆小麦毛管的布置方式有以下三种：

（1）1机4管，1管管6行，即3.6m播幅，播24行小麦，铺设4条滴灌带，滴灌带的间距为90cm，铺设滴灌带位置小麦行距为20cm，缩小滴灌带两边小麦间的行距，加宽滴管带最边行小麦间距为20cm，交接行行距为25cm（图5-4）。

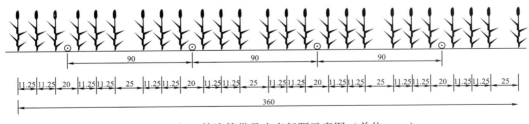

图5-4　一机4管滴管带及小麦行距示意图（单位：cm）

（2）一机5管，交接行为1管管4行，其余为1管管5行：即3.6m播幅，播26行小麦，铺设5条滴灌带，滴灌带的间距为72cm，铺设滴灌带位置小麦行距为20cm，交接行行距为 26cm，其余小麦行距为 13cm（图 5-5）。

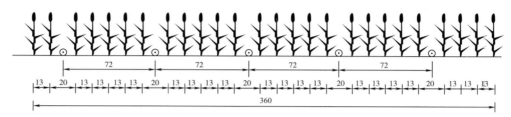

图 5-5 一机五管滴管带及小麦行距示意图（单位：m）

（3）1 机 6 管，1 管管 4 行：即 3.6m 播幅，播 24 行小麦，铺设 6 条滴灌带 滴灌带的间距为 60cm，铺设滴灌带位置小麦行距为 20cm，交接行行距为 13.34cm，其余小麦行距为 13.33cm（图 5-6）。

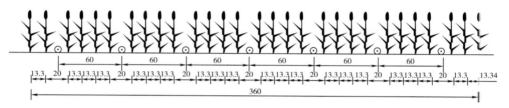

图 5-6 一机 6 管滴管带及小麦行距示意图（单位：cm）

在河北、河南一年两季的冬小麦滴灌带布设方式，主要是 1 机 6 管，1 管管 4 行。即 1.8m 播幅，播 12 行小麦，铺设 3 条滴灌带，滴灌带的间距为 60cm，小麦为等行距 15cm。这样布置的好处是下茬玉米为 60cm 等行距种植，滴灌带间距不用调整，恰好一条滴灌带管一行玉米（图 5-7）。

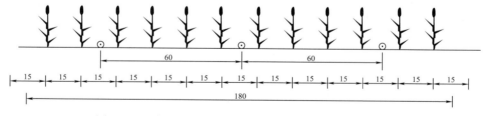

图 5-7 一年两季滴管带及小麦行距示意图（单位：cm）

3. 施肥设备选型

小麦滴灌系统常选用压差式施肥罐，其容量确定参照表 5–1。

表 5–1 压差式施肥罐容量与施肥时间表

施肥罐容量（L）	10	30	50	100	150
施肥时间（min）	10～20	20～50	30～50	50～100	120～150

（二）小麦滴灌系统模式

新疆地区滴灌小麦根据首部形式、管道铺设及轮灌方式分为不同的系统模式，常用的模式有以下几种：

1. 根据首部形式不同可分为固定式首部滴灌系统、移动式首部滴灌系统和自压滴灌系统。

（1）固定式首部滴灌系统，适用于水源稳定、灌溉面积比较大的滴灌系统，一般应用于 200 亩以上的灌溉面积，这是新疆兵团应用的主要滴灌系统模式。其优点是管理方便、系统稳定、使用年限长、造价低。

（2）移动式首部滴灌系统，主要由移动式首部和支、毛管三部分组成。首部由加压设备、过滤器及施肥装置组合而成，由小型拖拉机牵引和传动（动力也可选配汽、柴油机），一组首部可供多块地共用，采取支管轮灌方式。其特点是一次性投资少，约为固定式滴灌的 50%；折旧成本低，比固定式滴灌低 30%～50%；田间配置和使用方便，适宜分散小地块和缺电地区推广应用。

（3）自压滴灌技术模式：该技术模式的田间设施及灌溉技术与固定滴灌技术模式相同，区别在于利用地形高差产生的压力进行滴灌。自压滴灌无须电能，运行费用低于固定滴灌的 20% 左右，适合高位水源或有承压水可利用的地区，一般地面坡降≥15‰的地区适合发展。

2. 根据管道铺设及轮灌方式不同可分为支管轮灌、辅管轮灌和长短支管轮灌方式三种。

（1）支管轮灌：滴灌系统轮灌组中的灌溉管道由支管组成，每次灌溉开启一定数量的支管阀门进行灌溉，操作简便，易于灌溉管理，工程投资较高。田间管网铺收连接相对辅管轮管方式简单。

（2）辅管轮灌：辅管是支管上的辅助管道，滴灌系统灌溉时轮灌组中的灌溉管道由辅管组成，每次灌溉开启一定数量的辅管阀门灌溉，一次开启的阀门较多，操作复杂，劳动强度大，不便管理。田间管网铺收连接较复杂。

（3）长短支管轮灌：灌溉时原理同支管轮灌，只是将同一水平的阀门集中，加长一部分支管的长度，相对支管轮灌，地埋主管道的数量减少。操作方便，宜灌溉管理，工程投资较低。

四、小麦需水需肥规律

（一）小麦的需水规律

1. 需水规律及特点

小麦不同生育时期的耗水量与植株生育特点、气候条件、产量水平、田间管理状况有关。

小麦需水量最多的时期是拔节至抽穗和抽穗至成熟两个阶段。拔节至抽穗阶段植株生长量剧增，耗水量也急剧上升，此时土壤蒸发减少，叶面蒸腾量显著增加。在新疆，拔节至抽穗阶段的耗水量，一般占总耗水量的35%～40%，平均日耗水量3.5～4m³/亩。抽穗至成熟的40d内，其耗水量占总耗水量的40%～50%，也是阶段耗水最大的时期，平均日耗水量4.5m³/亩左右。这两个生育阶段耗水量占总耗水量的75%以上，因此，保证这两个生育阶段的需水是小麦增产的关键。

2. 小麦各生育时期适宜的土壤水分状况

滴灌麦田耗水以一米深内的土层为主，其中，耕层0～20cm是主要的供水层，小麦根系60%分布在这一层，土壤水分含量变幅也最大；20～50cm为次活跃层，也是重要的供水层；50～100cm为贮水层，水分含量稳定，占总耗水量的25%左右，滴灌小麦全生育期的适宜土壤水分含量，一般以0～30cm土壤水分含量为主要依据。

（1）播种出苗期：耕层土壤含水量以保持田间持水量的70%～80%为宜，小于65%时应补充水分。

（2）分蘖期：以保持田间持水量的70%～80%为宜，小于50%时分蘖率明显下降。

（3）越冬和返青期：越冬前灌冬水，返青期应以田间持水量70%为宜。

（4）拔节至孕穗期：田间水分含量应以田间持水量的70%～85%为宜。土壤水分含量低于50%结实率严重下降。

（5）抽穗和开花期：田间水分含量应以田间持水量的70%～80%为宜。土壤水分含量低于50%结实率降低。

（6）灌浆和成熟期：灌浆期田间水分含量应在田间持水量的70%～80%。成粒期田间水分含量应在田间持水量的60%～70%，利于籽粒成熟。

（二）小麦的需肥规律

春小麦一生中吸收N、K量有两个高峰期。在拔节期—孕穗期，吸收N、K量占一生中吸收 N、K 总量的 30.7% 和 31.01%；开花期—乳熟期，吸收 N、K 量占总量的 28.33% 和 28.54%。除此以外，分蘖期—拔节期吸 N 量较多，占总量的 14.99%。春小麦对 P 的吸收以开花期—乳熟期最多，占总吸收量的 30.31%，拔节期—孕穗期占总吸收量的 20.54%，孕穗期—开花期占总吸收量的 25.88%。也就是说，从拔节以后到乳熟期，春小麦对 P 的吸收量一直比较多[1]。

小麦在一生中需要从土壤、空气和水中吸收 C、H、O、P、K、S、Ca、Mg、Fe、Mn、B、Zn、Cu、Mo、Cl 等 15 种以上元素。其中，N、P、K 是需要量最多的元素。研究分析表明，每生产 100kg 籽粒，约需要 N 3.1 ± 1.1kg、P（P_2O_5）1.1 ± 0.3kg、K（K_2O）3.2 ± 0.6kg，三者的比例约为 2.8:1:3.0；随着产量水平的提高，小麦对 N、P、K 的吸收总量相应增加，但随着产量水平的进一步提高，对 N 的吸收量相对减少，对 K 的吸收量相对增加，P 的吸收量相对基本稳定（表5-2）。

表5-2　不同产量水平小麦对 N、P、K 的吸收量

产量水平（kg/亩）	吸收总量（kg/亩）			吸收比
	N	P_2O_5	K_2O	
305	8.4	2.7	8.9	3.1:1:3.3
368	9.5	3.4	14.2	2.8:1:4.3
428	10.6	4.9	11.1	2.2:1:2.3
510	12.2	5	14.1	2.4:1:2.8
551	15.3	6.6	23.6	2.3:1:3.6
610	16.4	5.7	20.2	2.9:1:3.6
654	19.1	6.5	22	2.9:1:3.4

随着小麦在生育进程中干物质积累量的增加，N、P、K 吸收总量也相应增加。小麦起身期之前，由于麦苗较小，植株干物质积累较少，对 N、P、K 的吸收量也相对较少（表5-3）；起身以后，随着植株迅速生长，养分需求量也急剧增加，拔节至孕穗期小麦对 N、P、K 的吸收速率达到高峰期，对 N、P 的吸收量在成熟期达到最大值，对 K 的吸收在抽穗期达到最大累积量，其后 K 的吸收出现负值（表5-4）。小麦不同生育时期营养元素吸收后的积累分配，主要随生长中心的转移而变化。苗期吸收的营养元素主要用于分蘖和叶片等营养器官的建成；拔节期至开花期主要用于茎秆和分化中的幼穗；开花以后则主要流向籽粒。P 的积累分配与 N 基本相似，但吸收量远小于 N。K 向籽粒中转移量很小。

表5-3　冬小麦不同生育时期 N、P、K 累积进程

生育时期	干物质（kg/亩）	N	P_2O_5	K_2O
			（kg/亩）	
三叶期	11.2	0.51	0.18	0.52
越冬期	56.1	2.03	0.77	2.05
返青期	56.4	2.06	0.71	1.62
起身期	51.2	2.31	0.97	2.26
拔节期	168.6	5.9	1.68	6.46
孕穗期	420.5	10.85	3.32	14.28
抽穗期	495.2	11.34	3.6	15.64
开花期	530.4	10.98	3.82	13.74
成熟期	1034.4	13.55	5.84	12.77

表5-4　冬小麦不同生育时期吸收 N、P、K 比例

生育时期	N	P	K
	吸收百分比（%）		
越冬期	14.87	9.07	6.95
返青期	2.17	2.04	3.41
拔节期	23.64	17.78	29.75
孕穗期	17.4	25.74	36.08
开花期	13.89	37.91	23.81
乳熟期	20.31	—	—
成熟期	7.72	7.46	—

五、小麦滴灌水肥高效栽培技术模式

以新疆春小麦为例。春小麦高产高效栽培技术，就是在小麦从种到收的整个生育过程中，根据小麦生长发育规律及其对环境条件的要求和反应，协调、控制环境条件与小麦生育的关系，满足小麦对环境条件的要求，以达到不断增加产量、改进产品品质、充分发挥各种资源优势并获得最大经济效益所采用的一系列技术措施。小麦栽培技术包括播前准备、播种、田间管理、收获生产技术环节及其有关的技术措施。

（一）播前准备

做好冬前和早春准备是夺取高产和超高产的前提和基础。

1. 冬前整地, 施足基肥, 将麦田整成待播状态

新疆各地, 春季蒸发量大, 易跑墒, 而且春季适播期短, 因此, 在冬前把春小麦地整成待播状态是保证春小麦适期早播、提高播种质量、确保苗全苗壮的前提条件。

（1）秋耕秋灌: 依照前茬作物不同, 冬前及时耕翻、平整、全层施足基肥, 耕深要求 25cm 以上。根据当地冬季积雪情况, 酌情贮备灌水。整地、灌水的顺序, 原则上是先灌后耕, 如棉花茬、甜菜茬等; 而对于麦茬地及休闲地, 先进行伏耕晒垡, 秋后赤地灌水。

（2）施足基肥: 滴灌麦田, 耕地前深施全部有机肥、15% ～20% 的氮肥、30% ～35% 的磷肥和 25% ～30% 的钾肥。

化肥施用标准: 亩产 600kg 籽粒约需纯 N 为 18.4kg/亩, P_2O_5 为 9.2kg/亩, K_2O 为 3.0kg/亩。N∶P∶K 为 1∶0.5∶0.15。

2. 种子准备

（1）选用良种: 选择适合当地种植的早熟、丰产性好、增产潜力大、抗逆性强的品种。

（2）种子处理: ①种子精选。种子应严格精选, 质量达到良种标准, 即纯度≥99%、发芽率≥85%、净度≥98%、含水量≤13%, 没有草籽混入。②种子药剂处理。用种子量 0.12% ～0.15% 的 25% 三唑酮（粉锈宁）可湿性粉剂进行药剂拌种, 可防治小麦散黑穗病和白粉病。用种子量 0.2% 的 70% 敌克松可溶性粉剂拌种, 或用 72% 农用硫酸链霉素可溶性粉剂 1000 倍液浸种 8h, 可防治小麦细菌性条斑病。

（二）适期早播, 提高播种质量

1. 适期早播增产的原因

春小麦适期早播对提高产量的作用十分明显。

（1）适期早播有利全苗、壮苗: 新疆开春较晚, 开春后气温上升快, 土壤蒸发量大, 保苗困难, 适时早播土壤墒情好, 尤其是盐碱地赶在返浆前播种, 有利于获得全苗、壮苗, 为丰产打下基础。

（2）分蘖生长好, 成穗率高: 适时早播, 分蘖提前, 分蘖期延长、分蘖多, 质量好, 成穗率高。

（3）生育期延长, 产量增加: 春小麦生育天数与产量呈正相关, 据新疆农业大学农学院和石河子大学农学院试验, 与适期早播的相比, 晚播 10 ～15d、生育期缩短 5 ～10d, 产量降低 5% ～15%。

（4）有利大穗形成: 春小麦是长日照作物。适期早播幼苗期温度较低, 日照时间短, 能延长幼穗分化的天数, 增加小穗数, 有利大穗形成, 穗粒数增多。

（5）成熟期提前：适期早播后，各个生育时期相应提前，成熟期提早，能减轻后期高温、干热风和冰雹等自然灾害对生长发育和产量形成的影响。

2. 播种期的确定

在适期范围内，在保证播种质量的基础上，春小麦播种早，产量高，播种晚，产量低，最好顶凌播种。

3. 合理密植、增苗增穗

应根据各地不同气候、土壤、品种的特征特性和产量水平来确定基本苗数、分蘖数和收获穗数，以促使群体和个体协调发展，提高群体质量。在原墒出苗的地块播种量一般控制在 23～25kg/亩，采用滴水出苗的地块播种量应控制在 21～23kg/亩，基本苗控制在 38 万株/亩左右。通过培育壮苗、攻大穗，依靠主茎穗，争取少量有效分蘖穗，力争"一株一穗"夺高产。

4. 播种质量要求

播种质量的好坏，直接影响苗全、苗齐、苗壮。要做到定量下籽、下籽均匀，深浅一致、播行端直、接行准确、不重不漏、到边到头、覆土严密、镇压实在，确保一播全苗。播种深度为 3.5～4cm。滴灌毛管随机铺设，埋深 1～3cm。

5. 布置滴灌管网

播种结束，尽快布好滴灌支管，连接毛管，注意检查，保证滴灌系统正常运行。

（三）小麦生育期间田间水肥管理

田间管理应根据春小麦生长发育规律及其对环境条件的要求，采用相应的配套技术措施，使小麦群体朝着高产、优质、高效的方向发展。

小麦的田间管理一般分为前期（苗期—拔节期）、中期（拔节期—抽穗期）和后期（抽穗期—成熟期）三个阶段。

1. 苗期—拔节期管理

（1）苗期—拔节期的生育特点：春小麦种子萌发时，种子根开始伸长；三叶期以前主要是根和叶片的发生和生长；四叶龄期，开始分蘖，分蘖节上次生根开始长出。三叶期是春小麦由营养生长转向营养生长与生殖生长并进时期，幼穗开始分化。从三叶期到拔节期，幼穗分化经过伸长期、单棱期、二棱期、护颖原基分化期和小花原基分化期。这个时期是决定穗子大小（即小穗数多少）和收获穗数的主要时期。春小麦根、叶、蘖、穗同时生长，个体和群体生长量迅速增大。田间管理要突出一个"早"字，早追肥、早灌头水等。春小麦前期如果形成弱苗，其后期追赶壮苗则相当困难，将造成严重减产。

（2）田间管理的主攻目标：促根、叶、蘖早生快发，延长前期幼穗分化进程，提高穗分化强度，为增加收获穗数、大穗形成及建立合理的群体结构打下基础。

（3）前期苗情诊断指标：麦苗在生长发育过程中，会对各种环境条件和栽培条件做出不同反应，在形态上会有所表现。因此根据麦苗的长势、长相确定管理措施是作物栽培的重要原则。下面介绍苗情诊断的一些方法、指标，供参考。

看叶色：正常麦田的叶色应是苗期偏淡，进入分蘖期逐渐转为浓绿。分蘖期叶色不转浓而发黄则为弱苗。黄苗的原因很多，识别的方法如下：

水渍苗：低洼地麦苗成片全株叶色淡黄为灌水时积水时间过长；或土壤板结，通气性差所造成。

缺肥苗：三叶期以前麦苗叶片大小、颜色好坏，主要与种子营养供应有关，子大苗壮、叶色好。如地力薄，种肥不足，苗从四叶期起叶色淡黄。

盐碱危害苗：叶尖深黄，叶片短小，下部叶片干枯，植株矮小。

虫害苗：麦田内零星分布的全株叶片变黄，分蘖节下的根被咬断，为金针虫危害；叶片顺叶脉成条状变黄，地面有松土和隧道，为蝼蛄危害。

受旱苗：三叶期土壤干旱，叶色较灰绿，叶片瘦长，叶尖发黄。

旺苗：在三叶一心期，地上部分生长过快，叶片较长，无分蘖，次生根也已长出，茎秆较细长。

壮苗：生长稳健，叶片长度中等，已长出一个分蘖，次生根也已长出，茎秆较粗壮。

弱苗：叶色淡黄，叶片挺直，无分蘖，无次生根，茎秆细弱。

（4）苗期—拔节期管理措施：①查苗补种及查墒补水。播后要及时查看麦田，如缺苗断垄应及时补种，种子应进行浸泡催芽，以利出苗整齐迅速。视土壤墒情，不能原墒出苗地块，需尽快滴水，水量以两滴灌带间水印相接为宜，保证最边行正常出苗。②水肥管理。滴灌小麦在水肥运筹方面（参见表5-5），总的原则是少量多次，以提高水肥资源的利用率。根据小麦的需水需肥规律，滴水的重点是苗期、拔节期和孕穗期，滴水量可适当加大；追肥的重点也是苗期、拔节期和孕穗期，追肥量可适当加大，尤其在拔节期至抽穗期需肥更多，应充足供应，高产麦田氮肥用量应适当后移。另外，早熟品种要早滴水、早施肥；弱苗要适当提前滴水和施肥的时间，施肥量可加大；壮苗、旺苗要适当推迟滴水和施肥的时间，施肥量可适量减少。滴水的技术要求：要防止低压运行，以免滴水施肥不均匀，造成小麦出苗、长势不均匀，拔节后产生"高低行"，孕穗期和抽穗期形成"彩带苗"。③及时化学除草和化学控制。在小麦起身前，用20%二甲四氯钠盐300g/亩与50%矮壮素300～350g/亩，兑水25～30kg喷雾，以防除双子叶杂草，同时防止小麦倒伏。喷药应在晴天无风情况下进行，以提高药效和防止药液飘散造成周围双子叶作物药害。

表5-5　苗期—拔节期水肥管理

灌水次序	灌量（m³/亩）	施肥（kg/亩）	灌溉施肥时间
1	60～80	N：2.3～3.22	二叶至二叶一心期
2	60～80	N（2.3～3.22）+P$_2$O$_5$（0.52～1.04）+K$_2$O（0.34～0.68）	头水后8～10d

注：有条件的地区，可直接用小麦苗期滴灌专用肥。

2. 拔节期—抽穗期管理

（1）拔节期—抽穗期的生育特点：拔节期—抽穗期是春小麦营养生长和生殖生长旺盛的时期，也是群体内矛盾逐渐加剧的时期。抽穗期营养器官生长基本完成：叶面积达到最大值；分蘖已两极分化，总茎数急剧下降至接近收获穗数；中下部节间伸长并充实；次生根停止发生，庞大的根系形成；群体结构处在相对稳定阶段。幼穗发育完成了雌雄蕊分化期、药隔期、四分体期和花粉粒形成期，这个时期是决定每穗结实粒数多少的时期。

（2）田间管理的主攻目标：促小穗、小花正常发育，增加结实粒数；促顶三叶正常生长和分蘖两极分化，建立合理的群体结构。

（3）拔节期—抽穗期苗情诊断指标：

看叶色：拔节期叶色应转淡，若此期叶色仍浓绿不褪为旺苗，后期很可能倒伏。孕穗期叶色又转浓，若此期叶色不变浓为弱苗。

看长相：旺苗一般多为植株生长过快，株高较高，叶片宽而长，次生根数量较少。壮苗一般多为植株生长稳健，株高适中，叶片长宽适中，次生根数量多。弱苗一般多为植株生长慢，叶片短、窄而上举，茎秆较细，次生根数量少。

（4）水肥管理：详细情况请参见表5-6。

表5-6　拔节期—抽穗期水肥管理

灌水次序	灌量（m³/亩）	施肥（kg/亩）	灌溉施肥时间
1	50～60	N（2.3～3.22）+P$_2$O$_5$（0.52～1.04）+K$_2$O（0.34～0.68）	挑旗前，穗形成期
2	50～60	N（2.3～3.22）+P$_2$O$_5$（0.52～1.04）+K$_2$O（0.34～0.68）	抽穗期

注：有条件的地区，可直接使用该时期滴灌专用肥。

（5）防治病虫害：这个时期主要病虫害有小麦皮蓟马、麦秆蝇、小麦白粉病，应作好测报，及早防治。

3. 抽穗期—成熟期管理

（1）抽穗期—成熟期的生育特点：此期是以籽粒发育为主的时期，也是产量的最终形成期。据研究，籽粒产量的 87% 左右来源于顶部三片叶、麦穗和穗下节。因此，延长上部绿色器官的功能期十分重要。此期，根系处于衰老期，对水肥和环境十分敏感。较低的气温，较大的空气湿度，平稳的地温，土壤中适当的水、气比和适量的氮肥都有利于延缓根系和叶片的衰老，提高籽粒灌浆强度。新疆多数平原春小麦区此时都处在高温干旱、干热风多的季节，对籽粒发育有不利影响。

（2）田间管理的主攻目标：改善麦田生态环境以延长根、叶的功能期，提高籽粒灌浆强度；防止贪青、早衰和倒伏。

（3）抽穗期—成熟期诊断指标：

群体长相：抽穗时若穗层整齐，植株基部黄叶少，单茎保持 3 片以上绿叶，蜡熟期正常落黄为壮苗。若蜡熟期仍然青枝绿叶为贪青晚熟；叶色偏淡，过早落黄，麦芒干枯为早衰。

茎秆长相：抽穗后茎秆富有弹性，能随风摆动而不倾斜，株高 85~95cm 的植株，扬花期基部第一节间长度小于 5cm，第二节间小于 10cm 的植株，一般不会发生倒伏。

（4）水肥管理，详细情况请参见表 5-7。

表5-7 抽穗期—成熟期水肥管理

灌水次序	灌量（m³/亩）	施肥（kg/亩）	灌溉施肥时间
1	40~50	N（1.38~1.84）+P$_2$O$_5$（1.04）+K$_2$O（0.6）	灌浆前期
2	40~50	N（1.38~1.84）+P$_2$O$_5$（1.04）+K$_2$O（0.6）	灌浆后期
3	30~40	P$_2$O$_5$（1.04）+K$_2$O（0.6）	腊熟期

注：有条件的地区，可直接使用该时期滴灌专用肥。

（5）防止倒伏：小麦在生育后期发生的倒伏，可分为茎倒伏和根倒伏两种，通常以茎倒伏比较普遍。小麦发生倒伏以后，茎秆、叶片重叠，通风不良，光合作用减弱；茎秆折断损伤，影响养分的输送；造成粒少粒秕，最终导致小麦减产。倒伏的时间越早，产量越低。

小麦倒伏的主要原因：①品种选择不当，茎秆过高或缺乏弹性，抗倒伏能力差；②种植密度过大，个体发育不壮，茎秆细软柔弱；③中前期水肥（氮肥）施用量大或时间不当，群体过大，麦苗旺长，故而田间郁闭，通风透气不良，引起组织柔嫩，叶大节长，"头重脚轻"造成倒伏；④后期浇水不当，或是种植基础较差，根系发育不好，一遇风雨或浇水遇风，易造成倒伏。

（6）防御干热风：

干热风的危害症状：叶片卷缩，叶尖失水后青枯变白，麦穗顶部的麦芒和颖壳变为白色或灰白色，造成小麦穗粒数减少、籽粒干瘪、千粒重下降。

干热风的防治技术：①营造防护林，改善农田小气候；②适时灌水，一般在干热风来临前 3~5d 灌水，或在干热风来临时采用喷水等预防措施；③选用早熟、耐旱的小麦品种；④在小麦开花期至灌浆期喷施 2~3 次叶面肥，亩用尿素 150~200g 加磷酸二氢钾 200g，兑水 20kg 左右。

第二节　滴灌条件下麦后复播栽培技术

以新疆麦区复播为例。滴灌小麦茬后免耕复播作物，与传统农业作业方式相比，不仅可以提高土地利用率，而且可节省犁、整地时间，拓宽了复播作物及其品种的选择范围，充分利用光热资源，可实现滴管带的二次利用，不需犁、整地，降低生产成本，提高农业综合生产效益。

一、滴灌小麦茬后复播的方式及其特点

（一）适宜复播的作物及其品种特点

由于气候和品种成熟性的限制，复播作物必须优先选择早熟品种，要求品种早熟、高产、株型紧凑矮化、抗倒性好、适应性强，能够安全成熟的作物和品种。

1. 复播玉米

特早熟玉米的基本生物学特性要求温度 ≥10℃，积温不小于 2000℃，全生育期应保持 90d 左右。北疆沿天山一带种植早熟冬、春小麦，应在 7 月初成熟收获。尚余 2000℃ 左右的有效积温，正常年份基本满足特早熟玉米的生长。前茬早熟冬小麦新冬 22、新冬 27、新冬 33 和新春 9 号收获后复播冀承单 3 号，一般单产 350~400kg/亩，但由于有些年份后期温度过低，籽粒脱水慢，含水量过高，在没有烘干设备条件下，往往给收获和贮藏带来一定困难。

目前多以收获青贮饲料为主，特早熟玉米在进入乳熟期收获，产量高，营养好，如复播早熟品种新玉 9 号、新玉 15 号、新玉 28 号，由于生育期较长能提高产草量。

2. 复播大豆

大豆作为人们生活必需的食品，加工产业链长，同时也能为饲料加工提供优质蛋白，促进畜牧业的发展，因此，发展大豆生产，优化种植业结构，具有广阔的种植前景。当前，新疆北疆利用麦后复播大豆，已成为大豆增产、培肥地力、提高经济效益的有效措施之一。这些地区麦后播种大豆拟选择特早熟品种，要求 7 月上旬播种，9 月下旬达到初熟期，10 月上旬，叶全落、荚全干、籽粒归园时机械收获。可复播的超早熟大豆品种有伊大豆 1 号、黑河 17 号、黑河 20 号、黑河 43 号、东农 36 号、东农 41 号、东大 1 号，单产一般为 100~150kg/亩。麦后复播大豆目前在伊犁盆地种植面积大，最高单产可达 200kg/亩以上。

3. 复播油葵、食葵

油葵、食葵抗逆性强，对秋季气温下降快、昼夜温差大有较强的适应性。试验研究表明，复播油葵对秋季气温的变化有一定的适应性，特别是在初霜过后还有一定的灌浆能力，茎秆中贮存的物质能够继续向籽粒中转移，增加粒重提高产量。北疆沿天山一带推广种植的早熟冬小麦品种新冬 20 号、新冬 22 号、新冬 27 号、新冬 33 号，一般在 6 月下旬或 7 月初成熟收获。下茬复播油葵早熟的品种有 A17、新葵杂 5 号、新葵杂 10 号及食葵早熟品种新食葵 6 号，如在 7 月上旬播种，10 月上旬可收获，单产可达到 120～180kg。

4. 复播饲草作物

发展农区畜牧业，是产业结构调整的重点方向之一。限制农区畜牧业发展的主要原因是饲草供给不足。在农区保证小麦面积的基础上，利用滴灌小麦节省下来的水和麦收后剩余的光热资源，复播一季饲草作物，是解决农区饲草紧缺的有效措施之一。目前，复播较多的饲料作物有玉米、小黑麦、糜子、谷子和苏丹草等。

5. 复播其他作物

麦收后复播作物有较高的经济效益。目前复播较多、效益好的作物有鲜食玉米、白菜、萝卜。伊犁霍城县复播西瓜已成功，兵团七师复播移栽加工番茄，伊宁县和昌吉市周边复播糜子、绿豆和荞麦谷子等作物，都取得了良好的经济效益。

小麦收获后复播绿肥不占地，具有用养结合的特点。复播的绿肥种类很多，最常用的有油葵、草木樨、油菜、绿豆、大豆等作物。

（二）滴灌小麦茬后复播的方法和原则

（1）滴灌小麦茬后免耕复播作物是利用前茬小麦的滴灌设施，实现滴灌复播，减少农耗期时间，为复播作物争取到更多的有效积温，尤其对无霜期短的地区（如新疆北疆）实行一年两作具有重要意义。目前，滴灌小麦毛管配置主要有"1 机 6 管"、"1 机 5 管"和"1 机 4 管"三种形式，在确定小麦毛管配置时除了要考虑田间土壤质地等因素外，还应统筹兼顾好复播作物的株行距配置，应根据前茬小麦的毛管配置情况，因地制宜地做出相应调整。

复播作物的种植方式：①小麦滴完最后一水后，提前拆除支管，保留毛管，联合收割机留高茬收获，麦秸粉碎抛洒地面（或运出田外），利用免耕播种机播种，然后再安装和接通原有的滴灌设施，滴水出苗；②前茬小麦收获后清田免耕，若土地较硬，播种机前带深松杆齿，按行距情况实行隔行深松播种，深松 7～10cm，播完后布设小麦原有的滴管带，滴水出苗；③田间若有杂草滋生，前茬小麦收获后，回收地面滴灌带，喷施除草剂，耙地播种，播完种后将原有的滴管带重新布设，滴水出苗。

（2）复播作物从出苗到开花时间很短，前期营养生长量小，必须依靠大群体数量来提高生物产量和经济产量。在提高密度方面应遵循以下原则：在避开滴灌毛管的前提下，缩小行距，拉大株距，增加一定密度，保证田间留苗数量；根据行距相应的变化，采用窄行密植技术，缩小行距，调整株间距，使植株在田间分布均衡，以利于群体对光能的利用，发挥复播的作物增产潜力。

（3）由于复播作物密度增加、行距缩小，在实行了滴灌免耕播种后，中耕作业不便进行，复播作物处于高温的气候环境下，很容易杂草丛生。因此，在播前或播后出苗前要进行封闭化学除草。当前常用除草剂有禾草克、禾耐斯、都尔、氟乐灵、乙草胺等。

（4）复播作物苗期短、发育快，一般作物在出苗后30d左右即可进入营养生长和生殖生长并进阶段。因此，作物出苗后水肥管理不宜采用蹲苗措施，要一促到底。在肥料的投入方面，一是适当提前，二是确保足量供应。

二、滴灌小麦茬后复播栽培技术[2]

（一）滴灌小麦茬后复播青贮玉米栽培技术

1. 播前田间准备

小麦选择早熟品种，收获前最后一水适当延迟，以便使土壤保持一定湿润度，有利于后作免耕播种。收割前先把支管回收到地边，留高茬收割，麦草及时运出田外，或把粉碎的麦草散开，为播种做好准备。

2. 复播品种选择

复播青贮玉米应选择生物产量较高的中、早熟品种，如新玉9号、新玉15号、新玉28号、克单9号等。

3. 适时早播

麦收后及时进行免耕播种，采用条播，播量4kg/亩，等行距60cm。播深4~5cm，株距15~17cm，亩收获株数为6500~7500株。播后及时铺设滴灌支管，连接滴灌带，滴出苗水，促苗早发，要求出苗快、齐、匀、壮。

4. 田间管理

（1）确保留苗密度：3叶期开始定苗，5叶期定苗结束，去弱留壮、去小留大、杜绝留双株，要求植株生长均匀、健壮；

（2）合理水肥运筹：及时进水、进肥，促苗早发，保持植株叶片青绿，保证滴水均匀，不旱不涝，促苗健壮、快速、均匀生长。水肥投放，侧重于拔节期、开花期，全生育期滴水5~6次，每亩供水定额330m³左右，随水滴施尿素15~20kg、磷酸二氢钾10kg（表5-8）；

表5-8 复播滴灌青贮玉米肥水运筹情况表（以北疆地区7月5日播种为例）

滴水次数	时间	滴水量（m³/亩）	N（kg/亩）	P₂O₅（kg/亩）
头水	7月6日	50		
二水	7月20日	40	2.3	
三水	8月5日	45	2.76	1.04
四水	8月15日	40	2.3	1.56
五水	8月26日	40	1.38	1.56
六水	9月13日	35	0.46	1.04
合计		250	9.2	5.2

注：有条件的地区，可选用滴灌专用肥。

（3）病虫害防治：复播玉米病虫危害明显低于春播作物，防治方便、用药少。应结合当地实际情况，提前做好种子处理。如有玉米螟、棉铃虫严重发生，要注意选择低毒残留期短的农药，严禁使用呋喃丹、"3911"等剧毒农药。

（二）滴灌小麦茬后复播大豆栽培技术

1. 品种选择

（1）小麦茬后复播大豆在品种上应采取"两早配套"、争取双丰收，提高总产量为原则。适宜北疆地区种植的大豆品种有伊大豆1号、黑河17号、黑河20号、黑河43号、东农36号、东农41号、东大1号，单产一般100~150kg/亩。

（2）北疆沿天山一带，前茬小麦要在7月5~10日前收获完毕，清理田间，并及时播种。

（3）复播大豆品种应为有限结荚或亚有限结荚习性，株高控制在50~60cm，≥10℃的活动积温应保证1900~2100℃，确保大豆能在早霜来临之前正常成熟。

（4）复播大豆品种生育期一般只有80~90d，由于营养生长期短（播种5d即可出苗，出苗30d大部分植株可开花），终花至成熟时间短（一般9月以后开的花不能正常成熟）。所以，复播大豆高产的关键是力争有较多的生育天数，促苗期生长，控制后期无效花形成，以利早熟增产。

2. 土地准备

种植复播滴灌大豆的田块，以肥沃的壤土或轻壤土、含盐量低于0.3%为宜，同时灌溉条件要好。准备种复播大豆的地块，上茬小麦要优先安排收割，割茬高15cm以下，抢收后及时腾地。

3. 抢时早播

北疆沿天山一带麦茬复播大豆，播期越早，产量越高，播期与产量呈明显的正相关，提早播种，植株发育良好，主茎节多、荚多、粒多、粒重。

4. 播种要求

滴灌复播大豆在行距配置上应尽量缩短作物行与滴灌带距离，有利节水和缩短滴灌周期，"一管4行"比"一管6行"配置有利于复播大豆生长。小麦如是"一管6行"配置，滴灌带间距90cm，复播大豆采用30cm等行距，田间配置为"15+30+30+15"，滴灌带间种植3行大豆；如是"一管4行"配置，滴灌带间距60cm，复播大豆行距采用30cm等行距，田间配置为"15+30+15"，滴灌带间种植2行大豆，株距5~6cm，播深3~4cm，密度40000~45000株/亩。

5. 播种质量

播种使用气吸式精量免耕播种机。如麦茬地表较硬，麦秸较多，为保证播种质量，播种机每个下种器前需装1根杆齿，入土深度7cm，播种深度3cm。要求播行端直、接行准确、下籽均匀、深浅一致、覆土良好、镇压确实，不重播、不漏播。

6. 保苗密度

复播的品种从出苗到开花时间很短，前期营养生长受到抑制，必须依靠大群体来提高生物产量和经济产量，采用缩小行距，拉大株距来增加密度，北疆沿天山一带（包括伊犁河谷）密度应保证4.0万~4.5万株/亩，南疆地区密度应保证3.0万~3.5万株/亩。植株田间分布应均匀，以有利于群体对光能的利用充分，发挥复播品种的增产潜力。

7. 田间管理

（1）滴灌：复播大豆播种时正值高温天气，应充分满足大豆对水分的要求，促进大豆壮苗早发。复播大豆植株矮小，不易倒伏，因此，不采取蹲苗措施，田管措施应采取一促到底的办法。播种后及时滴出苗水，滴水量40m³/亩，争取早出苗。初花期滴二水，以后每次滴水间隔7~10d，整个生育期滴水4~5次，每次滴水量为35~45m³/亩，整个生育期滴水200~250m³/亩。初花期滴水力求滴匀、滴透，二、三水量酌减，尽可能保持地面不干裂，最后一水视土壤墒情而定，适当早停水或控制滴水量能促进成熟期提前。

（2）施肥：大豆是需肥较多的作物，研究表明，每生产100kg大豆，籽粒需吸收纯氮6.5kg、有效磷1.5kg、有效钾3.2kg。三者比例大致为4:1:2。大豆根瘤菌固定的氮素占大豆需氮总量的50%~60%，因此，必须施用一定数量的氮、磷和钾肥，才能满足其正常生长发育的需求。在第2~4次滴灌时，每亩每次应随水滴施尿素5kg、磷酸二氢钾2kg（或滴灌专用肥）。

（3）杂草防除：整地前对土壤封闭处理，每亩用90%的乙草胺乳油100~250mL，或 48% 的氟乐灵乳油 80~100mL，或 96% 金都尔乳油 50~80mL 加水 30kg 进行机力喷雾。当田间苗期发生草害时，每亩用 8~10g 的禾草克除草剂加水 30kg 进行田间喷雾。

（4）病虫害防治：复播大豆中后期容易发生红蜘蛛危害，使豆叶干枯，光合作用受到影响，造成落花落荚，后期豆粒秕小，减产严重。因此，要做到"早发现、早防治，有一点，防一片"。结合叶面施肥，用杀螨灵、阿波罗、螨克等药剂进行防治。

8. 机械收获

当大豆叶片脱落，茎、荚及粒皆呈现出品种固有色泽，用手摇动植株有响声，即可机械收割。

（三）滴灌小麦茬后复播油葵栽培技术

1. 土地准备

在北疆沿天山一带前作冬、春小麦选用新冬 22（奎冬 5 号）、新冬 33（石冬 8 号）、新春 6 号等早、中熟品种，在小麦蜡熟后期及时收获。将麦草用集草打捆机运出麦田，如麦秸粉碎还田，留茬要高，以防麦草量过多，影响机械播种。

若麦田有杂草滋生，播种前应喷施草甘膦或百草枯 150g/亩灭除或播前用禾耐斯 80g/亩进行土壤封闭处理。

2. 种子准备

复播油葵品种选用新葵杂 5 号、新葵杂 10 号及新食葵 6 号等早熟品种，为防治苗期地老虎等地下害虫的危害，应根据情况提前对种子进行包衣和药剂拌种等处理。

3. 播种质量要求

（1）播种期：北疆沿天山地区，复播油葵播种期不应迟于 7 月 5 日。播后立即安装滴灌带、滴出苗水。所有工作在 7 月 10 日前结束。

（2）株行距与播种量：前茬滴灌小麦如是"1 管 6 行"配置，滴灌带间距 90cm，复播油葵行距采用 40cm+50cm 宽窄行；滴灌小麦如是"1 管 4 行"配置，滴灌带间距 60cm，复播油葵行距采用 60cm 等行距。株距 18~20cm，播种量 400~450g/亩，播深 3~4cm，密度 5500~6000 株/亩。

（3）播种机械：使用气吸式精量免耕播种机。如麦茬地表干硬，麦草较多，为保证播种质量，播种机每个下种器前需装 1 根杆齿，入土深度 7cm，播种深度 3cm。播种要求播行端直、接行准确、下籽均匀、深浅一致、覆土良好，不重播、不漏播。

4. 田间管理

（1）定苗：油葵显行后及时定苗，2~3 对真叶时定苗结束。要求苗匀苗壮、去病留壮、去弱留强、不留双苗。结合定苗进行人工拔除大草。

（2）水肥管理：复播油葵，苗、蕾、花期气温高，生长发育快，要早管早促，一促到底。

播种结束立即滴出苗水，由于麦收后田间水分含量低，出苗水滴量应保持 $60m^3$/亩；随水滴入尿素 3~5kg/亩，磷酸二氢钾 1~2kg/亩（或滴灌专用肥）。复播油葵生长期间需滴水 3~4 次，第 1~3 次分别在现蕾期（8 月上旬）、开花初期（8 月 20~25 日）和开花终期（9 月 10~15 日），每次滴水量不少于 $35m^3$/亩；第 4 次在 9 月 25 日前后，应根据气温和土壤墒情决定滴水量或滴水时间。

在第 1~3 次滴灌时进行施肥，每亩随水依次滴施尿素 5kg、磷酸二氢钾 2kg（或滴灌专用肥）。

（3）授粉：开花期是复播油葵生殖生长最旺盛期和产量形成的关键时期。应做好田间放蜂或人工辅助授粉，以提高油葵结实率。由于气候转凉，昆虫活动数量减少，活动时间缩短，因此，放蜂密度适量增大，一般每公顷田间放置 3 箱蜂，或在田间露水散尽后，进行人工辅助授粉，每隔 3d 进行一次，需进行 3~4 次。

（4）病害防治：复播油葵 2~3 对真叶期，若有地老虎等害虫，拟采用菊酯类农药喷洒 1~2 次防治。油葵幼苗期易感病，出苗到 6 对真叶期是感染菌核病的危险期，在第 2 次中耕前后，视苗情结合叶面追肥用多菌灵进行防治。

参 考 文 献

[1] 冯浔．新疆小麦优质高产栽培技术［M］．乌鲁木齐：新疆科技卫生出版社，1998.3.
[2] 王荣栋，刘建国，等．小麦滴灌栽培技术［M］．北京：中国农业出版社，2012.1.

第六章 玉米滴灌水肥高效栽培技术

第一节 玉米生产概况

一、世界玉米生产概况

目前，全世界玉米播种面积 25 亿亩左右，平均亩产 345.65kg 左右，总产量自2001 年开始分别超过水稻和小麦总产，已居粮食作物首位（2001 年世界玉米总产量6.16 亿 t、小麦总产量 5.9 亿 t、稻谷总产量 6.00 亿 t）。2009 年美国玉米总产量 3.33亿 t、中国玉米总产量 1.64 亿 t、巴西玉米总产量 0.51 亿 t、墨西哥玉米总产量 0.2 亿t、印度玉米总产量 0.17 亿 t，分别占世界玉米总产的 40.56%、19.98%、6.21%、2.44%、

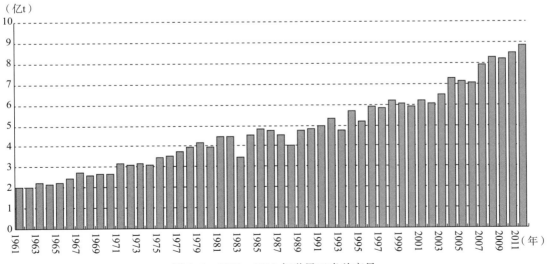

图 6-1　1961～2011 年世界玉米总产量

2.07%。主要的玉米生产国家除上述 5 国外，还有阿根廷、法国、南非、泰国等国。玉米单产最高的国家为新西兰、西班牙、意大利和法国，分别为 695.8 kg、641.5 kg、637.3kg 及 587.5 kg（2002 年）[1]；2011 年世界玉米平均单产最高的国家是法国（679.34kg/亩），其次是美国（615.77 kg/亩）。主要的玉米出口国有美国、阿根廷、巴西等，这三个国家的玉米出口量占世界玉米总出口量的 65% 以上。联合国粮农组织统计了 1961～2011 年世界玉米总产（图 6-1）、世界玉米种植面积（图 6-2）、玉米平均单产情况（图 6-3）及 2005～2011 年世界主要玉米生产国家玉米产量（表 6-1）和 2000～2011 年世界玉米、小麦、水稻产量（表 6-2）。

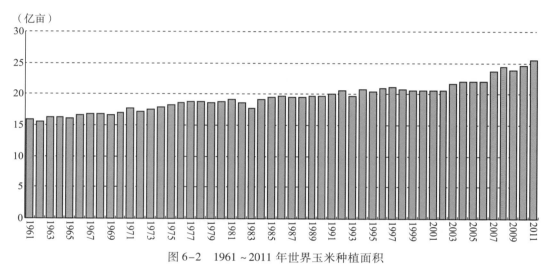

图 6-2　1961～2011 年世界玉米种植面积

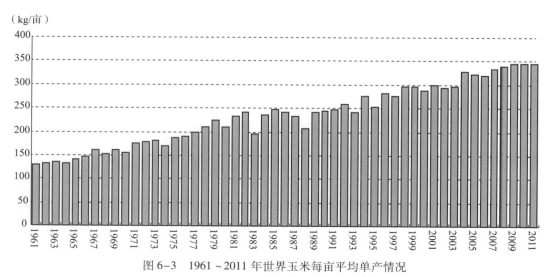

图 6-3　1961～2011 年世界玉米每亩平均单产情况

表6-1 2005～2011年世界主要玉米生产国家玉米产量 （单位：亿t）

国家/年份	2005	2006	2007	2008	2009	2010	2011
美国	2.82261	2.67501	3.31175	3.07142	3.32549	3.16165	3.13918
中国	1.39499	1.51731	1.52419	1.66032	1.64108	1.77541	1.92904
巴西	0.35113	0.42662	0.52112	0.58933	0.50720	0.55364	0.55660
阿根廷	0.20483	0.14446	0.21755	0.22017	0.13121	0.22677	0.23800
墨西哥	0.19339	0.21893	0.23513	0.24320	0.20143	0.23302	0.17635
印度	0.14710	0.15097	0.18955	0.19731	0.16720	0.21726	0.21570
法国	0.13688	0.12775	0.14357	0.15819	0.15288	0.13975	0.15703
南非	0.11716	0.06935	0.07125	0.12700	0.12050	0.12815	0.10360
罗马尼亚	0.10389	0.08985	0.03854	0.07849	0.07973	0.09042	0.11718
泰国	0.04094	0.03918	0.03890	0.04249	0.04616	0.04861	0.04817

表6-2 2000～2011年世界玉米、小麦、水稻产量 （单位：亿t）

作物/年份	2000	2001	2002	2003	2004	2005	2006	2007	2008	2009	2010	2011
玉米	5.92	6.16	6.05	6.45	7.29	7.14	7.07	7.90	8.29	8.21	8.50	8.83
小麦	5.86	5.90	5.75	5.60	6.33	6.27	6.03	6.13	6.83	6.87	6.53	7.04
水稻	5.99	6.00	5.71	5.87	6.08	6.34	6.41	6.57	6.89	6.85	7.01	7.23

二、中国玉米生产的发展情况

玉米是中国目前种植面积最大的粮食作物（2009年中国农作物总播种面积23.8亿亩。水稻播种面积4.44亿亩；玉米播种面积4.67亿亩；小麦播种面积3.64亿亩），总产仅次于水稻（2009年全国三大粮食作物总产达到4.74亿t。稻谷总产1.95亿t；小麦总产1.15亿t；玉米总产量1.64亿t）。目前，中国的玉米播种面积和总产量均居世界第2位。

（一）中国玉米生产发展情况[2]

1. 玉米总产总体呈上升趋势

全国玉米总产由1978年的0.55945亿t增加到2009年的1.63974亿t，31年间全国玉米总产增长了近2倍（图6-4）。

2. 玉米种植面积总体呈上升趋势

全国玉米播种面积由1978年的29941.5万亩上升到2009年的46774.5万亩，31年间全国玉米种植面积增长了50%（图6-5）。

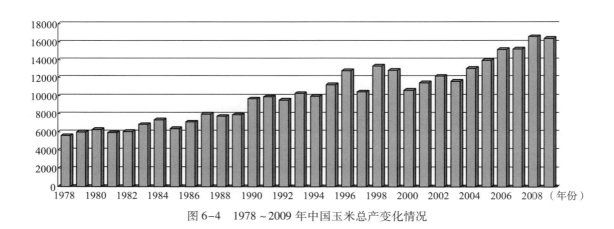

图6-4 1978～2009年中国玉米总产变化情况

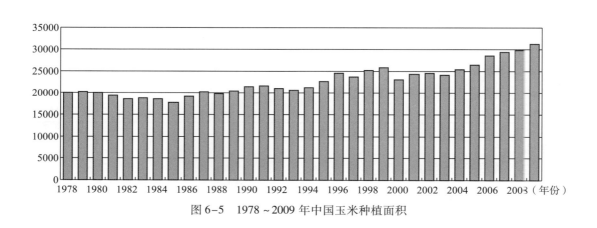

图6-5 1978～2009年中国玉米种植面积

3. 玉米单位面积产量大幅度提高

全国玉米平均单产由1978年的186.77kg/亩提高到2009年的350.50kg/亩，31年间全国玉米平均单产增加了87.67%（图6-6）。

（二）中国玉米生产的特点[1,3]

中国地域辽阔，地处亚热带、温带和寒温带，是春、夏、秋、冬四季玉米之乡。中国也是世界玉米生产和消费大国，目前，中国玉米生产中存在的主要问题是单产较低，各地发展不平衡。主要表现在：

1. 区域化优势明显

2009年，黑龙江、吉林、河北、山东、河南、内蒙古、辽宁、山西八省春夏播种

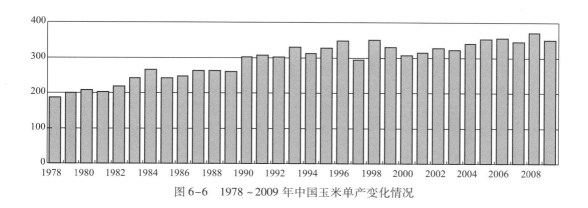

图6-6　1978～2009年中国玉米单产变化情况

玉米种植面积占中国玉米种植总面积的69.26%[1]，八省都是位于长江以北地区的省份。便于集中先进的科学技术和丰产经验，作物布局体现择优安排，有利于集中使用优良品种、化肥、农药等物资，充分利用各地农业自然资源和经济条件，有效发挥玉米增产作用。

2. 种植面积、总产、单产增长迅速

1978～2009年全国玉米总产量从0.56亿t增长到了1.66亿t，增长了2倍多，总产仅次于水稻；种植面积从29941.5万亩上升到46774.5万亩，增长了50%，玉米在播种面积上超过了水稻和小麦；单产从186.85kg/亩增加到350.56kg/亩，增长了87.62%。

3. 种植方式多样化

由于中国各地自然气候条件差异大和经济生产水平以及种植制度的不同，各地在玉米生产中因地制宜地采用了间、套、混、复种等多种种植方式，能够充分利用时间和空间，最大限度地利用了土地、光、热和水分资源。这是中国玉米种植生产的一大特色，特别是在中国的黄淮海地区玉米间混面积可达70%左右[3]，增产效果显著。另外，进入21世纪以来，中国在西北的干旱半干旱地区大力推广节水滴灌玉米高产高效栽培技术已取得了重大突破并开始向国内玉米主产区推广。

（三）中国提高玉米单产的主要途径

1. 推广高产抗病杂交种

国内外玉米生产实践表明，玉米的杂种优势在遗传增益中的作用占40%～50%。多年来，中国各地的玉米育种者选育出了一大批高产抗病优质的优良杂交种，大批优良玉米杂交种在生产中的推广应用，有力促进了中国玉米单产水平的迅速提高。主要代表的玉米单交种有：掖单 12、农大 108、郑单 958、浚单 20 等。同时，国家也加大了对国外优良杂交种的引进工作，目前在新疆滴灌玉米生产中表现突出的有：先玉335、KWS2564、KWS3564、KWS4574 等。

2. 增加种植密度，提高光能利用率[2,4]

伴随着 20 世纪 90 年代紧凑耐密玉米杂交种在中国开始大面积推广，中国的玉米单位面积种植密度和产量进一步提高，通过选用耐密抗倒优良品种并配套科学的技术措施，建立高光效的群体与个体发育协调的群体，提高了单位面积作物光合生产效率和光能利用率。

3. 推广节水灌溉，改进了施肥技术

中国玉米种植区主要分布在北方干旱半干旱的省份，降雨少以及降雨分布不均的气候特点与玉米的需水不能吻合，成为限制玉米高产的主要障碍因素。为此，国家加大了对发展节水灌溉的重视和资金投入。截至 2010 年，全国节水灌溉工程面积达到4.1 亿亩，其中滴灌面积 0.3 亿亩。新疆滴灌面积占全国微灌面积的 76%。不仅提高了灌溉水利用效率[5]，同时利用滴灌系统，实现了水肥一体化，可根据不同生育阶段的养分需求进行平衡科学施肥，有效解决了玉米中后期施肥困难的问题，为玉米的优质高效生产奠定了水肥基础。

4. 玉米种植全程机械化作业，提高了劳动生产率

高度的机械化不仅可以保证农时，并能保证各项农田作业的高水平和高质量，玉米全程机械化包括整地、播种、中耕、除草、除虫、化控、施肥、灌溉、收获、运输等作业的高度机械化，可极大地提高劳动生产率。截至 2007 年全国粮食作物耕种收综合机械化率达到 42.5%。"十二五"国家级专项规划汇编《全国新增 500 亿千克粮食生产能力规划（2009~2020 年）》中明确指出今后要提高农业机械化水平，充分发挥农业机械节本增效和劳动力替代作用，加快推进主要农作物关键环节的生产机械化[6]。

（四）中国玉米的分区[7,8]

根据自然条件和栽培制度可将中国玉米分为以下 6 个区。

1. 北方春播玉米区

包括黑龙江、吉林、辽宁、内蒙古、宁夏、陕西、河北北部、山西大部。大部分位于 40°N 以北，种植面积约占全国 36%；总产约占全国的 40%。

本区是将来中国发展和推广节水滴灌玉米潜力最大的主要地区。2008~2011 年，黑龙江省大庆地区累计建设完成玉米膜下滴灌工程 336 万亩；2010~2011 年内蒙古赤峰市玉米膜下滴灌面积超过 300 万亩。

2. 黄淮海平原春夏播玉米区

包括河南、山东、河北中南部、山西南部、江苏、安徽北部，是中国重要的玉米

产区。此区属半湿润气候，全年降水 500~600mm，无霜期长，日照充足，适于玉米栽培，以山东和河南为主，种植面积约占全国的 32%，总产约占全国的 34%。此区个别年份存在季节性降雨不足，应因地制宜发展滴灌玉米生产，确保玉米年际间高产稳产。主要栽培方式：

（1）小麦玉米一年两熟，平作或套种；

（2）春玉米—冬小麦—夏玉米两年三熟制。

3. 西南山地玉米区

包括四川、云南、贵州、湖北、湖南省西部，陕西南部，甘肃一小部分。种植面积约占全国总播种面积的 25%，产量约占 20%。本区属温带、亚热带的湿润和半湿润气候，各地因受地形地势的影响，气候变化较为复杂。玉米生长的有效期一般 205d 以上，全年降雨 1000mm 左右，利于多季栽培，但日照不足是本区的不利因素。

4. 南方丘陵玉米区

包括广东、江西、浙江、福建、台湾、江西等地和江苏、安徽南部、湖北、湖南东部。本区属亚热带、热带温润气候，气温高，降雨多，生长期长。以一年两熟为主。种植面积约为全国的 6%，总产不足 5%。

本区近些年来季节性降雨缺水现象普遍发生，给当地农业生产、生活饮水、工业用水都带来一定不利影响，应因地制宜发展滴灌玉米生产，确保玉米年际间高产稳产。

5. 西北灌溉玉米区

包括甘肃、河西走廊和新疆。本区大陆性气候，干燥少雨，全年降雨平均 200mm 左右，日照充足，无霜期短，一年一熟，灌溉农业（新疆天山的北部地区以春播中晚熟玉米为主；南部光热资源丰富地区，主要进行夏播早熟玉米生产）。种植面积约占全国的 3.5%，总产约占 3%。

本区的新疆是中国大田滴灌节水推广面积最大的地区，2006 年，新疆兵团膜下滴灌面积超过了 617 万亩，其中滴灌玉米种植面积约 27.8 万亩；2009 年新疆大田滴灌面积 1690 万亩，占全国滴灌面积（2000 万亩）的 84.5%；2009 年新疆玉米种植面积 897.5 万亩，滴灌玉米面积约 100 万亩[9]。

6. 青藏高原玉米区

包括青海省和西藏。海拔高，地形复杂，气候差别大，生长期为 120~140d，主要是一年一熟，播种面积小，种植面积及总产都不足全国的百分之一。应因地制宜发展滴灌玉米生产，确保玉米早熟高产稳产。

第二节 玉米滴灌技术模式

一、玉米滴灌系统组成和特点[10]

1. 系统组成

滴灌玉米系统一般由水源工程、首部枢纽、输配水管网、滴头及控制、量测和保护装置等组成。

2. 特点

滴灌玉米通过管道系统供水，将加压的水经过过滤设施滤"清"后，与水容性肥料充分融合，形成肥水溶液，进入输水干管—支管—滴灌毛管，再由毛管上的灌水器一滴一滴地均匀、定时、定量浸润作物根区，供根系吸收利用。

滴灌玉米和地面灌相比，具有以下优势：

（1）省水。田间不设毛渠，减少输水和灌溉过程水分渗漏、地面蒸发、流失及土地不平灌水不均造成的浪费现象。生育期田间灌水由原来每亩 $450 \sim 500m^3$ ，减少到 $250 \sim 350m^3$ ，节约40%左右；同时滴灌可控制性强，水分渗透在根际范围内，供水精准，提高了灌溉水的利用率。

（2）省地。用滴灌方式种植玉米，田间不需要开毛渠，土地利用率可提高3%~5%。

（3）省肥。肥料溶于水，肥水一体化，通过随水滴肥，肥料供应在根层区域，便于根系及时吸收利用，减少了机车和人工追肥时地面抛撒、灌水冲失、土壤渗漏、空气挥发等损失，且施肥量与均匀度易于控制。同时，可提高肥料的利用率。节省肥料，降低生产成本。肥料利用率较常规灌溉提高30%~50%。

（4）省工。由于田间不需要人工跟车追肥、人工撒肥、人工灌水、开毛渠、修毛渠、收获前平毛渠等劳动环节，节约田间用工，减轻了劳动强度，提高了劳动生产率。

（5）省机力。田间节省了机车追肥、机车开毛渠、平毛渠等作业过程，每亩可节省机力费50~60元。

（6）高产。滴灌玉米滴水出苗，供水及时，土壤湿度均匀，种子发芽好，田间出苗率和整齐度高。同时，由于灌水、施肥均匀，玉米长势均匀强壮，群体和个体能够均衡、协调地生长，而且生长整齐一致，提高了玉米的收获穗数和单穗重，与地面灌溉相比可以增产30%以上。

（7）环保。滴灌玉米可以根据不同生长阶段栽培目标的具体要求适时适量、均匀地为供水供肥，达到精确调控作物的标准化栽培，实现了灌水、施肥一体化、可控化和自动化，避免将化肥淋洗如深层土壤，减少不合理施肥和过量施肥等对土壤和地下水造成污染以及引起土壤板结或水土流失。

（8）减轻草害。使用滴灌时，只有总耕种面积的一小部分得到水和肥，所以作物行间很少有杂草丛生，缓解了杂草与作物争水争肥的矛盾。另外，滴灌供水与地面供水相比避免了杂草种子随水进入田间的机会。

二、玉米滴灌系统设计及技术模式

（一）灌水器的选型与设计

1. 灌水器的选择

目前，新疆滴灌玉米生产上一般选择薄壁内镶式或侧翼边缝式滴灌带，壁厚0.2mm，管径16mm，滴头流量2.4～3.2L/h。灌水器的选择直接影响工程的投资和灌水质量。

2. 滴灌毛管的设计

毛管布置主要取决于玉米的栽培模式，毛管一般沿玉米种植方向布置。其布置主要考虑的因素有：玉米的特性、土壤性状、水质和农业技术水平。在平坡地形条件下，毛管与支（辅）管相互垂直，并在支（辅）管两侧对称布设。在坡地条件下，毛管在支（辅）管两侧布设，并依据毛管水力特性计算，逆坡向短，顺坡向长；当逆坡向水力特性不佳时，则仅采用顺坡向铺设。布设毛管时，不能穿越田间机耕作业道路。

毛管铺设采用播种铺管机械铺设，在播种时采用播种、铺管一次完成，毛管铺设时为了防止风将毛管刮跑，应浅埋1～3cm，由播种铺管机械完成。若采用覆膜可直接将毛管铺在膜下。

3. 施肥设备选型

玉米滴灌系统常选用压差式或注入式施肥罐，其容量确定参照表6-3。

表6-3 施肥罐容量与施肥时间表

施肥罐容量（L）	10	30	50	100	150
施肥时间（min）	10～20	20～50	30～50	50～100	120～150

（二）玉米滴灌系统模式

新疆地区滴灌玉米根据首部形式、管道铺设及轮灌方式分为不同的系统模式，常用的模式有以下几种。

1. 根据首部形式不同可分为固定式首部滴灌系统、移动式首部滴灌系统和自压滴灌系统。

（1）固定式首部滴灌系统，适用于水源稳定、灌溉面积比较大的滴灌系统。一般应用于 200 亩以上的灌溉面积，这是新疆兵团应用面积最大的滴灌系统模式。其优点是管理方便、系统稳定、使用年限长。

（2）移动式首部滴灌系统，主要由移动式首部和支、毛管三部分组成。首部由加压设备、过滤器及施肥装置组合而成，由小型拖拉机牵引和传动（动力也可选配气、柴油机），一组首部可供多块地共用，采取支管轮灌方式。其特点是造价低、一次性投资少，约为固定式滴灌的 50%；折旧成本低，比固定式滴灌低 30% ~ 50%；田间配置和使用方便，适宜分散小地块和缺电地区推广应用。

（3）自压滴灌技术模式：该技术模式的田间设施及灌溉技术与固定滴灌技术模式相同，区别在于利用地形高差产生的压力进行滴灌。自压滴灌无需电能，运行费用低于固定滴灌的 20% 左右，适合高位水源或有承压水可利用的地区，一般地面坡降≥15‰ 的地区适合发展。

2. 根据管道铺设及轮灌方式不同可分为支管轮灌、辅管轮灌和长短支管轮灌方式三种。

（1）支管轮灌：滴灌系统轮灌组中的灌溉管道由支管组成，每次灌溉开启一定数量的支管阀门进行灌溉，操作简便，易于灌溉管理，工程投资较高。田间管网铺收连接相对辅管轮管方式简单。

（2）辅管轮灌：辅管是支管上的辅助管道，滴灌系统灌溉时轮灌组中的灌溉管道由辅管组成，每次灌溉开启一定数量的辅管阀门灌溉，一次开启的阀门较多，操作复杂，劳动强度大，不便管理。田间管网铺收连接较复杂。

（3）长短支管轮灌：灌溉时原理同支管轮灌，只是将同一水平的阀门集中，加长一部分支管的长度，相对支管轮灌，地埋主管道的数量减少。操作方便，宜灌溉管理，工程投资较低。

（三） 玉米滴灌田间布局及种植模式

玉米产量是品种、生态条件和栽培技术措施综合作用的结果，这就要求从光热资源高效利用的角度，根据滴灌条件下玉米高产群体生育进程各阶段栽培目标的要求，全生育期综合进行滴头流量大小与投入成本、水肥高效和产量与经济效益等多方面的最优化设计。采用综合技术措施（品种选择、株行距配置、肥水运筹、控制倒伏、防治病虫草害等），创建高光合效率、低呼吸消耗、抗倒伏、水肥利用效率高的滴灌玉米高产群体结构。

1. 玉米滴灌带铺设方式

目前，中国玉米滴灌栽培根据滴灌带田间铺设方式分为覆膜与不覆膜两种：

（1）覆膜滴灌栽培：覆膜滴灌栽培滴灌带无需浅埋，播种时铺设在膜下即可。

节水效果显著，有利于田间出苗率提高和增加活动积温，达到促苗早发和苗齐、苗匀、苗壮的栽培目标。在无霜期短和活动积温少的干旱地区高产高效节水的效果更显著。

（2）不覆膜滴灌栽培：为避免滴灌带播种后被风吹位移或虫鸟危害，不覆膜滴灌栽培滴灌带需浅埋。分为两种情况：①播种时铺设。播种时随机铺设在玉米种子行间。②中耕、开沟、培土时铺设。播种时不铺设滴管带。在田间玉米生长期间中耕开沟时再将滴管带铺设在玉米行间。

2. 玉米滴灌田间株行配置

玉米种植田间株行配置，不同区域根据各自生态特点有着不同的株行配置模式。一般分两大类，即等行种植和宽窄行种植。滴灌玉米主要采取宽窄行种植方式，主要原因是宽窄行模式可节省滴灌材料的投入和提高灌水施肥效果。

覆膜条件下的宽窄行滴灌玉米模式，滴灌带铺在窄行间，可使水肥较容易到达玉米根部，特别在沙性土壤条件下更是如此。实践证明，滴灌玉米采用宽窄行种植，不仅大幅度提高了水肥利用效率，同时宽窄行有利于滴灌玉米群体生育后期中下部叶片通风透光，减少中下部叶片的遮阴郁蔽，降低叶片的呼吸消耗，有利于光合效率的提高；由于通风改变了田间生态环境条件，降低了玉米病害的发生（病原菌和微生物的生态环境发生了改变）。目前滴灌玉米生产上主要采用以下几种宽窄行配置方式。

（1）30cm+60cm 宽窄行，窄行放置滴灌带，间隔90cm；穴距4～5 穴/m，密度5926～7407 株/亩。（图6-7）

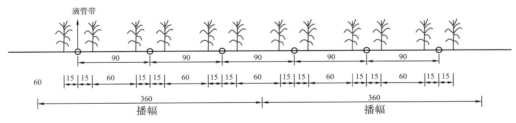

图6-7　30cm+60cm 宽窄行配置方式（单位：cm）

（2）40cm+60cm 宽窄行，窄行放置滴灌带，间隔100cm。穴距5～6 穴/m，密度6667～8000 株/亩。（图6-8）

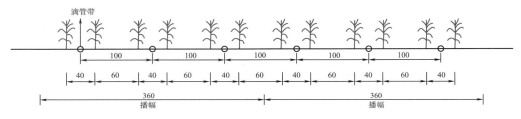

图6-8　40cm+60cm宽窄行配置方式（单位：cm）

（3）30cm+90cm宽窄行，窄行放置滴灌带，间隔120cm。穴距6～7穴/m。密度6666～7777株/亩（推荐）。（图6-9）

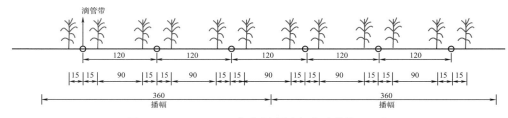

图6-9　30cm+90cm宽窄行配置方式（单位：cm）

（4）50cm+70cm宽窄行，窄行放置滴灌带，间隔120cm。穴距6～7穴/m　密度6666～7777株/亩。（图6-10）

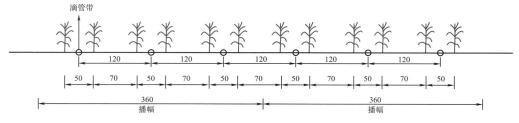

图6-10　50cm+70cm宽窄行配置方式（单位：cm）

（5）40cm+80cm宽窄行，窄行放置滴灌带，间隔120cm；穴距6～7穴/m　密度6666～7777株/亩。（图6-11）

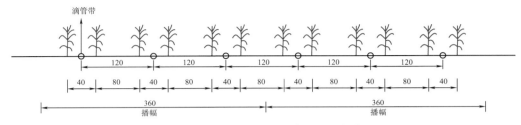

图6-11　40cm+80cm 宽窄行配置方式

3. 新疆地区宽窄行最佳配置方式研究

2009 ~ 2011 年，新疆农垦科学院作物所在新疆石河子垦区对玉米单交种郑单 958 进行了窄行（x_1）、宽行（x_2）、密度（x_3）三因素五水平二次回归旋转组合设计的试验研究（表6-4），以小区国家标准水分的籽粒产量为依变量（y），初步得到回归方程：

$$y = 960.3523 - 72.6959x_1 - 36.6609x_1^2 - 116.6583x_2^2 - 117.749x_3^2$$

式中：x_1、x_2、x_3 为编码变量，分别用 z_1、z_2、z_3 减去各自的均值，再除以各自的步长，代入方程式中。经计算窄行为 30.1cm、宽行为 90cm、密度为 7777 株/亩时，产量（y）最高为 960.3523kg/亩。并于 2010 ~ 2012 年分别在新疆北部的伊犁、石河子、塔城、奇台、阿勒泰等地区进行了大田示范并已进入大面积推广应用。

表6-4　宽行、窄行、密度三因素二次回归旋转组合设计因素水平编码表

x_j	窄行（cm）	宽行（cm）	密度（株/亩）
γ (1.682)	70	140	11514
1	60	120	9999
0	45	90	7777
−1	30	60	5555
−1.682（γ）	20	40	4040
Δ_j	15	30	2222

（四）玉米滴灌需水需肥规律[11][12]

采用滴灌技术种植玉米与其他地面灌溉技术种植玉米的共同目标都是以创建高光效、低消耗、抗倒伏、水肥利用效率高的群体结构为基础和前提[13][14]。具体到生产实际就是根据不同生育阶段在生产上的栽培目标配套合理的栽培技术措施。虽然滴灌玉

米和其他地面灌溉玉米在不同生育时期对水分和养分的要求不同以及水分和养分的消耗因品种类型、土壤气候条件和栽培技术措施的不同而有很大变动，但在玉米生长发育不同节阶段的需水需肥规律都是相似的。

1. 玉米滴灌需水规律

（1）田间需水量：是指整个生育期由于生理活动、叶面蒸腾和地面蒸发所消耗的灌水、降水及地下水的总量。它因品种、气候、土壤、栽培条件和产量水平的不同而有较大的变幅。一般在正常的气候和合理栽培技术措施下，玉米的需水量随着产量提高而提高。研究表明，新疆垦区滴灌春播中晚熟玉米全生育期的平均需水总量为 $256.98m^3/$ 亩。

（2）各生育时期的需水量：玉米生长是一个动态过程，不同生育阶段，植株蒸腾面积及根系量都在变化，环境条也处在不断变化的过程中，所以各阶段需水量存在较大差异。①出苗—拔节：苗期需水量较少，日耗水 $1.28m^3/$ 亩，占全生育期总量的 13%。②拔节—抽雄：需水量显著增多，日耗水 $4.87m^3/$ 亩，占全生育期总量的 32.6%。③抽雄—乳熟：需水量达到高峰，日耗水 $5.41m^3/$ 亩，占全生育期总量的 35%。④乳熟—成熟：需水量开始下降，日耗水 $3.74m^3/$ 亩，占全生育期总量的 19.4%。从玉米生育期需水规律看，需水量呈单峰曲线，苗期需水较少，孕穗（拔节—抽雄）增多，吐丝—籽粒基本形成期达到高峰，以后逐渐减少。

（3）滴灌玉米适宜区域的土壤各生育期适宜的水分状况

播种—出苗　土壤水分应保持在田间持水量 $70\% \sim 80\%$，对玉米发芽出苗最有利。

出苗—拔节　土壤水分应保持在田间持水量的 $70\% \sim 80\%$。

拔节—大口期　土壤水分以保持田间持水量的 $60\% \sim 70\%$ 为宜。适当"蹲棵"可促根壮苗，培育壮秆。

大口—吐丝期　植株代谢最旺盛，对水分反应最敏感，这一阶段土壤水分侵持在田间持水量的 $80\% \sim 90\%$ 左右为宜。

吐丝—蜡熟期　土壤水分应保持在田间持水量的 80% 左右。

蜡熟—完熟期　土壤水分应保持在田间持水量的 $60\% \sim 70\%$。

2. 玉米滴灌的需肥规律

玉米矿质元素的吸收量是确定玉米施肥的重要依据。在生产上可根据目标产量所需的养分量、土壤能提供的养分含量、所施肥料的有效养分含量以及当季利用率来估算出当季玉米的施肥量。据研究，新疆滴灌春玉米平均每生产 $100kg$ 玉米子粒需吸收纯氮 $2.6kg$、$P_5O_2 0.96kg$、K_2O $2.18kg$，比例约为 $3:1:2$。

（1）对氮、钾素的需要量多，其他元素需求相对少：玉米生长发育需吸收各种营养元素，大致可分为三类：① 第一类是碳、氢、氧、硫、钙、镁、氮、磷、钾 9 种最主要元素（大量元素），其中以氮、磷、钾三元素对玉米的生长发育影响较大，需要量也多，称之为"三要素"。②第二类是铁、锰、硼、铜、锌、钼6种元素，虽然需要量少，但对玉米的生长发育也不可缺少，称之为"微量元素"。③第三类是硅、铝、镍、钴等12种以上辅助性元素，对玉米生长发育也有重要作用。各种元素不能相互替代，若缺少某种元素，就会影响玉米生长发育和产量。生产实践中，随着玉米氮、磷、钾化肥大量施用和产量水平的提高，微量元素的作用日益明显。

（2）各生育时期对氮、磷、钾元素的吸收不同：从不同时期三要素累积吸收百分率来看，玉米以大口—开花期需量为最多，日均率高于其他时期2~5倍。

出苗—拔节、拔节—吐丝、吐丝—成熟的需氮量分别占全生育期总需肥量的2.4%、61.16%、36%左右；需 P_2O_5 量分别占全生育期总需肥量的1.12%、63.86%、35.02%左右；需 K_2O 量分别占全生育期总需肥量的2.9%、69.54%、27.56%左右。因此，获得玉米高产，除要重施穗肥外，还要重视粒肥的供应。

（3）施肥时期（随水施肥条件下）：根据目标产量法和地力差减法确定作物在整个生育期的肥料施用量。

深施基肥　基肥是播种前施用的肥料，也称底肥，通常应该以优质有机肥料为主，化肥为辅。其重要作用是培肥地力，疏松土壤，缓慢释放养分，供给玉米生长中期和后期的生长发育的需要。

适量种肥　种肥供种子萌发和幼苗生长所需，以速效性化肥为主。由于化肥，特别是氮素化肥会引起烂种，种肥数量一般尿素2~3kg/亩、磷酸二胺2~3kg/亩、氯化钾2~3kg/亩均匀混合。

分次追肥　随水滴施。

苗肥　在玉米出苗后的离乳期（展开叶2片可见叶4片）至拔节（展开叶7片可见叶11片）前，对没有施用种肥的地块，根据田间玉米长势，及时滴水施肥（尿素3~5kg/亩、磷酸二氢钾1~2kg/亩）。

孕穗肥　此期正值营养生长和生殖生长并进阶段，需要较多的养分和水分。随水滴施氮肥量占全生育期氮肥总量的60%左右、施 P_2O_5 量占全生育期磷肥总量的64%、施 K_2O 量占全生育期总需钾量的68%左右。

花粒肥　玉米雌穗吐丝至籽粒形成、灌浆和成熟阶段，已完全进入生殖生长阶段，此时随水滴施肥料，对防止后期脱肥早衰，延长叶片功能期，增加粒重，获得高产具有十分重要的作用。随水滴施氮肥量占全生育期氮肥总量的36%左右、施 P_2O_5 量占全生育期磷肥总量的35%、施 K_2O 量占全生育期总需钾量的28%左右。

第三节　玉米滴灌水肥高效栽培技术模式

一、适用范围

本规范适用于新疆的南、北疆春播玉米生态区及生态条件相近的其他生态区。

二、基础条件与技术指标

（一）土壤肥力

耕层（0～20cm）有机质含量为 1.0%～1.5%、碱解氮（N）15～40mg/kg、速效磷（P_2O_5）5～15mg/kg、速效钾（K_2O）100mg/kg 以上。

（二）气象条件

1. 光照

全生育期需要光照 1800～2000h。

2. 温度

全生育期≥10℃，活动积温 3000～3200℃。

3. 水分

全生育期灌水 8～10 次，每次每亩灌水量 20～30m³。

（三）产量指标及构成因素

1. 产量指标

1000～1200kg/亩。

2. 产量构成因素

7000～8000 株/亩，单株籽粒标准水分产量 150～160g/株。

三、播前准备

1. 选地与整地

（1）选地：前茬以绿肥翻耕地、休闲地为上茬，麦类、棉花以及瘠薄地、保肥保水性能差的沙土地次之（pH<8.5，总盐量<0.2%）。

（2）整地：①冬前整地：包括秸秆处理和深施底肥。秸秆处理：a）使用秸秆打捆机将地表上秸秆打捆回收，然后再用重型圆盘耙将地表上茬作物秸秆轧切粉碎并与表土混合均匀；b）先用重型圆盘耙将地表上茬作物秸秆轧切一遍并晾晒干燥沉淀一段时间（15天左右），然后再次用重型圆盘耙将地表作物秸秆充分轧切粉碎并与表土混合均匀。深施底肥：用厩肥撒抛机将厩肥与化肥的混合肥料进行田间机械均匀撒施，然后用大马力拖拉机配套垂直翻转铧犁进行犁地翻耕，将肥料翻入耕作深层，犁地深度在25~30cm。②播前整地。来年早春适时使用联合整地机采用对角耙地进行耙耱保墒，争取达到"墒，松，碎，齐，平，净"的质量要求。杂草危害严重的地块，每亩用50%乙草胺（蛋白质合成抑制类型的选择性除草剂）、二甲戊乐灵（分生组织细胞分裂抑制剂，光谱苯胺类）或金都尔（酰胺类广谱、低毒型除草剂，阻碍蛋白质合成而抑制细胞生长）的乳剂500~800倍液进行地面机械喷洒（100~150mL/亩）并用钉齿耙配耱对角耙耱两遍，耙深4~5cm，不重复不漏耕作，使药液与地表土壤均匀混合，可有效防治单子叶杂草和兼除阔叶杂草。

2. 肥料准备

根据测土配方和目标产量法（按生产100kg玉米籽粒需纯 N 2.6kg、P_2O_5 0.96kg、K_2O 2.18kg）来预定基肥、种肥、追肥的施用量，同时参考肥料利用率。一般有机肥做基肥，化肥做追肥。

（1）基肥：厩肥2000~5000kg/亩、尿素5~10kg/亩、过磷酸钙5~10kg/亩、氯化钾5~10kg/亩。

（2）种肥：尿素2~3kg/亩、磷酸二胺2~3kg/亩、氯化钾2~3kg/亩均匀混合。种子和种肥分箱而下，种肥施于窄行内深10cm的土壤中，切忌肥料与种子混施。若采用滴灌种植可不施种肥。

（3）追肥：在玉米出苗后进行，一般全生育期用量50~80kg/亩（氮∶磷∶钾=2.5∶1∶1.5）。

3. 种子准备

（1）品种选择：选择种子活力好、产量高、耐密植、抗倒性强、脱水快、品质好、抗病性强的KWS2564、KWS3564、KWS4574、先玉335、良玉66等玉米单交种。

（2）种子质量：质量达到GB4404规定的一级标准（国产玉米杂交种的种子发芽率低于国外玉米杂交种的种子发芽率，不能满足精量点播的要求，种子要人工精选以达到精量点播的要求）。为防治地下害虫（蝼蛄、金针虫、地老虎等）危害，最好选用杀虫剂包衣的种子。

4. 地膜准备

选用0.01~0.02mm厚的塑料薄膜或0.008~0.01mm厚的微薄地膜及0.003~0.006mm厚的超薄地膜。

（1）普通地膜：无色透明，生产上通用，以聚乙烯为原料。未添加任何其他成分，未进行其他处理。具有价格便宜，土壤增翻保墒效果好，早春可提高上温2~4℃等优点，但膜下易生杂草。选用幅宽 70 ~ 90cm，厚度 0.005 ~ 0.008mm 规格。每亩用量 2.5 ~ 3.0kg，常用地膜规格和用量见表6-5。

表6-5 普通地膜规格和用量

厚度（mm）	单位面积重（g）	抗张力（kg/m²）	亩用量（kg）
0.005	4.7 ~ 5.3	189 ~ 213	2.5 ~ 3.0
0.007	6.5 ~ 7.4	135 ~ 154	2.5 ~ 3.0
0.008	7.4 ~ 8.4	119 ~ 135	4.0 ~ 4.5
0.014	12.9 ~ 14.8	67 ~ 77	7.5 ~ 10.0

（2）生物与光双降解薄膜（新疆康润洁环保科技有限责任公司）：一般选用幅宽 70 ~ 90cm，厚度 0.005 ~ 0.008mm 规格的降解薄膜。每亩用量 2.5 ~ 3.0kg。价格较普通地膜贵。但容易降解，对农田生态环境无污染，环保效果好，建议在进一步降低成本的基础上大面积推广。

5. 滴管带和支管准备

滴灌系统干管一般采用 PVC 管，支管、辅助支管一般选用 PE 管或薄壁 PE 管。

（1）选用单翼迷宫式滴灌带，规格 300-3.2、内径 16mm、壁厚 0.18mm、滴孔间距 300mm、公称流量 3.2L/h，具体规格和标准见表6-6。

表6-6 单翼迷宫式滴灌带技术规格和标准

规格	内径（mm）	壁厚（mm）	滴孔间距（mm）	公称流量（L/h）	滴头工作压力（MPa）
200-2.5	16	0.18	200	2.5	0.05 ~ 0.1
300-1.8	16	0.18	300	1.8	0.05 ~ 0.1
300-2.1				2.1	
300-2.4				2.4	
300-2.6				2.6	
300-2.8				2.8	
300-3.2				3.2	
400-1.8	16	0.18	400	1.8	0.05 ~ 0.1
400-2.5				2.5	

（2）支管选择 PE（聚乙烯）黑管水带（生产上推荐 75# 和 90#）。具体规格和标准见表6-7。

表 6-7　天业支管技术规格和标准

规格（mm）	壁厚（mm）	运行压力（MPa）	理论重量（kg/M）
φ63	0.9	≤0.25	0.190
φ75	1.1	≤0.25	0.255
φ90	1.6	≤0.25	0.410

四、播种

1. 播种期

当土壤 5～10cm 处地温稳定通过 10～12℃时即可播种。

2. 播种量

精量播种每亩播种量 2～2.5kg。

3. 密度

理论密度 7500～9000 株/亩；收获株数 7000～8000 株/亩。

4. 种植方式（宽窄行配置）

（1）30cm+90cm，平均行距 60cm，窄行间放置滴灌带，间隔 120cm。

（2）30cm+60cm，平均行距 45cm，窄行间放置滴灌带，间隔 90cm。

5. 播种要求

（1）机械要求：①选用定型机械（2BMJ 系列气吸式精量铺膜播种机，铺管、覆膜、打孔、播种同时完成）；②按照使用说明书调试好播种机具的传动、排种、追肥等部件。

（2）质量要求：①要求播深一致（以 4～5cm 为宜）、无浮籽；②播行直、无断行和漏播。③膜要展平、拉紧、紧贴地面，膜边压紧压严、覆土均匀（每隔 2～3m 在地膜上压一小土堆以防风揭膜）。④滴灌带要拉紧。⑤播完种后及时铺设和安装连接滴灌干、支、毛管并及时检查和保证滴灌管网正常运行和滴出苗水。

五、田间管理

1. 苗期（出苗—拔节）

（1）追肥、除草：①拔节前若苗弱或缺素，可用机械进行叶面追肥（种类主要有微量元素叶面肥、稀土微肥、有机化合物叶面肥及部分生物调控剂等）和滴水轻追肥（尿素 2～3kg/亩、磷酸二氢铵 2～3kg/亩、氯化钾 1～1.5kg/亩或滴灌专用肥）。②杂草发生重的地块（覆膜或未覆膜），可机械喷施苗后专用复配除草剂（10%甲基磺草酮+35%莠去津悬浮剂，每亩用药150mL，兑水15～30kg）和耕杰（5%甲基磺草酮+20%莠去津悬浮剂，每亩用药125mL，兑水15～30kg）。结合叶面追肥和化除打药等措施一并进行。另外，覆膜的田块，也可采用机械中耕浅耙的方式只进行膜间中耕松土除草。

（2）病虫害防治：①田间机械喷洒菊酯类高效低残留农药（亩用药25～40mL/亩，兑水15～30kg）防治玉米苗期叶面刺吸式口器害虫（蚜虫等）可避免和减轻由其传播病毒病的危害。②拔节期地老虎幼虫发生严重时，可采用灌水或根据发生的严重程度酌情随水滴施48%毒死蜱或50%辛硫磷乳油250～300mL/亩，都能有效地抑制地老虎的危害。

另外，根据地老虎成虫羽化时的生活习性，在田间摆放糖浆盆或安装黑光诱虫灯和频振诱虫灯，诱杀地老虎成虫以及玉米螟和棉铃虫的成虫，以减少当年和下一年虫口数量。

2. 穗期管理（拔节—抽雄）

（1）小喇叭口期：去除田间玉米茎基部分蘖并喷施矮壮素200～250mL/亩（增加近地部分节间粗度和缩短节间长度，增加气生根层数和条数，提高水肥利用效率和植株抗倒性）。

（2）大喇叭口期（适时施肥、化控、防虫和进水）：①地下水位高的田块，在进头水前，用玉米健壮素（45mL/亩，兑水15kg）进行田间机械喷施可降低田间植株的穗位高度，增强生育后期的植株抗倒性。②病虫害发生重的年份和田块，选用杀虫剂（功夫、敌杀死等菊酯类高效低残留农药50～70mL/亩，兑水15～30kg）、杀菌剂（好立克3～6g/亩，兑水15～30kg）[15]，用3WX-280G型自走式高秆作物喷雾器配向下喷头进行田间喷施防治玉米螟和棉铃虫一龄以下幼虫以及玉米丝黑穗病和瘤黑粉病。③这段时期滴灌条件下灌水2～3次，每次灌水量20～30m³/亩并结合灌水滴施氮肥4.0～5.0kg/亩，磷肥（P_2O_5）2.0～2.5kg/亩，钾肥（K_2O）酌情施。

3. 花粒期管理（抽雄—成熟）

（1）适时灌水补施肥料：这段时间一般滴灌水5～6次，每次灌水量20～30m³/亩。前3～4次结合灌水滴施氮肥5～10kg/亩，磷肥（P_2O_5）2.5～5kg/亩，钾肥（K_2O）酌情施；后2～3次可根据苗情只滴水不施肥或酌情滴施氮肥。保持窄行田间湿润，田间持水量应保持在75%～90%为宜。

（2）防治病虫害：蚜虫、叶蝉和红蜘蛛点片发生时：

①选用克螨特（73%乳油1000～1500倍液）或1.80%阿维菌素乳油2000倍液的混合液以及哒螨灵3000倍液，采用高架喷雾器（北京天茂公司3WX-280G型自走式高

秆作物喷杆喷雾机）配悬挂吊杆安装向上喷头进行机械化均匀喷雾防治红蜘蛛[16-17]。②选用20%啶虫脒液剂3000倍液，采用高架喷雾器配悬挂吊杆安装向上喷头进行机械化均匀喷雾防治叶蝉[18-19]。③选用吡虫啉4000~6000倍液和采用高架喷雾器配悬挂吊杆安装向上喷头进行机械化均匀喷雾防治蚜虫[20]。

4. 收获及回收滴管带

当果穗苞叶发黄，籽粒变硬，乳线消失，种胚基部出现黑层（籽粒含水量<30%）时，即可选择适宜机型收获，实现摘穗、剥皮、脱粒、秸秆还田一遍作业。收获的籽粒应及时晾晒，达到14%标准含水量时进行贮藏或出售。

收获前或收获后均可，及时将田间滴管带和地上支管采用人工或机械回收。

第四节　玉米滴灌前景展望[9,21]

玉米作为中国目前播种面积和增产潜力最大的粮食作物，发展节水滴灌随水施肥技术，是现代玉米生产中一项重要的综合管理技术措施，将从根本上改变传统的滴灌玉米灌水施肥方式，大幅度提高水肥资源利用效率，是缓解中国水资源紧缺的战略选择，是保障国家供水安全、粮食安全、生态安全，支撑经济社会可持续发展的迫切需要，发展前景广阔。针对目前滴灌玉米生产现状，未来滴灌玉米生产应注重以下几方面的研究：

（一）开发出适宜不同生态区域的生物光双降解塑料地膜应用于节水滴灌玉米生产

降解膜具有增温、保墒、抑盐、促进滴灌玉米早熟和高产的作用。在完成正常的使用寿命后，要求在自然环境中1~3年可以被完全生物降解为二氧化碳、水。对生态环境不造成危害。有利于可持续农业发展。

（二）实现玉米大田生产全程智能化自动化滴灌

随着玉米滴灌随水施肥技术进一步完善和推广，大田自动化滴灌系统存在着广泛的应用前景，从技术上将进一步提升玉米滴灌随水施肥技术的水平。从而改变传统的滴灌系统田间设计思路和节水灌溉技术，实现节水灌溉新型器材的不断研发，形成新的产业化示范工程，从而带动玉米节水灌溉产业的进一步发展。

（三）加强滴灌玉米超高产群体高产机理的研究

为了确保滴灌玉米实现大面积高产稳产，保证国家粮食安全需要加强滴灌玉米超高产群体高产机理的研究。

（1）以产量和光合生理指标为依据，进行不同生态区域的滴灌玉米合理株行距配置与株型、密度优化设计的研究，建立适宜不同生态区域的滴灌玉米高产种植模式；

（2）根据不同生态区域玉米滴灌高产群体不同生育阶段栽培目标进行配套适宜的综合调控技术研究，制定出适宜不同生态区域的滴灌玉米高产群体结构综合调控技术措施；

（3）加强适宜不同生态区域的滴灌玉米高产群体根区土壤环境水、热、盐的动态变化和滴灌玉米需水规律的研究。加强不同生态区域的玉米滴灌随水施肥科学合理配比的系统优化设计研究，制定出满足不同生态区域的滴灌随水施肥技术应用当地滴灌玉米生产。

（四）推广应用低压滴灌

应加快研发低能耗的滴灌设备和相关产品，包括低压补偿式滴灌带、高效低能耗过滤器等，进一步降低滴灌系统能耗。

（五）加强不同生态区域的玉米滴灌全程轻简化机械化技术的优化集成研究

根据滴灌条件下玉米高产群体创建适宜株行距配置和密度的要求，对现有农机具进行研制和改造，通过新型关键机具与原有农业机械的配套优化组装，开发出符合滴灌玉米高产高效生产的关键装备和技术。从播前整地、播种、铺膜、铺滴管带、田管期间免耕、化控、化除、化防至收获实现全程机械化，提高劳动生产率，节约成本，降低劳动强度。

（六）进一步优化滴灌系统管网及田间配置

本着有效降低滴灌系统运行费用，提高灌水均匀度以及节本、增产、增效的原则，进一步提高滴灌器材质量并优化滴灌系统管网及田间配置。加强对滴灌器材生产及市场质量的监管，强制推行节水产品认证制度。

（七）研究和推广粮食作物滴灌综合配套栽培技术体系

包括小麦复种和间作套种滴灌玉米栽培技术模式等。可利用有限的积温，提高北方干旱半干旱生态区域的土地复种指数。

（八）研究意义

研究玉米滴灌条件下农田耕作管理、土地产出等对农田生态环境变化的影响，对农业可持续发展有重要意义。

参 考 文 献

［1］中华人民共和国国家统计局编．中国统计年鉴［M］．北京：中国统计出版社，2010，481–488.

［2］水利部农村水力司，中国灌溉排水发展中心组编．节水灌溉规划［M］．北京：黄河水利出版社，2012.

［3］冯巍主编．国内外玉米生产及科研概况调研报告文集［R］. 2000.

［4］李登海，毛丽华，姜伟娟，等．紧凑型杂交玉米高产性能的发现与探索［J］．莱阳农学院学报，2001，18（4）：259-262.

［5］李登海．从事紧凑型玉米育种的历史与回顾［J］．莱阳农学院学报，2001，18（1）：1-6.

［6］国家发展和改革委员会．"十二五"国家级专项规划汇编［M］．北京：人民出版社，2012.

［7］佟屏亚．中国玉米种植区划［M］．北京：中国农业科技出版社，1992.

［8］王璞．农作物概论［M］．北京：中国农业大学出版社，2004.

［9］尹飞虎，董云社，周建伟，等．兵团滴灌节水技术的研究与应用进展［J］．新疆农垦科技，2010，（1）：3-7.

［10］侯志研，冯良山．旱地节水节能灌溉技术［M］．北京：化学工业出版社，2012.

［11］张新寰．新疆玉米［M］．乌鲁木齐：新疆气象出版社，1998.

［12］赵永志．粮经作物测土配方施肥技术理论与实践［M］．北京：中国农业科技出版社，2012.

［13］王进涛．保护地蔬菜生产经营［M］．北京：金盾出版社，2000.

［14］逢焕成，王慎强．群体高产与光能利用［J］．植物生理学通讯，1998，34（2）：149-154.

［15］凌启鸿．作物群体质量［M］．上海：上海科学技术出版社，2000.

［16］骆宗渊，张俊．新疆伊犁玉米制种高产栽培技术［J］．新疆农垦科技，2012（1）：34-37.

［17］郭文超，许建军，吐尔逊，等．新疆玉米害螨种类分布及危害的研究［J］．新疆农业科学，2001，38（4）：198-201.

［18］许建军，郭文超，吐尔逊，等．新疆北部玉米叶螨发生与环境关系的研究［J］．新疆农业科学，2000（4）：168-170.

［19］周才丽．玉米三点斑叶蝉的识别与防治措施［J］．新疆农垦科技，2009（6）：19.

［20］陈国毅，李春燕．北疆地区白翅叶蝉在玉米田暴发的成因及综防措施［J］．中国植保导报，2006，26（9）：14-15.

［21］张桂芳．玉米蚜发生规律及防治对策［J］．粮食导报，2010（6）：179-180.

第七章 棉花膜下滴灌水肥高效栽培技术

第一节 中国棉花膜下滴灌生产概况

一、中国棉花膜下滴灌生产现状

棉花是全世界性的重要经济作物，棉花作为重要的战略物资和棉纺工业原料，在国民经济中占有重要地位。中国是世界上最大的棉花生产、消费和纺织大国，每年生产的棉花占世界的24%，消费的棉花占世界的38%，棉纱和棉布的产量居世界首位，2012年纺织品出口为957.8亿美元。国家统计局公布的2012年国民经济年报显示，2012年中国棉花种植面积7050万亩，全年棉花产量684万吨。黄河流域棉区、长江流域棉区、西北内陆棉区棉花种植面积分别占全国棉花总面积的37%、25%、37%；棉花总产量分别占全国棉花总产的25%、20%、55%。因此，充分发挥优质高产棉区的棉花生产潜力，大力发展棉花生产，对国家棉花生产安全和棉纺工业的发展具有重要意义[1]。

覆膜种植是当今世界应用最广，成本最低，易于采用的一项先进的栽培技术，地膜覆盖对作物的有益效应包括提早成熟期、保墒、增温、抑盐、压草、减少病虫害等。地膜覆盖栽培已成为新疆棉花栽培的主要方式。滴灌技术是世界上目前最先进的节水灌溉技术之一，主要是利用管道系统将灌溉水缓慢地、定量地均匀滴入作物根系最发达的区域，使作物根系主要活动区的土壤始终保持在最优含水状态的节水灌溉技术。它能将作物生长所需的水分和各种养分适时适量地输送到作物根部附近的土壤，具有显著的节水、节肥和增产效果。

国外滴灌技术的研究应用起步较早，主要在缺水地区的果树、花卉等经济效益较高的作物上采用。以色列、美国等发达国家在大田棉花上也采用滴灌，但大都采用铺设于裸露地表、使用5~7年的滴灌管，一次性投资很高。国内引进滴灌技术始于1975

年，由于亩投入成本过高，主要应用于蔬菜、花卉、果树等高经济价值作物上，在农作物生产中一直没有得到大面积推广。1996年新疆兵团第八师121团开始对棉花膜下滴灌技术进行了初步的大田应用试验，取得了明显的节水增产效果。1998年新疆最大的滴灌设备制造公司新疆天业股份有限公司从国外引进了单翼迷宫式滴灌带生产线，并开发出薄壁的"一次性可回收滴灌带"，将原产品厚度由0.26mm改为0.2～0.18mm，价格降低到0.2元/米，使每亩成本由2000元降低至500元左右，提高了产品质量，大大降低了使用成本。1998年兵团水利局组织新疆农垦科学院、石河子大学、新疆兵团第八师、兵团第一师等单位80多位专家、技术人员，在南、北疆分别对棉花膜下滴灌应用中急需解决的关键技术问题进行系统全面的研究与示范，形成了较为完善的棉花膜下滴灌技术体系，为干旱地区大面积应用棉花膜下滴灌综合配套技术提供了科学依据，技术人员将滴灌技术与地膜栽培技术有机结合，并大面积应用于棉花生产中，与常规沟灌相比，节水50%左右，增产15%～25%，肥料利用提高15%以上，亩节本增效100元左右，人均管理定额提高3～4倍。该技术的推广，为滴灌节水技术在农业生产中的大面积应用提供了强有力的技术支撑。

国家计划10年内将全国节水灌溉面积从目前的1.2亿亩提高到2.5亿亩。节水灌溉技术已列入国家补贴项目，每亩补贴320元的试点工作已开始在全国推行。膜下滴灌技术应用范围已从新疆扩展到国内的内蒙古、宁夏、甘肃、陕西以及中亚的塔吉克斯坦、非洲安哥拉等国；采用膜下滴灌的作物发展到甜菜、油菜、番茄、蔬菜、瓜类等作物上，均取得显著的节水、增产、增效效果，充分显示出强大的生命力。新疆天业公司计划在继续扩大新疆滴灌面积的同时，已开始以广西的甘蔗、云南的烟叶、东北三省和内蒙古自治区的玉米和大豆、甘肃的土豆、内地的旱作水稻、海南的杧果为重点进行全国性的推广工作。到目前为止，全国棉花膜下滴灌的应用面积已达近2000万亩，其中，90%在西北内陆棉区，新疆棉区是应用膜下滴灌节水面积最大的地区。棉花节水滴灌技术已成为该区域实施精准农业的重要技术之一，具有良好的发展前景[2-3]。

膜下滴灌技术的推广应用不仅从根本上改变了中国传统的农业用水方式，大幅度提高了水、肥的利用率和劳动生产率，实现了农业高效用水和生态环境的可持续发展，而且极大地解放和发展了农业生产力，改变了传统的农业结构，促进了生态环境的改善和建设。

二、棉花膜下滴灌生产存在的问题

虽然棉花膜下滴灌技术的推广应用，解决了干旱、半干旱地区水资源严重紧缺的问题，随着对滴灌系统的全面深入研究，基于膜下滴灌棉花生产技术平台，相继推出一系列新技术，形成了较为完善的棉花膜下滴灌技术体系，取得了非常有价值和实用的科技成果，在理论上和技术上取得多项创新，但仍存在较多问题。

（1）人们对膜下滴灌技术认识还不到位。膜下滴灌技术是一项新的先进的节水灌溉技术，但多数农民对此还不了解，疑虑思想较重，加之受前些年急功近利而造成的一些失败节水工程的影响，使群众错误地认为，这又是劳民伤财的事情，不愿积极配合，有些群众甚至还有抵触情绪。

（2）部分滴灌材料生产企业产品质量不达标。部分小企业为节约成本，生产的滴灌材料不达标，如滴灌带破口现象及灌水器出水均匀度差等问题，在生产中造成一定损失，这在一定程度上也挫伤了群众应用该项技术的积极性。并且有些生产企业为节省成本，滴灌软管越来越薄，在田间生产过程中破碎，大量残存土地中，对土壤生态条件产生不利影响。

（3）在水、肥、盐、热运移规律研究方面，对膜下滴灌水、盐、热运移的定性和定量关系研究得不够深入，如不同深度的土壤温度和湿度变化规律、湿度梯度对土壤水分运动与保持的影响、土壤层水分和热流运移规律、温度与水分运动、盐分迁移之间的耦合关系等都有待于进行深入的研究。另外，无机盐的积聚使土壤理化性状发生了一定的变化，值得探讨。

（4）与棉花膜下滴灌配套的农艺措施有待进一步完善，肥水管理需加强。滴灌随水化调技术，滴灌专用肥科学施用以及滴灌技术与高密度、机采棉优化集成等问题有待进一步研究。

第二节　棉花膜下滴灌技术模式

一、膜下滴灌的特点

膜下滴灌具有显著的淋盐、节水、节肥、增产的优点。滴灌带铺设在膜下，不仅减少了水分的棵间蒸发，而且水滴进入土壤后使盐分溶解，并向滴头四周迁移，一直把盐分淋洗到湿润锋的边缘。而作物根区即湿润锋中心部分则形成了一个有利于作物生长的淡化脱盐区。膜下滴灌不但能使可溶性肥料随水滴施入土壤，而且还可以定时定量地满足植株的水肥要求，水肥直接灌到作物主根区，作物主根区上有地膜覆盖，下有湿润锋，杜绝了水分深层渗漏和地表径流，同时覆膜技术的应用，不但节水而且抑制了盐化的动力，同时所灌入土壤的水量，绝大部分被作物蒸腾所消耗，田间深层渗漏量很少，具有明显的节水效果和显著的压盐作用，水肥基本上在这个相对封闭的空间运移，这种可控性使水、肥、盐、光、热、气优化耦合，通过控制作物种植密度和植株形态，确保作物的适宜的通风透光性，提高作物光合作用率，达到增产增效。保持土壤的团粒结构，确保土壤的透气性，降低病虫害的发生[4]。据实测结果发现，滴灌后土壤含水率的最大值不在地表，一般在地面以下 10cm 左右深度处。并且滴灌土壤湿润体的形状近似于旋转抛物体，水分可直接作用于作物根部，提高灌溉水分利用率。由于易溶肥料随水滴入根系发育区，不会产生深层渗漏和地面流失，根系吸收得更直接，肥料利用率大幅度提高。新疆石河子垦区的试验研究表明，同等条件下膜下滴灌每亩的氮肥使用量比沟灌减少了 10kg 以上。塔吉克斯坦巴巴卡罗那的试验结果显示，每亩大量元素复合肥的使用量比沟灌减少 20kg。另外，膜下滴灌还具有自动化程度高、劳动强度低和抑制杂草孳生等优点。

二、膜下滴灌对棉花生长发育的影响

1. 棉花生育进程加快

因膜下滴灌为可控制的局部灌溉，可适时适量满足棉花各生育期对水分需求，为棉花生长创造了良好的土壤水分环境，土壤团粒结构保持较好，土壤通透性好，并且提高了水、肥的利用率，有利于根系吸收利用，提高了棉花的光合效率，所以，膜下滴灌棉花生育期较沟灌提前 4~7 天。

2. 棉花出苗早、苗全

在西北内陆棉区，因干旱少雨，滴灌作物采用干播湿出，播前土壤水分少，地温回升快，可提早播种、出苗。同时，滴灌技术不受地形高低影响，使土壤水分布均匀，有利于棉花出全苗。据调查，膜下滴灌采用干播湿出，棉花出苗率为 90% ~95%，比常规沟灌出苗率平均提高 15% 以上，而且苗齐、苗匀、苗壮。

3. 促进棉株前期生长

由于膜下滴灌棉花根层土壤水肥供应适中，土壤温度高，水肥热条件好，棉花前期生长速度加快，棉花株高、叶片数、蕾数的生长均比沟灌快。膜下滴灌棉花株高平均比沟灌增加 5.5cm，叶片数增加 1.4 片，蕾数增加 1.2 个。且植株数生长发育健壮，叶色较沟灌深。

4. 利于棉花中后期生长发育

膜下滴灌是一种控制灌溉技术，生育期施肥是利用首部施肥罐，通过封闭管网和灌水同步进行，可以将棉花各生育时期所需的水和养分适时、适量地供应给棉花根部附近土壤。因此，水、肥的有效利用率高，土壤疏松不板结，土壤通透性好，为棉花的中后期生长创造了良好的水、肥、气、热环境，有利于棉花中后期生长发育。据田间调查，膜下滴灌棉花蕾铃脱落率比沟灌低 4.9%，伏前桃多 0.8%，单株铃数多 1.6%。

5. 膜下滴灌对棉花根系生长的影响

膜下滴灌棉花苗期根量比沟灌平均减少 22.3%，蕾期平均减少 5.9%，进入开花结铃期，滴灌棉花根系发育量超过了沟灌棉花，平均增加 3.4% ~ 4.4%。膜下滴灌和棉花垂直主根深度较沟灌棉花短，其侧根分布明显上移，浅层根系较发达。据测定，沟灌棉花 0 ~ 20cm 土层根系分布量占总根量的 25.5%，0 ~ 40cm 为 55.1%，0 ~ 60cm 为 82.2%，膜下滴灌棉花三个层次的侧根分布占总根量分别为 48.4%、91.5% 和 95.6%；比沟灌分别增加 22.9%、36.4% 和 13.4% 百分点。缩短了水、肥运送距离，提高了有效性。由于根系生长的趋水、趋肥性，膜下滴灌棉花根系水平方向呈明显偏分布，即偏向滴灌带一侧。

6. 膜下滴灌棉株的成铃率提高

滴灌棉花第一果节的平均成铃率比沟灌棉花提高 13.3% ~ 14.0%，其中 1 ~ 3 果枝第一果节滴灌棉花成铃率为 75% ~ 92.5%，沟灌田棉株为 70% ~ 82.5%；4 ~ 10 果枝第一果节成铃率滴灌田为 36.5%，沟灌田为 21.1%。滴灌棉株第 2 果节成铃率较沟灌田提高，滴灌棉花 1 ~ 10 果枝第 2 果节的平均成铃率为 9.8% ~ 10.5%。比沟灌棉株第 2 果节成铃率高 43.8% ~ 48.5%。

7. 膜下滴灌棉花干物质积累增多

膜下滴灌棉花与沟灌棉花的干物质积累是从盛花期开始表现明显差异的。7 月是棉花大量开花结铃的关键时期，也是棉花对水分需要最敏感时期，此期水分胁迫对棉花生长发育及产量的影响十分明显。采用滴灌保证了棉花水分持续正常供应，协调棉花干物质积累及其分配，为棉花的高产打下了物质基础。根据新疆农垦科学院等单位试验结果，在同等条件下，滴灌棉田干物质积累比沟灌棉田增加 20% ~ 40%[5]。

三、棉花膜下滴灌推荐设计方案

1. 棉花膜下滴灌装置设计与田间布局（图 7-1、图 7-2）

（1）滴灌系统组成：滴灌系统一般由水源、首部枢纽、各级管网（一般为干、支、毛）、滴头（在毛管或带上）组成。

（2）滴灌系统流程：水源→水泵加压→计量（水、压力表）→施肥容器→过滤器→主干管→分干管→地面支管→毛管（滴灌带）→滴头→土壤。

（3）滴灌系统干、支、毛管设置：滴灌系统的管道一般分干管、支管和毛管等三级，布置时要求干、支、毛三级管道尽量相互垂直，以使管道长度和水头损失最小。通常情况下，保护地内一般要求出水毛管平行于种植方向，支管垂直于种植方向。一般干管长度设 1000m 左右，支管长度 90 ~ 120m，间距 130 ~ 150m；毛管长度 65 ~ 75m。毛管的间距根据作物播种行距设定，一般为 0.9m，1 管 2 行。如使用大流量的滴头，也可设 1 管 4 行。

（4）滴头及过滤设备：滴头类型：目前使用较普遍的是内镶式与迷宫式。其特点是耐用，流量稳定，不易堵塞。滴头流量：取决于土壤类型和作物种类，尤其是土壤类型。重壤土和中壤土，流量不应大于 3L/h。滴头间距：重壤土为 60cm，中壤土为 40～50cm。砂质土小于 30cm 为宜。过滤器：常用的过滤器有筛网过滤器，砂砾石过滤器，离心式过滤器等。

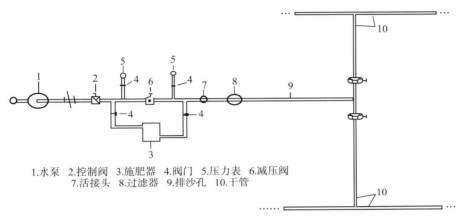

1.水泵　2.控制阀　3.施肥器　4.阀门　5.压力表　6.减压阀
7.活接头　8.过滤器　9.排沙孔　10.干管

图 7-1　滴灌系统首部连接图

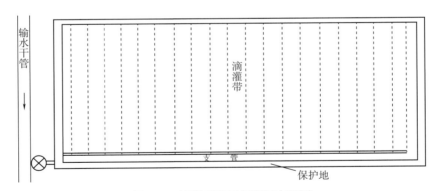

图 7-2　滴灌系统田间管网布置图

2. 膜下滴灌棉田株行距配置

（1）各棉区棉花株行距配置方式：目前，全国各大棉区一般棉田大都采用等行距种植，其行距大小则因自然条件和生产条件而异。近年来，普遍推行"宽行密株"配置方式，即适当加宽行距，以延长封行时间，有利于中后期的通风透光；缩小株距以保证密度，从而有利于高产。一般雨水充足、生长期较长的棉区，土壤肥力较高，棉株发棵高大的棉田，行距为 70～90cm；而雨水较少，生长期较短的棉区，土壤瘠薄，棉株发棵小的棉田，行距以 50～70cm 为宜。株距可以根据密度而定。江苏省的高产试验田，4 年平均亩产皮棉 128.9kg，最高年份亩产皮棉 161.25kg，均采用宽行密株配置方式，行距 93.32～100cm，株距 23.33～26.66cm，理论密度每亩 3000 株，实际密度平均 2722 株/亩。山东德州市农业局调查表明，宽行密株配置方式，当密度在每亩 3000 株时，行距在 50～100cm，不论单株不同部位的成铃数、单位面积铃数和单产均是随行距的加大而有所递增的趋势。行距超过 100cm，株距过小，株间光照不良。脱落严重，铃重下降，单产不高。经 9 月初行间的光强测定表明，行距在 100cm 范围内，棉田中、下部光强，随行距的增加明显地增强，表明同密度放宽行距，有利于改善棉田中、下部的光照条件[6]。

在中国北部特早熟棉区和西北内陆棉区，由于无霜期短，为了争取较多的霜前花，大多采用窄行距、高密度栽培方式，即行距一般为 33～50cm，密度加大至万株以上。近年来国内外大量试验证明，这种配置方式，有利于实现棉田机械化，能提高劳动生产率，降低生产成本，容易实现高产。由于矮化技术的发展，除草剂的逐步推广使用，目前窄行高密度栽培也不限于北部的特早熟棉区和西北内陆棉区，在长江流域棉区和黄河流域棉区的许多省市亦开始采用，效果亦好。

特早熟棉区辽宁省将过去的 53cm 等行距改为宽窄行，宽行距 60cm，小行距 46cm，增产效果显著，一般宽窄行比等行距可增产 12.7%，霜前花率多 2.7%。

在黄淮海棉区前作小麦配置方式 "4-2 式" 较 "6-2 式" 和 "3-1 式" 为好。"4-2 式" 带幅宽 150cm，平均行距 75cm，这种配置方式棉田群体光分布合理，而 "6-2 式" 和 "3-1 式" 的平均行距为 100cm，由于行距过宽，群体封行期出现晚，封行时间短，故光浪费现象严重。"4-2 式" 是目前黄淮海套种棉田较为理想的前作配置方式，棉花行距缩短到 75cm，可以增加种植密度，减少漏光损失，提高群体光能利用率。

湖北江汉平原棉区麦棉两熟棉田采用宽窄行种植方式，宽行与窄行相间种植，通过宽行改善光照条件，有利于中、下部结铃，同时便于田间管理，便于冬作物套种和春作物间作，有利于提高复种指数。这种方式在肥沃棉田或间套种棉田较多采用。其带宽 150～167cm，带中播一幅小麦，幅宽 60～66.7cm，占地 40%，两边预留棉行各为 33.3cm，带沟宽 26.7cm，预留棉行宽 93.3～100cm，在其中种两行棉花，冬麦收获后，棉花形成宽行距 93.3～100cm，窄行距 60～67cm。这种方式冬麦田中的预留棉行较宽，有利于套作棉田苗期的田间管理，也有利于地膜覆盖栽培。

（2）新疆滴灌棉区株行距配置方式：新疆棉花的高密度栽培多采用宽窄行种植方式，一般宽行距 40～60cm，窄行距 20～40cm。近年来，多采用宽行距 40～66cm，窄行距 10～38cm，滴灌带铺在窄行间，株距 9～10cm，亩理论株数在 1.6 万～2.04 万株。大体有三种类型配置。

①小三膜 12 行（含加宽膜二膜 12 行）。膜上宽行距 40cm，窄行距 20cm，膜与膜

之间间距 55～60cm，平均行距 35.0cm；小三膜每幅膜上播 4 行，加宽膜每幅膜上播 6 行，株距 9.2～9.5cm，亩理论株数在 2 万株左右。这种配置方式，多在有效积温少、无霜期短（150～160d）、土壤贫瘠的棉田采用（图 7-3）。②大三膜 12 行（含超宽膜二膜 12 行）。膜上宽行距 56cm，窄行距 28cm，膜与膜之间距离 50～55cm，平均行距 42cm。大三膜每幅膜上播 4 行，超宽膜每幅膜上播 6 行，株距 9.2～9.5cm，亩理论株数在 1.7 万株左右。这种配置方式，多在有效积温 3800℃ 以上，无霜期 170d 以上，土壤较肥沃的内陆棉区采用，因为内陆棉区气候干燥，加之化调技术的应用，株型较易控制。大三膜和超宽膜的残膜有利于回收（图 7-4）。③机采棉配置方式。采棉机的采棉行距为 76cm 等行距，为了增加密度，将 76cm 的等行距改为 66cm 宽行距，10cm 带状，即为 66cm+10cm 式宽窄行播种。用 120～130cm 宽地膜，每幅膜上播 4 行，两小行（10cm）、一大行（66cm），采棉机可以按 76cm 等行距进行采收，这种方式加宽了宽行行距，封行迟，产量比小三膜 12 行高，故现在大都采用此播种方式（图 7-5）。

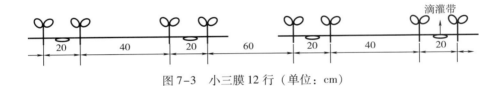

图 7-3　小三膜 12 行（单位：cm）

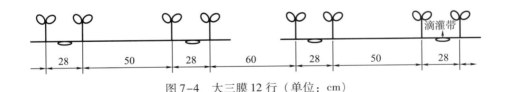

图 7-4　大三膜 12 行（单位：cm）

图 7-5　机采棉配置方式（单位：cm）

四、灌溉技术

1. 棉花膜下滴灌的需水规律

棉花是比较抗旱的作物。但生态条件和生产条件不同，其需水规律有所不同。膜下滴灌棉花在整个生育期要消耗大量的水分,对于干旱、半干旱地区,这些水分主要是靠灌溉进行补偿。与沟灌不同,滴灌是精量灌溉措施,不仅要依据作物的日耗水率来确定灌水量,而且还要考虑土壤的持水能力,不能产生深层渗漏。因此,滴灌灌溉制度的确定,同时受到作物耗水和土壤持水两方面因素的制约。在膜下滴灌条件下,棉田基本上没有深层渗漏,膜间裸露地面蒸发量亦少,因而田间耗水率和需水量明显少于沟灌棉田。由于滴灌湿润峰范围有限,同时膜下滴灌棉花日耗水率大,所以棉花膜下滴灌表现为"浅灌勤灌"特点。膜下滴灌棉田棉花需水规律,总的特点是随生育进行的渐进需水量增加,花铃期达到高峰,吐絮期逐渐下降。一般苗期耗水占总耗水量的9.3%,蕾期占11.4%,花铃期占56.4%,吐絮期占22.9%,呈现阶段性差异,棉花生育期耗水量及蕾铃期耗水量强度见表7-1。

新疆的膜下滴灌棉田棉花在出苗阶段,由于地膜的增温保墒效应显著,棉籽发芽出苗快。一般膜内0~20cm土层含水量占田间持水量70%~80%为宜。抢墒播种,若土壤水分过多,则地温降低,空气不足,不仅发芽慢而且会引起烂种。苗期正值气温低而不稳阶段,覆盖棉花根系生长发育较快,地上部棉株生长相对较慢,叶面积小,植株蒸腾作用和土壤蒸发量不大。此时0~40cm土层含水量占田间持水量55%~70%较合适。蕾期的外界气温稳定上升,现蕾后棉株营养体增长快,干物质积累多,叶面积发展快,棉株蒸腾作用和土壤蒸发量都随之加大,叶片蒸腾量与土壤蒸发量所占比例几乎相等。这一时期0~60cm土层含水量占田间持水量55%~60%为宜,低于55%应进行灌水。花铃期处在高温季节,营养生长与生殖生长旺盛,植株蒸腾强烈,田间耗水量最多,占总耗水量的55%~60%。花铃期水分亏缺,会造成蕾铃脱落,尤其是地膜覆盖棉花,根系分布浅,对水分缺乏更敏感,不耐旱,容易早衰。所以,此期是棉花水分临界期,应及时灌水,并适当增加灌水量,缩短灌水间隔时间。0~80cm土层含水量占田间持水量的70%~80%为佳。到了棉花吐絮期,气温下降较快,棉株叶面蒸腾减弱,棉田耗水量降低。但是为了棉株上部棉铃成熟和棉纤维发育,仍要求土壤保持一定的水分,即土壤含水量为田间持水量的55%~70%。此期应把握好停水时期,停水过早,会影响种子、纤维正常发育;反之停水过晚,易造成棉株贪青晚熟[4,7]。

表7-1　棉花生育期耗水量及蕾铃期耗水强度

棉区	苗期（mm）	蕾期（mm）	花铃期（mm）	吐絮期（mm）	全生育期耗水（mm）	蕾铃期耗水强度（mm·d⁻¹）
新疆北疆	37	113	238	40	428	3.3~4.2

2. 棉花膜下滴灌的灌溉制度

膜下滴灌棉田一般苗期土壤水分上下限宜控制在田间持水量的 50% ~70%，蕾期控制在 60% ~80%，花铃期控制在 65% ~85%，吐絮期控制在 55% ~75%，可较好满足棉花各生育期对水分需求。根据需求，每次灌水定额随生育阶段的不同而不同：一般膜下滴灌每亩棉花全生育期共需水 220 ~280m³，出苗水 10m³/亩左右，生育期第一水一般在 6 月上中旬进行，20m³/亩左右，开花后棉花对水分的需要量加大，灌水量为 25 ~30m³/亩，灌水周期 5 ~7d，最长不超过 9d。盛铃期以后每次灌水量可逐渐减少，最后停水时间一般在 8 月下旬至 9 月初，遇秋季气温高的年份，停水时间适当延后。由于膜下滴灌棉花的根系吸水层浅，湿润峰小，所以其抗旱能力不及沟灌棉花，灌水间隔天数要严格把握，宁可短，不可长。理论上，首先根据土壤持水能力计算灌水量，以防止深层渗漏，然后根据算出的灌水量和棉花日耗水量算出灌水周期[7-9]。

五、施肥技术

1. 棉花膜下滴灌的需肥规律

棉花具有无限生长习性，营养生长和生殖生长并进时期长，棉花生长发育需要多种营养元素，消耗较多的是氮、磷、钾，主要通过施肥和耕作来调节棉田土壤养分供应和改善棉株营养状况。一般以氮肥为主，配合磷肥、钾肥。在棉花的从播种到收获全部生产周期中，对氮磷钾的吸收苗期和成熟期较少，现蕾以后逐渐增多，以初花至盛花期最多，各生育时期吸收的比例因产量和生长情况而变化。从出苗到现蕾，吸收氮、磷、钾分别占总量 3.18% ~3.74%、2.22% ~4.22%、2.29% ~2.4%，从现蕾到开花的 25d 内吸收的氮、磷、钾占总量的 18.3% ~23.6%、14.3% ~19.6%、18.26% ~29.92%；从开花到盛铃的 35d 内前半期营养生长较快，后半期生殖生长加快，结铃多，铃重增加，是产量形成的关键时期，此期出现需氮、需钾高峰期，其吸收量占总量的 49.6% ~52.36%、60% ~60.28%，需磷高峰期推迟到吐絮期前，从盛铃到吐絮的 27d 内吸收的磷量占总量的 41.49% ~50.93%[8-9]（见表 7-2、图 7-6）。

表 7-2　棉花对氮磷钾养分的吸收量吸收比例

棉　区	皮棉产量（kg/亩）	每生产 100kg 皮棉吸收量（kg）			N：P₂O₅：K₂O
		N	P₂O₅	K₂O	
黄河流域棉区	92.8	8.48	2.75	15.41	1：0.32：1.82
	99.6	10.35	3.30	16.31	1：0.32：1.58
	102.6	10.10	3.25	15.63	1：0.32：1.55

续表

棉　区	皮棉产量 （kg/亩）	每生产100kg皮棉吸收量（kg）			N：P₂O₅：K₂O
		N	P₂O₅	K₂O	
长江流域棉区	50.0	17.5	2.8	12.8	1：0.16：0.73
	75.0	14.1	2.0	11.7	1：0.14：0.83
	100.0	13.1	2.0	11.7	1：0.15：0.89
	125.0	12.5	1.8	10.5	1：0.14：0.84
	150.0	11.8	1.7	9.2	1：0.14：0.78
西北内陆棉区	100.0	12.33	3.39	11.78	1：0.27：0.96
	150.0	9.78	2.49	8.83	1：0.25：0.90
	165.0	9.60	2.52	9.22	1：0.26：0.96
	195.0	9.17	2.48	8.93	1：0.27：0.97

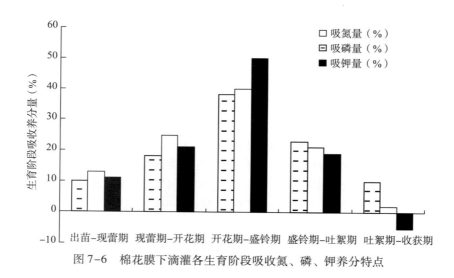

图7-6　棉花膜下滴灌各生育阶段吸收氮、磷、钾养分特点

2. 合理施肥的原则

合理施肥是棉花获得高产的保证。尽管棉花在整个生育期都需要营养，但在不同生育期吸收养分的绝对和相对数量是极不平衡的。现蕾以前由于植株干物质积累较慢，平均日吸收养分量很少，全期养分的吸收量只占吸收总量的 5% 左右，但这一阶段棉株对磷营养反应特别敏感，虽数量不多，但不能缺乏。到了蕾期，地膜棉营养体的生长速度明显加快，吸收养分的能力不断增强，这时正好与基肥的作用相吻合，即基肥的肥效在盛蕾期开始发挥作用，最大肥效期在初花阶段，从盛蕾末期开始提前遁入吸

肥高峰期，一直到盛花，包括整个初花期，这个阶段吸收强度最大，吸收养分数量最多，约有 50% 养分集中在这个时期吸收。这个时期也是营养体生长最快，蕾、花大量形成发育，营养生长与生殖生长矛盾最突出的时期，但仍以营养生长占优势，营养体极易过旺生长，因此，既要保证有充分的营养，又要使养分尽快向生殖体转化，促使花蕾的发育[8-10]。

3. 随水施肥技术

随水施肥是将通过营养诊断和测土施肥技术所确定的所需肥料溶于灌溉水中，通过滴灌带将其送到作物根系区的施肥技术。它能适时、适量地供给作物肥料、水分，减少了盲目性。对作物仅供给必要的水、肥，既保证了作物稳定生长，又节约了大量的肥料和水。避免因养分积累造成生长障碍和连作障碍。减少了肥水流失，降低了生产成本，防止环境污染，形成可持续的环保生产体系。随水施肥养分配比合理，能够满足棉花生长发育不同阶段的需肥特性，提高肥料利用率 30% 左右。

4. 滴灌棉田的随水施肥方法

滴灌棉田一定面积的施肥总量是根据其目标产量、肥料的利用率和土壤养分供给状况决定的。每次施肥量则要根据作物各个生长发育阶段对养分的需求量而定。应根据作物总施肥和全生育期分几次施来确定施肥周期。一般在作物生长前期和后期每 10d 施一次；中期每周施一次。一般每次施肥基本分三个阶段进行，第一阶段先用无肥水将土壤表层湿润，一般为 30～45min，第二阶段肥水同步施入，一般需 3～4h，第三阶段用清水冲洗系统。

5. 滴灌棉田合理施肥方案[5]（表 7–3）。

表7–3　滴灌棉田合理施肥方案　　　（单位：月/日、%）

序号	1	2	3	4	5	6	7	8	9	10	11	12	合计
灌水期	5/25	6/10	6/20	6/28	7/5	7/11	7/16	7/21	7/27	8/4	8/12	8/25	
施氮	3	6	10	15	15	15	12	12	6	4	2		100
施磷	8	12	15	10	12	11	11	11	10				100
施钾			8	10	13	16	15	15	14	9			100

注：①表中各次施肥量是追肥总量的百分数；②根据实际情况可进行调整。

六、化学调控技术

化学调控是通过施用化学物质（主要是激素及其人工合成药品），直接影响棉花体内的激素平衡关系，从而实现对棉株生长速度的调控。其主要特点是调控速度快，强度大，用量小，效果好，因而备受棉农欢迎。现在棉花生产上的化控方法主要是使用生长调节剂，如多效唑、矮壮素、缩节胺、赤霉素、乙烯利等。其中，生长素（赤霉素），它具有促进细胞伸长，使棉株生长速度加快和减少蕾铃脱落的作用。对苗期的僵苗促长有明显效果。抑制剂（矮壮素、缩节胺等），这类药剂对棉株主茎和侧枝生长起抑制作用；同时提高叶绿素含量，促进根系生长和蕾、花的发育，是目前应用最广泛的化学调控药剂。其用量范围变幅较大，使用的时段长，方法灵活，且效果好而快。催熟剂（乙烯利），主要用于吐絮期，加速棉叶中光合产物向棉铃输送，促进棉株体内乙烯的释放，以加快棉铃开裂，增加霜前花比例。脱叶剂，主要用于后期群体过大，贪青晚熟的棉田或机械采收的棉田。通过喷施脱叶剂，使部分或全部叶片脱落，以改善棉田通风透光条件，促早熟或利于机械采收。

（一）缩节胺（DPC）

缩节胺对棉花的主茎、果枝、叶枝、叶片、根系和棉铃的发育和功能都可以产生调节作用，可以促进生长中心由营养器官生长向生殖器官生长过渡，降低分枝生长势，有效控制棉花疯长的趋势，达到整枝的目的。可以在种子处理、蕾期、初花期、花铃期分次灵活地施用，定向地调控生育过程中各器官的发育。缩节胺化调是宽膜高密度高产栽培条件下，确保棉花全程稳长所必备的调控手段，是在密植管理条件下，塑造理想株型，优化成铃结构的必要措施。

在滴灌地膜覆盖棉田，苗期生长势强的品种在2片真叶时第一次化调；苗期生长势较弱的品种，在4~5片真叶时进行第一次化调。苗、蕾期棉株日生长量较小，化调用量宜轻；施肥灌水后和花铃期的化调用量应适当加大。为塑造理想株型，根据地膜覆盖棉田早苗早发、群体发展快的特点，应实行"轻控、勤控"原则，一般壮苗棉田头水前可化调1~2次，全生育期可化调3~4次。苗期和现蕾期主要调控下部主茎和果枝节间的伸长；盛蕾、初花期调控中部主茎和果枝节间的伸长；花铃期调控上部主茎和果枝节间的伸长。苗期化调主要是促进棉花根系发育，实现壮苗早发；蕾期调控是协调棉株营养生长与生殖生长的关系，保持棉花稳健生长；盛花期是棉花一生中生长最旺盛、需水肥最多、生理矛盾最集中的时期，化学调控的目标是控制中后期徒长，促进养分较多地输入棉铃，提高成铃强度，减少蕾铃脱落。综合运用肥水促控和化学调控措施，更有利于培育理想株型和建立合理群体结构。一般在灌水前3~5d化调，缩节胺见效时灌水，使棉株处于土壤肥水足，地上部受缩节胺控制的环境中稳长，营养生长与生殖生长比较协调。缩节胺化调后，棉株吸肥能力增强，光合效率提高，吸肥高峰提前。因此，花铃肥宜提早到盛蕾初花期施用。

1. 苗期化控

棉苗出齐后10d左右，1~2片真叶时，即一叶一芯或二叶一芯情况下，如出现旺长现象，可亩用缩节胺 0.3 ~ 0.5g，兑水 10 ~ 15kg 喷雾，均匀地喷洒在棉苗的顶部。主茎叶片 4 ~ 5 片时，亩用缩节胺 0.6 ~ 1.0g。目的是降低现蕾高度，塑造合理株型。

2. 蕾期化控

蕾期内外条件对棉株营养生长有利，生长发育快，一般都要进行化调，控制上部慢长，促进根部快长，控制营养生长，促进生殖生长。蕾期对肥水最敏感，应以水肥调控为主，化调为辅。缩节胺化调主要是调控中部叶片节间和中下部果枝的生长，确保蕾期稳长。早熟品种一般在 7 ~ 8 叶期和 10 ~ 11 叶期进行化调，苗期生长稳健的棉花，一般在 7 ~ 8 叶期化调一次，一般亩用缩节胺 1 ~ 2g；旺长棉田，亩用缩节胺 3 ~ 4g，兑水 15 ~ 25kg 喷雾。此期化控的作用是促进根系发育，壮苗稳长，定向整形，壮蕾早开花，增强抗旱、抗涝能力；协调水肥管理，简化前期整枝。

3. 花铃期化控

初花期化调防中空，初花期棉花进入生长旺期，生理代谢活性较旺盛，此期浇头水，追花铃肥，水肥碰头，会出现旺长现象，同时气温较高，则需化调。协调两个生长，缓解群体与个体的矛盾，促进营养向蕾铃运转，改善成铃结构，化调时期为 11 ~ 12 叶，主要调控上部叶片，节间及果枝的生长，以防中空，确保中部多结桃。形成指标是棉田见花，亩用缩节胺 3 ~ 4g，兑水 15 ~ 25kg 喷雾。其作用是塑造理想的棉株紧凑型，优化冠层结构；促进开花、结铃和棉铃发育；推迟封垄，增强根系活动，简化中期整枝。缩节胺在初花期喷雾后 3 ~ 5d 发生作用，持效期 25d，控制力最强的时间为 10 ~ 15d。

4. 盛花结铃期化控

盛花结铃期，由于大量开花结铃，棉株纵横向发展，尤其是横向伸展较快，直接影响宽行、封行程度与时间以及群体通风透光，后期田间作业。因此要进行化调，控制棉株横向发展，防止上部果枝伸长，推迟宽行封行，减轻棉田郁蔽程度，抑制晚蕾和赘芽的发生。是提高成铃，增加铃重的关键。化调时间一般在打顶后 5 ~ 7d 后进行，待上部节间伸到一定长度时进行，前轻后重，亩用缩节胺 3 ~ 5g，两次用量 5 ~ 7g，但也要因地制宜，根据棉花长势而定。不能过早过重将棉花控死，以保上部结桃后期不早衰[5,11]。

（二）乙烯利

由于乙烯促进棉铃的开裂，而且开裂伴随着铃壳的脱水干燥过程，因此，可用乙烯释放剂促进棉铃吐絮，实施化学催熟。在棉花贪青晚熟，有部分棉铃不能在霜前正常成熟的时候，乙烯利可以起到催熟作用和脱叶作用。

催熟、脱叶的主要对象是秋桃占相当比重的各类晚熟棉田和机采棉。大多数需要催熟棉铃的铃期达到 40d 以上，此时纤维干重基本上已达 100%，采用乙烯利催熟，能加速叶片光合产物和铃壳内营养物质向种子和纤维内运转，并促使棉铃提前开裂。

目前，新疆进行脱叶、催熟主要应用于机械采收棉花中，棉花化学脱叶催熟的作用主要是利用化学脱叶催熟剂在棉叶、棉铃、棉枝中的水化作用，使棉株各部分发生失水现象，而达到脱叶催熟。化学药剂，如脱落宝、脱吐隆等被喷到棉叶上渗入叶片后，就吸收叶片中水分而使叶片逐渐失水、枯萎。此时叶片中减少了叶绿素及其光合作用，加速养料的分解作用，由此增加单糖体及氨基酸。这时在叶柄着生点，停止了细胞分裂，形成断离层而使棉叶脱落。催熟剂如乙烯利等渗透到棉叶、枝条、棉铃铃壳后立即能产生水化现象，目前，新疆兵团机采棉化学脱叶催熟的方法如下。

1. 脱叶施药最佳条件

（1）气温。喷施脱叶剂的最佳温度是：日平均气温 18～20℃，在新疆早熟棉区一般为 9 月 1～5 日；可适当拓展至 8 月 28 日至 9 月 8 日。最佳施药期：上部铃达 40～45d。

（2）吐絮率。棉花自然吐絮率达到 40% 左右时，喷施脱叶剂为宜。

2. 脱叶催熟剂品种及用量

目前脱叶普遍使用的药剂有德国生产的棉花脱叶剂脱落宝 50% 可湿性粉剂、江苏瑞邦农药化工有限公司生产的 80% 瑞脱龙，与国产乙烯利（液剂）混合液混合使用。一般剂量每亩使用脱落宝 10～15g+乙烯利 100～120mL 或瑞脱龙 22～25g+乙烯利 100～120mL。

3. 喷施脱叶剂的工具及质量要求

（1）喷施脱叶剂要求雾滴要小，喷量要大（每亩加水不少于 30 kg），喷洒均匀，使上下层、高低叶片的正反面都能喷有脱叶剂。

（2）喷雾器以机引风送式喷雾效果最好，风力大、雾滴小、附着均匀，飞机喷施也可，但因速度快、水量小、雾滴附着不均匀，地头地边不易喷上，要进行人工补喷。

（3）喷施作业时间应以早晨为佳。另外，药效与施药后的日平均温度和气温变化动态密切相关。因此，当地的中、短期气象预报可以作为确定施药期的重要依据。一般来讲，在棉田吐絮率达到 40% 的前提下，当气温将会稳定在 18℃ 以上时，或将由低温期持续回升时，是最佳施药期。切忌在将有寒流入侵前的高温期施药。

通常所说的施药量指标，是在适宜的施药期条件下提出的。实际生产中应用脱叶剂时，由于棉田的吐絮情况不同及施药药械的限制，施药期有先有后。一般来讲，早施药的，药后气温较高，药量可取低限；晚施药的，药后气温较低，药剂可加大用量。

脱叶剂在棉株体内的传导作用很小，通常只对着药的叶片起作用。采用地面机械施药或飞机航喷时，药液多是由上向下喷施的。当棉田群体过大或倒伏时，上层叶片着药较多，下层叶片着药较少，脱叶率较低。因此，群体大的棉田宜采用分次施药：第一次施药期可比正常施药期提前5~7d，药量为正常药量的50%~70%；10d后（多数叶片已脱落时），进行第二次施药，药量不低于正常药量的70%。一般喷施脱叶剂18~20d，脱叶率达90%，吐絮率达90%以上时进行机采[7]。

七、辅助及配套技术（包括：植保、作业机械等）

1. 膜下滴灌棉田植保技术

滴灌棉田病虫害防治工作坚持"预防为主、综合防治"的方针，尽力将虫害控制在点、片，减少打药次数和用药量。在选择农药方面，坚持选择性的用药，严禁使用广谱性农药。田边地头冬季要进行铲草除虫蛹，播种后田边地头摆放糖浆盘诱杀飞蛾。棉花生长阶段要保护天敌，棉叶螨、蚜虫发生后，尽量靠天敌灭杀，不用或少用杀虫剂。如果虫害十分严重，天敌灭杀不了，可随水滴施久效磷150~160g/亩一次，即可获得很好的灭虫效果。

当棉田有5%~10%的棉叶背面出现银白色斑点或无头株率达到3%~5%时，用40%的乐果乳剂或氧化乐果乳剂1500~2000倍液喷雾，防治棉蓟马。

蕾期棉叶螨以防治中心株及点片挑治为主。在挑治时，交替使用专性杀螨剂等农药。

当三叶蚜量达250~300头以上时，及时用赛丹60~80mL/亩叶面喷施。要求叶片正反两面均匀着药。当叶螨点片发生或扩散初期时，及时用尼索朗50~60mL/亩，兑水40~80kg叶面喷雾。

在棉铃虫成虫羽化期，摆放杨树枝把诱杀或采用频振式杀虫灯等灯光诱杀。当棉铃虫达到当地的防治指标后，可选用生物农药或对天敌杀伤力小的农药如Bt制剂，赛丹等交替使用。

低温多雨年份，雨后及时中耕防根病。

2. 膜下滴灌棉田机械作业

（1）整地机械作业：包括平整地（含地表残茬处理）、犁地、整地环节。①平地：为保证后续棉田中的灌溉、机械作业、作物成熟一致性等，棉田应具有良好的平整度。一般采用机械平地作业，如推土机、铲运机、平土机，最近新疆已开始在棉田中引进美国产激光平地装置。②犁地：为使耕作层土壤疏松和将地表作物残茬或肥料翻埋于地表下面，一般借助于机械将棉田地表土垡进行翻耕，一般耕深30cm左右，要求犁后地表平整，地表无残茬，无明显犁沟或土包等，地中地头无漏耕现象。

③整地：为保证种植机械作业环节质量好，通常对待播棉田进行播前整地处理，通常为松土耙、平地耱、碎土辊、镇压器等，现在国内各大棉区已广泛应用可进行复式作业的联合整地机。

（2）种植机械作业：目前，多采用棉花膜下滴灌铺膜、铺管精量播种联合作业机具，该类机械主要有两种类型，一种为气吸式，另一种为机械式，均用于棉花铺管"铺膜"精量膜上点播，目前棉花膜下滴灌铺管、铺膜、播种一体作业机已在生产上大面积应用，为膜下滴灌技术的大面积应用创造了条件。

（3）田间机械作业：主要包括棉花生长过程中的各项主要管理的机械作业。①中耕：通常棉花生育整个过程中中耕作业四遍，开沟两遍。即苗期三遍中耕，中耕深度依次为 8～16cm，其护苗带则相应为 8～13cm；头遍中耕深度 10～12cm。而花铃期（头水后）仅中耕一遍，基本要求同苗期第三次中耕；两遍中耕深度 14～15cm，必要时可配装中耕护苗器。②苗期残膜回收：苗期地膜覆盖是仅指在棉花生育苗期采用地膜覆盖，待棉花头水前揭膜。但须严格掌握棉株高度，一般要求不高于 25cm。作业时应对棉行留有一定的护苗带宽度，一般不少于 8cm。因棉苗是从膜孔中套脱出来，故此项作业速度一般限定在 3.5km/h 以下。③喷雾，主要指田间化学除草喷雾、田间病虫害药物防治及棉花化学控制。

（4）清田腾地机械作业：通常使用秸秆粉碎还田机，适宜无病害的棉秸秆处理，作为一种增加棉田肥力的有效补充方法。

（5）采收机械作业：新疆生产建设兵团从 1952 年开始，便进行了多次棉花机械采收的研究工作。在引进和试验国外采棉机的同时，中国也先后设计过一些机型。1996 年开始，新疆兵团经历了为时 5 年机械采棉的设备、技术引进和试验工作，在试验取得成功的基础上，从 2001 年开始大面积示范、推广及技术配套。研制了棉花精量播种机、棉花打顶机，制造了一批籽棉拉运车，筛选优化了脱叶剂，试验筛选出了适于机采的棉花品种（系）、大面积应用了以膜下节水滴灌为主的棉田精准施肥、精量灌溉等技术。在机械采收技术、清理加工技术、农艺配套技术、脱叶催熟技术、机采棉标准及其检验技术等关键技术方面取得重大突破，形成了新疆机采棉作业技术。该项技术采用适合新疆棉花机械采收的 66cm+10cm 的宽窄行种植方式，理论密度在 1.6 万～1.8 万株，单株铃数在 4.5～5.3 个，株高控制在 60～65cm，根据气温变化趋势和棉花生长规律，采用合理脱叶催熟技术，脱叶率可达到 92% 以上，吐絮率可达 96% 以上，棉花采净率达 95%。保证了采棉机的采收质量，形成了新疆特有的机采棉全程化控技术体系。

目前，采棉机在生产中应用较多的是美国约翰·迪尔公司、凯斯公司以及新疆贵航公司生产的水平摘锭自走式采棉机。一般在采收前需做一系列准备工作：对田边地角机械难以采收但又必须通过的地段进行人工采摘；平整并填平条田内的毛渠、田埂；

地中出地桩必须全部卸除，并且将所挖的坑填平踩实，彻底清除田间残膜、残杂和滴灌带，达到田内、田外无残膜、残带和杂物；人工先拾出地两端 15 m 的地头，要求将地头棉秆砍除，棉秆茬高不得高于2cm，并清除摆放到地头外，将地头处理平整，便于采棉机及拉运棉花机车通行[3]。

第三节　棉花膜下滴灌水肥高效栽培技术模式

一、适用范围

本规范适用于新疆的南、北疆棉区及生态条件相近的其他棉区。

二、基础条件与技术指标

1. 土壤条件

土壤质地以壤土和轻壤土为好。有机质≥1%，碱解氮≥70mg/kg，速效磷≥20 mg/kg，速效钾≥180 mg/kg，土壤总盐量≥0.5%。

2. 品种

选择生育期适宜，丰产潜力大，抗逆性强的品种。

3. 产量目标

南疆棉区产量目标（皮棉）250kg/亩，北疆棉区产量目标（皮棉）220kg/亩。

4. 产量结构

收获株数1.5 万~1.7 万/亩，单株成铃6.5~8 个，单铃重5.0~5.5g，衣分40%~42%。霜前花率≥85%。

5. 生育进程

播种期：南疆4 月1 日~4 月15 日；北疆4 月5 日~4 月20 日。

出苗期：南疆4 月20 日~4 月30 日；北疆4 月25 日~5 月5 日。

现蕾期：5 月25 日~6 月5 日。

开花期：6 月下旬~7 月初。

吐絮期：8 月下旬~9 月上旬。

6. 物资投入

（1）肥料投入：投肥总量按平衡施肥方法计算，现列出一般棉田的施肥量参考指标（表7-4）。

表 7-4　新疆超高产棉田施肥量表

地点	肥料纯养分	总肥量（kg/亩）	基肥占总量（%）	追肥占总量（%）
南疆	N	36 ~ 38	10 ~ 15	90 ~ 85
	P_2O_5	15 ~ 17	25 ~ 30	75 ~ 70
	K_2O	13 ~ 15	15 ~ 20	85 ~ 80
	总量	64 ~ 70	20 ~ 25	80 ~ 75
北疆	N	30 ~ 33	8 ~ 10	92 ~ 90
	P_2O_5	8 ~ 10	20 ~ 25	80 ~ 75
	K_2O	5 ~ 8	15 ~ 20	85 ~ 80
	总量	43 ~ 51	15 ~ 23	85 ~ 77

注：微量元素：重点补锌、硼。

有机肥：优质厩肥 1t/亩以上或油渣 100kg/亩以上。

（2）水投入：南疆棉区总水量 550 ~ 600m³/亩，北疆棉区总水量 400 ~ 450m³/亩。其中，生育期南疆灌水量 300 ~ 350m³/亩，北疆 280 ~ 320m³/亩。沙漠边缘的棉田可适当增加灌溉总量。

三、播前灌溉与施基肥

1. 贮水灌溉

（1）冬前贮水灌溉。冬灌时间：新疆南疆 10 月中旬 ~ 11 月初，北疆 10 月下旬 ~ 11 月初；茬灌时间：9 月中旬 ~ 9 月下旬。技术要求：不串灌、不跑水。灌水深度 0.20m 左右（冬灌，亩用水 120 ~ 180m³；茬灌，亩用水 60 ~ 80 m³）。

（2）春季灌水。没有进行冬灌的棉田，或虽进行冬耕，但春季缺墒的棉田，应进行春灌。

春季地表解冻后，及时进行平地、筑埂、灌水。技术要求同上。

2. 冬前深施肥

滴灌棉田，冬耕前施基肥。包括全部有机肥和 8% ~ 15% 的氮肥、20% ~ 30% 的磷肥和钾肥。

四、土壤处理

1. 冬耕

冬耕的时间：冬灌后，封冻前。耕地深度 ≥28cm，要求适墒犁地，不重复，不漏耕，到边到角，地面无残茬。盐碱较轻的农田可于冬前进行平、耙地作业。

2. 播前整地

冬季已进行整地的农田，播前适墒耙地至待播状况；春耕的棉田应在重耙切地之后，及时平地至待播状况。播前整地的质量要求：齐、平、松、碎、净、墒。

3. 拾净残膜、残茬

每次作业后，应捡拾残茬、残膜一次。

4. 化学除草

土地粗平后，播前用除草剂进行土壤封闭，然后切耙至待播状态。

除草剂使用技术：

（1）48% 的氟乐灵 100~120g/亩，于夜间喷施后及时耙地混土，混土深度 3~5cm；

（2）90% 的禾耐斯 60~70g/亩或 72% 都尔乳油 130~150g/亩，施后浅耙混土，耙地深度 5~6cm；在土壤墒足的情况下，禾耐斯喷后可以不混土。滴水出苗和墒情过大的棉田，不宜施用禾耐斯。

五、播种

1. 播种期

当 5cm 地温（覆膜条件下）连续 3d 稳定通过 12℃，且离终霜期天数 ≤10d 时，即可播种。

2. 行株距配置

行距 10cm+66cm+10cm+66cm，株距 9~10cm，亩穴数 19494~18400 穴。

3. 播种质量要求

播种深度 1.5~2.5cm，覆土宽度 5~7cm 并镇压严实，覆土厚度 0.5~1cm，每穴下籽 1~2 粒，空穴率 ≥3%。边行外侧保持 ≥5cm 的采光带。要求播行要直，接幅要准，播种到边到头。

六、苗期管理

目标：出早苗，争齐苗，保全苗，留匀苗，促壮苗早发。

1. 滴出苗水

未贮水灌溉或墒不足的棉田，于播种后 3~5d 滴出苗水。滴水量以与底墒相接为准。一般冬茬灌棉田 8~12m^3/亩；未贮水灌溉的棉田 20~25 m^3/亩。

2. 放苗封孔

棉苗出土 50%，子叶转绿时，开始查苗、放苗、封孔。

3. 及时定苗

棉苗出齐后，于子叶期开始定苗，一片真叶时定苗结束。定苗要求去弱留壮，去病留健，每穴一苗。

4. 人工除草

在定苗的同时，人工拔除穴内及行间杂草。

5. 中耕松土、除草

现行后及时中耕 1~2 次，铲除大行杂草。

6. 化学调控

在子叶期至 2 叶期，低温年份、黏质土壤、对缩节胺敏感的品种、拟实施机械采收的棉田和地下水位高的棉田，亩用缩节胺 0.1~0.3g 叶面喷施；其他棉田可适当增加缩节胺用量。6~8 叶期的壮苗田和旺苗田，亩用缩节胺 0.5~1.2g 叶面喷施。

7. 喷施叶面肥

弱苗棉田，苗期喷施叶面肥 1~2 次。叶面肥的品种和数量：尿素 150g/亩，加磷酸二氢钾 100g/亩。缺锌棉田，亩用 0.1%~0.3% 硫酸锌溶液喷施，连施两次，两次间隔 10d。僵苗棉田，叶面喷施 20mg/kg 赤霉素溶液，溶液用量 15~20kg/亩。

8. 防治病虫害

（1）当棉田有 5%~10% 的棉叶背面出现银白色斑点或无头株率达到 3%~5% 时，用 40% 的乐果乳剂或氧化乐果乳剂 1500~2000 倍液喷雾，防治棉蓟马；

（2）当三叶蚜量达 250 头以上时，及时用赛丹 60~80mL/亩叶面喷施。要求叶片正反两面均匀着药。当叶螨点片发生或扩散初期时，及时用尼索朗 50~60mL/亩，兑水 40~80kg 叶面喷雾；

（3）低温多雨年份，雨后及时中耕防根病。

七、蕾期管理

目标：在搭好丰产架子的基础上，促棉株由营养生长向生殖生长转化，争取早现蕾，多现蕾。

1. 中耕除草

壤土和黏土棉田，蕾期中耕 1~2 次，中耕深度 16~18cm。同时结合人工拔除株间杂草。沙壤土棉田可中耕 1 次或不中耕。

2. 化学调控

根据苗情，蕾期化调可进行 1~2 次：盛蕾期的旺苗棉田，亩用缩节胺 1.0~2.0g；

初花期的壮、旺苗棉田，亩用缩节胺 1.5 ~ 3.0g。

3. 喷施叶面肥

弱苗棉田，亩用尿素 200g 加磷酸二氢钾 150g，叶面喷施 1 ~ 2 次。缺微量元素的棉田，酌情加入相应的微肥。

4. 水肥运筹方案

蕾期和花铃期的水肥运筹，应根据苗情诊断结果，参考表 7-3、表 7-4 灵活实施。旺苗田推迟灌水，适当减少施肥量。弱苗田适当提前灌水，适当增加施肥量或酌情喷施微肥。

5. 防治病虫害

（1）棉叶螨。蕾期以防治中心株及点片挑治为主。在挑治时，交替使用专性杀螨剂等农药；

（2）棉铃虫。成虫羽化期，摆放杨树枝把诱杀或采用频振式杀虫灯等灯光诱杀。当棉铃虫达到当地的防治指标后，可选用生物农药或对天敌杀伤力小的农药如 Bt 制剂、赛丹等交替使用。

八、花铃期管理

目标：增花保铃增铃重，减少脱落防中空，控制群体防旺长，通风透光促早熟。

1. 水肥管理

根据苗情诊断结果，制定灵活实方案施：旺苗田推迟灌水，适当减少施肥量；弱苗适当提前灌水，适当增加施肥量（参考表 7-3、表 7-4）。

2. 化学调控

盛花期的壮、旺苗棉田，亩喷施缩节胺 3 ~ 4g。打顶后，当顶端果枝伸长 5 ~ 7cm 时，亩喷施缩节胺 6 ~ 8g，或分两次化调。

3. 打顶时间

各棉区因地制宜实时打顶。新疆南疆地区一般在 7 月 5 ~ 10 日；北疆：7 月 1 ~ 5 日。

4. 整枝

旺、壮苗棉田应进行整枝。整枝时，下部果枝保留 2 个果节，上部果枝保留 1 个果节，已经结铃的叶枝，可剪去结铃果节以上枝梢。同时抹去棉株顶部赘芽。杂交棉下部果枝可保留 3 个果节。

5. 防治虫害

（1）棉叶螨：虫害大发生的棉田，可用烟草石灰水（烟草：石灰：水 = 1∶1∶100）

或对天敌较安全的 20% 三氯杀螨醇或 5% 的尼索朗等交替喷施，浓度为 1：（1000 ~ 1500）倍；

（2）棉铃虫：花铃期人工挖蛹和捕捉幼虫，或喷洒 Bt 制剂及赛丹等对天敌较安全的农药。

九、收获及滴灌带回收

1. 手采棉田

采收时，要求霜前花、霜后花、虫花、落地花、脏花、僵瓣花分收。机械采收棉田，在棉花自然吐絮率达到 30% ~40%，且连续 7 ~10d 气温在 20℃ 以上时，喷施脱叶剂。若药后 10h 内遇中到大雨应当补喷。

2. 滴灌带的回收

人工或用 8SG-4 型农田滴灌毛管回收机，回收滴灌带[5,7,12]。

第四节　展　望

棉花膜下滴灌技术的大面积应用，大量节约了农业用水，减少地表水的引用和地下水的开采。可大幅度提高劳动生产率，增强棉花的市场竞争力。同时，使大量的劳动力从农业生产中解放出来，从事其他产业，有利于产业结构调整，使职工增收、企业增效，对边疆的稳定、经济的繁荣和社会的安定都具有十分重要的现实意义。节约的水还可用用于林、草、牧业发展和生态环境改善以及增加城镇生产、生活用水，可形成复合型绿洲农业生态系统，为农业生产和生态环境建设的良性互动发展提供保障。膜下滴灌技术的大面积应用，对水资源的可持续利用、经济的可持续发展、职工增收、企业增效以及边疆的稳定和社会的安定都具有十分重要的意义。

采用滴灌技术后，灌溉定额大大降低，可减少或避免灌溉对地下水的补给，抑制地下水位的上升，有效防治土壤的次生盐渍化，有利于土壤生态环境的改善。同时，膜下滴灌技术的应用，可大量减少地表水的引用和地下水的开采量，达到涵养水源，维护生态环境，尤其是河流下游生态环境的目的。膜下滴灌技术对中国干旱、半干旱灌溉农业区的应用有着十分广阔的发展前景和巨大的市场[12]。

参 考 文 献

[1] 毛树春. 中国棉花景气报告（2012）[M]. 北京：中国农业出版社，2013.

[2] 李刚，等. 膜下滴灌技术发展现状及应用前景. 新疆水利，2004，21：21-22.

［3］ 马富裕，周治国，郑重，等．新疆棉花膜下滴灌技术的发展与完善［J］．干旱地区农业研究，2004，22（3）：202-208.

［4］ 郭金强，危常州，侯振安，等．北疆棉花膜下滴灌耗水规律的研究［J］．新疆农业科学，2005，42（4）：205-209.

［5］ 陈冠文，张旺峰，等．超高产棉花苗情诊断与叶龄调控技术［M］．乌鲁木齐：新疆科技出版社，2012.

［6］ 水利部农村水利司．膜下滴灌技术培训手册［M］．中国灌溉排水发展中心，2012，3.

［7］ 邓福军，林海，等．农艺工——棉花种植（上、中、下）［M］．北京：劳动社会保障出版社，2007.

［8］ 中国农业科学院棉花研究所．棉花优质高产的理论与技术［M］．北京：中国农业出版社，1999.

［9］ 田笑明，陈冠文，李国英．宽膜植棉早熟高产理论与实践［M］．北京：中国农业出版社，2000.

［10］ 孙克刚，姚健，焦有，等．棉花的需肥规律与施肥研究［J］．土壤肥料，1999（3）：15-17.

［11］ 陈冠文，张旺峰，郑德明，等．棉花超高产理论与苗情诊断指标的初步研究［J］．新疆农垦科技，2007，3：18-20.

［12］ 陈冠文，田笑明，杜之虎，等．新疆超高产棉田调查报告——Ⅰ基本特征．新疆农垦科技［J］．2006，6：3-5

第八章 油料作物膜下滴灌水肥高效栽培技术

第一节 大豆滴灌水肥高效栽培技术

一、国内大豆生产的概况

大豆是中国重要的粮、油、饲兼用作物，为世界提供了 30% 的脂肪及 60% 的植物蛋白来源。近三年中国大豆种植面积呈逐年递减趋势[1,2]，至 2011 年仅有 1.15 亿亩，总产减少到 1510 万 t，2012 年又减少 9% 到 1.08 亿亩，对进口大豆的依存度高达 81%，严重威胁了中国大豆相关产业的发展。

单产偏低和种植效益低下是中国大豆生产的主要问题。中国大豆产业在生产环节方面突出表现为单产低（较世界平均水平和美国等主产国低 65kg/亩）、效益差（较美国等大豆主要出口国平均每亩直接效益少 300 元以上）、竞争力弱，国内大豆生产面对国际市场竞争困难重重，豆农生产积极性不高，大豆种植效益与玉米、水稻相比差距悬殊，一旦中国没有足够的大豆产出，国内的大豆价格、日常消费、食品安全和百姓健康都会受到巨大威胁。

二、大豆滴灌的发展概况

1. 大豆滴灌的发展阶段

自 2003 年开始研究，将棉花膜下滴灌的矮密早模式应用于大豆，2005~2006 两年进行了初步的示范，2007 年取得了实质性进展，采用膜下滴灌种植的中黄 35 大豆亩产达到 371.8kg，创造了 21 世纪中国大豆的最高产量纪录，标志着大豆滴灌技术取得巨大成功，并入选"2007 年中国十大科技进展新闻"。

2008 年以来，大豆滴灌、矮化密植种植技术取得了 2 项突破性成果。2009 年，膜下滴灌种植中黄 35 创造了 402.5kg 的全国高产纪录，同时还创造了 86.83 亩面积上平均亩产 364.68kg 的大面积高产纪录；2010 年，采用陆地滴灌种植技术，再次创造了亩产 405.8kg 的全国高产纪录。

2. 大豆滴灌的增产与节水效果

膜下滴灌促进植株农艺与产量性状的效果明显。与陆地沟灌大豆相比[3]：陆地滴灌，根系呈平行分布，主根系短，茎粗和根鲜重优于沟灌，主根长较短，说明滴灌较沟灌有较壮的植株；膜下滴灌亩水量在 230～300m² 均有好的增产效果，水分利用效率、百粒重及单株荚数均高；膜下滴灌下大豆播种后出苗快、开花早、成熟期延后，株高、底荚高、主茎节数、有效荚数、单株粒数及百粒重均较高，增产效果十分明显。

膜下滴灌节水效果明显。亩灌水量一般为 347 m³，较陆地滴灌节约用水 18.2%，较常规灌溉 626 m³/亩，省水 80%[4]。同时膜下滴灌增产效果显著，与陆地沟灌相比，膜下滴灌的单株生物产量、籽粒产量、结粒数、百粒重，分别高 5.8g、2.5g、13.4 粒和 0.6g，亩产 288.71kg，亩增产 77.90kg，增产 37%；陆地滴灌亩产 274.34kg，亩增产 63.54kg，增产 30%。

3. 大豆滴灌的应用

建立了新疆"北疆春大豆亩产 320kg 覆膜滴灌栽培技术模式"，2006～2009 年试验示范"模式"大面积推广。2009 年在新疆兵团第八师 148 团种植的"中黄 35"大豆品种，在 86.83 亩土地上，实收亩产 364.68kg；1.19 亩实收亩产 402.5kg，创全国大豆单产最高纪录。2010 年，兵团第八师 148 团场种植的"中黄 35"大豆品种 45.29 亩实收 362.55kg，其中 1.066 亩实收 405.89kg，再次创全国大豆小面积单产最高纪录。2011 年，兵团国家大豆产业技术体系石河子综合试验站在示范团第八师 148 团场开展"新大豆 8 号"膜下滴灌超高产栽培示范 15.25 亩，6 点测产平均 419.86kg。

4. 大豆滴灌栽培的效益分析

地膜滴灌的设备投资较高，如滴灌带每亩需要 600m，每米 0.14 元，亩投资 84 元，每亩用地膜 4.5kg，每千克 12.8 元，亩投资 57.6 元。另外，首部过滤器和固定干、支管设备，每亩一次性投资约 480 元，按 15 年折旧，每年农户每亩投资 32 元，以上三项农户每年亩投资 173.6 元，要用 50kg 大豆价值，才能冲掉投资。所以实践证明在新疆灌区推广覆膜滴种大豆，亩产 260kg，投资持平；亩产 300kg 大豆，亩盈利 148 元；亩产 320kg，亩盈利 222 元，农民种豆还可以接受；亩产 350kg，亩盈利 333 元，农民种豆的积极性才能调动起来。

目前的滴灌设施下效益情况有所变化：滴灌过滤器和固定干、支管设备，一次性投资约 400 元/亩，按 15 年折旧，每年约 27 元/亩；滴灌带每亩需要 600m，每米 0.14

元，亩投入 84 元，每年亩新增投入 111 元。膜下滴灌大豆亩增产 77.90kg，收购单价按 4.1 元计，亩净增利 137.79 元。节约成本情况：滴灌技术可节水 30%，氮肥利用率提高 30% 以上，磷肥利用率提高 18% 以上，农机作业量节省 15% 左右，亩节约成本计 120 元。增效节约成本合计 257.79 元。

三、大豆滴灌田管网布局

1. 滴灌管网布局

大豆滴灌是在棉花加压滴灌基础上进行部分改动而成。主要分首部、管道输出部分和田间地上管网三大部分。首部包括水泵、过滤器、施肥罐、流量调节阀等；管道输出部分包括干管、支管、辅管、分水配件等；田间地上管网包括出水立桩、地面支管、三通和毛管（滴头）等。

2. 田间地上管网配置

出水立桩的间距一般 60～80m，在此基础上，可根据土地坡度调整立桩间距。30～40 亩为一个轮灌区（即一次灌溉的面积），田的两边各需 2 个出水立桩，两根主管道平行横贯田块分别与两个立桩连接，毛管通过三通与主管道连接。播种完成后要及时连接地面管。各系统按规范的技术标准安装完成后应试压，检查整个系统是否渗漏，运行过程中应随时观察过滤设备、管道、阀门等处，发现渗漏、破裂、脱落现象及时处理。

3. 毛管选择与配置

滴灌带上滴间距一般为 30cm，滴头流量应根据土壤质地来选择流量。沙性土壤滴头流量大一些，中壤土小一些，黏土最小，一般滴头流量为 1.8～3.2L/h；管道的压力也与滴头流量选择有关，压力大时可选择大滴头流量，反之，压力小时尽量选小滴头流量。一般井房压力在 0.1～0.2MPa 时，滴头流量可选择 1.8 L/h 的毛管；超过 0.2MPa 时，滴头流量可选择 2.4 L/h 或 2.6L/h。

大豆滴灌栽培可分为膜下滴灌栽培和陆地滴灌两种，膜下滴灌带无需浅埋，铺设在膜下即可，陆地需要机械上配置开小沟浅埋的装置，将滴灌带浅埋 2～3cm，以免被风吹跑或移位。滴灌栽培的株距一般为 9.5～10cm，宽窄行种植，平均行距 28～35cm，保苗穴数 1.8 万～2.4 万株。滴灌带多为 1 管 2 行、1 管 4 行。

四、大豆滴灌种植模式

新疆属干旱半干旱区，降雨稀少，大豆生育期间的降水量仅 99～158mm，7 月、8 月大豆生长旺期，降水可低至 4.5mm 和 4.9mm，而年蒸发量却高达 1529.6mm，大豆生产完全依靠灌溉。

1. 陆地滴灌模式

滴灌具有点源供水的特点，与沟灌溉方式相比，即可保证大豆的适度水分，又具有节水的特点，同时起到了有效调控大豆的生长态势、调控大豆的干物质积累与分配、提高产量的作用。目前陆地滴灌技术在新疆广泛应用，与膜下滴灌相比，共同点是种植模式相同，不同点在于陆地滴灌不铺膜，且需要浅埋滴灌带。

2. 膜下滴灌的主要模式[3]

（1）1.45m 的膜：1 膜 4 行，滴灌带 1 管 2 行。此种模式是借鉴棉花的大 3 膜 12 行的模式（见图 8-1），株距 9.5cm，平均行距 42.5cm，最小密度在 1.6 万株。株距是固定的，行距较宽，只能通过增加每穴留苗数达到较高密度，适宜于生长繁茂的中晚熟品种。

（2）2.05m 的膜：1 膜 6 行，滴灌带 1 管 2 行。此种模式是借鉴棉花的 2 膜 12 行模式（见图 8-2），株距 9.5cm，平均行距 38.3cm，最小密度在 1.8 万株。适宜于生长量大、生长势强的中熟及中晚熟品种。

（3）2.05m 的膜：1 膜 8 行，滴灌带 1 管 4 行。此种模式是借鉴棉花的 2 膜 12 行模式（见图 8-3），株距 9.5cm，平均行距 28.8cm，很容易达到高密度，理论密度在 2.44 万株。适宜于抗倒伏性强的中晚熟品种，大部分的中熟品种及中早熟品种。2009 年和 2010 年利用已建立的新疆"北疆春大豆亩产 320kg 覆膜滴灌栽培技术模式"，连续两年在新疆兵团 148 团创造了大豆全国大豆高产新纪录。

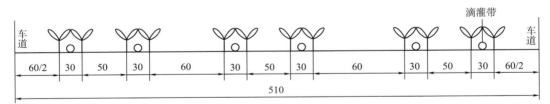

图 8-1　大豆大 3 膜 12 行配制示意图（单位：cm）

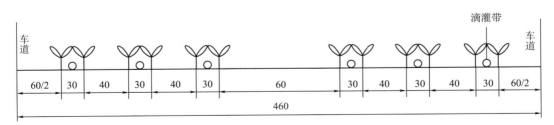

图 8-2　大豆 2 膜 12 行配制示意图（单位：cm）

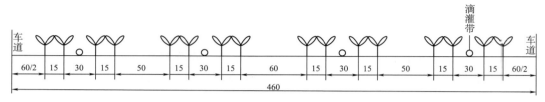

图8-3　大豆2膜16行配制示意图（单位：cm）

五、大豆膜下滴灌的水肥管理

1. 需水规律[5]

滴灌种植模式水分利用效率高，每次灌水量基本在25~50m³/亩，全生育期灌溉量300~330m³/亩，较常规沟灌节水30%以上。大豆生育期需水规律划分为三个时期五个阶段。

（1）生长前期：分两个阶段：①播种至出苗；②出苗至分枝期（二片复叶期），主要用于长根，耗水量占生育期的15%。

（2）生长中期：分为两个阶段：①分枝至开花期（2~5片复叶期）；②花期至结荚期（6~11片复叶期），应是营养生长与生殖生长并进时期，大豆需水量大，耗水量是生育期总需水量的45%。

（3）生长后期：鼓粒中期至成熟期（第16片复叶展开后15d，8月上旬至9月中旬），此阶段需水量逐渐下降，耗水量占生育期总需水量的40%左右。

2. 需肥规律

据测定每生产100kg大豆籽粒需纯N 6.6~7.2kg，P_2O_5 1.35kg，K_2O 1.8~2.5kg[6]。按照亩产大豆320kg，折算亩需N 19.8~21.6kg，P_2O_5 4.05kg。滴灌种植肥料利用率较沟灌高，可参照利用率N 60%、P_2O_5 30%、K_2O 90%进行计算。及时补充适量的铁、锌、锰、硼微肥。大豆生育期可每亩施入总肥量的30%，滴施60%。

大豆出苗到结荚期（11片复叶以前），需施N、P、K三种肥料，按施入60%的氮和80%的磷和钾，并适量施入Fe、Zn、Mn、B，以促进根、茎、叶、花荚的生育，N肥要适量，过量易旺长，影响通风透光。进入鼓粒期（16片复叶以后），三施N肥，辅助叶面喷施N、P、K、Zn、Fe、Mn、B，延长功能叶，促进粒多粒大提高单产。

3. 水肥管理

灌溉、施肥及化控治虫等田管措施的量化指标（表8-1）。

表 8-1 膜下滴灌大豆亩产 320kg 水肥管理

灌次	大豆生育时期（株形特征、化控、治虫、喷叶面肥等措施及作用）	亩施肥种类及数量（kg）	滴水期（月．日）	亩滴水量（m³）	生育期需水量（m³）	占总滴水量（%）
出苗水	播种立即滴水，出苗至第 5 片复叶展开，蹲苗长根	25kg 复合肥作底肥（N：P₂O₅：K₂O = 40%：20%：10%）	4.15～5.25	60	60	苗期 14.46
1	第七片复叶展开盛花期花开 5～6 节，多效唑 15g 化控，阿威菌素防虫	N：P₂O₅：K₂O = 2.29kg：1.15kg：1.25kg	6.3～6	60	100	花期 24.1
2	第 10～11 片复叶展开期，花开 9 节，株高 35cm，多效唑 28g 化控，阿威菌素防虫	N：P₂O₅：K₂O = 1.97kg：0.92kg：1.25kg	6.25	40		
3	第 13 片复叶展开（花开 12 节，花荚满身）提高坐荚率，阿威菌素、甲维盐防虫	N：P₂O₅：K₂O = 1.03kg：0.92kg：1kg	7.3	25		
4	第 15 片复叶展开（花荚期），增湿降温，防治虫，提高坐荚率，多效唑 35g 化控	N：P₂O₅：K₂O = 1.01kg：0.23kg：0.5kg	7.11	25	100	结荚期 24.1
5	第 16 片复叶展开后 6 天（荚片拉长，中部开花）保花、保荚，防治两虫	N：K₂O = 0.92kg：0.5kg	7.19	25		
6	7 月 25 日进入鼓粒期，增湿，降温，保荚，促鼓粒，防治两虫	N 0.92kg	7.27	25		
7	8 月 3 日保荚鼓粒期，防治两虫，打叶面肥，拔行间草	N 1.15kg	8.3	30		
8	鼓粒期，促鼓粒，减少落荚，防治两虫，打叶面肥	N 1.38kg	8.10	33		
9	鼓粒期，增湿，促鼓粒	N 1.84kg	8.17	33	155	鼓粒期 37.4
10	鼓粒盛期，增湿，促鼓粒	N 1.84kg	8.24	33		
11	鼓粒中后期，增湿，促根系活性，防下部落叶，延长中上部叶片光合功能期，促粒重		9.5	26		
合计		N：P₂O₅：K₂O = 14.35kg：2.58kg：4.5kg		355	生育期	

滴出苗水 20~60m³/亩，规定不计算在生育期用水量，亩产 320kg 大豆生育期总灌量为 355 m³/亩，水产比 1.1∶1。水控与化控相结合，群体株高 80~85cm。应在 4~6 片复叶期机车进行喷药防治红蜘蛛，以早防为主，减少大豆封行后，喷药带来的不便。

六、大豆滴灌水肥高效栽培技术模式

本栽培技术适用于新疆乌伊公路沿线、昌吉的东三县、阿勒泰地区、塔城地区、伊犁地区及生态条件相近的其他大豆种植区。

1. 播前准备

（1）轮作倒茬：根据当地作物种植实际情况采取轮作方式。一般与春小麦、甜菜、玉米等作物实行 3 年以上轮作，忌油葵、油菜做前茬。

（2）秋耕冬灌：前茬作物收获后及时进行深耕翻地，耕深 25~30cm；入冬封冻前（即地表夜冻昼化时）进行冬前灌溉；未及时冬灌的地，于翌年播前 7~10d 灌水；冬季积雪厚、开春雨水多的地区无需冬灌，可抢墒播种。

（3）适时整地：早春化冻后，及时耙地保墒，耙地深度 6~7cm，达到"墒、齐、平、松、碎、净"六字标准。

（4）土壤处理：播前 5~7d 喷洒具有选择金都尔、施田补等选择性除草剂，亩施用量 120~180g，以抑制杂草生长。

（5）品种选择。选用中晚熟品种及中熟偏晚品种可选择新大豆 1 号、中黄 35、吉育 86、新大豆 2 号；中熟品种及中早熟品种可选择石大豆 2 号、新大豆 8 号、新大豆 10 号、合丰 55 等大豆优良品种。滴灌种植可延长品种的生育期，积温紧张时需考虑到品种生育期延后的影响。

（6）种子质量：选用粒大、饱满、纯净、无霉变、无病虫害和发芽势、发芽率高的种子，种子质量符合 DB/4404.2 的要求。

2. 播种

（1）适期播种：当 5cm 耕层的土壤温度连续 5 天超过 8℃时开始覆膜播种。

（2）精量点播：采取精量播种机宽窄行方式播种，铺膜（或不铺膜）、铺滴灌带、播种种穴覆土一次完成。穴距 9.5cm，每穴下种 1~2 粒，播深 2.5~4cm。

（3）合理密植：根据品种特性、土壤肥力及栽培条件，保苗株数适当增加或减少。两膜 16 行（2.0m 的膜）模式，一次完成铺滴灌带、覆膜、膜上点播。根据品种特性，如抗倒性强的中黄 35、吉育 86、新大豆 8 号等均可采用此模式，膜宽 2.05m，膜内 2 条滴灌带，每幅膜上播种 4 个双行，平均行距 28.8cm，播幅宽 460 cm。地膜大豆行距配制如图 8-3 所示。

3. 田间管理

（1）查苗补种：出苗后及时进行查苗补种，补种用的种子应先浸泡 2~3h，天旱墒差时应带水补种。播后遇雨，需耙地破除地表板结，耙地深度2cm。

（2）及时定苗：2片真叶展开至第1片复叶完全展开前，按密度要求定苗，要求去弱苗、高脚苗、病苗，留壮苗。

（3）中耕除草：全生育期中耕除草2~3次（也可不中耕），中耕深度12~25cm，护苗带8~12cm，第三次中耕要结合开沟、培土一次进行。结合中耕人工锄草1~2次。滴灌田对杂草的发生与生长具有抑制作用，重点是抓好盛花前的杂草，尤其是做好土壤封闭除草。

（4）水肥管理：①适期滴水滴肥。达到匀水匀肥的管理目标。并可按生育规律调节施肥环节。每水间隔时间8~10d，每次亩灌量25~60m³，全生育期灌水10~11次，即6月2水，7月4水，8月4水，9月1水；随水滴施肥料，每次亩施N：P_2O_5：K_2O =0.98kg：0.12kg：0.42kg。生育期亩施N：P_2O_5：K_2O=14.35kg：2.58kg：4.5kg。并于初花期、初荚期和鼓粒期用尿素、磷酸二氢钾、硼肥、锌肥、锰肥进行叶面施肥，起到保花、保荚、增粒重的作用。②叶面喷肥。于花荚、结荚鼓粒期，叶面喷施磷酸二氢钾+尿素+钼酸铵+水混合液。由于滴灌种植可增加株高，需适时、适量地施用化控剂，以减缓节间的伸长和叶面积的增长。

4. 病虫害防治

（1）防治原则：贯彻"预防为主、综合防治"的植保方针。

（2）农业防治：选用抗病、耐病品种；建立合理的轮作倒茬制度；全面实行秋耕冬灌，播前除草灭虫、清选种子；合理灌溉，及时排除田间积水，拔除带菌株。

（3）化学防治：

蓟马：用40%乐果乳油每亩100mL兑水稀释喷雾防治。

棉铃虫：用2.5%敌杀死乳油3000倍稀释液喷雾防治。

红蜘蛛：用73%克螨特1000~1500倍稀释液喷雾防治。

菌核病：用百菌清可湿性粉剂800倍、或40%菌核净可湿性粉剂800倍液、或50%多菌灵可湿性粉剂800倍液喷雾防治。

在防治病虫害过程中同时加入N 92g/亩、K_2O 60g/亩及其他多元微肥进行叶面喷施。

5. 收获与滴灌带回收

（1）收获时期：机械收获应在叶片基本落净、豆粒满圆、豆荚全干时进行收获。

（2）收获质量：叶全落，荚全干时收获，以免炸荚。机械收获时，尽量将割茬降低在15cm下，滚筒转速不要超过500转，收割损失率<1%，脱粒损失率<2%，破碎率<3%，田间损失率不超过4%，泥花脸豆率<5%，清洁率>95%。

（3）滴灌带的回收：人工或用8SG-4型农田滴灌毛管回收机，回收滴灌带。

第二节　向日葵滴灌水肥高效栽培技术

一、概况

1. 世界向日葵生产

世界向日葵常年种植面积 33000 万亩左右，总产 3200 万 t 左右。种植面积较大的国家有俄罗斯、阿根廷、印度、中国、罗马尼亚、美国、西班牙等。

2. 中国向日葵的生产

中国向日葵种植主要集中在内蒙古、黑龙江、吉林、新疆、山西、宁夏、甘肃等省、自治区，常年种植面积 2100 万亩，总产量 220 万 t。

3. 中国向日葵滴灌栽培现状

随着节水滴灌技术的普及和应用，新疆、甘肃、内蒙古等地开始在向日葵种植上尝试节水滴灌栽培，经过几年的试验示范，已取得了好的效果，节水滴灌能适时适量、均匀地为向日葵供水供肥，实现了灌水、施肥一体化、可控化和自动化，保证了向日葵后期不缺肥。由于灌水、施肥均匀，植株长势强，群体和个体能够均衡、协调地生长，而且生长整齐一致，病害轻、产量高。新疆兵团第七师 130 团 2008 年 5.3 万亩滴灌栽培向日葵平均亩产 175kg，其中 115 亩新葵 8 号平均亩产达 310kg。2009 年 3.2 万亩平均亩产 187kg，其中 70.2 亩新葵 8 号平均亩产达 322.1kg。2010 年麦后滴灌复种向日葵新葵 10 号 80 亩平均亩产达 251kg；同年兵团第十师 182 团膜下滴灌种植食葵品种新食葵 6 号，86 亩平均亩产高达 368kg，较沟灌地亩增产 70kg 以上。2011 年新疆和丰县和什托勒盖镇 4000 亩加压膜下滴灌种植食葵三道眉，平均亩产 230kg；新疆福海县喀拉玛盖乡 87 亩加压膜下滴灌种植食葵，平均亩产 250kg；十师 182 团种植滴灌食葵 8000 余亩，平均亩产达 220kg，较常规种植节水 40%～50%，节肥 20%～30%，提高土地利用率 3%，增收节支 258 元。甘肃民勤具膜下滴灌种植食葵，可节水 41.3%，节肥 46.7%，亩增产食葵 12kg 以上，节本增收 250.44 元。节水滴灌技术因投入成本较大，主要应用在产值高的作物上，油葵产值相对较低，春播基本不用，目前的节水滴灌技术主要用在食葵种植上，年种植面积在 20 万亩左右。主要集中在新疆阿勒泰地区（包括兵团第十师），乌伊公路沿线以及昌吉东三县（包括兵团第六师部分团场），甘肃民勤县，内蒙古自治区乌兰察布市等。

二、向日葵滴灌栽培的优点

1. 省地，土地利用率提高

用滴灌方式种植向日葵，田间不需要开毛渠，省出的地可以种植向日葵，土地利用率可提高 5% ~ 8%，田间的实际保苗株数增加，有利于增产。

2. 省水，水分利用率提高

滴灌种植向日葵，田间不设毛渠，减少输水和灌溉过程中的地面渗漏、地面蒸发，不会因水流造成水土流失，不会因土地不平造成积水、灌溉不匀，全生育期田间需水由原来的 350 ~ 400 m^3 减少到 280 ~ 300 m^3，节约用水 20% 以上，滴灌可控性强，水分渗透在根际范围内，供水及时，提高了灌溉水的利用率。

3. 省肥，肥料利用率提高

肥料溶于水，随水滴肥，肥料供应在根层区域，便于根系及时吸收利用，减少机车追肥和人工撒肥时，灌水冲失、土壤渗漏、空气挥发等损失，极大地提高了肥料的利用率。目前利用滴灌专用肥，根据向日葵的需肥规律，以少量多次随水施用，改变了常规施肥一次施入量过多，易造成肥料流失，利用率低，同时后期易造成脱肥现象。滴灌随水施肥，后期不受株高限制，可补施肥料，肥料利用率可达 70%。

4. 省种、省工

滴灌向日葵出苗率高，与常规种植比，可减少播种量，省种。滴水出苗，种子吸水均匀，出苗快，整齐，避免了常规种植条件下抢墒播种、出苗不整齐的现象；滴灌属局部灌溉，水灌在根区，行间水分较少，抑制了杂草的生长，减少了用工；滴灌种植方式，田间不需要人工跟车追肥、人工撒肥、人工灌水、开毛渠、修毛渠、收获前平毛渠等人工作业，节约了田间用工，减轻了劳动强度，提高了劳动生产率。

5. 产量高

向日葵采用滴灌种植，能适时适量、均匀地为向日葵供水供肥，实现了灌水、施肥一体化、可控化和自动化，可保证向日葵后期不缺肥。由于灌水、施肥均匀，植株长势强，群体和个体能够均衡、协调地生长，而且生长整齐一致，产量高。

6. 减少温室气体排放、减少污染

滴灌向日葵种植省水、省肥，减少了人工和机械作业量，提高了水、肥利用率，控制了水、土、肥的流失，节约了用水用肥，从而减少了污染，降低了温室气体排放，保护了生态环境。

三、向日葵滴灌设计及技术模式

向日葵滴灌目前主要采用加压滴管方式种植，滴管设计主要包括水源、水泵、离心过滤器、网式过滤器、施肥罐、流量调节阀、干管、支管、辅管、分水配件、毛管（滴头）等构成。滴灌带上滴头流量的选择应根据土壤质地来选择流量，沙性土壤滴头流量大一些，中壤土少一些，黏土最少，一般滴头流量为 2 ~ 3 L/ h。根据土地坡度确定支管间距，一般支管间距 60 ~ 80m。

滴灌向日葵栽培可分为膜下滴灌栽培和不覆膜滴灌栽培，膜下滴灌的滴灌苇无需浅埋，铺设在膜下即可；不覆膜滴灌带需浅埋，避免播种后被风吹移。滴灌栽培的行距一般分为等行距或宽窄行配置。膜下滴灌一般采用宽窄行设置，窄行覆膜铺管，多采用 70cm 的膜。株距根据不同区域、不同品种、不同保苗株数来确定，油葵一般株距 20 ~ 30cm，保苗株数 4000 ~ 5000 株；食葵一般株距 40 ~ 50cm，保苗株数 1800 ~ 3000 株。

1. 春播向日葵滴灌栽培的株行配置及田间布置

（1）等行距配置（参见图 8-4）。60cm 等行距，隔行放置滴灌带，滴灌苇间隔 120cm，适合油葵、食葵种植；55cm 等行距，隔行放置滴灌带，滴灌带间隔 110cm，适合油葵种植。

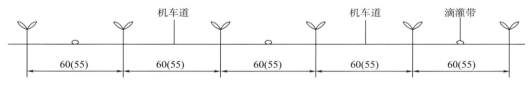

图 8-4　滴管向日葵等行距配置示意图（单位：cm）

（2）宽窄行配置（参见图 8-5）。30cm+60cm 宽窄行，窄行放置滴灌带，滴灌带间隔 90cm，适合油葵种植；40cm + 60cm 宽窄行，窄行放置滴灌带，滴灌带间隔 100cm，适合油葵、早熟食葵种植；30cm+70cm 宽窄行，窄行放置滴灌带，滴灌带间隔 100cm，适合中早熟、中熟食葵种植；40cm+70cm 宽窄行，窄行放置滴灌带，滴灌带间隔 110cm，适合中熟食葵种植；30cm+80cm 宽窄行，窄行放置滴灌带，滴灌苇间隔 110cm，适合中熟食葵种植；40cm + 80cm 宽窄行，窄行放置滴灌带，滴灌带间隔 120cm，适合晚熟食葵种植。

2. 复播向日葵滴灌栽培的株行配置及田间布置

复播向日葵一般都是在早熟小麦或冬油菜收获后及时翻地、整地播种，一般采

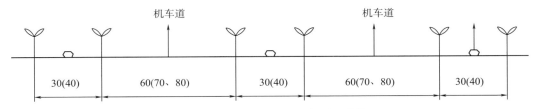

图8-5　滴管向日葵行距配置示意图（单位：cm）

用不覆膜、浅埋滴灌带，行距采用55cm等行距或30cm+60cm、40cm+60cm宽窄行（见图8-4、图8-5）。复播油葵生长期短，要求保苗株数高，一般都在5500~7000株，应根据株数和行距来确定株距。

3. 麦后免耕复播向日葵滴灌栽培的株行配置及田间布置

麦后免耕复种向日葵，就是滴灌小麦滴灌带的二次利用。在小麦收获后，不破坏原有滴灌设施的基础上，及时顶茬播种向日葵、及时修补滴灌带、及时滴水出苗的一种种植方式。优点是节约成本，提早农时、降低了复种向日葵的风险，节水、节肥。小麦的铺管方式为一机4管，滴灌带间距90cm，一管6行；一机5管，滴灌带间距72cm，一管5行；一机6管，滴灌带间距60cm，一管4行。向日葵播种多为40cm+50cm、40cm+60cm、60cm等行距，亩保苗株数6000~7000株。

4. 滴灌系统管理

播种完成后及时连接地面管网，滴灌系统按规范的技术标准安装完成后应试压，检查整个系统是否渗漏，运行过程中应随时观察过滤设备、管道、阀门等处，发现渗漏、破裂、脱落现象及时处理。

四、向日葵需水需肥规律及特点

1. 向日葵的需水规律及特点

向日葵是需水较多的作物，每生产1g干物质所需水分为440~570mm，各生育阶段需水量有较明显的差异。向日葵叶片含水量<75%时呈现萎蔫现象，可作为需水的生理标准[7]。不同生育时期有效水分亏缺程度对产量的影响不一样，花期最不耐旱，此时受旱影响最大。向日葵滴灌种植以两头少，中间多，少量多次灌水为原则。

（1）出苗到现蕾：植株生长缓慢，苗小，水分蒸腾少；根系生长较快，吸水能力强，这一阶段需水较少，占全生育期总需水量的20%左右。一般情况下，苗期不浇水，蹲苗，促使根系下扎，靠吸收地下水分来补充。

（2）现蕾到开花结束：这一时期气温较高，植株生长迅速，蒸腾量大，需水量最多，需水量几乎占总需水量的50%左右，这个时期是营养生长和生殖生长并进时期，是花盘发育和种子形成的关键时期，也是水分临界期。

（3）开花结束到成熟：历时40余天，需水量占总需水量的30%左右，这一时期的水分供给对籽实产量和油分积累有很大的影响，缺水或提早停水都会严重影响籽实产量，降低含油率。

2. 向日葵需肥规律及特点

向日葵种植全生育期需肥较多，N、P、K以分次施用效果好，P、K肥40%作基肥、60%作追肥，N肥以追施为主。由中国农业出版社出版的《肥料实用手册》附表中显示形成100kg向日葵经济产量所吸收的养分数量如下：需纯氮6.22～7.44kg，纯磷（P_2O_5）1.35～1.86kg，纯钾（K_2O）14.60～16.6kg，其中食葵纯氮6.62kg，纯磷（P_2O_5）1.33kg，纯钾（K_2O）14.6kg；油葵需纯氮7.44kg，纯磷（P_2O_5）1.86kg，纯钾（K_2O）16.6kg。

（1）对氮（N）的吸收：苗期向日葵植株生长量小，从土壤中吸氮不多，随着植株的生长量增大而吸氮量增加。蕾期开始进入吸氮高峰，蕾期到花期的20多天，吸氮量占整个生育期吸氮总量的31%，以花期为界，此前吸收氮占到整个生育期70%，开花以后缓慢吸收剩余30%氮肥。向日葵整个植株中氮素的50%集中在种子中。

（2）对磷（P_2O_5）的吸收：向日葵对磷的吸收是持续增长的，苗期是向日葵磷营养的临界期，苗期植株小，吸磷少，但此期磷营养却非常重要，所以通过施用少量种肥，就可满足向日葵对磷的需要。随着向日葵生长量的增加，吸磷的强度和量逐渐增大，直到种子成熟期才达到最大值。向日葵在籽实成熟阶段，需磷相当多。

（3）对钾（K_2O）的吸收：向日葵吸收钾的速率比较均衡，每个生育时期对钾的需求基本都在24%～27%。所以施钾肥满足向日葵各生育阶段均衡吸收的需要即可。

五、向日葵滴灌水肥高效栽培技术模式

本栽培技术适用于新疆乌伊公路沿线、昌吉的东三县、阿勒泰地区、塔城地区、伊犁地区及生态条件相近的其他向日葵种植区。

目标产量：

春播油葵250～300kg/亩。产量结构：4500～5000株/亩，单株产量60～65g。

春播食葵250～300kg/亩。产量结构：2500～2700株/亩，单株产量100～120g；

复播油葵180～220kg/亩。产量结构：5500～6000株/亩，单株产量30～40g。

（一）品种选择

1. 生育期要适宜

向日葵种植区域广泛，各区域气候环境、土地条件、无霜期的长短、栽培模式都有很大的区别，特别是平原地区和山区的差异更加明显。结合当地环境气候条件对品种进行选择，特别应注意熟期。

向日葵的熟期可分为 6 个熟期，分别为：极早熟种≥85d；早熟种 86～100d；中早熟种 101～105d；中熟种 106～115d；中晚熟种 116～125d；晚熟种≥126d[8]。

2. 丰产性

选择品种要结合土壤肥力和栽培条件，选择增产潜力大，高产、稳产的品种。油葵品种选择面相对较广，种植品种应以杂交种为首选。食葵品种选育相对滞后，应选择适宜本地区种植的品种为主，尽量选择杂交种。目前，表现好的春播油葵品种有KWS303、KWS606、矮大头、新葵 6 号、新葵 8 号等，复播油葵品种有新葵 10 号、矮大头、新葵 5 号等，食葵有 LD5009、T33、新食葵 6 号、三道眉等。

3. 抗逆性

向日葵多种植在土壤盐碱偏重，土壤有机质含量相对较低。春季低温，夏季高温，常有大风及冰雹；秋季霜旱等特点。选择品种时，要求品种发芽快，出苗整齐，苗期耐低温，花期耐高温，抗盐碱，耐瘠薄，抗倒伏等特点。

4. 抗病、虫、草害

随着向日葵种植年限的增加，特别是向日葵主产区，连作现象日趋严重，作物单一，轮作周期短，病害、虫害、劣性杂草（如列当）逐年加重，抗病、虫、草品种选择更加重要。

5. 抗倒伏性

向日葵的倒伏是减产的主要原因之一，随着栽培技术的改进，特别是滴灌栽培种植密度在增加，要求品种株高不能太高、抗倒伏性要强。

6. 优质

油葵主要用于食用油提取，要求含油率要高。春播油葵含油率一般达 45%～49%，高油品种可达 50%～54%；夏播一般为 41%～50%。食葵以磕食为主，要求粒长1.9cm 以上，籽仁率 50% 以上，籽仁蛋白含量 28% 以上。

（二）土地选择与合理轮作

1. 土地选择

油葵对土壤的要求不高，适应性较广。具有耐盐碱、耐旱、耐瘠薄的特性。但为了获得高产，土壤应满足以下条件：土壤酸碱度（pH）在 7.0～7.5，土壤含盐量0.2% 以下，土壤肥力中等，有机质含量 1% 以上，速效氮 25ppm 以上，速效性磷20ppm 以上，速效性钾 200ppm 以上，排灌方便，小麦、玉米等禾本科作物为前茬的土地。

2. 合理轮作

向日葵是不宜连作的作物。向日葵植株高大繁茂，从土壤中吸收的养分比一般作物多，连作必然使土壤养分消耗过大，特别是养分的偏耗，使土壤肥力失去平衡。同时连作导致病虫草害严重发生。

向日葵轮作周期的长短主要是根据当地向日葵发病的主要病害病原和伴生性杂草种子在土壤中保持生活力的时间长短而定，如菌核病的菌核在一般土壤中可存活 2～3 年，在干旱地区可存活 6～8 年，列当种子在土壤中可存活 8～12 年。向日葵和禾谷类作物轮作为好。

（三）播前整地与化学除草

1. 整地时期

在北方早春化冻后，要及时查看墒情，对跑墒的地块要及时保墒，做到干一片、耕一片，无论春灌、冬灌地，当地表发白，用手捏成团，落地既散就应立即进行整地。

2. 整地质量

北方开春气温回升较快，风大土壤跑墒较快的特点，耕地不宜太深，播种前一天，用轻型圆盘耙或钉齿耙，后带平土框，进行对角耙两遍，耕地深度应控制在 8～10cm，必须达到"松、平、齐、碎、净、墒"六字标准，有条件的最好耙后即播，如前茬地有残膜，应回收干净。

3. 化学除草

向日葵地杂草种类较多，特别是在苗期对植株生长影响较大，使用化学除草，能有效地控制油葵苗期杂草对其的危害，还可降低劳动强度和成本。目前常用的除草剂有苗前用氟乐灵乳油、苗后除草剂拿扑净乳油等，用药前应仔细查看说明书，严格按规定进行。

（四）播种

1. 种子准备

（1）选用良种：结合当地自然条件，选用优良杂交种。精量播种的葵花地，种子发芽率≥90%，条播的葵花地≥80%，种子纯度≥90%，含水率≤9%。油葵品种有 KWS303、S606、矮大头、新葵杂 6 号等；食葵品种有 LD5009、T33、新食葵 6 号等；

（2）种子处理：播种前应结合当地病害特点和气候条件对种子进行药剂处理。用种子量的 0.3% 福美双拌种，可防治向日葵褐斑病、黑斑病，对菌核病也有一定作用。用种子重量的 0.3% 早霜灵拌种可防治霜霉病，目前，菌核病发病较为广泛，用 50% 腐霉利（速克灵）可湿性粉剂或 50% 菌核净可湿性粉剂，用种量的 0.3% ~ 0.5% 拌种有明显的效果。

2. 播种机的选择与调试

选用气吸式精量播种机，铺管、覆膜、打孔、播种一道过。根据不同的品种和种植密度选择不同的吸盘，播前进行机械检查和调试，带种肥应使种肥和种子有 8 ~ 10cm 的横向间隔，上下要错层。

3. 播种期的确定

（1）适时播种：向日葵种子在 5℃ 以上即可发芽，幼苗可耐 -5℃ 的短期低温。当 5cm 地温连续 5 天稳定在 5℃ 以上即可播种。

根据当地的气候特点，结合品种生育期确定一个合适的播种期，使向日葵开花期避开高温和多雨季节，提高受粉结实率。

病害发生较重的产区，可适时晚播（保证霜前达到生理成熟），适时晚播可避开病害发生期，明显减轻病害对油葵生产的影响。

（2）播种质量：播种量可根据品种计划保苗株数，种子百粒重、发芽率计算出来。计算公式如下：

播种量（克/亩）= ﹝（计划保苗株数+田间损失株数）/ 发芽率×100﹞×百粒重（田间损耗株数一般为计划保苗数的 10%）

播种机起落整齐一致，到头到边，播行要直，无断行、漏播现象。滴灌带要拉紧，覆膜时两边要压实。播种深度以 3 ~ 5cm 为宜，深浅一致，覆土均匀，镇压严实，无浮籽。

4. 带种肥

种肥以磷肥为主，氮磷结合。每亩施磷酸二胺 7 ~ 10kg，尿素 3 ~ 5kg，钾肥 5 ~ 7kg。种肥必须与种子分沟施入相距 8 ~ 10cm，施肥深度 6 ~ 8cm，以免烧苗。

向日葵苗期生长的前 15 ~ 20d 是磷素营养的临界期。苗期如磷供应不足，油葵的生长发育将受到很大的影响，之后再大量施用磷肥，也难以弥补，所以，磷肥做种肥和基肥对保证植株正常生长非常重要。

5. 滴水出苗

土壤干旱的地块要及时滴水出苗，滴水要浸过播种行，一般每亩滴出苗水 35 ~ 40m³。

（五）田间管理

1. 苗期管理

向日葵苗期主要以根系生长为中心，较耐旱、怕涝。一般苗期不宜灌水，促使根系下扎，也叫蹲苗。向日葵从第七片叶开始互生。这时株高一般 20cm 左右。这一时期决定一生叶片数目的多少。当向日葵长出 10 片真叶，这一时期决定花盘的小花数（籽粒数），15 片真叶时为现蕾期，进入营养生长和生殖生长的并进期，而苗期管理主要是培育壮苗，争取盘大、花多、粒多。

（1）查苗补种：向日葵属双子叶作物，幼苗带壳出土，出苗比单子叶作物困难，特别是目前采用精量播种单穴单粒，如播后遇雨，地表结壳出苗就更加困难，食葵更为明显，雨后应及时破壳。鸟虫鼠害也可造成缺苗。出苗后，及时查苗，及时补种，越早越好。补种前，可用温水浸种至露白。

（2）及时中耕：

第一次中耕时间在幼苗出土，显行后。中耕机上应装好护苗板，中耕不放滴灌带的行间，中耕深度 15cm，防止压苗、伤苗、埋苗。早中耕能调节地温，促进根系下扎。

第二次中耕及锄草。第一次中耕定苗后，10～15d 进行第二次中耕，深度 18cm 以上，二次中耕后进行一次人工锄草，主要是苗株间的杂草，保持土壤疏松，做到田间无杂草。

（3）间、定苗：对半精量播种的地块，要及时间苗、定苗，提高幼苗素质，培育壮苗。特别是油葵籽粒小，难控制，每穴多苗的地块，第一次中耕后，立即进行间、定苗。二对真叶时定苗必须结束，做到苗到不等时，定苗要不留双苗，留足苗，留壮苗，留苗均匀。

（4）苗期滴肥：春播向日葵苗期一般不滴水滴肥，主要是利于根系的下扎和壮根，如未带种肥的地块，苗瘦苗弱，干旱可适当滴水滴肥，滴尿素 3～5kg、滴灌专用肥 3～5kg。麦后复播向日葵，滴水出苗时可带 3～5kg 滴灌专用肥，也可滴施尿素 3～5kg、磷酸二氢钾 1～2kg。

（5）苗期化控：滴水出苗或膜下滴灌的向日葵田，因土壤含水量过大，极易出现苗期徒长现象。两片子叶出土后，发现子叶节过长，可每亩喷施缩节胺 2～3g。苗期雨水过多或茎秆较高的品种，可在 8 片叶和 14 片叶时，根据田间长势每亩分别喷施缩节胺 5～6g 和 7～8g 化控。

2. 蕾期管理

主茎花蕾直径达到 1cm 时，为现蕾，向日葵从现蕾到开花这个时期叫蕾期，是营养生长和生殖生长的共进期，生长旺盛，此期一般 25d 左右，需要养分多而集中，植株高度增长量占定型株高的 60%～70%，消耗养分占总需肥量的 50%，耗水量约占总需水量的 43%，这一时期的管理措施，应及时供给足够水肥，促进植株正常生长，保证生殖生长的正常进行。

（1）开沟培土：向日葵株高 60～65cm，应立即第三次中耕开沟培土，开沟培土太晚植株增高，易发生折断茎秆或挂断花蕾的机械损伤。培土可以起到防止倒伏的作用。

（2）适时滴水：向日葵蕾期时间虽短，需水量却占全生育期的 43%。第一次灌水非常重要，灌水太早茎秆易疯长，造成植株偏高易倒伏，灌水太晚，作物受旱，影响产量。现蕾期滴头水，头水要滴透滴好，不留旱点，一般每亩滴水 50~55 m^3。蕾期一般滴两水，第二水应在第一水后 10d 左右，亩滴水 50~55 m^3。

（3）滴施花蕾肥：重施花蕾肥，随水滴施尿素 3~5kg、滴灌专用肥 3~5kg，或二胺 3kg、尿素 8~10kg、磷酸二氢钾 1~2kg。

3. 花期管理

全田 75% 的植株主茎花蕾的舌状花完全展开，就进入了花期管理。一般向日葵花的开花时间在 7d 左右，整个地块在 15d 左右。这一时期营养生长基本结束，株高已定，叶面积最大，水分蒸腾量大，此时正是花盘生长、开花授粉与籽粒形成的重要时期，消耗水分和营养最多，需要足够的水分供应，不能受旱，田管的重点是保证水分供应，放蜂授粉，提高结实率，以增加产量。

（1）花期滴水：花期一般滴一水，在盛花期，亩滴水 40~45 m^3。

（2）花期滴肥：结合盛花期滴水，滴施尿素 3~5kg、滴灌复合肥 3~5kg（N：30、P_2O_5：15、K_2O_9：9）、硼肥 0.1kg，或磷酸二胺 3~5kg、尿素 8~10kg、硼肥 0.1kg。

（3）放蜂授粉：向日葵是典型的虫媒异花授粉作物。主要依靠昆虫传粉。一般 15~20 亩地一箱蜂为宜，食葵应增大放蜂数量。调查表明，放置蜂群的田块，结实可提高25%~30%。

（4）人工辅助授粉：向日葵授粉温度以 25℃ 最为适合，17℃ 以下、35℃ 以上授粉严重受阻，40℃ 以上基本不能受精结实。花期遇不良气候影响，如连续高温或连续阴雨天气，且蜂源不足的情况，应人工辅助授粉。大田进行两次以上人工授粉，可增产18%~20%。大田人工授粉，可以用绒布内包棉花，逐个花盘轻轻拍擦，注意不要拍断柱头。人工授粉时间一般在上午 10 点，露水完全消失以后，这时管状花完全开放，柱头上有大量花粉团，花粉生活力强，授粉效果好。

4. 灌浆、成熟期管理

籽粒灌浆期是增加粒重，降低皮壳率以及油分、蛋白质和淀粉积累的关键时期。这时养分主要向籽实转运，如水肥供应不足，植株易早衰，造成减产。这一时期春播向日葵一般在 45~50d，这时温度相对较高，雨水偏多。

（1）灌浆期滴水：灌浆期至成熟期一般滴 2~3 水，要根据植株缺水情况及田块水分状况决定，一般 10d 左右滴一水，第四、第五水滴 40~45 m^3 水，后期温度降低，第六水降低水量，一般滴 30~35 m^3。一般在乳熟期停水。

（2）灌浆期滴肥：灌浆期滴肥一般在第五水时结合滴肥，滴施尿素 3~5kg、复合肥 3~5kg，或磷酸二胺 3~6kg、尿素 3~5kg、锌肥 0.2kg、磷酸二氢钾 0.5~1.0kg。

（3）防鸟害、鼠害：鸟害主要有麻雀、斑鸠等，防治方法有：在田间立稻草人或鸟鹰风筝；在地边架防雀网，如果栽培面积较小，可将整个地块用尼龙网罩起来。设置电子发声器，定时发出鸟临死前的惨叫声，可吓跑鸟群，或者使用炮鸣声轰赶鸟群。鼠害的防治可使用化学防治，选用高效、低毒、安全药剂，常用的杀鼠剂有缓效药剂如溴敌隆、敌鼠、大隆、杀它仗等。

（六）向日葵主要病害、草害的防治

1. 向日葵菌核病防治方法

（1）合理轮作与施肥：实行轮作制度，杜绝重茬种植。向日葵应与禾本科作物轮作 2~3 年以上，同时应增施农家肥，增加钾肥、磷肥的使用量，适当减少氮肥的使用量，以达到培育壮苗、增强向日葵的抗病性的作用。

（2）调整播期：将播种期适当提前或推后，使向日葵的花期尽量避开阴雨天气，从而有效的预防菌核病的发生和传播。

（3）化学防治：向日葵菌核病是土传病害，从苗期即可发病，但发病盛期在向日葵开花前期，可采用开花前期灌根的措施，防效达 97.4%。75% 百菌清 800 倍液、50% 农利灵 1000 倍液、50% 福美双 1000 倍液、40% 菌核净 1000 倍液等药剂灌根。在向日葵 4 叶期采用多菌灵进行全田喷洒，对后期向日葵菌核病有一定防效。在生产上一定要注意向日葵菌核病的苗期药剂防治。

2. 向日葵霜霉病防治方法

（1）农业防治：合理轮作倒茬，结合间苗，拔除病株、残株，带出田外深埋处理，秋收后清除田间病残体；选用抗病品种或杂交种；根据土壤温湿度情况适时播种，并可采取措施促使种子早发芽、快出土，均可减轻发病。

（2）种子处理：播前种子应进行处理，可选用 75% 百菌清可湿性粉剂或 35% 瑞毒霉等药剂拌种。种子包衣技术也是一项防治此病的有效途径。

3. 向日葵列当防治方法

（1）农业防治：选用抗列当品种；重茬地实行 6~7 年轮作倒茬；在列当出土盛期和结实前及时中耕锄草 2~3 次，开花前要连根拔除或人工铲除并将其烧毁或深埋；严格检疫制度，严禁从病区调运混有列当的向日葵种子。

（2）药剂防治：药剂防治用 0.2% 的 2，4-D 丁酯水溶液，喷洒于列当植株和土壤表面，每亩用药液 300~350L，8~12d 后可杀列当 80% 左右。

（七）适时收获

全田 90% 的植株，花盘背面和茎秆中上部变黄，花盘边缘萼片显褐色，籽粒饱满，外壳坚硬，即达到生理成熟。此时籽实含水率一般在 20% 左右，不宜收获。生理成熟 5~

7d 后即可收获，籽实含水率在 15% 左右。

食葵人工收获应在生理成熟后及时割盘，并将花盘朝上插在茎秆上晾晒 7 ~ 10d。待花盘脱水、籽粒松动时人工敲打或机械脱粒。

油葵使用机械收获（联合收割机），可适当退后。调整好分离器间隙，脱籽滚筒转速。收获后，晒干扬净，储藏时含水率≤11%，防止霉变。

收获后，应将田间滴灌带回收。

参 考 文 献

[1] 赵勇，杨树果，何秀荣. 2012 年我国大豆产业状况、环境与展望 [J]. 大豆科技，2012（6）：7-10.

[2] 何秀荣，赵勇. 当前国内大豆形势分析与思考 [J]. 大豆科技，2011（6）：1-3.

[3] 魏建军. 新疆北部棉区春大豆窄行密植高产栽培技术的研究 [D]. 中国农业大学，2005.

[4] 毛洪霞. 不同水分处理对滴灌大豆生长及产量的影响 [J]. 耕作与栽培，2007（6）：9-10，13.

[5] 罗赓彤，王连铮，高扬，等. 北疆春大豆亩产 320 公斤覆膜滴灌栽培技术模式 [J]. 大豆科技，2010（2）：46-49.

[6] 董钻. 大豆产量生理 [M]. 北京：中国农业出版社，2012.

[7] 侯来宝，世界四大油料作物——向日葵 [M]. 呼和浩特：内蒙古人民出版社，2005.

[8] 陈寅初，王鹏. 看图种油葵 [M]. 乌鲁木齐：新疆美术摄影出版社，2010.

第九章　加工番茄滴灌水肥高效栽培技术

第一节　加工番茄发展概况

以新鲜番茄加工制成的番茄酱等各种制品是全球性商品，世界许多国家和地区都有食用番茄制品的习惯。番茄制品是世界各国重要的食品及食品工业的原料，在许多国家和地区是人们日常饮食的必需品。近年来国际市场番茄贸易量持续不断增长。随着人们收入和生活水平的提高及消费理念及饮食习惯的转变，番茄以其本身营养价值高的特点将越来越受到人们青睐。

番茄制品除了主导产品番茄酱外，还有番茄沙司、调味酱、罐装整番茄、番茄切块、番茄干制品、番茄汁等，其中，番茄酱和以番茄酱为底料加工的番茄沙司和调味酱约占80%。近年来，罐装整番茄、番茄切块、番茄干制品的需求量呈现明显的增长，约占目前生产加工量的15%以上。

世界加工番茄的生产主要集中在美国、意大利、中国、西班牙、土耳其等国家。全球最适宜种植加工番茄的区域集中在地中海沿岸、美国加州河谷以及中国的新疆、内蒙古自治区和甘肃地区。

1. 世界加工番茄发展现状

美国是世界第一大加工番茄生产国。加工番茄年种植面积为160万~210万亩，其总产量占全球的29%~35%。其中，加利福尼亚州光热资源充足、土壤肥沃，水资源较为丰富，是全球最适合种植番茄的地区之一，是美国最大的加工番茄生产基地。在20世纪70年代后期，加州的加工番茄生产量占全美国加工番茄生产量的84%，到了90年代，上升到94%。1999年加州加工番茄的栽培面积为195万亩，总产量1223.9万t。近5年平均加工原料1086万t（2004~2007年），平均单产6~6.9t。

图 9-1 列出 1960~2005 年 45 年来美国加工番茄产量水平的变化。

美国加州的加工番茄 90% 左右是直播。采用 1.5~1.7m 宽、15cm 高的高畦栽培。因为早春降雨多，大型机械无法进地作业，栽培畦一般都在前一年秋季做好。大部分为单行栽培，也有少数双行栽培。播种后灌溉一般采用喷灌，但到了坐果期以后则采用沟灌。为了避免果实发病，不能让水淹没畦面。自从 1990 年以来，种植模式已经从直播转向了育苗移栽，目前，加州加工番茄生产全部采用穴盘育苗移栽。灌溉以喷灌（用于出苗和早期生长发育）和沟灌结合为主，滴灌田不到总面积的 25%。生产中几乎所有工序都用农业机械来完成。

当前使用的品种数量超过 100 个，90% 是杂交品种，多数抗当地 3 种的病害。90% 以上的加工番茄面积都用杀虫剂，100% 的都用除草剂，生产中使用杀菌剂的达 80% 以上[1]。对生长期间使用的杀虫剂和杀菌剂在使用种类、使用数量、使用时间方面都有较严格的限制。番茄种植从 1 月下旬一直持续到 6 月上旬，采收从 6 月下旬持续到 10 月中下旬。目前，种植模式由直播转向育苗移栽，滴灌面积约占总面积的 20%。生产中除育苗和移栽、定苗需人工操作外，其余过程都为机械作业，100% 实现了机械采收。加州加工番茄实现了 100% 的机械收获（图 9-1）。

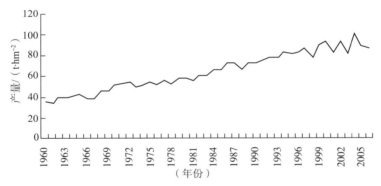

图 9-1　美国加工番茄产量水平的变化

（注：数据来源于美国农业部农业统计服务中心）

意大利是继美国、中国之后世界第三大加工番茄生产国。2010 年意大利番茄种植面积减少 10%~15%，秧苗机械移栽方式约占 90%，10% 采用精量播种方式。平均单产因地区不同差异较大，在 4.3~6.6t/亩之间，滴灌应用愈来愈普遍。

据世界加工番茄理事会（WPTC）2009 年 8 月 11 日统计，南美洲的阿根廷、巴西、智利、委内瑞拉和秘鲁等几个主产国的产量也在 300 万 t 左右，约占世界加工番茄总量的 6%。阿根廷主要的番茄种植区为门多萨地区，在西部地区的中部。主要生产罐装番茄（整番茄、去皮、番茄丁等）（表 9-1）。

表 9-1　全球主要番茄加工制品国家近四年番茄原料加工量（单位：万 t）

国家	2009 年	2010 年	2011 年	2012 年
美国	1262. 9	1208. 1	1196. 7	1210. 9
中国	866. 5	621. 0	690. 0	410. 0
意大利	574. 7	508. 0	450. 0	420. 0
西班牙	270. 0	235. 0	191. 0	160. 0
伊朗	240. 0	140. 0	200. 0	
土耳其	180. 0	128. 0	180. 0	180. 0
巴西	115. 0	179. 6	159. 6	
葡萄牙	124. 2	128. 0	100. 0	
全球	4236. 5	3729. 8	3715. 2	3893. 8（预测）

注：数据来源于世界加工番茄理事会（World Processing Tomato Council，WPTC）

2. 中国加工番茄发展现状

中国番茄加工起步于 20 世纪 60 年代初，当时，为了适应出口需要，国家支持沿海地区企业发展番茄制品工业，通过引进国外装备生产番茄酱，出口中东地区和其他市场。由于沿海地区番茄种植自然条件不理想，比较效益下降，沿海地区番茄生产厂家先后停产。其生产发展最好时期（20 世纪 70 年代）的产量达 4 万 t。部分产品出口。原料质量差使品质难以保证，使得中国番茄产业缺乏市场竞争力。1978 年，新疆开始发展番茄种植和加工，产品首次出口日本市场获得好评。新疆得天独厚的自然条件，生产的番茄原料红色素含量指标远远高于国内其他地区，可与世界其他地区的番茄产品相媲美，新疆番茄因此名声大振。1980 年建成新疆第一条国产生产线。1985 年引进第一条国外番茄生产线，到 1989 年，全疆共有番茄生产厂家 8 个，年生产能力约为 3 万多吨番茄酱。

到 20 世纪 90 年代初，新疆番茄生产企业已经增加到 30 余家，产量、出口量连年增加。90 年代末，随着新疆中基实业股份有限公司、中粮屯河股份有限公司，通过兼并、收购、重组等方式进入番茄加工行业后，以新疆为代表的中国番茄加工产业从此驶入发展快车道。进入 21 世纪后，番茄种植和番茄制品的生产每年均以 40% 左右的增速发展，新疆近七年来的种植面积及原料产量见表 9-2 所示。到 2009 年底，中国加工番茄产量约占世界的 1/4。截至 2009 年 2 月，全国番茄制品生产企业超过 80 家，先后引进 100 余条装备精良堪称世界先进水平的国外生产线，设备年加工能力超过 150 万 t 番茄酱，日处理鲜番茄能力为 15 万 t。番茄生产企业主要有中粮新疆屯河股份有限公司、新疆中基实业股份有限公司、内蒙古巴彦淖尔富源实业集团、新疆天业股份有限公司、泰顺兴业（内蒙古）食品有限公司、中化河北进出口公司等。其中新疆有 60 家工厂，占全国的 75%。到 2010 年，全疆共有番茄生产加工企业 103 家。设备年加工能力超过 150 万 t 番茄酱。

表 9-2　新疆加工番茄种植面积及原料产量[2]

年份	2005 年	2006 年	2007 年	2008 年	2009 年	2010 年	2011 年
种植面积（万亩）	73.95	81.6	102.6	118.05	159.90	144.00	139.50
原料产量（万t）	330	367	462	428	744	552	690

　　中国加工番茄产业经过 20 多年的发展，生产规模已超过意大利，成为仅次于美国的世界第二大加工番茄生产国和第一大加工制品出口国。据世界加工番茄联合会统计，2006 年全世界番茄总产量为 3049 万 t，其中美国加州河谷地区、地中海沿岸、中国新疆和内蒙古地区的产量占世界总产量的 85%。2006 年末中国番茄加工量占世界比重已经达到 15.11%。图 9-2 列示出 1995～2007 年中国加工番茄年加工量及占世界加工量的比重。

　　目前，中国番茄酱及制品的加工主要定位于出口，产品主要有番茄酱、去皮番茄或切块、调味番茄酱、番茄粉、番茄干、番茄红素等。大包装番茄酱是最主要的产品形式，固形物含量分为 28%～30% 和 36%～38% 两种，大多采用 220L 无菌袋包装，95% 以上用于出口。据国家海关总署统计，2009 年全国共出口番茄酱 80.67 万 t，创汇金额 8.07 亿美元。据乌鲁木齐海关统计，2009 年新疆共出口番茄制品 44 万 t，创汇金额 4.25 亿美元。根据 WPTC 统计，2009 年、2010 年、2011 年中国番茄加工产量分别为 866 万 t、621 万 t 和 679 万 t，折合番茄酱分别为 120 万 t、85 万 t 和 93 万 t，占全球产量为 20% 左右。

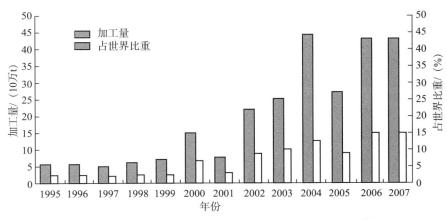

图 9-2　中国加工番茄年加工量及占世界加工量的比重[3]

第二节　加工番茄膜下滴灌技术体系

一、膜下滴灌的特点

膜下滴灌技术是将作物覆膜栽培种植技术与滴灌技术相结合的一种高效节水灌溉技术。滴灌系统从水源抽取灌溉用水，施加一定压力，加入肥料（在作物需要的情况下）经过过滤装置后进入输水管网系统，最后到达灌水器（滴头），使灌溉水成点滴状态、缓慢、均匀、定时、定量地浸润作物根系生长集中的土体，使作物主要根系活动区的土壤始终保持在适宜水肥状态，确保作物在不同生长发育阶段都可获得适宜的水肥供应。地膜覆盖可保证滴入土壤中的水分几乎全部被阻截在"土壤—薄膜"的小循环体内运行，除了作物的蒸腾作用外，几乎没有水分的土壤蒸发与深层渗漏损失。新疆生产建设兵团经过十几年的生产实践和研究显示，采用膜下滴灌技术灌溉，与传统的常规沟灌技术相比，具有以下优点：

1. 省水

加工番茄膜下滴灌栽培，能够根据加工番茄生长发育需要，适时适量地将水送入到植株根际周围的土壤中；实施覆膜栽培，抑制了棵间蒸发；滴灌系统又采用管道输水，减少了输水和灌溉过程水渗漏损失。加工番茄生育期田间灌水量与常规沟灌相比，由原来的 $450 \sim 500 \mathrm{m}^3/$ 亩，减少到 $240 \sim 270 \mathrm{m}^3/$ 亩，节水 $40\% \sim 50\%$。

2. 提高肥料利用率

肥料溶于水，通过随水滴施，直接送达作物根系部位，易被作物根系吸收，提高了肥料利用效率；并且可根据加工番茄生长发育不同阶段对营养的需求，做到适时适量供给。试验研究结果证明，滴灌比常规沟灌节约肥料22%[4]。

3. 减少病害发生

水在管道中封闭输送，避免了水传播病原菌。加工番茄采用无支架栽培，大量坐果后，植株匍匐在地面，通风透光差，易引起病害的发生。常规沟灌，地表湿度大，容易造成果实腐烂。采用滴灌技术进行灌溉，地表无积水，田间地面湿度小，不利于病菌的滋生，可节约农药 $10\% \sim 20\%$。

4. 增产

由于科学调控水肥，土壤疏松，通透性好，并经常保持湿润，膜下滴灌营造了良好的生长条件，加工番茄滴灌比常规沟灌增产25%。

5. 提高品质

膜下滴灌营造了良好的生长条件，有利于加工番茄果实的生长发育，有利于营养物质的积累。据研究表明，膜下滴灌适度灌溉量较常规沟灌相比，能提高加工番茄果实硬度、可溶性固形物、番茄红素、维生素 C、可溶性酸和总糖含量以及糖酸比[4]。

6. 提高土地利用率

滴灌全部采用管道输水，代替了常规沟灌时需要的农渠、田间毛渠及埂子，可节省耕地 5% ~7%。

7. 节省机力和人力

滴灌技术的应用，减少了田间人工作业（如浇水、锄草、修渠、平埂等）和机械作业（如机械开沟、追肥等），使人均管理定额从常规沟灌的 30 亩/人提高到 60 ~80 亩/人。

二、加工番茄膜下滴灌推荐设计方案

1. 加工番茄膜下滴灌装置设计与田间布局

（1）滴灌系统组成：加工番茄滴灌系统由水源工程、首部枢纽（包括施肥阀、施肥罐、过滤器及分水配件、调压阀等）及输配水管网组成。

（2）水源工程：用地表水作为水源时，采用砂石+网式过滤器；采用地下水作为水源时，采用离心+网式过滤器。

（3）输配水管网：田间输配水管网由主干管、分干管、支管及毛管组成。主干管和分干管采用 160mm、200mm、250mm 等不同型号的 PVC 管，工作压力为 0.4MPa，被埋在地下，属地下管网；地上管网为支管+毛管的形式，支管选用 75mm、90mm 的 PE 管；毛管采用单翼迷宫式一次性滴灌带，壁厚一般为 0.2mm，内径 16mm，滴孔间距 30mm，额定工作压 0.1MPa，滴头流量 1.8 ~2.0L/h。

（4）田间布局：干管沿条田地边长边布置，干管与支管呈垂直梳状布置，支管与毛管呈垂直对称分布。系统结构为水源（渠水）→加压提水设备（水泵）→首部装置（包括沉淀池、过滤器、施肥设施等）→主干管→分干管→支管→毛管。一般干管长度 1000m 左右，支管长度 90 ~120m，间距 130 ~150m；毛管长度 60 ~80m，毛管的间距根据作物播种行距设定。加工番茄膜下滴灌管网布局见图 9-3。

2. 加工番茄膜下滴灌灌溉方式

（1）加压滴灌：①固定式首部加压滴灌。滴灌首部设备和管网组成与其他方式相同。区别在于，滴灌首部枢纽设备在固定地点安装，不能移动。通过阀门出水口与主干管管网相连后进行滴灌。②移动式首部加压滴灌。首部移动式加压滴灌系统由移动式加压滴灌首部设备和管网组成。移动式加压滴灌首部设备主要有柴油发动机（电动机）、离心加压水泵、砂石过滤器、施肥装置、水表、牵引底盘等几部分构成，工作时

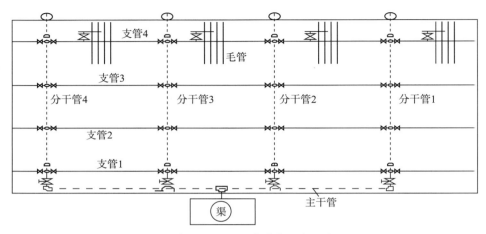

图9-3　加工番茄膜下滴灌管网布局模拟图

由小四轮牵引首部设备至渠边，并与主干管相连进行滴灌。管网设计与固定式首部加压滴灌相同。可节省干管这部分投资，移动方便，使用灵活。针对目前的一家一户的承包种植模式很实用。

（2）常压软管滴灌：常压软管微孔滴灌技术是利用渠道与田间地面的自然落差所产生的水压，通过铺设在地面的干支软管输水，支管直接连接在农田中心渠，过水口加过滤纱网。渠道水位高于灌溉地30cm，浇水时，通过渠道水的自然压力，经支管分流到作物行间毛管（多孔软管），由毛管上的出水孔以微水流方式，将肥水连续均匀地直接灌溉至作物根部附近地表。软管主要规格有直径32mm、50mm两种规格，壁厚0.04～0.06mm，孔径1.0～1.5mm，以1.2mm居多，孔距有150mm、200mm、220mm等多种规格。最早由新疆生产建设兵团第八师148团研制开发。

膜下常压软管滴灌系统是以一个自然农田地块为一个灌溉区，利用农田现有规划水渠系，灵活布局。在播种时，机械同时铺设毛管、地膜和膜上点播。

3. 加工番茄膜下滴灌株行距配置

科学的株行距配置，应使番茄植株的茎、叶、果实能够覆盖整个地面，而不形成田间郁蔽，方便田间管理。合理的株行距配置，应与品种特性、土壤类型、土壤养分、灌溉方式、农机装备等因素相适应。国内各番茄种植区普遍采用一膜双行、宽窄行的模式。膜上两行间距30～40cm，接行90～110cm。采用膜下滴灌方式栽培，滴灌带布在膜上两行作物中间。常规沟灌栽培方式，膜上双行间距40～50cm。长势弱、株幅小的早熟品种，株距宜采用28～30cm；长势强、株幅大的中、晚熟品种，株距宜采用35～40cm。

（1）1膜1管2行（或单行）：多采用90cm宽的地膜，机械平铺地膜，膜两边压土各10 cm，膜上采光面70cm。采用1膜1管2行的种植模式，即一幅地膜上布1根滴灌管，种植2行作物，滴灌带铺设在膜上2行作物中间，膜上两行作物行距为30～40cm，膜间作物行距为80～112cm，行距配置主要有：（30～40）cm+（80～90）cm，滴灌带间距为1.2m（人工采摘模式）；（30～40）cm+（100～110）cm，滴灌带间距1.4m（人工采摘、机械采收通用模式）；（30～40）cm+（122～112）cm，滴灌带间距1.52m（人工采摘、机械采收通用模式）。1膜2行栽培模式，根据种植品种、土壤肥力株距采用28～35 cm。近年来一些加工企业如：中粮屯河的部分原料田采用美国亨氏1膜1行种植模式，株距采用25 cm。加工番茄1膜2行种植模式见图9-4。

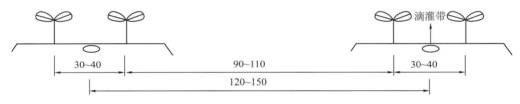

图9-4 膜下滴灌加工番茄1膜2行种植模式图（单位：cm）

（2）1膜2管4行：选用125cm或150cm的地膜，行距配置30cm+50cm+30cm+（60～70）cm，株距35cm，1膜布2根滴灌管，膜上种植四行，膜上窄行间距30cm，膜上宽行间距50cm。

在新疆采用滴灌方式的地区，通常采用平畦种植。但在甘肃白银平川、内蒙古河套地区多数采用常规沟灌方式的地区，很多种植户也采用平畦种植。采用平畦种植有降低成本、利于抗旱的优点，但也存在作物生长发育中后期停水早、对产量影响较大、停水晚、降雨多时果实腐烂增加、病害发生加重的缺点。加工番茄1膜4行种植模式见图9-5。

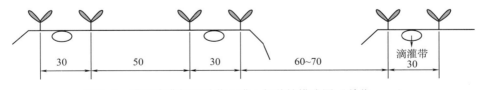

图9-5 膜下滴灌加工番茄1膜4行种植模式图（单位：cm）

三、加工番茄膜下滴灌灌溉技术

（一）加工番茄膜下滴灌需水规律

出苗至开花前：植株营养个体较小，此时气温较低，植株和土壤的水分蒸发都相对较低，对水分的需求处于较低的水平。早春土壤温度较低，灌溉会降低土壤温度，延缓早期秧苗生长。

开花至坐果初期：此时枝叶迅速生长，气温明显升高，植株水分蒸腾和土壤水分蒸发逐渐增加，植株对水分的需求快速增加，但需求量还未达到高峰值。根据种植品种特性，适时、适量灌溉，协调植株营养生长和生殖生长平衡。

盛果期至20%果实成熟：此时是植株需水量最大的阶段，也是对产量影响最大的时期，这个阶段，无论每次灌溉水量、灌溉频率都处于高峰期，对产量的影响最大。

成熟前期至采收前：随着果实的成熟和植株的衰老，植株对水分的需求逐渐降低。逐渐减少灌溉水量，保持枝叶的良好覆盖，避免果实发生日灼，适时停水，提高果实可溶性固形物含量和田间耐贮性。此时，如果仍然维持较高的灌溉水平，固然对增加产量有帮助，但会大幅降低果实的可溶性固形物含量，影响成熟果实在田间的耐贮性。在秋季降雨多的年份，会造成果实的大量腐烂。

加工番茄膜下滴灌栽培全生育期灌溉定额总量参考在 $220 \sim 270 m^3 /$ 亩。苗期—开花坐果初期需水量占总量的20%左右，果实膨大—果实转色期需水量占总量的50% $\sim 55\%$ ，果实转色—采收前需水量占总量的 $25\% \sim 30\%$ 。

（二）加工番茄膜下滴灌灌溉制度

灌溉对集中成熟起着重要作用。在番茄的早期生长、坐果、果实膨大期，充足的供水是必要。如果其中任何一个阶段缺水，都不可能实现集中成熟。

理论上，每一次灌水量的多少应由上一次灌水后到此次灌水前这个阶段植株蒸腾、土壤表面水分蒸发、植株生长发育需要吸收水分的总和以及田间土壤水分决定。目前国内指导灌溉，主要根据不同生长阶段对水分的需求、植株的长相（叶色、植株长势）、土壤持水量、降雨量、气温等指标，确定大致的灌水时间。

国内加工番茄生产中确定每次的灌溉量，对滴灌来说，通常是看灌溉一定时间后，耕作层湿润的深度是否能满足未来一段时间内作物蒸腾和生长发育所需要的水分。每块滴灌条田每次灌溉时间的长短，取决于灌溉系统水泵的功率和出水量、灌溉区内滴头数量和流量、计划灌水的深度、土壤持水量等因素。

采收前 $2 \sim 3$ 周停水，可以提高果实的可溶性固形物含量和成熟果实田间耐贮性，减少果实腐烂比例，对机械采收来说，显得更为重要。但过早停水，会影响上部果实膨大，增加日灼果数量。

加工番茄膜下滴灌栽培全生育期灌溉总量推荐在 220～270m³/亩左右，滴水 10～12 次，平均 7～10d 滴 1 次水，苗期—开花坐果初期滴水量推荐在 20～25m³/亩，果实膨大—果实转色期滴水量推荐在 25～30m³/亩，果实转色—采收前滴水量推荐在 15～20m³/亩。

四、加工番茄膜下滴灌施肥技术

1. 加工番茄膜下滴灌需肥规律

加工番茄在出苗—开花前，养分吸收缓慢，在开花坐果初期和果实开始膨大后，氮和钾素的吸收加速，在盛果期至果实开始成熟前这个阶段，养分的吸收持续维持在 $0.38～0.5kg\ N\cdot(亩\cdot d)^{-1}$，$0.038～0.12kg\ P_2O_5\cdot(亩\cdot d)^{-1}$，$0.45～0.6kg\ K_2O\cdot(亩\cdot d)^{-1}$ 的水平，这个阶段也是施肥的关键时候。随着果实的大量成熟，氮素和钾素的吸收逐渐放缓，茎叶内的部分养分逐步回流到果实。在整个生育期，磷素的吸收都是一个很平缓的过程，并且吸收量相比氮、钾两种养分要少得多。Tim Hartz 等人（2008）认为滴灌方式下产量为 8.33t/亩的加工番茄养分吸收水平为：N 20 kg/亩，P_2O_5 3 kg/亩，K_2O 23.33～26.67 kg/亩。加工番茄高产田 N、P、K 吸收模型见图 9-6。

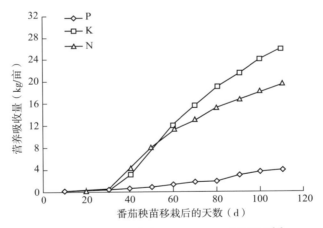

图 9-6　加工番茄高产田 N、P、K 吸收模型[5]

2. 加工番茄膜下滴灌施肥制度

科学的养分管理计划应该在种植前，根据土壤养分状况和供应能力、加工番茄养分需求特点，目标产量、灌溉方式等因素就制定好，并根据生育期内的土壤养分测定和加工番茄植株组织养分测定结果作相应的调整。

加工番茄施肥制度应考虑果实的采收方式。在机械采收条件下，要求番茄的成熟相对集中。调查发现，对番茄成熟一致性和成熟度影响最大的是氮素营养。在制订施肥方案和施用时，应把握好氮肥的施用量和时间，机采番茄种植应严格控制后期氮肥的追施量。

施肥需要考虑的另外一个因素是种植方式（直播或育苗移栽）。直播方式的本田生长时间相对长，应考虑养分的均衡供应；育苗移栽方式的本田生长时间相对短，养分供应相对集中。具体用量主要取决于番茄品种、土壤类型、前茬作物以及土壤肥力水平等。

土壤肥力低的农田，建议将计划的 20%~30% 的氮肥、钾肥在种植前施入。播种或秧苗移栽后的施肥，结合灌溉间隔安排。

（1）氮肥管理：氮肥影响番茄的品质。充足的氮肥促进叶片生长，保护果实免受阳光曝晒。在番茄生长早期过多地施用氮肥，会延迟坐果和成熟，生长后期追施氮肥，会使裂果的机率增加。有限的研究表明，高氮含量会导致果实可溶性固型物含量的降低、水泡果、黄眼果等，且降低切削性（Zobel，1966）。

加工番茄早期的氮肥需求量较低，如果土壤有机质含量>2.5%，NO_3–N 含量>25 mg/kg，种植前可以不施氮肥。如果土壤有机质含量<2%，NO_3–N 含量<10 mg/kg，需要在种植前后，将计划氮肥总的 20%~30% 施入田中做基肥，在坐果初期至 20% 果实成熟前，将剩余的计划施入的氮肥分次施入田间。

（2）磷肥管理：磷肥影响番茄品质的方式主要有：首先，促进番茄根系生长，从而促进土壤中营养物质的吸收；其次，促进番茄叶片和茎秆的健康生长，提升植物营养利用率（Zobel，1966）。由于磷素移动性小，在加工番茄生育期的早期阶段，土壤温度低，幼苗的根系小，对磷素的吸收受到很大的限制。磷肥的位置越靠近植株幼苗，磷素的利用程度就越好。

土壤磷素含量>25mg/kg 的田块，可以不施磷肥，但要在生育期内通过组织养分测定确认磷素是否充足。土壤磷素含量低于 25 mg/kg 的田块，磷肥的施入量应该等于或高于将来被转移到果实中磷素。生产实际中，考虑到土壤的 pH、缓冲容量等因素，为了作物更好的生长，建议施入量为 3~4 kg/亩。

（3）钾肥管理：番茄在生长过程中需要吸收和利用大量的钾元素。在番茄整个生长期，叶片的钾含量应保持在 2% 以上（Zobel，1966）。不同番茄品种每吨果实口钾元素含量为 2.27~2.95kg。钾元素缺乏会影响果实番茄红素的形成，导致其含量降低，且在其成熟时容易落果。因此高品质的果实取决于钾肥是否适量和充足。

加工番茄整个生育期对钾素的需求很高。在有效钾含量低的土壤中，也能够满足加工番茄植株前期的营养生长，但开始坐果时，如果土壤供应的钾素不能满足作物需要，会造成落果。土壤有效钾含量影响果实的色泽和均匀一致性。提高钾肥施入量并不会显著提高果实的可溶性固形物含量。

开花坐果期间施钾肥是最有效的施肥技术。如果土壤中可交换钾的含量低于100 mg/kg，整地前3kg/亩的施入量基本能满足早期生长对钾肥的需求，而在坐果初期至果实成熟初期，将剩余的计划施入的钾肥分次施入田间。土壤钾素含量超过200mg/kg，可以不施钾肥。产量为8t/亩的加工番茄田间枝叶和果实所含钾的数量通常为23～30kg/亩，因此，钾肥施入量少于上述数字意味着从土壤中掠夺钾素。考虑到滴灌会增加座果，以及滴灌方式下，土壤中相当部分没有灌溉的土壤中的钾被固定，滴灌农田更需要多施钾肥。由于中国西北地区土壤中钾素含量普遍较高，生产中4～8kg/亩的施用量通常就能获得较高的产量。

（4）其他营养元素：大多数土壤中含有加工番茄生长发育所需要的中量营养元素和微量元素，加工番茄生产中通常不需要补充钙、镁、硫以及硼、铁、铜等营养元素。但在中等程度以上的盐碱土壤上，尽管土壤中各营养元素的含量处在合理的水平，但由于土壤较高的pH、离子拮抗作用、气候条件、施肥和灌溉等因素，各营养元素利用的有效性降低，番茄根系无法从土壤中获得足够的养分，很可能影响植株的正常生长发育。当田间植株表现出一些营养元素缺乏的典型症状时，还需要通过土壤养分测定和植株组织养分测定来确定。

第三节　加工番茄膜下滴灌水肥高效栽培技术模式

农业生产的效益取决于土壤的肥沃程度、气候因素及田间管理水平等因素，从选地到整地，再到田间管理等过程中将会直接决定番茄的产量及质量。

加工番茄单位面积产量由单位面积收获株数、单株坐果数和平均单果重量构成。生产中加工番茄理论播种株数一般为3000～3500株/亩，收获株数一般为2700～2800株/亩。在加工番茄生产中，要获得高产，除选用高产优质品种，栽培管理技术水平也是一个起决定性的重要因素，以下是目标产量为7～8t/亩的栽培技术模式。

一、土地准备

（一）选地

番茄能够适应从沙土到重黏土的多种土壤环境。应选择地势平坦，排水性好，土层深厚，灌溉便利，富含有机质的壤土。一般要求有机质含量应>1%，pH以6.5～7.8为宜。通过测定土壤中大量元素、中量元素和微量元素的含量，了解土壤养分整体状况及盐、碱含量等信息。种植地块的栽培史，如前茬种植作物、杂草种类、使用除草剂各类及病虫害发生情况等。此外，如果计划采用机械采收，地块的大小和形状应满足机械化作业的最低要求。若垄长<180m，会大幅降低采收机的作业效率。

（二）气候条件

番茄属温带作物，具有耐高温及耐旱的特性，能够适应多种气候与土壤环境。番茄对日照时间不很敏感，每日 7～19h 的光照下都能结果，从播种到第一穗果实成熟需要 3～4 个月的时间。当天气晴朗、气候干燥、气温保持适中（18～30℃）时，长势最好，若气温低于 0℃，植株会遭受冷害；而高于 35℃，则果实停止生长；高温高湿气候病害易发生，高温干燥的气候则会导致落花和落果。

不同生育期的加工番茄品种从播种至成熟需要≥10℃的积温 2800～3200℃。年均降水量 150～300mm，生育期蒸发量 1000～1700mm，日照时数 1100～1500 h，无霜期 150 天，在类似地区均可种植加工番茄。

研究发现，当土壤温度持续 3d 达到 14℃以上时就可以播种了（Sims 等，1968）。早播的种子萌发速度慢，而晚播的种子则长势较快。土壤温度对番茄种子萌发的影响（见表 9-3）（Sims 等，1968）。

表 9-3　土壤温度对番茄种子萌发的影响

5cm 土壤平均温度（℃）	13	14	15	16	23	26	27
萌发所需天数（d）	25	16	15	14	9	8	6

（三）整地

1. 犁地

良好的整地质量对番茄的成功种植非常重要。秋翻可以促进残根等其他有机质的分解。在土壤层足够深的情况下，犁地时应尽可能深一些。因为在土壤表层以下 25cm 或 30cm 处通常有一个硬土层，如果犁地时打破硬土层但又不把生土翻到土壤表层，将会使番茄产量显著提高。深松正是通过加深原有犁地深度来实现的。因为年复一年地保持同样的犁地深度就会形成坚硬的"犁底层"。为了适应各种番茄品种生长空间和采收机械的需要，沟心距一般控制在 135～152cm，据美国研究，通过起垄可以促过果实集中成熟，并在大量降水时有利于及时排水，大多数研究表明这种作业模式可以提高单产。在播种前进行细致的土地准备，其作用远胜于种植后大量的机械作业。

2. 冬灌（或茬灌）

在一些冬季降雪少、春季常刮风以及地下水位高的地区，可以在上一茬作物收获后，再灌一次水（又叫茬灌），主要目的是蓄足土壤底墒，通过适墒犁地、整地、做畦（在新疆采用沟灌栽培的地区及甘肃、内蒙古等地），第二年春季合适的时候铺膜，实现适墒早播。采用滴灌栽培的地区，一般情况下不进行冬灌（茬灌），春季播种后，滴水出苗（也叫干播湿出）。

3. 全程施肥

在加工番茄产区，秋冬犁地前进行全层施肥是一项普遍采用的生产技术措施。全层施肥的数量、肥料种类和比例，需要参考土壤养分测定结果，以确保全层施肥经济、有效。秋冬犁地前，生产中通常撒施三料过磷酸钙或磷酸二铵15～20kg/亩，钾肥5～8kg作为基肥。

4. 杂草控制

杂草通过与番茄争夺水分、养分、光照和空间，影响番茄的生长发育。许多杂草是茄科作物病原微生物和害虫的寄主，能传播病虫害。

在播种或秧苗移栽前，根据农田杂草种类，喷施相应的除草剂，是最为经济有效的防除杂草的途径。根据杂草种类和除草剂的理化特性及作用特点，选择不同的除草剂、适宜的剂量和施用方法，在特定的作物生育期内施用，才能达到理想的除草效果。

96%都尔乳油，选择性芽前土壤处理剂。施用量50～80g/亩，田间的持效期为50～60d。对禾本科杂草稗草、画眉草、狗尾草具有较好的防除效果，对阔叶杂草反枝苋、灰绿黎有一定的防效。48%氟乐灵乳油，60～80g/亩。或敌草胺（草萘胺、大惠利）选择性芽前土壤处理剂。施用量80～150g有效成分/亩，可防除灰灰菜、鸭舌草、稗草等大多数一年生杂草。药效期可达3～5个月。以上除草剂喷施后随即耙地，浅层混土5～8cm，2～3d后铺膜播种。90%禾耐斯乳油是美国孟山都公司产品，其有效成分为乙草胺，亩用药量70～100mL。

二、品种选择

对加工番茄品种的选择主要考虑当地气候条件（有效积温和无霜期）、栽培方式（直播栽培或育苗移栽）、品种综合性状等。品种的综合性状主要包括成熟性、丰产性、抗逆性、抗病性、加工品质、加工用途、果实耐压性和田间耐贮性、是否适合机械采收等。适合机械采收的品种应具备以下条件[4]：

（1）坐果集中、成熟一致性好；

（2）果实要坚实，耐冲击和抗机械损伤能力好，并能在装运过程中保持完好状态；

（3）果实成熟后，在田间要有较好的枝上贮藏能力；

（4）番茄果梗应当无节，以免果实在采收时被刺破；

（5）植株不能有过多的叶子，否则会阻碍番茄从果枝上分离。

根据品种熟性分为早熟、中熟和晚熟三种类型。生产中种植的早熟品种有：87-5、垦番3号、立原8号、石红096、石红206、石番15号、红杂35、红杂33、屯河45

号、Q020 等；中熟品种有：垦番 2 号、石红 201、石红 208、IVF3155 等；晚熟品种有：Q027、石番 27、屯河 48 号等，垦番、新番、石红、石番、红杂、IVF 系列等。

三、栽培方式

（一）直播栽培

直播栽培操作方便，省工省力。植株主根未受伤害，生长快，因而抗旱性较强。直播栽培亩用种量大，在早春气温变化大、土壤墒情差或出苗前降雨多时不容易保全苗。目前以直播为主要生产方式主要集中在全国各加工番茄产区，约占国内总面积的 70%。

1. 播种期

当 10cm 土壤温度稳定在 12℃ 以上，就可播种。播种期一般在 3 月中下旬至 5 月上旬。早播的，遭遇早春霜冻的危害的风险大一些；晚播的，由于早春气温回升央，可能会出现因膜下高温发芽率低，或发芽后烫苗的情况。

2. 播种方式

（1）机械膜上点播：机械播种前应对播种机具进行全面维修调试，并安装好滴灌带铺设装置，根据种植模式调整好间距，使播种机达到最佳待播状态，播种时铺设滴灌带、铺膜、压膜、膜上点种、覆土作业一遍完成。

利用气吸式精量点播机，每穴播 4 ~ 5 粒种子；或半精量点播机，每穴 8 ~ 12 粒种子。播种深度 1.5 ~ 2cm。亩播种量 80 ~ 100g。具有不需放苗，可节省劳力的优点，缺点是播种孔雨后易结壳，易引起缺苗断垄。

（2）机械膜下条播：在播种机的播种孔前安装一直径 10cm 的压轮，在播种线上压出深 8cm 左右的播种沟，播种后，播种带与地膜之间形成一个 5 ~ 10cm 的空间，上面由于有地膜的覆盖，这个空间像一个带状温室，对外界骤变的温度有一个缓冲和调节作用，出苗速度快。幼苗出来后，还可以在膜下生长 5 ~ 6d，而且还减轻了霜冻的危害，缓解了早春解放苗劳力紧张的问题。播种时间可比膜上点播早 5d 左右。缺点是遇高温放苗不及时易出现烫苗现象。

播种前，将搓散的种子与过磷酸钙或重过磷酸钙，按 100g 种子与 8kg 磷肥均匀混合，亩用种量 100 ~ 150g。播种深度视墒情而定，墒足时浅播，深度 1.5 ~ 2cm，墒差时播深 3cm。滴灌带随机铺入。

（二）穴盘育苗移栽

育苗移栽种植方式集中在新疆兵团第二师焉耆垦区和内蒙古巴彦淖尔五原县、临河等地区。兵团第七师、第八师、第九师和新疆塔城地区沙湾县、玛纳斯和乌苏市等原料产区有部分面积的育苗移栽。具有减轻和规避早春灾害天气对番茄生长发育的影响；提高秧苗质量和移栽成活率；避开开花坐果期间的高温天气，坐果好；果实提早成熟等优点。近几年，育苗移栽生产方式面积增长很快，约占国内加工番茄种植面积的 40% ~ 50%。专业化和规模化穴盘育苗是今后加工番茄育苗发展的方向。

1. 前期准备

（1）育苗设施：根据当地气候条件、育苗规模，选择适宜的经济实用的高效能温室，设施应保温、防风条件好。加热设施有锅炉、暖风机、砖砌火道等。最好棚膜上有草帘、毛毡等保温覆盖材料。降温设施包括通风窗、风机、遮阳幕等。供水、供水供肥系统。一般温室旁边备蓄水池、小水泵，要求水质好，含盐量低，有条件的可采用有喷淋系统的温室大棚。

（2）穴盘：目前，生产上使用的穴盘大多采用 PS（聚苯乙烯）材料，外形尺寸 540mm×280mm，规格有 72、98、128、200 穴等多种类型，生产中加工番茄育苗普遍采用 128 穴的盘。

（3）基质：育苗基质如同土壤一样，起着支撑、营养作物的基本功能，番茄育苗基质按是否含有土壤分为无土基质和有土基质。无土基质用草炭、蛭石、珍珠岩等轻质无土材料作为基质，它具有无菌、重量轻、运输储存方便、不会结壳等优点而受到大多数专业育苗商的欢迎。有土基质是将消毒处理过的田土和泥炭、珍珠岩、细沙按一定比例均匀混合，具有较好的养分保持和缓冲能力，部分小规模育苗户采用。新疆南疆焉耆垦区通常选用符合标准的无土营养基质和蛭石。配置方法：基质和蛭石按 3∶1 混合，再按 $1 m^3$ 混合料加粉碎的三料磷肥 5 kg 充分拌匀，现用现拌。

2. 播种时期

加工番茄早春穴盘育苗苗龄以 45 ~ 50d 为宜（采用 128 穴的穴盘）。采用气吸式穴盘播种机机械播种或人工点播，每穴 1 ~ 2 粒种子，播种深度 1cm，每亩约需种子 20g。在新疆，早春温室播种时间新疆天山以南的南疆焉耆垦区通常在 2 月 25 日至 2 月底，新疆天山以北的北疆地区天山北坡经济带，一般在 3 月 5 ~ 10 日；移栽到大田时间南疆一般在 4 中下旬（4 月 15 ~ 25 日）移栽到露地；北疆地区一般在 4 月 25 日至 5 月初移栽；甘肃河西走廊和内蒙古巴彦淖尔地区播种时间在 3 月 5 ~ 10 日，移栽时间在 5 月 1 ~ 15 日。

3. 穴盘育苗技术

（1）装盘、播种、催芽、摆盘：基质在装盘前，要充分散开，并喷水使基质湿润，采用专用机械设备或人工装盘，将穴盘表面基质刮平，每 10 ~ 15 盘为一摞，盘与盘之间对齐，用力均匀往下压，压出种孔，深度为 1.2 ~ 1.5cm。将种子点在压出的穴孔里，每穴 1 ~ 2 粒，其中，双粒穴保持在 30% 左右，以备补苗用。覆盖基质 1.0cm，轻轻刮平基质，不可镇压。点种结束后及时均匀地浇透水。将18~20个穴盘错穴摆放在催芽室（在温室内用塑料隔离出一个空间，独立进行温度管理），用塑料膜将苗盘上部及四周覆盖，进行催芽，当单盘幼苗破土达60%~70%时，即可将穴盘移出催芽室，紧凑地摆放在温室苗床或架子上。放盘方式有：①将地面整平，在地上铺塑料薄膜，穴盘摆在薄膜上；②有条件的，可搭高度80~100cm架子，将穴盘放在架子上。

（2）温室环境调控：加工番茄种子发芽适宜的温度为25~30℃，幼苗生长发育适宜的温度为昼间温度20~25℃，夜间温度14~16℃。温室内长时间温度过高，会加快穴盘内基质水分蒸发，增加补水频繁，加速基质养分淋洗，不利于秧苗营养物质积累。温度过低，会抑制秧苗生长。

温室内空气湿度大，幼苗生长发育前期容易出现节间过长、茎秆细弱、根系生长量减缓，甚至会引起苗期病害的发生。

充足的光照是培育壮苗的必要条件。番茄秧苗在温室整个生长过程尽量多见光，以提高秧苗质量。适时的通风不仅维持了温室内适宜的温度，同时降低了温室内空气湿度，增加CO_2浓度，使秧苗健壮生长，减少了病害的发生。

（3）养分管理：穴盘单孔营养面积小，加之经常喷水加剧了养分的淋洗，随着生长量的增加，番茄幼苗可能会出现生长缓慢，叶色发黄的症状，应及时进行补肥。专业的基质生产商通常会提供多种商业肥料。氮肥浓度要随着植株生长发育的需要逐渐增加，如果每日都进行施肥，氮肥浓度：40~60 mg/kg（1~2片真叶），80~150mg/kg（2片真叶以上）。番茄秧苗对磷的需求量只有氮和钾的1/8~1/5。

实际生产中采用0.1%~0.2%的尿素和0.1%~0.2%的磷酸二氢钾配置营养液，间隔5~6d洒施1次，后期肥料浓度可增加至0.3%~0.4%，即可满足植株生长需求。

（4）水分管理：穴盘苗浇水要均匀，要将整个穴盘基质浇透。浇水最好在早晨进行。每次浇水量及浇水频率依据秧苗生长动态、天气变化情况、穴盘规格和基质种类而异。育苗面积大时，建议安装微喷灌进行水分管理，确保幼苗水肥供应均匀一致。

（5）病虫害防治：温暖、湿润的温室环境为加工番茄病害发生提供了理想的环境。苗期主要病害有猝倒病和立枯病。除加强温度管理，创造适宜的环境温度外，还可通过通风，创造适宜的空气湿度，培育壮苗。发现个别病株应立即拔除。还可用50%多菌灵400倍液、75%百菌清600倍液、普力克等，进行喷药防治。

（6）秧苗生长调控：为了培育优质壮苗，控制秧苗地上部生长，促进侧根萌发生长，在秧苗3~4片真叶时，即对秧苗进行适度的生长调控和炼苗。由于加工番茄制品出口要求，在整个生长过程中不允许使用缩节胺、矮壮素等化学物质进行生长调控。因此，进行温度、水分和养分调控是炼苗采用的主要措施。

炼苗。为提高秧苗适应性和定植成活率，定植前7~10d，逐渐加大和延长温室通风量，直至将棚膜全部揭掉。逐步降低育苗场所温度，使之接近露地环境条件。以提高秧苗抗寒性。可将昼温维持在 15~18℃，夜温 5~6℃。炼苗时间应根据温室大棚的实际情况及苗情而定。挪盘也是生产中通常采用的炼苗方法，将穴盘平移，拉断主根与下部土壤的联系，促进侧根生长，通过抑制秧苗生长，达到炼苗目的。

4. 壮苗标准（以 128 穴盘为例）

株高 13~15cm，茎粗 0.3cm 左右，4~5 片真叶一心，叶片肥厚，叶色深绿，节间较短，茎基部淡紫色，根系发育良好，将基质紧紧缠绕，根坨坚实不松散，苗盘整体长势均匀，茎秆和叶片无病斑。

5. 移栽

采用滴灌栽培的地块，移栽前 1~2d，每亩滴水 10~15m³，使移栽层土壤保持湿润，秧苗移栽后，根系与湿土接触，即使不能很快滴水，根系不至于过度失水，有利于缓苗。移栽前一天，集中喷施预防早疫病和茎基腐病等真菌性病害的药剂；将穴盘基质浇透水或将穴盘放在水槽内充分浸泡，有助于防止穴盘苗栽植后灌水前在土壤中干透。根据种植的品种特性、土地条件和管理水平，每亩地栽植 2500~3500 株苗。

四、田间管理

（一）直播田出苗期管理

播种、滴水完成后，一般情况下播种后 8~15d 即可出苗。这时要经常到田间检查播种深度层土壤墒情及种子发芽出苗情况，如出现异常，应查找原因并及时采取措施。对于膜上点种的地块，出苗前遇雨后，播种孔易结成硬壳，导致幼芽顶土困难，易引起缺苗断垄，要适墒及时进行碎土破板结。膜下机械条播的地块，出苗量在 40%~50% 就可在地膜上等距离（根据种植品种，确定合适的株距）打孔，将幼苗从膜下放出来（俗称放苗或解放苗），尽量避免在外界气温骤然升高时，因没有及时放苗，造成高温灼伤幼苗的情况出现。放苗后，要及时培土封洞。若出苗情况低于 60%，应多放苗，以便以后补苗用。

（二）直播田幼苗期管理

间苗（疏苗）：幼苗长到 2 片真叶时及时进行疏苗，间除病苗、弱苗及生长异常的苗，每穴留 2~3 株，以利于通风透光。定苗：当幼苗长到 3~4 片真叶时，每穴留一株壮苗，其余秧苗用剪刀从茎基部剪断。定苗的同时培土护根，促使秧苗多发不定根，增加吸收水肥的能力。在定苗时可结合地块区域缺苗程度，预留一定面积的每穴双株苗行，进行补苗。

（三）中耕、除草

中耕的主要目的是除草和松土。出苗后及时中耕对于作物和土壤有如下益处：

（1）贴近作物行的许多小型杂草会因缺氧而死；

（2）增加土壤通透性，从而提高土壤温度，促使番茄的根系可以生长得更深；

（3）过量的湿度不会集中在番茄下部导致植株发病，而是从植株向行间转移。第一次中耕应尽量靠近植株，后期中耕时应略浅并尽可能远离根茎。健康的番茄植株有庞大而发散的根系，部分贴近地表，部分可以向下深入土壤达到合适的深度。若中耕太深或离植株太近而使贴近地表的根系受到伤害时，作物的产量会明显降低（Porte，1952）。无论机械中耕还是人工中耕，都应该有足够的频次。但过度的中耕会增加有机物的流失，破坏土壤结构，降低土壤墒情。

直播栽培的地块，在出苗后或幼苗显行后及时进行第一次中耕，中耕深度 15cm，后两次中耕深度 10～12cm；育苗移栽的地块，缓苗后要及时进行中耕，全生育期中耕 2～3 次，中耕深度一次比一次浅。

（四）水肥管理

1. 灌水

加工番茄的滴水时间及滴水量要依据土壤墒情及秧苗长势情况灵活掌握，坚持少量、勤滴的原则。直播田滴水出苗，出苗水滴水量在 10～15m³/亩。第一次（出苗水除外）滴水一般在 5 月下旬至 6 月上旬，滴水量在 35～40m³/亩，育苗移栽方式栽培的，则需要一边定植，一边滴水，5～7 天后，再滴一次缓苗水，以后视番茄生长发育进程、土壤墒情及天气状况，7～10 天滴一次水。苗期—开花坐果初期滴水量在 20～25m³/亩，果实膨大—果实转色期滴水量在 25～30 m³/亩，果实转色—采收前滴水量在 15～20m³/亩。加工番茄膜下滴灌栽培全生育期滴水 9～14 次，灌溉定额总量在 230～260m³/亩（表9-4）。

表 9-4　膜下滴灌加工番茄灌溉制度

月份	4	5	6	7	8	合计
灌溉次数	1	1～2	3	4	2	11～12
灌水定额（m³/亩）	10	10～15	20～25	25～30	20	
灌水量（m³/亩）	10	15～20	60～75	100～120	40	225～265

2. 施肥

采用膜下滴灌技术，实施水肥同步，按加工番茄生长发育不同阶段对养分的需求，平衡供应。科学的滴灌施肥能够实现营养均匀分布和养分及时供应，提高肥料利用率，增加加工番茄产量。在随水滴肥时，注意应在滴水后 1h 开始滴肥，在滴完肥后应过 1h 再停水，这样可使溶在水中的肥料充分滴入土壤中。加工番茄膜下滴灌随水滴施氮肥

（尿素，含氮量 46%，）、钾肥（磷酸二氢钾）的推荐施肥量见表 9-5。

表 9-5　膜下滴灌加工番茄推荐施肥量

生育阶段	施肥次数（次）	氮肥（kg/亩·次）	钾肥（kg/亩·次）
幼苗期	1	1～2	
开花初期至坐果初期	1～2	2～3	1～2
坐果初期至盛果期	2～3	3～5	1～2
盛果期至 20% 果实成熟	2～3	5～8	2～3
总施肥量（kg/亩）		28～32	11～12
施肥次数（次）	6～9		

（五）病虫害防治

加工番茄采用无支架栽培，植株匍匐于地面，生长中后期枝叶郁蔽，通风、透光差，易发生各种病害。番茄病害主要分为两类：寄生类和非寄生类。寄生类病害是由微生物有机体引进的病害，主要为细菌、真菌和病毒。非寄生类病害是由不适宜的生存条件造成的，如过度的潮湿和干旱、极端的温度、土壤中某种矿物元素含量过多或缺少。

防治方法有物理防治、化学防治和生物防治。化学防治是农业生产中最普遍的防治措施。目前，中国加工番茄制品大多数用于出口，番茄制品加工企业根据产品出口对农药残留的要求，对原料生产中使用的农药种类、使用时间、使用剂量等都有严格要求（推荐保用农药见附件表 1），并制定了原料质量可追溯制度。

1. 病理性病害及防治

（1）猝倒病

症状：多发生在早春育苗床或育苗盘上，常见症状有烂种、死苗、猝倒。

药剂防治：用 70% 代森锰锌可湿性粉剂 500 倍液，或 72.2% 普力克水剂 600 倍液等，间隔 7～10d 喷施 1 次，共喷施 1～2 次。

（2）立枯病

症状：病苗茎基变褐，后病部缢缩，茎叶萎垂枯死；稍大幼苗白天萎蔫，夜间恢复，当病斑绕茎一周时，幼苗逐渐枯死，但不呈猝倒状。

药剂防治：70% 代森锰锌可湿性粉剂 600 倍液、用 65% 代森锰锌可湿性粉剂 500～800 倍液、75% 百菌清可湿性粉剂 600 倍液。

（3）番茄早疫病

症状：苗期、成株期均可染病。在田间，老叶首先出现小而不规则的棕色病斑，随后病斑逐渐扩大呈现同心轮纹，病斑外常有黄色晕圈，当病斑较多时，整个叶片逐渐变黄，部分老叶可能会在番茄生长早期出现病斑，在结果盛期进入发病高峰。

药剂防治：70%代森锰锌500倍、世高800倍、好力克3000倍及安泰生500倍处理。

（4）番茄晚疫病

症状：幼苗、叶、茎和果实均可受害，以叶和青果受害重，能够造成严重的叶片脱落及果实腐烂。叶片染病，最初在老叶上出现暗绿色的水浸斑，随后斑点迅速扩大，有时在下部表皮会出现白色绒毛状的病菌。茎部受害时能形成和叶片上同样的水浸状褐色病斑。果实染病初呈油浸状暗绿色、水浸状的斑点，后变成暗褐色至棕褐色，在潮湿的条件下，果实表面会长出绒毛状的白色菌丝体。

药剂防治：50%安克（烯酰吗啉）可湿性粉剂：30~40g/（次·亩），50%露（霜脲氰/恶唑酮菌）可湿性粉剂：40~50g/（次·亩），75%百菌清可湿性粉剂140~180g/（次·亩），70%代森锰锌可湿性粉剂500倍液。

（5）番茄茎基腐病

症状：茎基腐病主要为害大苗或定植后番茄的茎基部或下主侧根，病部初呈暗褐色，后绕茎基或根茎扩展，致皮层腐烂，地上部叶片变黄，果实膨大后因养分供不应求逐渐萎蔫枯死。

药剂防治：72.2%普力克水剂600倍液。

（6）番茄疫霉根腐病

症状：发病初期在茎基部或根部产生棕褐色斑，逐渐扩大后凹陷，发病严重时，茎基部及几乎所有的根都被病斑环绕。地上部分逐渐枯萎死亡，纵剖茎基或根部，导管变为深褐色。

药剂防治：72.2%普力克水剂600倍、25%瑞毒霉可湿性粉剂800倍液。

（7）番茄绵疫病

症状：主要危害未成熟的果实。当与地面接触果实被侵染时，首先在近果顶或果肩部现出表面光滑的淡褐色斑，后逐渐形成深褐色同心轮纹状斑，皮下果肉也变褐。湿度大时，病部长出白色霉状物，果实易脱落。

药剂防治：72.2%普力克水剂600倍液、72%的杜邦克露可湿性粉剂700~800倍液、58%甲霜灵锰锌500倍液、96%的安克锰锌可湿性粉剂1000倍液。

（8）番茄叶霉病

症状：该病主要为害叶片，少见为害茎、花和果实。叶片染病，叶正面出现不规则形或椭圆形淡黄色褪绿斑，叶背病部初生白色霉层，后霉层变为灰褐色或黑褐色绒状，即病菌分生孢子梗和分生孢子。条件适宜时，病斑正面也可长出黑霉，随病情扩展，叶片由下向上逐渐卷曲，植株呈黄褐色干枯。果实染病，果蒂附近或果面形成黑色圆形或不规则形斑块，硬化凹陷，不能食用。嫩茎或果柄染病，症状与叶片类似。

药剂防治：75%百菌清可湿性粉剂 140～180g/（次·亩），80%代森锰锌可湿性粉剂 130～150g/（次·亩），25%阿米西达（嘧菌酯）悬浮液 30mL/（次·亩）。

（9）番茄白粉病

症状：为害番茄叶片、叶柄、茎及果实。初在叶面现退绿色小点，扩大后呈不规则粉斑，上生白色絮状物，即菌丝和分生孢子梗及分生孢子。初期霉层较稀疏，渐稠密后呈毡状，病斑扩大连片覆满整个叶面。有的病斑发生于叶背，则病部正面出现黄绿色边缘不明显斑块，后整叶变褐枯死。

化学防治：20%百克敏乳剂（唑菌胺酯）38～57g/（次·亩），40%灭克落水溶性粉剂（腈菌唑）12～20g/（次·亩），50%硫黄悬浮剂 200～300 倍液。

（10）番茄细菌性斑疹病

症状：主要为害叶、茎、花、叶柄和果实，尤以叶缘及未成熟果实最明显。叶片染病，产生深褐色至黑色斑点，四周常具黄色晕圈。叶柄和茎染病，产生黑色病斑。未成熟果实染病，在青果表面出现暗绿色晕圈，在成熟的果实上引起黑色突起病斑，病斑仅限于果实表面，不向果实深处蔓延。

药剂防治：77%可杀得（氢氧化铜、冠菌铜）悬浮液 400～500 倍液，50%的琥胶肥酸铜可湿性粉剂 500 倍液。

（11）番茄疮痂病

症状：叶、茎、果实均可染病。在田间，老叶首先出现水浸状、暗绿色的环形斑点，扩大后形成边缘明显的褐色病斑，四周具黄色环形窄晕环，内部较薄，具油脂状光泽。茎部染病呈现水浸状暗绿色至黄褐色不规则病斑，病部稍隆起，裂开后呈疮痂状。果实染病主要为害幼果和青果，初生圆形四周具较窄隆起的白色小点，后中间凹陷呈暗褐色或黑褐色的边缘隆起的疮痂状病斑。

防治方法：见细菌性斑疹病的防治。

（12）番茄病毒病

症状：该病在各番茄产区都有发生，主要症状有：①花叶型：叶片上出现黄绿相间，或深浅相间斑驳，叶片不变形，植株不矮化。②条斑型：可发生在叶、茎、果上，病斑形状因发生部位不同而异，叶脉坏死或散布黑色油浸状坏死斑。顺叶柄蔓延至茎秆，初生暗绿色下陷的短条纹，后变为深褐色下陷的坏死条斑果实上产生不同形状的褐色病斑块。③蕨叶型：由上部叶片开始叶肉组织退化而形成扭曲的线状叶片，中、下部叶片微卷，植株丛生矮化。

防治方法：染病植株通常无法治愈，因此预防和阻止蔓延是控制病害的根本。通常采用以农业防治为主的综合防治措施。

使用无病毒种子，或对种子进行处理。播种前用清水浸种 3～4h，再放入 10%磷酸三钠溶液中浸 0.5h，捞出后用清水冲净再催芽播种或晾干后播种；发生过严重病毒病的农田，与非寄主作物实行 5 年以上轮作；进行农事操作时，接触过病株的手，要用肥皂水洗擦，工具浸于 10% 福尔马林中消毒；及时进行虫害、杂草防治。

2. 生理性病害及防治

（1）脐腐病

症状：属生理性病害。仅发生在果实上。初在幼果脐部出现水浸状斑，后逐渐扩大，至果实顶部凹陷，变褐，通常直径 1~2cm，严重时扩展到小半个果实；后期遇湿度大腐生霉菌寄生其上现黑色霉状物。多发生在第一、二穗果上，同一花序上的果实几乎同时发病，病果提早变红失去商品价值。

防治方法：选择土壤肥沃、排水良好、盐碱含量低的农田；灌水时做到适时、均匀，尽量避免土壤忽干忽湿；避免施用氮肥过多，更应防止一次大量施用；在番茄初花期叶面喷施 1% 的过磷酸钙或 0.5% 氯化钙，间隔 7~10d 一次，共 2~3 次。

（2）日灼

症状：属生理性病害。主要危害果实，多发生在果实膨大期，果实向阳面长时间受强光照射后，呈白色的革质状，后变为黄褐色斑，干缩变硬后有凹陷，果实失去商品价值。

防治方法：采用合适的株行距；长势弱、叶系覆盖稀疏的加工番茄品种，适当增加种植密度。长势强、叶系覆盖稠密的品种，适当增加株行距；大量坐果后，尽量不要翻动枝蔓，让枝叶自由生长，使果实不暴露在阳光下。

（3）番茄生理性卷叶

症状：番茄采收前，叶片叶缘向上卷，或呈筒状，变脆，致果实直接暴露于阳光下，影响果实膨大，或引起日灼。

防治方法：选用适应性好的品种；适时灌溉。确保土壤水分充足。

（4）番茄营养元素功能及缺素症状表现

番茄在生长发育过程中需要吸收多种营养元素，由于不合理的耕作制度和施肥管理技术，使土壤理化性状发生变化，造成土壤中某种矿物元素含量过多或缺少，导致生理障碍而引起生长异常。加工番茄某些营养成分缺乏的症状表现见表9-6。

3. 主要虫害及防治

为害新疆加工番茄产区的主要虫害是苗期的小地老虎和结果期的棉铃虫，这两种害虫，在虫源基数大的情况下，对加工番茄生产潜在的威胁较大。

（1）小地老虎

学名：*Agrotis ypsilon Rottemberg* 鳞翅目，夜蛾科。

表9-6　加工番茄营养元素缺乏的症状表现[6]

营养元素	症状表现	营养元素	症状表现
氮	植株矮小，枝叶浅绿色，老叶退绿植株或已枯萎	铜	叶变为蓝绿色且卷曲，植株矮小且退绿
磷	茎、叶脉、叶柄变为微红红紫色	铁	上部叶片黄化，嫩叶叶脉间退绿
钾	老叶脉间退绿，叶缘卷曲或呈烧灼状	锌	叶脉间退绿
钙	嫩叶畸形，边缘呈黄色到褐色	硼	生长点变黄并死亡，叶渐成斑驳状
锰	嫩叶叶脉间退绿	钼	老叶变黄且叶缘卷曲
镁	老叶脉间退绿，嫩叶卷曲，易碎、干枯	硫	老叶变为浅绿色，茎部木质化且细长

为害特点：幼虫将番茄幼苗近地面的嫩茎部咬断，造成缺苗。3龄前在地面、杂草或寄主幼嫩部位取食，3龄后白天潜伏在表土中，夜间出来为害。杂草多的田块，发生量多。

防治措施：

①早春在蛹大量羽化之前，及时铲除地边杂草，集中烧毁，消灭虫源。②人工捕捉。发现小地老虎危害症状时，可在早晨扒开断苗附近的表土，人工捕捉幼虫。③诱杀成虫。一是，黑光灯诱杀成虫；二是，用糖醋液诱杀成虫；三是，毒饵诱杀幼虫，90%晶体敌百虫500g加水3～5kg与50kg炒香的棉籽饼、麦麸或油渣拌匀，撒在番茄被咬断苗的附近。④化学防治：地老虎1～3龄幼虫期抗药性差，且暴露在寄主植物或地面上，是药剂防治的关键时期。药剂有：5%溴氰菊酯或20%氰戊菊酯3000倍液。

（2）棉铃虫

学名：*Helicoverpa armigera Hubner*　鳞翅目，夜蛾科。

为害特点：以幼虫蛀食番茄植株的蕾、花、果，也啃食嫩茎和芽。但主要为害形式是蛀果，花蕾被蛀食后，2～3d后脱落。幼果、成果被蛀食后，雨水、病菌易侵入蛀孔引起腐烂、脱落，造成减产。

防治措施

①糖浆诱杀。利用糖浆液（糖6份∶醋33份∶酒1份∶水9份）煮沸冷却后加90%的敌百虫1份，在田间距地面80cm高度，每2～3亩地摆放一个糖浆瓶。天黑时将瓶盖打开，早晨收虫，将瓶口盖好。②灯光诱杀。在棉铃虫羽化高峰期，采用高压汞灯、频振式杀虫灯诱杀。③种植玉米诱集带集中诱杀。利用棉铃虫成虫喜欢在玉米喇叭口栖息和产卵的习性，在番茄周围提早种植玉米诱集带，集中在玉米诱集带上喷药防治。利用棉铃虫成虫对杨树叶挥发物具有趋性及喜欢白天在杨枝把内隐藏的特点，在成虫羽化、产卵时，将捆成束的杨树枝条摆放在田间诱杀成虫。每亩8束左右，清

晨用编织袋套住杨树枝把后，将棉铃虫成虫抖出，人工捕杀。④化学防治。化学药剂防治的关键时期是在孵化盛期至 1~2 龄幼虫期，即幼虫尚未蛀入果内时施药防治效果最好。药剂有：2.5% 的溴氰菊酯乳油 2000~3000 倍液，15% 的杜邦安打 3000~4000 倍。

（3）蚜虫

学名：*Myzus persicae and others*　同翅目，蚜科。

为害特征：以成虫或若虫群栖于植物叶背面、嫩茎、生长点上，用针状刺吸口器吸食植株的汁液，当植株很小而蚜虫很多时，造成植株生长延缓，严重时植株停止生长，甚至全株萎蔫枯死。蚜虫为害时排出大量水分和蜜露，滴落在下部叶片上，引起霉菌病发生，使叶片生理机能受到障碍，减少干物质的积累。但其更大的危害在于可从杂草或其他植物将黄瓜花叶病毒传给番茄。

防治措施：

①黄板诱杀。在蚜虫大量迁飞期，将做好的黄板用包裹好，用黄油正反两面涂抹均匀，插在距离地面 1.5m 左右的番茄地四周，定期更换塑料薄膜。②化学防治。2.5% 氯氟氰菊酯每亩用 12~18mL/亩，加水 50kg 喷雾；或 2.5% 溴氰菊酯乳油，10~20mL，对水 25~50kg 喷雾；或 20% 氰戊菊酯乳油 15~30mL/亩进行防治。

（4）马铃薯甲虫

学名：*Leptinotarsa decemlineata*（*Say*）　别名科罗拉多马铃薯甲虫（Colorado potatobeetle），简称科罗拉多甲虫（CPB），或马铃薯叶甲，鞘翅目，叶甲科。

为害特征：可为害马铃薯、番茄、茄子等，以成虫和幼虫危害叶片和嫩尖。主要以成虫和 3~4 龄幼虫暴食寄主叶片，为害初期叶片上出现大小不等的孔洞或缺刻，其继续取食可将叶肉吃光，留下叶脉和叶柄。尤其是马铃薯始花期至薯块形成期受害，对产量影响最大，严重的造成绝收。马铃薯甲虫为害通常是毁灭性的，以成虫和幼虫危害马铃薯叶片和嫩尖。

防治措施：

①人工捕捉。越冬马铃薯甲虫出土比较集中，且多在早、晚两个时间段为害。活动能力较弱。根据上述特点，在春季该虫开始出土后的一周内，每日早晚人工捕捉成虫，除去所有卵块，可达到事半功倍的效果。②生物防治。目前，应用较多的苏云金杆菌制剂 600 倍液。③化学防治。2.5% 功夫乳油 1500~2000 倍液，25% 阿克泰水分散粒剂 7500 倍液。

五、无公害加工番茄生产基地质量标准

（一）土壤环境质量要求

无公害加工番茄生产基地的土壤应卫生、无病虫寄生、不含有害物质。严格执行

中华人民共和国 GB/T18407.1—2001 土壤环境质量标准见表9-7。

表9-7 土壤中各项污染物的含量限度 （单位：mg/kg）

耕作条件	旱田		
pH	<6.5	6.5~7.5	>7.5
镉	0.30	0.30	0.40
汞	0.25	0.30	0.35
砷	25	20	20
铅	50	50	50
铬	120	120	120
铜	50	60	60

（二）灌溉用水质量标准

无公害加工番茄产地农田灌溉用水执行中华人民共和国 GB5084-92 二级标准，灌溉用水中各项污染物的浓度限值见表9-8。

表9-8 农田灌溉水中各项污染物的浓度限值 （单位：mg/L）

项目	浓度质量
pH	5.5~8.5
总汞	0.001
总镉	0.005
总砷	0.05
总铅	0.1
六价铬	0.1
氟化物	2.0
粪大肠菌群	10000（个/L）

（三）产地环境质量标准

无公害加工番茄生产基地的大气环境执行中华人民共和国 GB/3095-1996 二级标准 5084-92 二级标准（表9-9）。

表 9-9　空气中各项污染物的浓度限值

项目	浓度限值（mg/m³）	
	日平均	1h 平均
总悬浮颗粒物（TSP）	0.30	—
二氧化硫（SO₂）	0.15	0.50
氮氧化物（NO$_x$）	0.10（μg/m³）	20（μg/m³）
氟化物（F）	1.8 [μg/（dm²·d）]（挂片法）	

注：① 日平均指任何 1 日的平均浓度；② 1h 平均指任何 1h 的平均浓度；③ 连续采样 3 天，1 日 3 次，早、中和晚各 1 次；④ 氟化物采样可用动力采样滤膜法或用石灰滤纸挂片法，分别按各自规定的浓度限值执行，石灰滤纸挂片法挂置 7 天。

第四节　展　望

中国加工番茄产业经过近三十年的发展，成为全球最适宜种植加工番茄的三大区域之一。随着膜下滴灌节水技术在加工番茄生产中推广应用，减少水分深层渗漏，缓解了资源的紧缺，有效提高了水资源的利用率和土地利用率；实现了精准施肥，极大地提高了中国加工番茄种植管理水平；使加工番茄产量稳步提高，减少了病虫害的发生与传播，提高了原料质量。目前，膜下滴灌技术除在新疆加工番茄生产中大面积推广。甘肃河西走廊地区和内蒙古河套地区为中国另外两大加工番茄产区，其自然状况，农业生产条件和特点与新疆相类似，水资源短缺且春旱严重，因此，膜下滴灌技术在这些省区推广应用，必将促进该地区农业现代化发展。

另一方面，滴灌节水技术在加工番茄生产中的应用，可有效促进传统农业向精准农业和产业化转变；降低了劳动者的劳动强度，提高了人均管理定额及劳动生产率，实现了农业增效、农民增收。

随着加工番茄秧苗移栽机械、采收机械等农业机械在加工番茄上的应用，与节水灌溉、精准施肥技术集成应用，必将促进中国加工番茄产业由传统农业向现代农业转型升级，促进中国加工番茄生产现代化，增强中国加工番茄产业综合国际竞争力，促进中国加工番茄产业健康可持续发展。

参 考 文 献

［1］杜永臣．美国加工番茄的生产［J］．中国蔬菜，2001（5）：55-56.

［2］新疆统计局．新疆统计年鉴（2005—2011年）［M］．北京：中国统计出版社．

［3］世界加工番茄联合会（WPTC）

［4］和瑞．143团加工番茄膜下滴灌的经济效益浅评［J］．科技信息，2007（33）：304，314.

［5］Blaine Hanson，Tim Hartz. Vegetable Research and Information Center. 2009，5（11）：1-11.

［6］J. C. Watterson，tomato diseases，Petoseed Co.，Inc.

附表 1　新疆屯河番茄制品公司推荐使用农药及使用方法

防治类别	序号	中文商品名称	英文名称	中文通用名	剂型	防治对象	允许作用剂量（每亩用量）	每次应用亩最大剂量（每亩用量）	最后使用时间	使用次数（次/生育期）	稀释倍数（倍）
杀虫剂	1	天王星	Bifenthrin	联苯菊酯	10%乳油	棉铃虫等鳞翅目害虫	10~15mL	20mL		1~2	1500
	2	敌杀死	Deltamethrin	溴氰菊酯	2.5%乳油		30~40mL	50mL		1~2	1000~1200
	3	杜邦凯恩	Indoxacarb	茚虫威	15%可湿性粉剂		10mL	15mL		1~2	3500~4000
	4	绿福	cypermethrin	高效氯氰菊酯	4.5%乳油		15~25mL	30mL		1~2	600~800
	5	除虫菊酯	pyrethrins	除虫菊酯、茉莉菊酯	乳油	蚜虫	30~40g	50g	收获前30d	1~2	1000~1500
	6	啶虫脒	Acetamiprid	啶虫脒	3%乳油, 3%可湿性粉剂		20mL/20g	25mL/25g		1~2	1500~2000
	7	艾美乐	Imidacloprid	吡虫啉	70%干悬浮剂		3g	5g		1~2	3000
	8	吡蚜酮	pymetrozine	吡啶类杀虫剂	25%可湿性粉剂		40~50g	50g		1~2	1000~1500
	9	康福多	Imidacloprid	吡虫啉	20%可溶剂		50mL	50mL		1~2	随水滴施
杀菌剂	10	阿米西达	Azoxystrobin	嘧菌酯	25%悬浮剂	早疫、根腐、晚疫	15~20mL	25mL		1~2	800~1000
	11	百菌清	Chlorothalonil	百菌清	75%可湿性粉剂	真菌病害等保护剂	70~120g	150g		1~2	700~1000
	12	克露	Cymoxanil+mancozeb	霜脲氰	72%可湿性粉剂	晚疫病、根腐、茎基腐	80g	100g		1~2	800~1000
	13	可杀得	Copper hydroxide	氢氧化铜	75%可湿性粉剂	真菌、细菌病害等	50~60	100g		1~2	800~1000
	14	世高	Difenoconazole	苯醚甲环唑	10%干悬浮剂	早疫、根腐、晚疫	10g	25g		1~2	1000
	15	安克	Dimethomorph	烯酰吗啉	50%可湿性粉剂	晚疫、根腐	15~20g	30g		1~2	1500
	16	易保	Famoxadone+Mancozeb	恶唑菌酮	68.75%干悬浮剂	早疫病	30~40g	50g	收获前15d	1~2	1000
	17	适乐时	Fludioxonil	咯菌腈	2.5%SC种衣剂	根腐、茎基腐	10mL/拌5~10kg种子	—		1	500~1000
	18	普力克	Propamocarb	霜霉威	72.2%水剂	根腐疫霉、早疫	20mL	60mL		1~2	2000
	19	氢氧化铜	copper. hydroxideo	可杀得2000	75%可湿性粉剂		50~60	100g		1~2	800~1000
	20	代森锰锌	Mancozeb	代森锰锌	70%可湿性粉剂	早疫	100~120g	150g		1~2	600~800

防治类别	序号	中文商品名称	英文名称	中文通用名	剂型	防治对象	允许作用剂量（每亩用量）	每次应用亩最大剂量（每亩用量）	最后使用时间	使用次数（次/生育期）	稀释倍数（倍）
杀螨剂	21	绿晶印楝	Azadirachtin	绿晶	乳油		20~25mL	25~30mL		1~2	500~600
	22	毕芬宁	BIFENTHRIN	天王星、虫螨灵、毕芬宁	2.5%乳油		10mL	20mL	收获前30d	1~2	8000~10000
	23	灭多威	Methomyl	万灵、快灵、灭虫多	20%乳油		80~100mL	120mL		1~2	2500~3000
	24	除虫菊酯	pyrethrins	除虫菊酯Ⅰ、Ⅱ、瓜菊酯Ⅰ、Ⅱ、茉莉菊酯Ⅰ、Ⅱ	乳油		30~40g	50g		1~2	1000~1500
除草剂	25	杜邦宝成	rimsulfuron	杜邦宝成	25%干悬浮剂		5g	7.5g	收获前50d	1~2	2000~3000

第十章 制干辣椒膜下滴灌水肥高效栽培技术

第一节 制干辣椒膜下滴灌生产概况[1]

辣椒原产中南美洲，17 世纪传入中国。目前，辣椒是中国仅次于大白菜的第二大蔬菜作物。20 世纪 90 年代以来，中国辣椒种植发展迅速，呈现基地化、规模化、区域化发展趋势。21 世纪以来，中国辣椒总产以年 9% 的速度增长。2003 年中国辣椒的种植面积增加到 1950 万亩，总产达到 2800 万 t，已占到世界辣椒生产面积的 35% 和总产的 46%。

中国是世界辣椒出口第一大国，2002 年，出口总量达到 91632t，占世界出口总量的 27%，每年出口量以 4.4% 的速度增长。出口产品为鲜椒、干椒及辣椒粉、辣椒油、辣椒酱、辣椒罐头等。其中，被国际上誉为"椒中之王"的陕西线辣椒，在 20 世纪 90 年代末年出口量占全国出口量的 50%。

制干辣椒（包括线椒、板椒、铁皮椒）作为一种蔬菜和调味品，近年来随着辣椒加工业的发展和消费市场的不断拓展，用于加工的辛辣类辣椒和干制用的红椒种植规模逐年扩大，大有超过鲜食辣椒数量之势。中国制干辣椒的种植主要分布在山东、河南、河北、贵州、湖南、四川、云南、甘肃、内蒙古和新疆等省区，年种植面积达 400 万~500 万亩，干椒年产量 80 万~100 万 t，居世界首位。

新疆作为中国辣椒产业的一支新军，种植始于 20 世纪 80 年代初，经过 10 多年的发展，年种植面积从 3 万~4 万亩发展到目前 50 多万亩，年产干椒近 20 万 t 的规模。占全国干椒产量的 1/6。新疆已成为中国制干加工型辣椒重要的生产出口基地，其产品除满足本国辣椒加工业的需求，还出口至韩国、日本及欧美等国，辣椒为产区农民脱贫致富发挥出越来越大的作用，成为新疆红色产业的重要支柱作物。

新疆种植的制干辣椒类型主要有线形椒、小羊角椒（板椒）和牛角椒（铁支椒）。

线椒在南北疆均有种植，是北疆地区种植的主要品种类型，占制干椒总种植面积的 40% 左右。小羊角椒和牛角椒主要分布在南疆焉耆垦区。

以膜下滴灌平铺直播栽培和育苗移栽为代表的辣椒种植新技术，经兵团第二师各植辣团场摸索已渐趋完善，并逐渐向地方各乡镇辣椒种植区扩展，新技术增产增效显著。2006 年膜下加压滴灌线椒最高单产达 930kg，板椒（韩国干椒）育苗移栽最高单产 800kg。2010 年辣椒育苗移栽种植面积 10 万亩。

第二节　制干辣椒膜下滴灌技术模式

一、膜下滴灌的特点

膜下滴灌栽培技术是地膜栽培技术与滴灌技术的有机结合，与常规灌溉方法相比具有以下优点。

1. 省水

滴灌是一种可控制的局部灌溉，可适时适量的灌水。水滴渗到作物根层周围的土壤中，供作物生长所需。实施覆膜栽培，抑制了棵间蒸发。滴灌系统又采用管道输水，减少了渗漏损失。所以，在作物生长期内，用水量比常规灌溉节水 40%～50%。

2. 提高肥料利用率

肥料随滴灌水流直接送达作物根系部位，易被作物根系吸收，提高了肥料的利用效率；可根据作物生长发育不同阶段对营养的需求，做到适时适量。试验研究结果证明，滴灌比沟灌肥料利用率提高 30% 以上。

3. 提高土地利用率

滴灌全部采用管道输水，代替了常规沟灌时需要的农渠、田间毛渠及埂子，可节省耕地 5%～7%。

4. 增产

能适时适量地向作物根区供应水肥，保持稳定的土壤湿度，不会造成土壤板结，为作物生长提供了良好的水分和养分条件，从而提高了作物的产量和品质。

5. 减轻病害发生

固定的滴水点阻断了病原菌随水传播的途径，降低了田间湿度，减轻了病害的发生与蔓延。

6. 省工

滴灌技术的应用，减少了田间人工作业（如浇水、锄草、修渠、平埂等），节省劳动力。

二、制干辣椒膜下滴灌推荐设计方案

1. 制干辣椒膜下滴灌设计与田间布局

（1）滴灌系统组成：滴灌系统由水源工程、首部枢纽（包括施肥阀、施肥罐、过滤器及分水配件、调压阀等）及输配水管网组成。

（2）水源工程：用地表水作为水源时，采用砂石+网式过滤器；采用地下水作为水源时，采用离心+网式过滤器。

（3）输配水管网：田间输配水管网由主干管、分干管、支管及毛管组成。主干管和分干管采用160mm、200mm、250mm等不同型号的PVC管，工作压力为0.4MPa，被埋在地下，属地下管网；地上管网为支管+毛管的形式，支管选用75mm、90mm的PE管；毛管选用单翼迷宫式滴灌带，规格为Φ16mm×300mm×0.2mm，额定工作压力0.1MPa。滴头流量1.8~2.0L/h。

（4）田间布局：干管沿条田地边长边布置，干管与支管呈垂直梳状布置，支管与毛管呈垂直对称分布。系统结构为水源（渠水）→加压提水设备（水泵）→首部装置（包括沉淀池、过滤器、施肥设施等）→主干管→分干管→支管→毛管。

2. 制干辣椒膜下滴灌株行距配置

线形椒膜下滴灌直播栽培种植模式：采用平铺地膜机械直播，采用120cm、145cm或205cm宽的地膜，常用的膜行配置有120cm+60cm（1膜2管4行），行距配置为25cm+50cm+25cm+60cm；145cm+60cm（1膜2管4行），行距配置28cm+50cm+28cm+60cm；205cm+60cm（1膜3管6行），行距配置为28cm+50cm+28cm+50cm+28cm+60cm）。种植模式见图10-1，图10-2。

板椒（羊角椒）直播栽培，机械平铺地膜，采用145cm的地膜，1膜2管4行种植模式。

板椒及色素椒（也叫铁皮椒）育苗移栽，机械平铺地膜，采用70cm的地膜，1膜1管2行的种植模式，行距配置（30~40）cm+（60~90）cm（图10-3）。

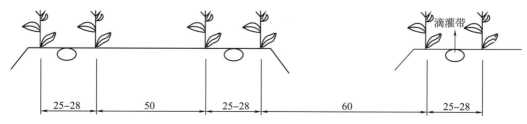

图10-1　线椒膜下滴灌1膜2管4行种植（单位：cm）

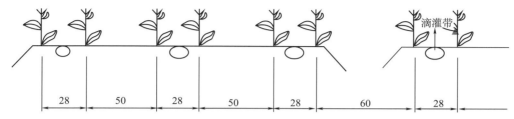

图 10-2　线椒膜下滴灌 1 膜 3 管 6 行种植模式图（单位：cm）

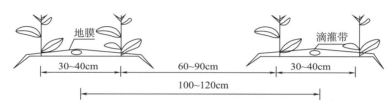

图 10-3　制干辣椒膜下滴灌 1 膜 1 管 2 行种植模式图

三、灌溉技术

1. 制干辣椒膜下滴灌需水规律

辣椒是茄果类中较耐旱的作物，一般小果类型辣椒品种特别是干椒比大果类型甜椒品种耐旱。辣椒在各生育期的需水量不同，种子只有吸收充足的水分才能发芽，幼苗植株需水较少，此时又值低温弱光季节，土壤水分过多，通气性差，缺少氧气，根系发育不良，植株生长纤弱，抗逆性差利于病菌侵入，造成大量死苗，故在幼苗期间以增温降湿为主。辣椒显蕾后植株生长量加大，需水量随之增加，此期内要适当浇水，满足植株生长发育的需要，但仍要适当控制水分。初花期，要增加水分，果实膨大期，是需水高峰期，要确保水分供应的充足。炎热季节，要注意培土覆盖保水，降温，加强灌溉增加水分的供应量。幼苗—初花期需水量约占全生育期的 25%，盛花期—盛果期需水量约占全生育期的 55%，果实红熟—采收期需水量约占全生育期的 20%。

2. 制干辣椒膜下滴灌灌溉制度

国内制干辣椒膜下滴灌栽培生产中确定每次的灌溉量，通常是看灌溉一定时间后，耕作层湿润的深度是否能满足未来一段时间内作物蒸腾和生长发育所需要的水分。每块滴灌条田每次灌溉时间的长短，取决于灌溉系统水泵的功率和出水量、灌溉区内滴头数量和流量、计划灌水的深度、土壤持水量等因素。

滴灌种植制干辣椒，全生育期需滴水 9~10 次。土壤墒情好、辣椒长势好，可适当推迟浇水时间，以降低果枝节位，全生育期滴水 10 次，间隔 7~10d 1 次，大量坐果以后，可 5~7d 滴 1 次水，灌水总量在 250m³/亩左右。直播后，滴水苗水（俗称干播湿出），滴水量控制在为 10~15m³/亩，育苗移栽后 5~7 d 滴 1 次缓苗水，滴水量控制在 15~20m³/亩。大量坐果后，滴水量可控制在 25~30m³/亩。

四、施肥技术

1. 制干辣椒膜下滴灌需肥规律

辣椒在不同生育阶段对养分的吸收不同，其中氮素随生育进展稳步提高，果实产量增加，吸收量增多。从出苗到现蕾，由于植株较小，根少，叶小，干物质积累较慢，因而需要的养分也少；从现蕾到初花期，植株生长加快，干物质积累量增加，对养分的吸收量增多；初花到盛果期，是营养生长和生殖生长旺盛的时期，也是吸收氮素养分最多的时期。磷的吸收量在不同阶段变幅较小。钾的吸收量在生育初期较少，从果实采收初期开始明显增加，一直持续到结束。钙的吸收量也随生长期而增加，若在果实发育期供钙不足，易出现脐腐病。镁的吸收高峰在采果盛期。苗期至初花期施肥量占总量的 30%~35%，盛花期至盛果期施肥量占总量的 50%~55%，果实开始红熟至采收施肥量占总量的 10% 左右。

2. 制干辣椒膜下滴灌施肥制度

辣椒的生长发育对 N、P、K 等肥料都有较高的要求，此外，还要吸收 Ca、Mg、Fe、B、Cu，Mn 等多种微量元素。每生产 1000kg 辣椒鲜果，约需吸收 N 3.5~5.5kg、P_2O_5 0.7~1.4kg、K_2O 5.5~7.2kg、Ca 2.0~5.0kg、Mg 0.7~3.2kg，N、P、K、Ca、Mg 吸收比为 1:2.5:1.31:0.9:0.4。

制干辣椒膜下滴灌栽培全生育期施肥总量尿素 32kg/亩，磷酸二氢钾 25kg/亩，共随水施肥 8 次，苗期至开花初期施肥量为：尿素 3kg/亩左右，磷酸二氢钾 2kg/亩左右，盛花期至盛果期施肥量为：尿素 5kg/亩左右，磷酸二氢钾 4kg/亩左右，果实开始红熟至采收施肥量为：尿素和磷酸二氢钾 3kg/亩左右。

第三节　制干辣椒膜下滴灌水肥高效栽培技术模式

农业生产的效益取决于土壤的肥沃程度、气候因素及管理水平等因素，从选地到整地，再到田间管理等过程将会直接决定辣椒的产量。制干辣椒单位面积产量由单位面积收获株数、单株坐果数和平均单果重量构成，下面的栽培模式以亩产 450~500kg

干椒为目标产量。

一、制干辣椒品种

随着制干辣椒种植面积和影响力的逐步扩大，一些国外知名企业如：圣尼斯、先正达、世农的品种先后引入中国，仅 2007 年在兵团第二师 7 个植辣团场种植的韩国干椒品种多达 30 余个。辣椒品种类型日益丰富。

（一）线形椒

多为常规品种，目前主栽品种为红安 8 号、红安 6 号，占该类型种植面积的 80%以上，由新疆隆平高科红安种业有限责任公司选育；此外陕西线椒品种陕椒 2001、陕椒 2003、陕椒 981、丰力 1 号等品种也有种植。年种植面积 15 万亩左右，主要分布在新疆焉耆垦区、阿克苏地区和喀什地区，是中国北部地区的主要种植类型。种植模式以宽膜平铺机械直播滴灌种植为主。每亩种植密度 15000～22000 株，其平均干椒产量450～500 kg。

（二）小羊角椒（板椒）

品种来源渠道多，目前，以韩国杂交品种为主，品种有大将、顶上、红海、雅坪、红龙 13 号、先正达的火鹤 3 号，北京海花公司的海丰 35 等品种。年种植面积 24 万～30 万亩左右，主要分布在新疆南疆焉耆垦区，北疆地区也已开始大面积种植。种植模式以穴盘育苗移栽和机械精量点播方式为主。每亩种植密度 4000～6000 穴，每穴双株，其平均干椒产量 500kg。

（三）制干甜椒（铁皮椒）

国际通用名 PAPRIKA，从美国和墨西哥引进，现多为引进品种的自留种后代，年种植面积 9.9 万亩左右，主要分布在新疆南疆焉耆垦区、喀什地区，焉耆垦区是国内最大的 PAPRIKA 辣椒产区。种植模式以穴盘育苗移栽和机械精量点播方式为主。每亩种植密度 3700～4500 穴，每穴双株，其平均干椒产量 400kg 左右。

二、制干辣椒膜下滴灌栽培方式

1. 直播栽培

目前，生产中一般采用机械直播栽培和育苗移栽两种栽培方式。采用机械平铺地膜平畦直播，可实现铺膜、铺滴灌带、播种、覆土一次完成。线形椒直播，株距 8～10cm，每穴单株，株距 10～15cm，每穴双株，每亩理论株数为 1.8 万株左右；播种深度 1.5cm，覆土厚度 1cm，亩播量 0.8～1kg。

板椒（羊角椒）平畦滴灌直播栽培，株距 18～20cm，每穴双株，每亩理论株数为

1.2 万 ~ 1.3 万株；播种深度 1.5 ~ 2.0cm，覆土厚度 1.0 ~ 1.5cm，每穴 8 ~ 12 粒种子，亩播量 800 ~ 900g。播种时可带磷酸二铵 10 ~ 15kg／亩作种肥。

2. 育苗移栽

生育期长的羊角椒和铁皮椒，均采用穴盘育苗移栽方式种植，一般在 3 月初温室穴盘播种，4 月 15 日 ~ 5 月上旬移栽，苗龄 50 ~ 60d。铁皮椒株距 25 ~ 30cm，每穴双株，每亩理论株数为 8000 ~ 9000 株。板椒株距 18 ~ 20cm，每穴双株，每亩理论株数为 1.2 万 ~ 1.3 万株。

制干辣椒育苗方法及苗期管理参考加工番茄穴盘育苗部分。

三、土地选择与播前准备

1. 土地选择

选择土层深厚，保水、保肥力强，盐碱轻，2 ~ 3 年内未种过茄果类作物的地块。前茬以小麦、瓜类、豆类作物为好。秋耕秋灌，入冬前机力平地。播种前土地一定要整平、整实，否则，会造成播种深度不一致，影响出苗。

2. 杂草控制

播种前用 48% 氟乐灵每亩 120 ~ 150g 或施田补 100 ~ 120g 加水 40 ~ 45kg，进行土壤封闭，喷药时避免阳光直射，做到喷药不重复不漏施，及时耙地。铺膜至点种时需相隔 7d 以上。或播种前用金都尔 50 ~ 60mL／亩，兑水 50kg 进行土壤封闭，喷药一定要均匀，做到不重不漏，喷后及时耙地，提高灭草效果，耙地混土 24h 后方可进行播种。

四、播种

1. 播种期

5cm 地温稳定在 10℃ 以上，适宜的播种期北疆地区 3 月底至 4 月中旬，南疆地区在 3 月中旬至 4 月上旬，因辣椒种子小，吸水膨胀缓慢，不易烂种，在气候允许的条件下，一般应适期早播。

2. 播种量

线椒亩播种量 800 ~ 1000g，根据播种技术和采用的播种机械的不同进行调整。板椒播种量为 600 ~ 800kg／亩。

3. 播种方式

膜上滚筒点播，线椒穴距 8 ~ 10cm，羊角椒穴距 30 ~ 33cm，播种深度 1.5cm，上覆 1.0cm 厚细土。因种子量少，需要辅料配比，经生产试验，适宜的播种配比为：1kg 种子+14kg 磷肥（含磷 12%），可确保苗齐苗壮。出苗时要及时破除板结（特别是在雨后要及时破除板结），防止幼苗被闷死。

滴灌带随机铺入，播后需及时连接滴灌管网，土壤墒情差的地块应及时滴水。

五、苗期管理

（一）间苗、定苗

苗出齐后，4~5片真叶时进行定苗，一般应在5月10日前结束，9~10cm穴距的单苗留苗。10~12cm穴距按1株、2株、1株或双株留苗。亩留苗株数视地块肥力品种而定，中等肥力地块（红安六号），亩留苗株数2.0万~2.2万株；地块肥力好（红安八号）亩留苗株数1.6万~1.8万株。可根据亩留苗数来确定株距。采用205cm的宽膜种植时，要注意留苗密度，生长势旺的品种一定要控制种植密度，中间行应较边行稀，以防止徒长和过于郁蔽造成空秧。

（二）中耕

直播出苗显行后或移栽苗返青后可立即进行第一次中耕，深度15~18cm。直播田定苗结束后进行第二次中耕，深度15~20cm，单行工作幅宽30~35cm，全生育期中耕2~3次。以增加土壤通透性，提温保墒，防除杂草，粗壮苗早发。

（三）防治地上、地下害虫

辣椒出苗后，地老虎、烟青虫、蓟马开始危害幼苗，此时应注意观察，发现害虫及时灭除。每亩喷施来福灵25~30g药进行防治。地老虎采用毒饵诱杀。

（四）水肥管理

1. 施肥

全生育期施肥约80kg，N∶P∶K=1∶0.8∶1.13，其中结合秋耕亩施入尿素10kg/亩，46%的过磷酸钙20kg/亩，硫酸钾5kg/亩。其余部分由滴灌随水施入，滴灌用肥主要为尿素和磷酸二氢钾或辣椒专用滴灌肥。花果期结合防治食心虫叶面喷施磷酸二氢钾、硼肥促进开花坐果。

2. 滴水

采用滴灌栽培的全生育期需滴水9~10次。土壤墒情好、辣椒长势好，可适当推迟浇水时间，以降低果枝节位。一般间隔7~10d滴水一次，灌水总量在250m³/亩左右。在植株生长期遇高温干旱气候，早晚小水勤浇，抑制辣椒病害的发生。成熟期根据种植地区气候情况，适当控制浇水，减少水分的供应量，促进果实成熟，避免植株贪青晚熟。

滴水时间和施肥时间依据辣椒生长的特点进行，主要是苗期、开花期、坐果期、果实膨大期、成熟期，具体指标见下表。

线椒滴灌种植滴水与施肥参考表

滴水时间	5月下旬	6月上旬	6月中旬	6月下旬	7月上旬	7月中旬	7月下旬	8月上旬	8月中旬	8月下旬	合计
滴水量（m³/亩）	20	20	30	30	30	30	25	25	20	20	250
尿素量（kg/亩）	3	3	3	5	5	5	5	3	0	0	32
磷酸二氢钾量（kg/亩）	2	2	3	3	4	4	4	3	0	0	25

（五）化学调控

培育壮苗，加强肥水管理，增强植株的抗逆性。在管理过程中，采取以"促根、保根、发根、壮根"为中心的管理技术措施，防止落花、落果。

对辣椒进行合理的化学调控，可降低植株高度，缩短节间长度，增粗茎秆，并有利通风透光，叶片增厚，叶绿素含量增加，也可提高根系吸收水分和养分的能力。增强植株抗逆性，塑造稳健的株型，达到高产优质的目的。长势稍旺的地段，可在现蕾期用缩节安喷施化控，一般喷一次即可；长势过旺地段在开花初期进行第二次喷施。喷量约 1~2g/亩，兑水 15kg/亩。

（六）病虫害综合防治

线椒是辣椒品种中抗病较强的品种类型，与其他辣椒品种相比，发病种类少，发病程度轻。主要常见病害有病毒病和疫病，虫害有小地老虎、蚜虫、烟青虫和棉铃虫。在病虫害防治上以防为主，通过强化栽培管理和生物防治减少病虫害的发生。

1. 虫害防治

（1）地老虎

为害症状：幼虫将辣椒幼苗近地面的茎部咬断，使整株死亡，造成缺苗断垄。

综合防治：①农业防治。秋翻、春翻地时清除田边及周围杂草，可有效防止地老虎成虫产卵及杀死虫卵。②诱杀防治。利用糖醋液诱杀成虫，投放毒饵可诱杀幼虫。③化学防治。地老虎 1~3 龄幼虫期喷药防治效果最佳，一般选用 20% 杀灭菊酯或 2.5% 敌杀死连续喷施 2 次，2 次间隔时间 7d。

（2）蚜虫

为害症状：以成虫及若虫在叶背和嫩茎上吸食作物汁液，被寄叶部变黄、蜷缩、嫩茎弯曲，植株生长受抑制，此外，蚜虫是传播辣椒病毒病的主要虫媒。

综合防治：①加强预测预报工作，及时发现田间迁飞蚜时间和发生数量；②保护天敌，当天敌和蚜虫数量之比在1∶500以下时，采用物理防治方法如黄板诱蚜、清除田间杂草等诱蚜防治；③药剂防治，5％啶虫脒1000～1500倍液、10％蚜虱净（吡虫啉）可湿性粉剂2000～3000倍液，或50％抗蚜威2000倍液喷雾。

（3）棉铃虫

为害症状：其幼虫蛀食果实、花、芽、叶及嫩茎，果实被蛀引起腐烂而大量落果是造成减产的主要原因。

综合防治：①田边种植玉米诱集带，能减少田间棉铃虫和烟青虫的产卵量；②二代虫卵孵化高峰初期，药剂防治，在孵化盛期至2龄盛期，即幼虫尚未蛀入果内的时期施药，喷施菊酯类杀虫剂如：2.5％敌杀死2000倍液或功夫3000倍液。结合叶面施肥连续防治2～3次，每次间隔7～10d。

（4）马铃薯甲虫

为害症状：此虫为检疫性害虫，主要寄生在茄科作物上，其中栽培的马铃薯是最适寄主，此外还可为害番茄、茄子、辣椒、烟草等，以幼、成虫为害番茄叶片和嫩尖，严重时可把叶片吃光，以成虫在土层中越冬，春后产卵于叶背。

综合防治：①加强检疫，严防人为传入，一旦传入要及早铲除；②与非寄主作物轮作，种植早熟品种，对控制该虫有一定作用，生物防治，目前使用较多的喷洒苏云金杆菌制剂600倍液；③药剂防治，选用菊酯类农药和艾美乐等低毒杀虫剂；④虫口密度低时，采用人工捕捉。

2. 病害防治

（1）辣椒猝倒病

发生时期：多发生在早春育苗床上。

为害症状：常见症状有烂种、死苗、猝倒。

发病条件：苗床低温高湿，日照不足，幼苗生长缓慢，不利于秧苗生长，这时，秧苗最易发病。

（2）辣椒立枯病

为害症状：刚出土幼苗及大苗均可发病。多发生于育苗中后期。病苗茎基变褐，后病部缢缩，茎叶萎垂枯死；稍大幼苗白天萎蔫，夜间恢复，当病斑绕茎一周时，幼苗逐渐枯死，但不呈猝倒状。病部初生椭圆形暗褐色斑，具同心轮纹及淡褐色蛛丝状霉。

药剂防治：苗期猝倒病、立枯病主要用75％百菌清，或50％多菌灵，或65％代森锰锌，或72.2％普力克水剂结合苗期叶面施肥喷施2～3次，间隔7d左右。

（3）辣椒疫病

为害症状：在幼苗期和成株期均可发病。苗期：主要危害根和茎基部，易造成幼苗猝倒；成株期：多在茎基部和枝杈处发病，病斑部位皮层腐烂、缢缩，与周围健康组织分界明显；根系：被感染后变成褐色，皮层腐烂，导致植株干枯死亡。叶片：受害病斑暗绿色，病斑圆形或近圆形，边缘黄绿色，中央暗褐色。果实：果实发病，多从蒂部开始，暗绿色，边缘不明显，扩大后可遍及整个果实，潮湿时产生白色霉晕。

综合防治：① 农业防治：辣椒收获后及时清洁田园，集中烧毁病残体，减少病原。加强轮作倒茬，与十字花科、豆科蔬菜轮作，杜绝与茄科类、瓜类连作。② 药剂防治：可用58%甲霜灵锰锌、甲基托布津、植病灵、杀毒矾等600倍液，每隔7d喷1次，连喷2~3次，交替使用药剂可有效控制病害扩散蔓延。

（4）辣椒病毒病

病毒病是影响中国辣椒生产的主要病害，世界分布广泛。辣椒病毒病发病率高、蔓延快，一般减产30%左右，严重的高达60%以上，甚至绝产。成为辣椒生产的主要限制因素。

为害症状：主要症状有花叶、蕨叶和条斑型。花叶表现为出现绿、浅绿镶嵌的斑驳，叶面凸凹不平，叶脉皱缩畸形，植株生长缓慢，果实变小，严重矮化。

发生规律：本病主要由烟草花叶病毒（TMV）和黄瓜花叶病毒（CMV）引起，其中烟草花叶病毒可由种子和土壤带毒，农事活动是田间传播的主要途径；黄瓜花叶病毒由蚜虫或农事活动传毒，多种茄科、菊科多年生植物是该病毒的越冬寄主和桥梁寄主。

药剂防治：病毒灵500倍液、植病灵乳剂1000倍、辣椒专用型菌毒克星，每隔7~10d喷施1次，可结合叶面肥连喷3次，交替使用。

（5）细菌性叶斑病

为害症状：辣椒细菌性叶斑病主要为害叶片，成株叶片发病，初呈黄绿色不规则小斑点，扩大后变为红褐色、深褐色至铁锈色病斑，病斑膜质，大小不等。病健交界明显。扩展速度很快，严重时植株大部分叶片脱落。

农业防治：避免连作，实行2~3年轮作，避免大水漫灌。收获后及时清除病残体或及时深翻。

药剂防治：发病初期喷50%琥胶肥酸铜可湿性粉剂500倍液，或14%络氨铜水剂300倍液，或77%可杀得可湿性微粒粉剂400~500倍液，或72%农用硫酸链霉素4000倍液，每7~10d一次，连续防治2~3次。

参 考 文 献

［1］宋文胜，袁丰年，张新贵. 新疆制干加工辣椒产业概况及发展趋势［J］. 辣椒杂志，2010（3）：5-8.

第十一章　特色水果滴灌水肥高效栽培技术

第一节　红枣滴灌水肥高效栽培技术

一、枣树生产现状

枣树原产中国，因抗逆性强、早果速丰、营养丰富、用途广泛及兼顾经济和生态效益诸多优点，迎来了历史上发展最快、变化最大的时期，红枣产业已成为主产省区调整产业结构、改善生态环境、拓宽农民增收途渠道的支柱性产业[1]。

据《中国农业年鉴》统计资料：1979 年至 2008 年的 30 年间，中国枣树栽培面积达到 1999.5 万亩，总产量达到 300 万 t 以上，增长了近 7 倍，其中自 1994 年以来，红枣年均增长幅度超过 11%。红枣种植面积主要分布在河北、山东、河南、山西、陕西五省及新疆，占全国产量的 90% 以上。近年来，中国新疆红枣发展势头迅猛，正在成为新的枣树重点栽植区，据《新疆统计年鉴》统计资料，2010 年新疆红枣的种植面积达到 596.25 万亩，总产量达到 62.73 万 t 以上。

近年来，在棉花滴灌技术成熟运用的大背景下，中国红枣滴灌栽培技术已经悄然兴起，如陕北地区的山地红枣低压滴灌栽培，该技术集成了坡地降雨径流调控技术、山地红枣矮化密植栽培技术及修剪技术，形成了黄土高原山地红枣滴灌技术体系，使红枣平均产量较无灌溉条件增产 2~3 倍，较管灌条件下增产 30%~60%，且节水 36% 以上。新疆大部分地区采用的膜下滴灌直播建园技术，此技术的应用一是降低了灌溉定额，全年每亩节水 300m³；二是铺膜技术的应用大大降低了杂草的生长，有效地解决了大中型苗圃杂草防治的难题；三是大大降低了劳动力成本，每亩节约劳动成本 100 元以上；四是抑制了主根向下生长，促进了须根的生长发育，解决了原来红枣嫁接育苗工作中断根的技术难题，同时，也提高了枣树定植成活率；五是有效提高了水、肥、农药的利用率。甘肃河西走廊地区，近年来，引进新疆滴灌栽培技术，采用矮化密植，建立了滴灌红枣栽培示范基地。至 2010 年中国滴灌红枣的栽培面积 195 万亩左右。

二、枣树滴灌技术模式

（一）滴灌技术的特点

枣树滴灌条件下，可节水、节肥、节省劳动力成本，经济效益和生态效益显著。

滴灌技术能显著提高枣树产量和品质。一般可增产 50% 以上，一级果率提高 20% 左右；生育期提前 5~10d，有利赶早上市。

滴灌技术能大幅度降低投入成本。与常规灌溉相比，单位面积生产总成本降低 15%~20%，其中水、肥等生产要素投入量平均减少 20%~35%。

滴灌技术能改善土壤状况。灌水均匀度可达 90% 以上，克服了畦灌和淋灌可能造成的土壤板结，保持土壤良好的水汽状况。由于土壤蒸发量小，保持土壤湿度的时间长，土壤微生物生长旺盛，有利于土壤养分转化。

（二）枣树滴灌推荐设计方案

1. 枣树滴灌装置设计与田间布局

枣树滴灌可分为地面滴灌和地下滴灌两种。

目前，采用最多的是自压式软管滴灌系统，利用渠系自然落差产生的压力，通过塑料软管输水，以微水流进行灌溉的节水滴灌方式。系统具体布置为：渠水—沉淀池—过滤网—管—肥罐—支管—毛管（单管或双管）。该技术的优点是投入成本低，平均每年每亩投资 80 元左右，同时对水质要求不高，适应性广，适合在全区大多数农田推广应用。缺点是灌溉均匀度稍差，但控制好可与增压滴灌效果相同。地下滴灌虽应用面积不大，但应用效果良好，水分、养分直达根系主要分布区，节水、节肥效果明显，能解决滴灌条件下根系上浮问题，越冬抗性增强。但对水质要求高，对田间作业有一定影响。

如中国新疆生产建设兵团 224 团砂土地枣粮（棉、瓜）间作模式的灌溉设计为：

（1）枣树及作物的间作模式：两行枣树间种植 2m 宽小麦，红枣栽培株行距 1.5m×3m，如图 11—1 所示。

（2）灌水器的选择：枣树用滴灌管内径为 16mm，滴头间距 0.5m，滴孔额定流量 2.8L/h（额定压力 10m 水头），工作水头范围 8~20m。

套种作物用滴灌带内径 16mm，滴头间距 0.3m，滴孔额定流量 2.8L/h（额定压力 10m 水头），工作水头范围 8~16m，每两行枣树间铺 3 条滴灌带（间距 0.6m）。

（3）田间管网设置：滴灌管的长度确定与工作压力及滴头流量相关。根据上述的压力和滴头流量要求，一般滴灌毛管铺设长度以 85m 左右为宜。由于果树和套种作物

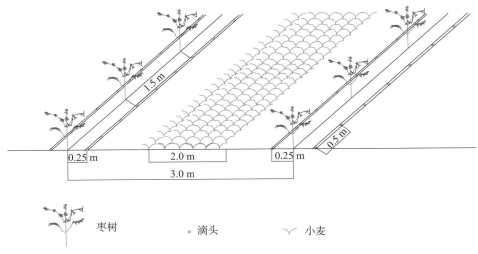

枣树　　　　　。滴头　　　　　︾ 小麦

图 11-1　枣树间种植小麦模式

生育周期不一样，地面管网需分设，各自独立运行。地下管网共用。

2. 枣树滴灌株行距配置

根据生产中应用较为普遍形式，滴灌枣树株行距配置常见的有：

高密度枣园模式：单行配置：（1.5～2.0）m×0.4m（图 11-2）；宽窄行配置：（1.5+0.75）m×0.4m。理论株数 1100～1480 株/亩（图 11-3）。

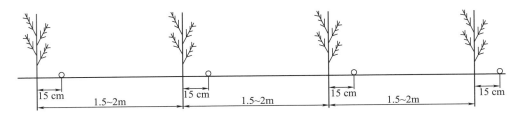

图 11-2　高密度枣园单行配置示意图

高密度枣间作打瓜模式：（1.5～2.5）m×0.4m。理论株数 833～1100 株/亩（图 11-4）。

中密度间作棉花模式：（3.0～4.0）m×0.4m。理论株数 416～555 株/亩；稀植间作棉花模式：（3.0～4.0）m×（1～1.5）m。理论株数 111～222 株/亩（图 11-5）。

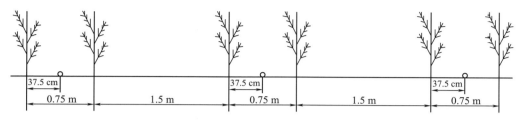

图 11-3　高密度枣园宽窄行配置示意图

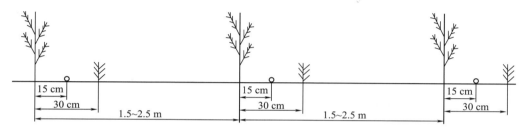

图 11-4　高密度枣园间作打瓜示意图

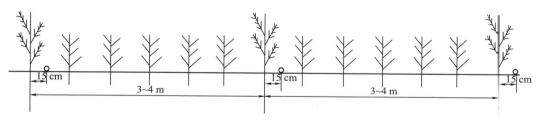

图 11-5　中密度、稀植枣园间作棉花示意图

（三）灌溉技术

1. 枣树滴灌的需水规律

枣树在生长季对水分的要求是比较多的。从发芽到果实开始成熟，土壤水分以保持田间最大持水量的 65%～70% 为最好。枣树在生长期中，特别是在生长的前期（花期和硬核前果实迅速生长期）对土壤水分比较敏感。当土壤含水量小于田间最大持水量的 55% 或>80% 时，幼果生长受阻，落花落果加重。在果实硬核后的缓慢生长期中，当含水量降低到 5%～7%（沙壤土）或田间持水量的 30%～50% 时，果肉细胞会失去膨压变软，生长停止，直到土壤水分得到补充后，果实细胞才恢复膨压，开始生长。此期缺少水分，容易使果实变小而减产并影响质量。特别是北方枣区，在枣树生长的前期，正处在干旱季节，更应重视灌水，以补充土壤水分的不足，促进根系及枝叶的

生长，减少落花落果，促进果实发育。

枣树滴灌需水规律，总的特点是随生育进程的渐进需水量增加，坐果期达到高峰，后熟期逐渐下降。一般萌芽期耗水占总耗水量的 13.9%，新梢生长期占 20.8%，花期占 25%，坐果期占 29.2%，后熟期占 11.1%，呈现阶段性差异。

新疆滴灌枣树萌芽阶段，正值气温低而不稳阶段，地上部植株生长相对较慢，叶面积小，植株蒸腾作用和土壤蒸发量不大。新梢生长期的外界气温稳定上升，植株营养体增长快，叶面积发展快，植株蒸腾作用和土壤蒸发量都随之加大，这一时期需水量有所增加。花后期至坐果期处在高温季节，营养生长与生殖生长旺盛，植株蒸腾强烈，田间耗水量最多。花期水分亏缺，会造成落花落果，尤其新疆大气干旱，不利于坐果，若根系分布层缺水，植株整体对水分缺乏更敏感，生殖生长会受到影响。所以，此期是枣树水分临界期，应及时灌水，并适当增加灌水量，缩短灌水间隔时间。到了枣后熟期，气温下降较快，植株叶面蒸腾减弱，耗水量降低。需土壤保持一定的水分，此期停水过早，会影响果实正常发育及落果；反之停水过晚，易造成越冬风险。枣树生育期耗水量及花期耗水强度见表 11-1。

表 11-1　枣树生育期耗水量耗水强度

垦区	展叶期（mm）	新梢生长期（mm）	花期（mm）	坐果期（mm）	后熟期（mm）	全生育期耗水（mm）	花期耗水强度（mm·d⁻¹）
和田	100	150	180	210	80	720	4~6

2. 枣树滴灌条件下的灌溉制度

枣树全生育期灌溉总量依地区、土壤、树体不同有一定差异。壤土地多 8~10 次，沙土地 15~20 次，砾石地 20~30 次。每次灌量为 15~25m³。

滴灌枣园一般萌芽期土壤水分上下限宜控制在田间持水量的 50%~70%，新梢生长期控制在 60%~80%，花后期控制在 65%~85%，坐果期控制在 65%~85%，后熟期控制在 50%~60%，可较好满足各生育期对水分需求。根据需求，每次灌水定额随生育阶段的不同而不同：滴灌成龄枣树全生育期共需水 380~480m³，萌芽水 15~25m³/亩左右，一般在 4 月上中旬进行，新梢生长后期及花前时期适当控水，降低枣树营养生长长势。盛花后枣树对水分的需要量加大，灌水量为 25~30m³/亩，灌水周期 10~15d，最长不超过 20d。后熟期以后灌水量可适当减少，最后停水时间一般在 8 月下旬至 9 月初，遇秋季气温高的年份，停水时间适当延后。灌水间隔天数要严格把握。理论上，首先根据土壤持水能力计算灌水量，以防止深层渗漏，然后根据算出的灌水量和日耗水量算出灌水周期。

根据和田当地红枣生长发育规律及物候期特征，制定沙土地滴灌红枣的灌溉制度，见表11-2。

表11-2 滴灌红枣的灌溉制度

阶段	作物	全年灌溉定额（m³/亩）	生育阶段	单次灌量	灌水次数	灌水时间（日/月）			灌水延续时间（d）
						始	终	中间日	
果树幼龄期	枣树	205	萌芽	15	2	20/2	20/4	5/4	30
			新梢	15	4	21/4	31/5	10/5	41
			花后水	15	5	12/5	20/7	15/6	68
			催果	15	4	21/7	31/8	10/8	42
			果后水	15	2	11/10	30/11	5/11	51
	套种小麦	190	播前水	15	2	16/9	10/10	1/10	25
			冬灌	15	1	1/11	10/12	20/11	40
			返青	15	3	22/2	27/3	10/3	35
			拔节	15	4	26/3	20/4	10/4	24
			抽穗	15	4	21/4	15/5	2/5	25
			灌浆	15	2	16/5	5/6	25/5	20
果树盛果期	枣树	450	萌芽	25	1	1/4	10/4	5/4	10
			新梢	25	2	21/4	5/5	28/4	15
			花后水	25	2	1/6	20/6	10/6	20
			催果1-4	25	4	21/6	10/7	30/6	20
			催果5-9	25	5	11/7	10/8	26/7	31
			催果10	25	1	1/9	10/9	5/9	10
			果后水	25	2	21/9	30/9	25/9	10
			冬灌	25	1	11/10	20/11	31/10	41

目前，有两种方法实现科学灌溉：一是提倡采用张力计法确定滴灌时间和滴灌量。把土壤水分张力计的多孔磁头埋放在树冠下方40～50cm的根系集中分布层土层内，当水分张力计的读数在60～80cm时，即所测土壤水分张力为0.06～0.08MPa时，就应当进行灌溉。读数下降到10～20MPa时，停止灌溉。每次灌溉量通常在15～50mm。二是参照《灌溉试验规范》SL 13-2004中按不同土壤含水率下限标准，在实测土壤容重和田间持水量的基础上，结合枣树生育期内土壤含水率达到田间含水量的60%～70%时，一般能正常生长发育的这一原则，确定灌溉时间和灌溉量。

灌溉时间为枣树主要根系分布区的土壤含水量达到田间持水量下线的日期，即土壤含水量达到田间持水量的60%时进行滴灌。土壤含水量的监测可采用 DIVINER2000 仪器（自动记录仪）进行时时监测。灌溉量通过公式"滴灌量=667×（田间持水量 w·60%−灌水前土壤含水量）×土壤容重×计划灌水层深度"进行计算确定。

（四）施肥技术

1. 枣树滴灌需肥规律

科学的肥水管理是枣园高产稳产优质的重要保证。土壤具有良好的汽水状况和丰富的矿质元素，可促进根系生长，提高吸收水分和养分的能力，进而促进地上部分对碳水化合物的同化作用和根系对氨基酸、蛋白质等物质的合成、运转能力，实现壮树、高产、优质的目的。

（1）需肥时期：施肥必须掌握枣树的需肥时期，只有适期施肥才能有效发挥肥效，有利于促进生长，提高产量及品质，有利于提高肥料利用率。因此，在制定施肥制度时，了解施肥时期是极其重要的环节。

①秋施基肥。枣树的萌芽、花芽分化乃至开花结果，大部分消耗的是前一年的贮藏营养，为增加树体的贮藏营养，应争取早施基肥。从枣果成熟期至土地封冻前均可进行，北方枣区一般在10月上中旬，以枣果采收后早施为好。因此时叶片还未老化，还能进行光合作用制造有机营养，增加营养物质的积累。同时，地温尚高，土壤湿度较大，根系还未停止生长，肥料在土壤中有较长的时间进行分解，便于翌春枣树萌芽、花芽分化、枝叶生长、开花坐果吸收利用。②展叶追肥。秋季未施基肥的枣园，此次追肥尤为重要，不但可以促进萌芽展叶，而且对花芽分化、开花坐果都非常有利。在生长前期的萌芽、花芽分化、枝叶生长、开花坐果等物候期重叠，是各器官对营养争夺的激烈时期，此时往往由于树体的贮藏营养不足而影响各器官的正常发育，乃至造成坐果不良，果实发育受阻。因此，此次追肥不仅保证了枣树正常生长对养分的需求，而且有利于产量的提高。③花期追肥。枣树花芽为当年分化、多次分化、随生长随分化，分化时间长、数量多。因此枣树开花时间长，消耗营养多，若营养供给不足，造成大量落花落果。同时为了补充树体营养元素，叶面喷施3~5次枣树专用肥，也可喷施0.3%~0.5%的磷酸二氢钾和尿素稀释液，提高坐果率和产量。④促果肥。营养充足可加快细胞的分裂和体积增大，若肥水不足，则影响果实发育甚至落果。幼果追肥不仅影响产量高低，还关系着果实品质的好坏。⑤成熟期追肥。8~9月追肥对促进果实成熟前的增长、增加果实重量及树体营养的累积尤为重要，特别对于结果多的植株更不容忽视[2]。后期追肥可喷施氮肥并配合一定数量的磷钾肥，可以延迟叶片的衰老过程，提高叶片光合效能，为后期营养累积创造条件。

（2）需肥量：施肥量是成龄高产枣园合理施肥的一个重要而复杂的技术问题。正确的施肥量，以调控好各种营养元素的比例为准，可以保持枣园常年稳定的产量、优质的产品和健壮的树体，延长盛果龄期，并且避免因某些营养元素匮乏或过剩、不平衡而降低肥效，甚至引发营养性的生理病害。

鉴于目前枣园施肥缺少科学系统研究的状况，这里介绍的施肥量只能以中国高产园区的经验为参考。从山东乐陵县园艺场高产园施肥的经验总结出，在保持树体健壮和果实品质的状况下，连续 3 年获得每亩 1500kg 左右高产时的施肥量为：每形成 100kg 鲜枣所需养分一般为纯氮 $1.6 \sim 2.0$ kg，五氧化二磷 $0.9 \sim 1.2$ kg，氧化钾 $1.3 \sim 1.6$kg 较好，其中有机肥所含 N、P、K 应占 60% 以上，以维持和提高土壤有机质的微量元素含量。新疆因土地较瘠薄，枣生产用肥量较内地多，新疆农垦科学院在和田研究结果表 11-3 所示。

表 11-3　枣树对氮、磷、钾养分的吸收量及吸收比例

垦　区	产量 （kg/亩）	每生产100kg枣吸收量（kg）			$N : P_2O_5 : K_2O$
		N	P_2O_5	K_2O	
和田	500	2	1.3	1.6	$1 : 0.65 : 0.81$
	1000	2.5	1.6	2	$1 : 0.65 : 0.81$
	1500	3	2	2.4	$1 : 0.65 : 0.81$

2. 枣树滴灌施肥制度

以亩产 1500 kg 为例，全年施 N、P_2O_5、K_2O 共 110kg，氮、磷、钾的比例 $1 : 0.65 : 0.81$。其中基肥投入占全年总量的 40% 左右，其余在生长季随水滴入，共分为 $5 \sim 8$ 次。滴灌枣树合理施肥方案见表 11-4 所示。

表 11-4　滴灌枣树合理施肥方案

各生育期	展叶期	新梢生长期	花期	坐果期	后熟期	合计
施氮占追肥总量（%）	40	20		40		100
施磷占追肥总量（%）	30		40		30	100
施钾占追肥总量（%）	30		30	40		100

注：①表中各次施肥量是追肥总量的百分数；②根据实际情况可进行调整。

三、枣树滴灌水肥高效栽培技术模式

1. 园地选择

要求冬季绝对最低温不低于-23℃，花期日均温稳定在 $22 \sim 24$℃，花后到秋季日均

温下降到16℃以前的果实生育期>100天，土壤厚度>40cm，含盐量低于0.3%的地区可栽培枣树。

枣园应选择符合绿色及有机生产要求的环境，进行相关认证和申请。

枣园应根据作业区划，统筹考虑道路、防护林、排灌系统、输电线路及机械管理间的配合。小区面积以实际上地块、管理定额、灌溉区参照确定，连片面积不得少于1000亩。

2. 建园

直播建园适合规模化种植，要求土地条件较好，灾害性气候少的地区。植苗建园在情况特殊时（土地条件极差、风沙危害大、无法采取有效防护措施）可考虑采用。提倡采用直播建园。

（1）品种选择：应选择早实、丰产、新枝成果力强、坐果率高的品种，如骏枣、灰枣、哈密大枣、赞皇枣等。

（2）建园密度：每亩800～2000株，可采用等行距及宽窄行种植。等行距0.8～1.6m；宽窄行宽行行距2m，窄行行距0.8m。定苗株距40～50cm。

（3）精量播种：将酸枣仁精选，剔除破损、干瘪、霉变种仁，要求种仁饱满、匀称、整齐。于当年3月中下旬进行精量播种，覆膜、滴灌。地块较小及不具备此条件的可用条播机或人工点播。播前应化学除草。播后视墒情及时滴灌，确保出苗整齐。

（4）播后管理：出苗后正常田管，随水施肥，待苗木长至高40～50cm时（根据气候、生长情况适当调整），可打顶促其老化，同时8月初停水，提高砧木木质化程度，以顺利越冬。

（5）嫁接：接穗应于冬季或树液流动前采集，沾蜡封存，储藏于干燥、荫凉的库房或地下室备用。第二年4月下旬前完成嫁接（有条件地区可当年嫁接），枝接，以专用降解塑料带绑扎，要求成活率90%以上。嫁接时按株距40～50cm进行，其余酸枣一律剪除。及时抹芽。

3. 土肥水管理

（1）土壤管理：枣园可结合除草中耕两次。幼龄枣园可间作，间作时间限于前两年，间作作物宜选择管理与枣树生长无矛盾者。

（2）施肥：直播枣园应于播前施基肥，生长季随水施肥。第二年后可于上年秋施基肥。

① 基肥：有机肥如人粪尿、畜禽肥、油渣、绿肥等腐熟，10月中旬后施用，施肥总量为有机肥2m³/亩，油渣60kg/亩。因树龄大小、树势强弱、肥料种类、结果多少和土壤肥力等情况以此为基础适量调整。于枣幼树干基外40cm处挖深30cm、宽10～

20cm 的施肥沟，将肥料施入沟内，用土填平。②追肥：追肥以施有机无机复合水溶性肥为最佳，少量多次，肥料利用率高，省工省时，生理落果少增产明显。枣树前期以施氮肥为主，配合适量磷肥，结果期以磷、钾肥为主，配合适量氮肥。结果枣园对氮、磷、钾的需求比例是：100kg 鲜枣约需纯氮 1.9kg，纯磷 1.1kg，纯钾 1.5kg（即氮：磷：钾比例为 1：0.6：0.8）。幼龄红枣（亩产 400kg）全年施肥时间及用量见表 11-5，盛果期红枣（亩产 1500kg）全年施肥时间及用量见表 11-6。③叶面施肥：以补充树体营养元素为主，结合病虫害防治 5～8 月叶面喷施 3～5 次，可喷施有机络合微肥或果树专用肥，也可喷施 0.3%～0.5% 的磷酸二氢钾和尿素稀释液。

表 11-5　幼龄红枣（亩产 400kg）全年施肥时间及用量　　（单位：kg）

时间	N	P_2O_5	K_2O
3 月下旬	6	4	3
5 月中旬	2	2.8	3
7 月中旬（果实膨大肥）	4	1	3.6

表 11-6　盛果期红枣（亩产 1500kg）全年施肥时间及用量　　（单位：kg）

时间	N	P_2O_5	K_2O
3 月下旬	15	10	10
5 月中旬	10	8	10
7 月中旬（果实膨大肥）	10	6	10

（3）灌水：早春（土壤解冻后至萌芽前）应灌透水。幼树为减轻抽条要适当早灌水。适宜土壤含水量为田间最大持水量的 60%～80%。可采取常用的灌水方法。标准果园建设提倡滴灌。

滴灌。注重催芽水、花前水、果实膨大水等，可结合施肥进行。5～8 月根据土质条件和土壤干湿度适时调整滴灌次数，10 月中下旬灌冬水。全年亩灌量见表 11-7。

表 11-7　不同土壤类型灌水定额表

土壤质地	沙砾石地	沙壤土	壤土
灌量（m^3）	480～520	450～500	400～480

4. 整形修剪

（1）幼龄枣园整形：直播当年7月上旬，苗高50厘米时摘心，摘心后，上部发出的枣头继续摘心，摘心后10天可喷施800～1000倍矮壮素一次。

嫁接后，据品种不同进行摘心。灰枣按"三个10摘心"即主干长有10个二次枝摘心、二次枝10节、枣吊10片叶摘心。骏枣按"三个7"摘心，即主干长有7个二次枝摘心、二次枝7节、枣吊7片叶摘心。（可根据生长、产量目标调减）

（2）成龄枣园整形

第三年后，考虑密植丰产，可以尽多年份维持第二年后的树体树形，加强枣头摘心工作，以果压树，控制树体的扩大。

根据枣园整体长势及前期产量追求，可3～5年后达到永久建园株数，同时完成树形控制。成龄树形可控制在干高0.8m，树高1.8m，冠幅1.5m以内。可采取清除徒长枝、疏截竞争枝、回缩延长枝、处理损伤枝和病虫枝等方法。

夏季修剪：枣树应重视夏季修剪，通过抹芽、摘心、撑枝、拉枝等，培养骨干枝和结果枝组，实现高产稳产。

已有的传统枣园可按传统树形及技术进行修剪。

5. 花果管理

（1）促进坐果：花期喷专用硼肥，可促进枣花坐果，减少生理落果，提高产量。

（2）放蜂：花期枣园放蜂有助于授粉授精，提高坐果率。蜂群数量有条件以多为好，一般每公顷地放2～3箱蜂，放蜂期间，枣树不能喷农药。

（3）环割：树龄5年以上，主干基径达6cm以上时可进行环割，促进坐果。

6. 病虫害防控

（1）严格检疫：做好防范工作，禁止从疫区调入种子、接穗、苗木。

（2）建立虫害综合防控体系：贯彻"预防为主，综合防治"的植保方针。以农业和物理防治为基础，提倡生物防治，按照虫害的发生规律和经济阈值，科学使用化学防治技术，有效控制虫害。

（3）建立病害发生预测预报制度：以现有专家咨询组为依托，标准果园提供必要气象和地理位置资料信息，借助专家组提供的主要病害发生预测预报和防治方案进行防治。

（4）化学防治：各地根据果园主要病虫发生情况，合理使用化学农药。使用时，按GB4285、GB/T8321（涉果部分）规定执行。喷施各种化学制剂，均需进行翔实记录。

落叶前做好清园工作，减少多种害虫的越冬基数。对危害枣树的大球蚧、梨圆蚧、红蜘蛛、枣瘿蚊、枣黏虫等进行化学防治。3月下旬至4月上旬，喷施5～6波美度石硫合剂，防治蚧壳虫和红蜘蛛，4月下旬至5月上旬，喷2.5%的敌杀死或2.5%的溴氰菊酯800倍液防治枣瘿蚊，6月中旬喷4000倍2.5%的功夫（PP321）或灭扫利3000倍液防治枣黏虫。6月中旬至7月中旬喷杀螨利2500倍液或达螨灵、扫螨净3000倍液防治红蜘蛛。

7. 果实采收

根据不同用途、成熟度和大小分期采收，采后分极、处理、加工、包装。

第二节　葡萄滴灌水肥高效栽培技术

一、葡萄生产概况

近年来，随着生活水平的提高、市场需求的增长和农村产业结构调整，葡萄生产的发展极为迅速，全国许多地方都把发展优质葡萄生产作为一项调整农村产业结构和促进农民脱贫致富、形成农业产业化的主要途径。

葡萄的适应性很强。据国外考古学家研究，葡萄的发源地是在中亚细亚南部及其邻近的东方各国，包括伊朗、阿富汗等国，距今5000～7000年，在中亚细亚南高加索、叙利亚、埃及等国已分布极广。约在3000年前，希腊的葡萄栽培业开始兴起并逐渐兴盛，沿地中海向西传到罗马和法国。15世纪以后发展到南非、澳大利亚、新西兰等地，19世纪葡萄栽培几乎遍及全球。

全世界葡萄栽培面积接近11250万亩，2010年，中国葡萄种植面积855万亩，产量854.89万吨。目前，中国葡萄总产量已居世界第一位，葡萄种植面积占世界第四位。截至2011年年底，新疆葡萄种植面积达180万亩，产量175万吨，其中兵团种植面积达45万亩，产量38万吨。

目前，世界葡萄年产量的80%以上用于酿造葡萄酒，12%用于鲜食，5%用于加工葡萄干，其余用于制汁、制罐等。中国葡萄产量的85%以上用于鲜食，5%用于制干，5%左右用于酿酒，葡萄酒产量占世界第六位[3]。

中国葡萄种植规模较大，分布区域较广，同时大批先进实用技术的普及与推广步伐也在加快。在进行了单项技术研究与示范同时开展了优质丰产栽培技术的组装配套和大规模推广；进入21世纪后，葡萄标准化栽培技术得到大面积普及，有机葡萄和设施栽培也正在从探索阶段进入生产应用阶段。

中国葡萄滴灌栽培技术已经有较长时间和一定面积的应用，在新疆、甘肃、宁夏和内蒙古都有典型地区，如甘肃紫轩的酿酒葡萄滴灌栽培，内蒙古乌海的葡萄滴灌栽培、新疆石河子、博乐等地鲜食葡萄滴灌栽培、宁夏中卫葡萄滴灌栽培等，在对微灌技术进行创新的基础上，形成了葡萄滴灌技术体系，使葡萄平均产量较常规灌条件下增产20%～30%，且节水30%以上。

二、葡萄滴灌技术模式

（一）滴灌的特点

葡萄园采用滴灌的主要优点是：滴灌比起传统的地上灌溉省水、省工、省力、省钱，有利于葡萄园地温的提高和控制葡萄行间的空气湿度，有利于减轻病虫害发生，促进了葡萄产量和品质的提高，经济效益比较明显。

（1）省水、节省能源。滴灌比地面沟灌节约用水30%～40%，从而节省了抽水消耗的油、电等能源消耗。

（2）滴灌基本不影响地温，滴管灌溉水量少，滴灌不是短时间一次性灌入，所以对地温的直接影响小。而且滴灌是把水灌在地下根区，地面蒸发水量小，减少了土壤蒸发耗热，所以，滴灌葡萄园的地温一般要比传统地面灌溉的高，因此葡萄生长快、成熟早。这在设施栽培中就更为显著。

（3）对土壤结构的破坏显著减轻。滴灌是采取滴渗浸润的方法向土壤供水，不会造成对土壤结构的破坏。

（4）降低了空气湿度。由于地面蒸发大大减少，葡萄园树冠周围空气相对湿度比地面灌溉降低10%左右，从而大大地控制了病虫害的发生和蔓延。

（5）减少了某些靠灌溉水传播病害，尤其是根癌病的传播和再侵染机会。

（6）滴灌结合追肥施药，提高了劳动生产效率。在滴灌系统上附设施肥装置，将肥料随着灌溉水一起送到根区附近，不仅节约肥料，而且提高了肥效，节省了施肥用工。一些用于土壤消毒和从根部施入的农药，也可以通过滴灌施入土壤，从而节约了劳力开支，提高了用药效果。

（7）灌溉省工省力。滴灌是一种半自动化的机械灌溉方式，安装好的滴灌设备，使用时只要打开阀门，调至适当的压力，即可自行灌溉。

综上所述，滴灌比起传统的地上灌溉省水、省工、省力、省钱，有利于葡萄园地温的提高和控制葡萄行间的空气湿度，有利于减轻病虫害发生，促进了葡萄产量和品质的提高，经济效益比较明显。

目前，国外许多国家葡萄园灌溉基本实现了滴灌化，中国山东、山西、辽宁、新疆甘肃、内蒙古、宁夏等省区也已大面积推广葡萄园滴灌技术。

（二）葡萄滴灌推荐设计方案

1. 葡萄滴灌装置设计与田间布局

葡萄滴灌可分为地面滴灌和地下滴灌两种。

目前，采用最多的是自压式软管滴灌系统，利用渠系自然落差产生的压力，通过塑料软管输水，以微水流进行灌溉的节水滴灌方式。系统具体布置为：渠水—沉淀池—过滤网—干管—施肥罐—支管—毛管（单管或双管）。该技术的优点是投入成本低，平均每年每亩投资 80 元左右，同时，对水质要求不高，适应性广，适合在全区大多数农田推广应用。缺点是灌溉均匀度稍差，但控制好可与增压滴灌效果相同。地下滴灌虽应用面积不大，但应用效果良好，具有水分、养分直达根系主要分布区，节水节肥效果明显，能解决滴灌条件下根系上浮问题，越冬抗性增强。但对水质要求高，对田间作业有一定影响。

灌水器的选择：葡萄选用内镶式滴灌管，滴灌管内径为 16mm，滴孔间距 0.5m，滴孔额定流量 2.8L/h（额定压力 10m 水头），工作水头范围 8～20m。

田间管网设置根据实践经验和统计分析，滴灌管（带）的铺设长度达到极限长度的 85% 以上，并尽量接近极限长度时比较经济。

2. 葡萄滴灌株行距配置：株行距（0.6～1）m×（3～3.5）m，见图 11-6。

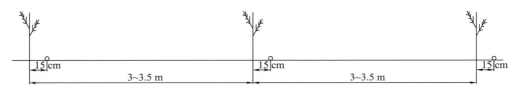

图 11-6　葡萄滴灌配置示意图

（三）灌溉技术

1. 葡萄滴灌需水规律

一般成龄葡萄园的灌水，是在葡萄生长的萌芽期、花期前后、浆果膨大期和采收后 4 个时期，灌水 5～7 次。同时要注意根据当年降雨量的多少而增减灌水次数。葡萄生育期耗水量及花期耗水强度见表 11-8。

表 11-8　葡萄生育期耗水量及花期耗水强度

垦区	展叶期（mm）	花期（mm）	坐果期（mm）	膨大期（mm）	冬灌（mm）	全生育期耗水（mm）	花期耗水强度（mm·d⁻¹）
石河子	45	35	45	165	100	450	2～3

滴灌葡萄需水规律，总的特点是随生育进程的渐进需水量增加，膨大期达到高峰，后期逐渐下降。一般萌芽期耗水占总耗水量的10%，花期占7.8%，坐果期占10%，膨大期占36.7%，后期占13.3%，呈现阶段性差异。冬灌占22.2%。

新疆滴灌葡萄萌芽阶段，正值气温低而不稳阶段，地上部植株生长相对较慢，叶面积小，植株蒸腾作用和土壤蒸发量不大。随后外界气温稳定上升，植株营养体增长快，叶面积发展快，植株蒸腾作用和土壤蒸发量都随之加大，需水量有所增加。花期至坐果期营养生长与生殖生长旺盛，植株蒸腾强烈，田间耗水量最多。花期水分亏缺，会造成落花落果，若根系分布层缺水，植株整体对水分缺乏更敏感，生殖生长会受到影响。膨大期果实需水多，此期是葡萄水分临界期，应及时灌水，并适当增加灌水量，缩短灌水间隔时间。到了后期，气温下降较快，植株叶面蒸腾减弱，耗水量降低。需土壤保持一定的水分，此期停水过早，会影响果实正常发育及落果；反之停水过晚，易造成越冬风险。

灌水量和灌水方法主要根据土壤的结构和性质而灵活运用。一般沙地灌水因其保肥、保水能力差，应多次少量灌水，以防营养流失。盐碱地灌水，要注意地下水位深度，灌水渗入深度不可与地下水相接，以防返盐。早春灌水量要适中，湿透根系即可，灌水次数要少，以免降低地温，影响根系生长。夏季灌水前要注意天气预报，防止盲目灌水后遇上大雨，不但浪费人力、物力，又流失土壤营养。在生长季节，田间土壤持水量保持在60%~70%为宜，后期果实成熟期，应降低土壤水分，持水量保持在50%~60%，浆果含糖量较高，而且还耐贮藏。

2. 葡萄滴灌条件下的灌溉制度

滴灌葡萄一般萌芽期土壤水分上下限宜控制在田间持水量的50%~70%，新梢生长期控制在60%~80%，花期控制在65%~85%，坐果期及膨大期控制在65%~85%，后期控制在50%~60%，可较好满足各生育期对水分需求。根据需求，每次灌水定额随生育阶段的不同而不同：滴灌成龄葡萄全生育期共需水280~300m³，萌芽水15~25m³/亩左右，一般在4月上中旬进行，新梢生长后期及花前时期适当控水，降低枣树营养生长长势。坐果后葡萄对水分的需要量加大，灌水量为25~30m³/亩，灌水周期10~15d，最长不超过20d。后期灌水量可适当减少，最后停水时间一般在8月下旬至9月初，遇秋季气温高的年份，停水时间适当延后。灌水间隔天数要严格把握。理论上，首先根据土壤持水能力计算灌水量，以防止深层渗漏，然后根据算出的灌水量和日耗水量算出灌水周期。

葡萄全生育期灌溉总量依地区、土壤、树体不同有一定差异。壤土地多8~10次，沙土地15~20次，砾石地20~30次。每次灌量为25~30m³。根据石河子当地葡萄生长发育规律及物候期特征，制订壤土地滴灌葡萄的灌溉制度，见表11-9。

表 11-9　葡萄灌溉制度表

灌次	时间（日/月）	生育期	灌量（m³）
1	20～30/4	展叶期	30
2	20～25/5	花前水	25
3	8～15/6	膨大水	25～30
4	22～30/6	膨大水	25
5	5～15/7	膨大水	30
6	25～30/7	膨大水	30
7	5～10/8	膨大水	25
8	25～30/8	成熟前	25
9	10～20/10	冬灌	60
合计			280

（四）施肥技术

1. 葡萄滴灌需肥规律

（1）葡萄需肥特点

①需肥量大。葡萄生长旺盛，结果量大，因此，对土壤养分的需求也明显较多，研究表明，在一个生长季中，当每公顷葡萄园生产 20t 葡萄时（相当于每亩产 1350kg），每年从土壤中吸收的养分为氮 170kg、磷 60kg、钾 220kg、镁 60kg、硫 30kg。

②需钾量大。葡萄也称钾质果树，在其生长发育过程中对钾的需求和吸收显著超过其他各种果树，在一般生产条件下，其对氮、磷、钾需求的比例为 1∶0.5∶1.2，若为了提高产量和增进品质，对磷、钾肥的需求比例还会增大，生产上必须重视葡萄这一需肥特点，始终保持钾的充分供应。除钾元素外，葡萄对钙、铁、锌、锰等元素的需求也明显高于其他果树。

③需肥种类的阶段性变化。在一年之中，随着葡萄植株生长发育阶段的不同，对不同营养元素的需求种类和数量有明显的不同，一般在萌芽至开花需要大量的氮素营养，开花期需要硼肥的充足供应，浆果发育、产量品质形成、花芽分化需要大量的磷、钾、锌元素，果实成熟时需要钙素营养，而采收后还需要补充一定的氮素营养。

充分了解葡萄的需肥特点，合理、及时、充分的保障植株营养的供给，是保证葡萄生长健壮、优质、稳产的重要前提条件[4]。

（2）施肥时间和方法

①基肥。基肥是葡萄园施肥中最重要的一环，基肥在秋天施入，从葡萄采收后到土壤封冻前均可进行。但生产实践表明，秋施基肥愈早愈好。基肥通常用腐熟的有机

肥（厩肥、堆肥等）在葡萄采收后立即施入，并加入一些速效性化肥，如硝酸铵、尿素和过磷酸钙、硫酸钾等。基肥对恢复树势、促进根系吸收和花芽分化有良好的作用。

施基肥的方法有全园撒施和沟施两种，棚架葡萄多采用撒施，施后再用铁锹或犁将肥料翻埋。撒施肥料常常引起葡萄根系上浮，应尽量改撒施为沟施或穴施。篱架葡萄常采用沟施。方法是在距植株 50cm 处开沟，宽 40cm、深 50cm，每株施腐熟有机肥 25～50kg、过磷酸钙 250g、尿素 150g。一层肥料一层土依次将沟填满。为了减轻施肥的工作量，也可以采用隔行开沟施肥的方法，即第一年在第一、三、五、…行挖沟施肥，第二年在第二、四、六、…行挖沟施肥，轮番沟施，使全园土壤都得到深翻和改良。

基肥施用量占全年总施肥量的 50%～60%。一般丰产稳产葡萄园每亩施土杂肥 5000kg（折合氮 12.5～15kg、磷 10～12.5kg、钾 10～15kg，氮、磷、钾的比例为 1：0.5：1）。

②追肥。在葡萄生长季节施用，一般丰产园每年需追肥 2～3 次。

第一次追肥在早春芽开始膨大时进行。这时花芽正继续分化，新梢即将开始旺盛生长，需要大量氮素养分，宜施用腐熟的人粪尿混掺硝酸铵或尿素，施用量占全年用肥量的 10%～15%。

第二次追肥在谢花后幼果膨大初期进行，以氮肥为主，结合施磷、钾肥。这次追肥不但能促进幼果膨大，而且有利于花芽分化。这一阶段是葡萄生长的旺盛期，也是决定第二年产量的关键时期，也称"水肥临界期"，必须抓好葡萄园的水肥管理，这一时期追肥以施腐熟的人粪尿或尿素、草木灰等速效肥为主，施肥量占全年施肥总量的 20%～30%。

第三次施肥在果实着色初期进行，以磷、钾肥为主，施肥量占全年用肥量的 10%。

追肥施用方法：可以结合灌水或雨天直接施入植株根部的土壤中。另外，也可进行根外追施，即把无机肥对水溶液喷到植株上，以利叶片吸收。根外追肥也可结合防治病虫喷药时一起喷洒，以节省劳力。

③根外追肥。根外追肥是采用液体肥料叶面喷施的方法迅速供给葡萄生长所需的营养，目前在葡萄园管理上应用十分广泛，葡萄生长不同时期对营养需求的种类也有所不同，一般在新梢生长期喷 0.2%～0.3% 的尿素或 0.3%～0.4% 的硝酸铵溶液，促进新梢生长；在开花前及盛花期喷 0.1%～0.3% 硼砂溶液能提高坐果率，在浆果成熟前喷 2～3 次 0.5%～1% 的磷酸二氢钾或 1%～3% 过磷酸钙溶液或 3% 的草木灰浸出液，可以显著的提高产量、增进品质。在树体呈现缺铁或缺锌症状时，还可喷施 0.3% 硫酸亚铁或 0.3% 硫酸锌，但在使用硫酸盐根外追施时要注意加入等浓度的石灰，以防药害。近年来，为了提高鲜食葡萄的耐贮藏性，在采收前 1 个月内可连续根外喷施 2 次 1% 的硝酸钙或 1.5% 的醋酸钙溶液，能显著提高葡萄的耐贮运性能。

应该强调的是，根外追肥只是补充葡萄植株营养的一种方法，但根外追肥弋替不了基肥和追肥。要保证葡萄的健壮生长，必须常年抓好施肥工作，尤其是基肥万万不可忽视。葡萄对氮磷钾养分的吸收量吸收比例见表11-10。

表11-10　葡萄对氮磷钾养分的吸收量吸收比例

垦　区	葡萄产量（kg/亩）	每生产100kg葡萄吸收量（kg）			$N : P_2O_5 : K_2O$
		N	P_2O_5	K_2O	
新疆石河子	500	0.8	0.4	1	1 : 0.5 : 1.3
	1000	0.8	0.4	1	1 : 0.5 : 1.3
	1500	1	0.5	1.3	1 : 0.5 : 1.3

2. 葡萄滴灌施肥制度

以亩产1500 kg为例，全年施N、P_2O_5、K_2O共50kg，氮磷钾的比例1 : 0.5 : 1.3。其中基肥肥投入占全年总量的40%左右，其余在生长季随水滴入，共分为5~8次，并得出滴灌葡萄合理施肥方案（表11-11）。

表11-11　滴灌葡萄合理施肥方案

各生育期	基肥	营养生长期	花期	坐果期	膨大期	合计
施氮占追肥总量（%）	30	30		10	30	100
施磷占追肥总量（%）	50	10	30	10		100
施钾占追肥总量（%）	30		10	30	30	100

注：①表中各次施肥量是追肥总量的百分数；②根据实际情况可进行调整。

三、葡萄滴灌水肥高效栽培技术模式

（一）园地选择

1. 气候条件

葡萄栽培区最暖月份的平均温度在16℃以上，最冷月的平均气温应该在-11℃，年平均温度6~18℃；≥10℃活动积温2100℃以上；无霜期150天以上；年降水量在200mm以内为宜，采前一个月内的降雨量不宜超过30mm；年日照时数2000 h以上。

2. 环境条件

环境空气质量、灌溉水质量、土壤环境质量符合无公害鲜食葡萄产地环境条件（NY 5087）标准。即环境空气总悬浮颗粒物（标准状态）/（mg/m³）≤0.30（日平均）；二氧化硫（标准状态）/（mg/m³）≤0.15（日平均）、0.50（1h）；二氧化氮

（标准状态）/（mg/m³）≤0.12（日平均）、0.24（1h）；氟化物（标准状态）/（mg/m³）≤7（日平均）、20（1h）；灌溉水中 pH 5.5~8.5；总汞/（mg/L）≤0.001；总镉/（mg/L）≤0.005；总砷/（mg/L）≤0.1；总铅/（mg/L）≤0.1；挥发酚/（mg/L）≤1；氰化物（以 CN⁻计）/（mg/L）≤0.5；石油类/（mg/L）≤1；土壤环境 pH>7.5 时：总镉/（mg/kg）≤0.6；总汞/（mg/kg）≤1；总砷/（mg/kg）≤25；总铅/（mg/kg）≤350；总铬/（mg/kg）≤250；总铜/（mg/kg）≤400。

3. 园地规划设计

葡萄园应根据作业区划，统筹考虑道路、防护林、排灌系统、输电线路及机械管理间的配合。小区面积以实际上地块、管理定额、灌溉区参照确定，连片面积不得少于 500 亩。

（二）建园

1. 品种与砧木选择

结合气候特点、土壤特点和品种特性（成熟期、抗逆性和采收时能达到的品质等），同时考虑市场、交通和社会经济等综合因素制定品种选择方案。土地以有机质含量>1%、含盐量低于 0.3% 的沙土、沙壤土为好。

早、中、晚熟品种搭配。早熟品种：弗雷、优无核；中熟品种：汤普森。晚熟品种：红提、克瑞森。

2. 架式选择

选用连叠式小棚架的优势架式，东西行向，坐北朝南。

3. 苗木质量

苗木质量按 NY/T 369 的规定执行。苗木必须采用嫁接苗，选用贝达等抗寒砧木。建议采用脱毒苗木。

4. 定植时间

从葡萄落叶后至第二年萌芽前均可栽植，但以春栽为好。

5. 定植密度

合理密植，株行距 0.6m×3.5m；每亩栽植 318 株。

（三）土肥水管理

1. 土壤管理

采用行间清耕，行内地膜覆盖，在葡萄行间进行多次中耕除草，经常保持土壤疏松、园内清洁和无杂草状态，在葡萄展叶后趁墒或追肥灌水后进行。结合秋季深翻，增施优质有机肥，改良土壤。

2. 灌溉管理

采用滴灌，萌芽期、浆果膨大期和入冬前需要良好的水分供应。成熟期应控制灌水。在萌芽前、盛花后、果实膨大期结合追肥灌一遍透水；在果实生长发育期，7～10d 灌一次水；采果后结合施基肥一定要灌水，越冬前灌透水。年灌水量低于 360 m^3/亩。

（1）全年灌水次数及灌水量：一般保水较好的沙壤土，全生育期灌水 9 次，保水较差的沙质土可适当增加灌溉次数（表 11-12）。要求滴灌量不少于 40m^3/（亩·次），全年灌水量 360 m^3/亩（亩产 1.5 吨）。

表 11-12　葡萄全年灌水时间及灌水量　（单位：m^3/亩）

生育期	萌芽期 （4 月初）	开花前 （5 月初）	盛花期 （5 月中旬）	坐果期 （6 月初）	浆果膨大期 （6 月下旬）	果实着色期 （7 月中旬）	糖分积累期 （8 月初）	采收后 （10 月底）	合计
灌水量	40	40	40	40	40	40	80	40	360
次数	1	1	1	1	1	1	2	1	9

（2）各生育期适时灌水：3～6 月主要应灌好开墩水、花前水、盛花期水和坐果期水；7～9 月主要应灌好浆果膨大期水、果实着色期水和糖分积累期水，做到各生育期适时灌水；采收后 10 月 30 日前浇冬灌水，要求浇透浇足水。

（3）8 月 20 日开始控水至采收前，可起到促进枝蔓老化和提高果实品质的作用。

3. 施肥管理

根据葡萄的施肥规律进行平衡施肥或配方施肥。定植前施足基肥，如有机肥料、有机复混肥、油渣、微生物肥料、绿肥等，随树龄增加，施肥量酌情增加，生长发育时期注重根外追肥。使用的商品肥料应是在农业行政主管部登记使用或免于登记的肥料。限量使用氮肥，限制使用含氯复合肥。最后一次叶面施肥应距采收期 20 天以上。

（1）施肥时间：根外追肥掌握在萌芽开花前、幼果开始生长期和浆果着色期施用。第一、第二次追肥以氮肥为主，为防止落花落果，应严格控制花前和花后的施氮量，控制新梢旺长；第三次追肥以磷、钾肥为主，以提高浆果的品质。秋施基肥一般在果实采收后，开沟施腐熟的有机肥。

（2）施肥量和施肥方法：根外追肥：每生产 100kg 葡萄，全年需施纯氮（N）0.8kg，磷（P_2O_5）0.4kg，钾（K_2O）1.0kg，即 N：P：K＝1：0.5：1.3，折合尿素 1.74kg，三料磷 0.95kg，硫酸钾 2.0kg。1～2 年生葡萄按亩产 0.5 吨计算投肥量，则全年需施纯氮 4kg（尿素 8.7kg），磷（P_2O_5）2kg（三料磷 4.76kg），钾（K_2O）5kg，硫

酸钾 10kg。3 年生葡萄按亩产 1.0 吨计算投肥量，则全年需施纯氮 8kg（尿素 17.4kg），磷（P_2O_5）4kg（三料磷 9.52kg），钾（K_2O）10kg（硫酸钾 20kg）。

要求随灌溉一起施入。各生育期具体施肥量及施肥期参照表 11-13。

表 11-13　葡萄不同树龄及产量条件下的
施肥量及施肥期　　　　　　［单位：kg/（亩·次）］

生育期		萌芽期（4 月初）	开花前（5 月初）	盛花期（5 月下旬）	坐果期（6 月初）	浆果膨大期（6 月下旬）	果实着色期（7 月中）	糖分积累期（8 月初）	采收后（10 月中旬）	合计
	N	0.30	0.30	0.3	0.3	0.3	0.3	0.3	2.0	4
	P	0.35	0.35	0.1	0.1	0.1	0.1	0.1	0.7	2
0.5t/亩	K	0.35	0.35	0.4	0.4	0.4	0.4	0.4	2.1	5
	小计	1.0	1.0	0.8	0.8	0.8	0.8	0.8	4.8	11
	次数	1	1	1	1	1	1	1	1	8
	N	0.7	0.7	0.5	0.5	0.5	0.5	0.5	4.0	8
	P	0.5	0.5	0.4	0.4	0.4	0.4	0.4	1.0	4
1.0t/亩	K	0.7	0.7	0.8	0.8	0.8	0.8	0.8	4.5	10
	小计	1.9	1.9	1.7	1.7	1.7	1.7	1.7	9.5	22
	次数	1	1	1	1	1	1	1	1	8

秋施基肥：一般在果实采收后，开沟施腐熟的有机肥（如羊粪等）4~5.5m³/亩，拌入以磷、钾为主的复合肥料及适量微肥 25~35kg。要求距植株 50cm，深 50cm，开沟施肥，逐年外移。

葡萄滴灌肥：要求随灌溉一起施入，具体滴灌时间、滴灌次数和滴灌肥量参照表 11-14 和表 11-15。

表 11-14　葡萄滴灌肥配方

生育期	N∶P_2O_5∶K_2O	配　方	N-NH_2（%）	N-NO_3（%）	N-NH_4（%）	S-SO_3（%）
营养生长期	1∶1∶1	20-20-20	10	6	4	—
生殖生长期	2∶1∶3	14-7-21+2Mgo	—	6	8	25.2
采收后	3∶1∶3	23-7-23	15	6.5	1.5	1.9

表 11-15　葡萄不同生育期滴灌肥使用次数及施肥量

生育期	滴灌肥配方	次数	施肥量（kg/亩）	
			0.5t/亩（1~2年生）	1.0t/亩（3年生以上）
萌芽期	20-20-20	2	2.0	4.0
开花期至坐果期	14-7-21+2Mgo	2	1.7	3.5
果实生长期	14-7-21+2Mgo	3	2.5	5.0
采收后	23-7-23	1	4.8	9.5
合　计		8	11	22

叶面追肥：叶面追肥的次数及时间：全生育期喷 8~9 次，一般在春季萌发 4 片叶时开始喷施叶面肥。开花前叶面喷施 0.2%~0.3% 硼酸或速乐硼，有利于促进正常授粉、受精和坐果，以后每隔 15~20d 喷一次，直至幼果膨大期。在浆果着色期至浆果成熟前喷 2~3 次 0.3%~0.5% 磷酸二氢钾溶液或 2% 草木灰浸出液，可提高浆果含糖量，促进枝条老熟。果实膨大期、浆果着色期、果实采收后喷 0.3% 尿素 1~2 次，可与杀菌剂同时喷施。

（四）花果管理

通过花序整形、疏花序、疏果粒等办法调节产量。建议成龄园每亩的产量控制在 1500 kg 以内。一般亩产量计算方法为：

0.6m×3.5m 的株行距单蔓，亩定植 318 株，约 310 个蔓，每蔓 10 穗左右；每个结果枝一穗果，每穗 0.4~0.6kg，亩产 1200~1800kg 果品。

1. 生长调节剂处理

植物生长调节剂在花期前后诱导无核果、促进无核葡萄果粒膨大、拉长果穗等方面应用，促进果实膨大，提高葡萄商品率。

2. 疏花疏果

疏花应在花序分离期到盛花期进行。疏果应在盛花后 10d 开始，10d 内完成。红地球每株留 6~8 穗，无核品种每株留 10~12 穗，株产控制在 5kg 左右。

3. 果实套袋

在花后 30d 开始，10d 内完成。套袋前喷 1 遍高效杀虫杀菌剂。

（五）整形修剪技术

1. 整形技术

采用独龙干整形，距地面 90cm 以下不留枝，90cm 以上每隔 25~30cm 留 1 个结果枝组，结果母枝留 2~4 个芽，顶端延长枝长度不超过 80cm。

2. 修剪技术

冬季修剪，以短梢为主，每亩枝量控制在 3000~4500 条左右。进入盛果期后，在确保 1200~1800kg/亩的基础上，要及时回缩主蔓结果枝和延长枝，棚架架面每亩留 6~8 条左右新梢。葡萄转色期要注意摘除老叶。

夏季修剪，通过抹芽、定梢、摘心、除副梢等到技术措施，保证架面通风透光，防止郁闭。

（六）病虫害综合防治

贯彻"预防为主，综合防治"的植保方针。以农业防治为基础，提倡生物防治，按照病虫害的发生规律科学使用化学防治技术。充分利用天敌自控，合理使用农药。

1. 植物检疫

按照国家规定的有关植物检疫制度执行。

2. 建立病虫害综合防控体系

贯彻"预防为主，综合防治"的植保方针。坚持经济、允许、有效的原则，以农业和物理防治为基础，提倡生物防治，按照虫害的发生规律和经济阈值，科学使用化学防治技术，有效控制病虫害。其防治方法包括农业防治、物理防治和生物防治，制定并建立葡萄园病虫害防治历和病虫害防控预案。

3. 建立病虫害发生预测预报制度

以兵团葡萄产业技术支撑体系为依托，标准园提供气象和地理位置资料信息，借助产业技术支撑体系的"植保站点"提供的主要病害发生预测预报和防治方案进行防治。

4. 病虫化学防治

各地根据果园主要病虫发生情况，合理使用化学农药，提倡生物农药，以 A 级绿色食品用药为标准。

符合 A 级绿色食品的农药：

杀菌剂：多菌灵、科博、喷克、双疫净、植物源农药、辣椒水、波尔多液、石硫合剂、乙磷铝、代森锰锌、甲霜灵锰锌等。

杀虫剂：10% 歼灭、敌百虫等。

杀螨剂：石硫合剂、农斯利等。禁止使用：福美砷、三氯杀螨醇等剧毒农药。

化学防治应做到对症下药，适时用药；注重药剂的轮换使用和合理混用；按照规定的浓度、每年的使用次数和安全间隔期（最后一次用药距离果实采收的时间）要求使用。

喷施各种化学制剂，均需进行翔实记录。

（七）果实采收

1. 适期采收

根据果实成熟度、用途和市场需求综合确定采收适期，杜绝早采。成熟期不一致的品种，应分期采收。采收时，轻拿轻放，建议使用专用果实采摘袋，避免碰伤并提高采收效率。具有出口订单的果园要依据葡萄计划储存的时间按成熟度确定采收期。

2. 果实采后处理

采收的果实应尽快入库储藏，田间临时储放应置于树荫下或遮阳棚下，避免阳光直射造成果面日灼。做到树上修穗，一剪入箱；采后预冷，分级包装，冷链贮运。

（八）果园生产档案管理

生产过程、采收过程、销售过程资料完整记录，并实行质量检验追溯制。包含基本情况，品种、栽植密度、物候期、花果管理、农药使用、土肥水管理和采收等情况。

1. 葡萄园基本信息记载

主要记载果园准确地理位置、建园时间、品种及砧木、土地利用情况（前作）、土壤基础理化参数、主栽品种的产量、优质果比率、销售价格、销售渠道、当年收益等。

2. 周年管理农事记录

记载主要农事作业的项目、时间、用工量，资金支出（投入）的事由及数额。

3. 化学农药及肥料的施用记录

准确记载各种农药和肥料的施用时间、量（浓度）和施用目的，同时观察记载有无药（肥）害。

4. 物候期及灾害性天气记录

观察记载葡萄物候期，有条件果园建议安装气象信息采集装置。记载灾害性天气如：持续干旱、暴雨、大风、冰雹、晚霜等发生情况。

参 考 文 献

［1］刘孟军主编. 枣优质生产技术手册［M］. 北京：中国农业出版社，2003.

［2］曹尚银，赵卫东. 优质枣无公害丰产栽培［M］. 北京：科学技术文献出版社，2005.

［3］贺普超主编. 葡萄学［M］. 北京：中国农业出版社，1999.

［4］修德仁主编. 鲜食葡萄栽培与保鲜技术大全［M］. 北京：中国农业出版社，2004.

第十二章 设施蔬菜滴灌水肥高效栽培技术

中国设施蔬菜滴灌栽培技术的研究起步较早。20 世纪 70 年代初，中国上海、广东、江苏、山东等地区的研究和推广部门，利用引进国外智能日光温室的滴灌设备，在蔬菜、花卉等园艺作物上开展了相关研究，探索和总结了相关作物的滴灌栽培技术，取得了较好的效果。因进口设施器材昂贵，设施园艺的智能化栽培示范多限于展示和观光，未能大面积、大范围推广应用。进入 20 世纪 80 年代，随着中国经济的发展和人民生活水平的提高，设施园艺产品的需求量愈来愈大。加之设施装备及器材国产化率的提升、成本不断下降，促进了中国设施农业的发展突飞猛进，设施栽培的灌溉自动化、随水施肥（Fertigation）技术装备及应用率不断提高，设施栽培的作物种类基本涵盖了人们生活的需求。本章将重点介绍两种设施蔬菜的滴灌栽培技术，供技术人员和菜农参考借鉴。

第一节　设施鲜食番茄膜下滴灌水肥高效栽培技术

一、鲜食番茄发展概况

（一）世界鲜食番茄生产概况

1990 年发达国家番茄收获面积为 986.45 万亩，平均亩产为 439.14kg，2005 年番茄收获面积为 1233.78 万亩，面积仅增加 25%，平均亩产 853.99 kg，产量增加近一倍；1990 年发展中国家收获面积为 2679.12 万亩，平均亩产 100.24kg，2005 年收获面积为 5521.31 万亩，面积增加一倍，平均亩产 156.37 kg，产量增加 56%。荷兰现代化智能温室番茄生产面积最大（3 万亩），长季节栽培，亩产量 40000kg。

世界番茄生产变化（1990~2005 年）见表 12-1，发达国家与发展中国家番茄生产发展情况见表 12-2，世界番茄主要生产国生产水平见表 12-3。

表 12-1　世界番茄生产变化表（1990~2005 年）

年份	收获面积（万亩）	增长率（%）	每亩产量（kg/亩）	增长率（%）
1990	3665.57	—	191.44	—
2005	6755.08	84.3	283.79	48.2

注：数据来源于联合国粮农组织数据库。

表 12-2　发达国家与发展中国家番茄生产发展情况

年份	收获面积（万亩）		每亩产量（kg/亩）	
	发达国家	发展中国家	发达国家	发展中国家
1990	986.45	2679.12	439.14	100.24
2005	1233.78	5521.31	853.99	156.37
变化幅度	+25.07%	+106.08%	+94.46%	+56.00%

注：数据来源于联合国粮农组织数据库。

表 12-3　世界番茄主要生产国生产水平比较表

国家	1995 年		2005 年	
	收获面积（万亩）	每亩产量（kg/亩）	收获面积（万亩）	每亩产量（kg/亩）
中国	711.56	185.12	1900.00 1219.00	2424.73 2917.79
美国	288.57	408.36	250.00	441.72
荷兰	1.8	3337.22	2.10	3151.86
以色列	8.475	594.70	8.70	497.96
日本	20.55	366.47	19.50	388.77

注：数据来源于联合国粮食组织数据库。

（二）中国鲜食番茄生产概况

2006 年中国番茄总面积 1253 万亩，其中，鲜食番茄栽培面积 1100 万亩。在现有生产力水平条件下，番茄生产为一年两茬，复种指数高达 70%，实际种植面积约为 70C 万亩，亩产量为 5000~6000kg，总量已足够，不能再盲目发展，追求扩大种植面积来提高总产量，要以品种遗传改良、栽培技术、植保和设施改善等综合水平的提高为重点。

二、设施鲜食番茄膜下滴灌技术模式

膜下滴灌可使作物根系层的水分条件始终处在最优状态下，同时，能够保持土壤具有良好的透气性，能调节土壤水、气、热，有利于作物生长发育，使作物缓苗快，上市早、品质高。膜下滴灌能改变农田生态环境，使番茄病毒危害减轻，是增产、增值、防止病害的有效途径，其经济效益显著[1]。

（一）设施鲜食番茄膜下滴灌的特点

番茄安装膜下滴灌，可以将少量的水直接输送到植株根部，满足番茄正常生长发育的需要，达到延长结果期和采收期，增加结果数量和单果质量，从而提高番茄产量和质量，增加种植效益。同时安装膜下滴灌使番茄在田间管理过程中根部灌肥、灌药方便，节省劳力，是一项高产高效栽培技术[2]。

和常规种植相比，膜下滴灌的优点主要体现在以下几个方面。

1. 增产

传统技术种植番茄，仅灌水 3 次左右。特别是在浆果膨大期因害怕浆果泡水腐烂不予灌水，故番茄的产量低。使用膜下滴灌技术种植番茄，其灌水不受客观条件限制，在其全生育期，化肥全部随水滴施，水、肥直达作物根部，极利于吸收，故番茄的产量高。经测算，使用膜下滴灌技术种植番茄，实际增产率达 40.8%，产值增加 35.9%[3]。

2. 提质

使用膜下滴灌技术种植的番茄，因其能够适时补充水、肥等营养，有效防治各种病害，所以与传统技术种出的番茄相比，营养丰富，色泽鲜亮，个大且均匀，耐储运性强，品质有了明显的提高。

3. 防病

番茄因氮、磷、钾、钙等营养的缺失，会引起各种生理性病害。常见的番茄"黑头病"就是因番茄在浆果膨大期缺失钙引发的"脐腐病"。按需随水滴施氮、磷、钾、钙等营养肥，可有效防治番茄的各种生理性病害。降低农产品的腐烂程度，番茄各种病虫害发生的主要原因是忽干、忽湿，湿度不稳定。常规灌在全生长发育期灌水 3 ~ 4 次，灌溉定额 450 ~ 600m³/亩不等；而采用膜下滴灌技术，全生育期灌水 14 次，灌溉定额 200 ~ 250m³/亩，湿度保持相对稳定，大大减少了病虫害发生概率。与常规灌相比，亩节省农药约 21%、节省资金 4 ~ 6 元，腐烂程度降低 15% ~ 38%。

4. 节水

滴灌系统是人工或自动控制系统控制灌水量，根据作物根系发育控制湿润程度，不产生地表径流和深层渗漏，灌溉水集中在根系发育范围。番茄膜下滴灌技术，可大大减少株间蒸发，最大限度减少耗水量。据检测，番茄膜下滴灌比常规灌平均节水近45%，节省资金34元/亩。同时通过控制滴水定额和滴水时间，调节番茄成熟期。

5. 保土节肥

番茄膜下滴灌可有效避免土肥流失，其保土、节肥效果在大坡度耕地更加显著。常规灌不仅增大了输水断面，同时也破坏了土壤团粒结构，影响了作物根系的正常生长。膜下滴灌则可以完全避免以上各种情况，其灌溉与施肥是通过封闭管网和滴水器材将水肥直接输送到作物根部附近的土壤中，而且是水肥同步，不会产生任何土肥流失。据测定，番茄膜下滴灌比常规灌节肥达到22%[4]。

（二）设施鲜食番茄膜下滴灌模式

1. 膜下滴灌1膜1行模式

用直径15mm塑料管做毛管，管壁上扎有孔距35cm、孔径1.2mm的水平单孔；用直径25mm的塑料管作支管，用直径38mm的塑料管作主管，棚首主管上安装控制阀与水源接通。单行栽培按行距1m，垄宽60cm、沟深20cm起垄，做成"M"形垄，在每条垄面的沟里放1条毛管，然后与主、支管连成管网（图12-1）。滴灌安装好后，便可铺膜定植。在走道上铺3cm左右厚的稻草[5]。

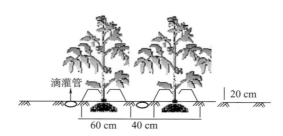

图12-1　膜下滴灌1膜1行模式

2. 膜下软管灌1膜2行模式

铺设软管滴灌的技术要点是：①整地、施肥、覆盖地膜按常规进行，最好采取大小垄栽培方式。中间垄沟耙平，铺设一条软管，上覆地膜（图12-2）。②软管滴灌设备。主要有水井1眼，微型电机泵1个，硬质塑料管（主管道），塑料软管（上有激光打的均匀渗水孔），施肥罐1个，相互组成密封的灌水装置。③滴灌方法。由电泵抽井水入主管道或化肥罐内，经肥与水混合后经罐下出水口流入主管道至塑料软管，再通过滴水孔渗入地下。滴灌时间从定植前开始，根据土壤墒情灵活掌握[6]。

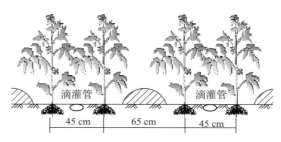

图 12-2 膜下软管灌 1 膜 2 行模式

膜下软管灌主要采用自然压力灌水，铺设时支管、干管要按地形走势而定，尽量在最高处。一般支管间距为 100 ~ 110m。主管与支管连接一般用四通或三通，在支管铺设时根据地形而定，坡度小的地方，支渠间距一般以 60m 为界，坡度大的地块可缩小至 30m 为界。支管、干管有转弯处时要使用专用弯头转弯，防止由于水压过大挣开接头。在装干管与微管接头时，使用专用工具核桃钳夹支管，先计算好接口，将内丝先装入支管内，再剪干管，剪口尽量小些，否则易脱落，造成漏水[7]。

要注意滴灌带的滴孔朝上。全部铺设好后，应通水检查滴水情况，如果正常，即绷紧拉直，末端用竹木棍固定，一个种植期灌溉结束后，对管道及其他系统进行一次检修，并把管道内存水放空，防止冬季冻胀。输水管及滴灌带用后要清洗干净，卷好放到荫凉处保存，防止高、低温和强光曝晒，以延长使用寿命。

南北向种植。在温室中整畦种植，畦长 7.5 m、宽 1.1 m，采用宽窄行种植方式，宽行 65 cm，窄行 45 cm，株距 30 cm，在宽行中起垄。在每行上铺设一条滴灌管，滴头间距与株距相同[8]。

（三）设施鲜食番茄灌溉技术

1. 设施鲜食番茄的需水规律

滴灌条件下日光温室番茄的需水过程表现为前期小、中期大、后期小的变化规律，总体上随生育期的推进需水量呈现先增大后减小的变化规律；温室番茄适宜土壤水分下限（占田间持水量的百分比）控制在苗期 60% ~ 65%、开花坐果期 70% ~ 75%、成熟采摘期 70% ~ 75% 时，植株长势较好，根冠比适宜，光合作用较强，气孔开度较大，且外观形状及营养品质优异，产量及坐果数较高，灌溉水利用效率及水分利用率较高。有利于番茄果实膨大，外观形状优异，产量及坐果数较高，且灌溉水利用效率及水分利用率高，可适度促进番茄果实成熟而提早上市，经济效益高。

2. 设施鲜食番茄膜下滴灌的灌溉制度

温室番茄节水高效滴灌灌溉指标的确定应该综合权衡番茄节水与高产、高产与优质的相互关系，既要保证一定的产量水平，同时又要兼顾水分利用效率和品质的提高，或者在保证一定的品质标准前提下，以较少的水量投入尽可能提高产量，从而获得较高的经济效益，实现节水、高产、优质三者的协调统一。

温室番茄整个生育期的灌溉应根据不同时期的需水规律和水文年份，结合前期土壤墒情、番茄植株水分生理特性及天气情况等进行。温室番茄经济耗水量为311.83~348.18mm。苗期番茄植株处于营养生长发育阶段，植株尚小且温室内气温较低，太阳辐射强度较小，故需水量少，根据前期土壤墒情，灌溉定额以50~60mm为宜，整个生育阶段灌水2次；开花坐果期是番茄营养生长与生殖生长并进、形成幼果的重要时期，灌溉定额以90~100mm为宜，灌水次数为4次；成熟采摘期是果实产量和品质形成的重要时期，此阶段正值于5月下旬至6月，太阳辐射强、气温高，且历时较长，结果期灌溉定额以110~120mm为宜，灌水次数为5次，但在果实采摘末期，果实发育基本结束，并伴随着植株体的逐渐衰老，此阶段可适当减少灌溉或不灌溉（表12-4）。在具体生产实践中应根据水文年份不同将每次灌水量增减5mm或增减1次灌水[8]。

表12-4　番茄生育期耗水量及结果期耗水强度

不同生育期	苗期（mm）	开花期（mm）	结果期（mm）	全生育期耗水（mm）	结果期耗水强度（mm·d⁻¹）
灌水定额	50~60	90~100	110~120	311.83~348.18	5~6
灌水次数	2	4	5		

（四）设施鲜食番茄施肥技术

1. 设施鲜食番茄的需肥规律

番茄整个生育期需从土壤中吸收大量养分，主要是氮、磷、钾三要素，以钾最多，氮次之，磷较少，耐肥性强，需肥量大。据测定，每生产1000kg番茄，需氮7.8kg，磷1.3kg，钾15.9kg，氧化钙2.1kg，氧化镁0.6kg，全部生长期中对氮、磷、钾、钙、镁5种元素的吸收比例大约为100∶26∶180∶74∶18。

育苗时氮、磷、钾的比例为1∶2∶2，高出的壮苗可提早开花结果，提高结果率，在培育壮苗的基础上，大多带花移栽定植，缓苗后生长缓慢，第一穗花陆续开花、坐果，此时营养生长和生殖生长同步进行，所需养分逐渐增加，当进入结果期后，吸肥量急剧增加，当第一穗果采收，第二穗果膨大，第三穗果形成时，番茄达到需肥高峰期，定植后一个月内吸肥量仅占总吸收量的10%~13%，其中钾的增加量最低，在以后20d里，吸钾量猛增，其次是磷，各元素顺序为：钾≥氮≥钙≥磷≥镁，结果盛期，养分吸收量达最大值，此期吸肥量占总吸收量的 50% ~ 80%，此后养分吸收量逐渐减少。

幼苗期应以氮肥为主，并注意配施磷肥，可促进叶面积扩大和花芽分化，而第一穗果的盛花期应逐渐增加氮、钾营养，结果盛期，在充分供氮钾的基础上，必须增加磷素营养，尤其保护地栽培，更应注意氮钾的供应，同时，还应增施二氧化碳气肥，钙、镁、硼、硫、铁等中量元素和微量元素肥料的配合施用，不仅能提高产量，还能改善其品质，提高商品率。

2. 设施鲜食番茄膜下滴灌施肥制度

番茄在整个生育期需氮、磷、钾的比例是 N：P_2O_5：K_2O 为 1：0.5：1.25。施干鸡粪 1.33t/亩，三元复合肥（N、P_2O_5 和 K_2O 的含量分别为 12%、18% 和 15%）45kg/亩，尿素（含 N46%）15kg/亩作为底肥，或每亩施优质有机肥 6000 ~ 8000kg，重过磷酸钙 30kg，增加土壤中钙的含量，可防治脐腐病。番茄对氮磷钾养分的吸收量吸收比例见表 12-5。

在番茄开花坐果期随灌溉水追施尿素 15 kg/亩，在番茄第一穗果实膨大期、第二穗果实膨大期、第三穗果实膨大期分 3 次随水滴灌追施，3 次追肥比例为 2：2：1。亩施三元复合肥 40kg，即每出现 1 穗果时追肥 1 次。在滴施肥时要注意，应在滴水 1h 后开始滴肥，在滴肥结束后应过 1h 再停止滴水，这样可以使溶在水中的肥料充分滴入土壤中[2]。

表 12-5　番茄对氮磷钾养分的吸收量吸收比例

番茄产量	每生产 1000kg 番茄吸收量（kg）					N：P_2O_5：K_2O：CaO：MgO
（kg/亩）	N	P_2O_5	K_2O	CaO	MgO	100：26：180：74：18
用量 5000	7.8	1.3	15.9	2.1	0.6	

三、设施鲜食番茄膜下滴灌水肥高效栽培技术模式（以新疆为例）

（一）设施鲜食番茄栽培季节与茬口安排（表 12-6）

表 12-6　新疆设施番茄栽培季节安排表

茬口	播种期	定植期	采收期
秋冬茬	6 月底 7 月初	7 月底 8 月初	10 月 ~ 次年 1 月
冬春茬	12 月	1 月底 2 月初	4 ~ 5 月
早春茬	2 月初	3 月中旬	5 月中下旬 ~ 6 月
越冬茬	8 月中旬	9 月中旬	12 月 ~ 次年 4 月

（二）品种选择

适宜当地气候环境和市场需求；夏秋定植品种要耐高温、抗病毒，冬春定植品种要耐低温、耐寡照；抗病、高产、优质、商品性好。

1. 早熟类型番茄品种

（1）金棚1号：①硬度好：果肉厚，心室多，果芯大，耐挤压，货架寿命长，长途运输损耗率低，深受菜商喜爱；②果形好：果实高圆，似苹果形。果色好。幼果无绿肩，成熟果粉红色，均匀度一般，亮度高；③果面好：果洼小，畸形果、裂果、空洞果极少。风味佳。口感比较好；④果实均匀度高：大小均匀，一般单果重200～250g，特别大的和特别小的极少；⑤综合抗性好：高抗番茄花叶病毒（ToMV），口抗黄瓜花叶病毒（CMV），高抗叶霉病和枯萎病，灰霉病、晚疫病发病率低。极少发现筋腐病。抗热性好；⑥早熟性突出：在较低温度下坐果率高，果实膨大快。

（2）金棚3号：①抗性好：高抗番茄花叶病毒，中抗黄瓜花叶病毒，耐青枯病，高抗叶霉病和枯萎病，灰霉病、晚疫病发病菌率低。极少发现盘腐病，抗热性好；②早熟性好：金棚3号虽为高秧类型，但上市期熟性较早，前期产量较对照高20%～30%。采收期比较长，总产量高，品质更优，果实高圆，无绿肩；③光泽度好：平均单果重200～250g，大的可达350～500g，大小均匀，畸形果、裂果极少。耐贮运，货架寿命长。口感风味明显优于上海903和早丰，营养丰富，深得消费者喜爱。

（3）中杂10号：中国农科院蔬菜花卉所选配的一代杂种。有限生长型，每花序坐果3～5个。果实圆形，粉红色，单果重150g左右，味酸甜适中，品质佳。可溶性固形物含量5.3%左右，含维生素C 12.9～16.9mg/100g鲜重。在低温下坐果能力强，早熟，抗病性强，保护地条件下坐果好。

（4）超岳：从以色列引进的中早熟一代杂种。植株自封顶类型生长势强，坐果率高，连续坐果能力强，结果集中，果实整齐度高，果形圆整，果面光滑，果形大小均匀，大红色，色泽鲜艳，果皮坚硬，果肉充实，酸甜适中，平均单果重250g左右，产量高，极耐贮运，抗热、耐低温。

2. 中晚熟类型番茄品种

（1）L402：辽宁省农业科学院园艺所选配的一代杂种。植株为无限生长类型，生长势强。主茎第八节左右着生第一花序。抗病毒病，耐青枯病，耐低温和弱光。果实圆形，粉红色，有青肩，果面光滑，果脐小。成熟后果实胶状物为绿色。平均单果重180～220g，果实整齐。适合露地及保护地栽培。产量高，亩产6000～7000kg。

（2）毛粉802：系西安市蔬菜研究所选配的一代杂种，1989年通过陕西省农作物品种审定委员会审定。植株为无限生长类型，有50%的植株全株上长有长而密的白色茸毛生长势强。第一花序着生在9～10节上，晚熟。果实圆整，粉红色，果脐小。抗烟草花叶病毒和黄瓜花叶病毒，对蚜虫和白粉虱的抗性也较强。亩产 4000～5000kg。

（3）中杂 101 番茄：中国农科院蔬菜花卉所选配的一代杂种。果实近圆形、粉红色，单果重 200～250g，果形整齐、裂果少，商品性好；早熟性好，产量高，比中杂 9 号增产约 10%。还具有复合抗病性强（抗番茄花叶病毒、中抗黄瓜花叶病毒、抗枯萎病、抗叶霉病、中抗根结线虫病），品质优异（普通栽培条件下，可溶性固形物含量达到 5.4%，与目前公认品质最好的日本桃太郎番茄相当），耐贮运、适合长季节栽培，适宜春季日光温室和大棚栽培，也可春季露地栽培。

（4）卓越：由以色列引入的杂种一代植株无限生长类型，苗期较耐高温，长势强，果实色泽鲜红，上下果实大小均匀，表面光滑，单果重 180～220g，坐果率高，无青肩，极耐贮运，节间短，叶片小，中熟，抗多种常见病害，尤抗根结线虫病，适合越冬日光温室栽培，增产潜力大。

3. 樱桃型番茄品种

（1）京丹 3 号：该品种系北京蔬菜研究中心育成。无限生长，中熟，节间稍长，有利于通风透光，果实长椭圆形，成熟果亮红美观，口味甜酸浓郁，品质佳。

（2）京丹绿宝石：该品种系北京蔬菜研究中心育成。无限生长，中熟，圆形果，成熟果绿色透亮似宝石，单果重 20g 左右，果味酸甜浓郁，口感好，是保护地特菜生产中的珍稀品种。

（3）圣女：中国台湾农友种苗股份有限公司选育。植株高大，叶片较疏，抗病毒病（TMW），耐萎调病 Race0、叶斑病、晚疫病。耐热，早生，复花序，一花穗最高可结 60 个果左右，双秆整枝时 1 株可结 500 个果以上。果实呈长椭球形，果色鲜红，果重 14g 左右，糖度可达 9.8，风味佳，果肉多，脆嫩，种子少，不易裂果，耐贮运。

（三）培育壮苗

俗话说："好苗八成收"，因此培育健壮适龄的幼苗是塑料大棚和节能日光温室番茄栽培获得高产、高效的基础。

1. 壮苗的标准

健壮的幼苗应符合以下标准：正常的番茄高产苗应是子叶宽大平展，着生角度 45°；胚轴长 3cm；真叶手掌形，叶色浓绿，而且有光泽，叶片厚，多茸毛，叶柄短；茎的节间短；苗高不超过 20～25cm；茎上茸毛多，呈深绿带紫色，具有 7～9 片真叶，已能看到第一花穗的花蕾；根系发达，侧根数量多，呈白色；花芽肥大，分化早，数量多，株型呈长方形。徒长的低产苗形态为子叶细长，着生角度 <30°；胚轴长度超过 3cm，真叶三角形，叶柄长，叶片淡绿色；茎的节间长，下细上粗；根系不发达，侧根数量少；花芽分化晚，数量少；植株为上大下小的倒三角形。老化低产苗的子叶小，胚轴短，真叶小，叶色深，根系不发达，萎缩，呈褐色；茎的节间过短，下粗上细，

花芽分化晚，数量少，株型正方形。

健壮苗秧苗的生理表现是含有丰富的营养物质，细胞液浓度大，表皮组织中角质层发达，茎秆直硬，水分不易蒸发，对栽培环境的适应性和抗逆性强，因此，壮苗耐旱，耐轻霜，定植后缓苗快，开花早，结果多。

徒长的低产苗多数是由于氮肥施用过剩，夜温高，密度大，多湿或缺肥等原因造成的。老化低产苗多半由于昼夜温度低、干燥，肥料不足或根部发育不良等原因而使番茄生育迟缓。

2. 营养土的配制和消毒

营养土是培育秧苗的基础，为了培育壮苗，营养土应肥沃、疏松，既能保蓄一定的水分，又能使空气流通，营养土中不含病菌和害虫。

（1）营养土的配制

营养土可用大田土或葱蒜茬土和豆类茬土、腐熟的有机肥、草炭土、细沙等配制，同时还要加些过磷酸钙、二铵，并注意调节酸碱度。配制营养土的具体方法是：葱蒜茬园田土占50%，腐熟羊粪占20%，草炭土占20%，细沙占10%，然后每立方米营养土加二铵0.25kg，过磷酸钙2～2.5kg。过筛、拌匀。

（2）营养土消毒

先把70%的五氯硝基苯粉剂与65%代森锌可湿性粉剂等量混合，按每平方米苗床面积加上述混合药剂4.5g与半干的细土拌匀，配成药土。此种方法用药量不能过多，否则容易产生药害，尤其在营养土过干的情况下，更容易产生药害。也可用多菌灵600倍，配制成稀释液，每平方米营养土上浇2～4kg药水。或用苗菌敌消毒：20g可消毒2m^{2}苗床，方法是每包药加干细土2～3kg。苗菌敌是一种高效、广谱、低毒杀菌剂，是防治幼苗病害的专用药剂，对猝倒病和立枯病有特效，防治效果在95%以上。

3. 播种时期和方法

（1）种子消毒：番茄的种子表面和内部若带有番茄早疫病、病毒病等病菌，带菌的种子会传染给幼苗和成株，从而导致病害的发生，因此，在育苗前要进行种子消毒处理。

①温汤浸种。利用高温杀灭病菌，能杀死附着在种子表面和潜伏在种子内部的病菌。用55～60℃热水烫种10min，并不断搅拌，10min后再倒入少许冷水使水温下降至常温。

②药水浸种消毒法。磷酸三钠或氢氧化钠消毒：在10%的磷酸三钠或2%的氢氧化钠水溶液中，浸泡15～20min后，捞出用清水冲洗干净后浸种催芽。由于磷酸三钠和氢氧化钠可以钝化病毒，因此，可以除去粘在种子上的病毒。

高锰酸钾水溶液消毒：用0.1%的高锰酸钾水溶液消毒处理20～30min，再用水溶液淘洗几遍，也有钝化病毒的作用。

（2）浸种催芽：把消毒后的种子放到20℃左右的清水中，浸泡8h，使种子吸足水分。然后把浸透的种子捞出淘洗干净，用纱布或新的干净湿毛巾包好，放到25～28℃条件下，催芽2～3天即可出芽。在催芽过程中，每天要翻动几次，并用清水淘洗2～3次，擦去种皮上的茸毛黏液和污物，防止霉烂，使种子受热均匀，出芽整齐一致。

（3）适期播种：播种期是由苗龄决定的，品种不同和育苗方式不同，适宜的苗龄也不同。一定苗龄的秧苗，其育苗期的长短主要由育苗期间的温度条件和其他管理水平决定。根据番茄秧苗生长的适宜温度，白天25℃，夜间15℃，日平均气温20℃计算，早熟品种从出苗到现蕾约50d，中熟品种55d，晚熟品种60天，再加上播种到出苗的5～7d，分苗到缓苗需3～4d，所以一般番茄的苗龄为60～70d。苗龄过短，幼苗太小，开花结果延迟，苗龄过大，容易变成老化苗。因此，可根据当地气候特点、保护地类型、栽培方式、品种习性和定植期早晚等确定适宜的播种期。

番茄种子每克230～250粒，按每亩需3000～4000株计算，每亩播种量为20～30g，亩需播种床6m²。先将准备好的育苗床土铺匀，铺平压实后，浇足底水（最好用30℃左右的温水）润透床土，水透下后，均匀地撒下一层药土，然后把催好芽的种子用细沙面拌匀，均匀地播到苗床里，1m²播5g左右，上覆1cm厚的药土，做到药土下铺上盖，包裹住种子。再在上面盖一层薄膜或直接扣上小棚保湿。

4. 苗期管理

（1）分苗：分苗也叫倒苗，是番茄育苗过程中很重要的一环。①分苗的作用。分苗可以扩大秧苗的营养面积，满足其对温度、光照、水分、土壤营养等诸方面的需要；分苗时切断主根，促进侧根生长，使秧苗苗壮，茎粗大，叶厚，抗逆性增强；分苗还可以淘汰弱苗、病苗、无心苗、僵苗和徒长苗等。②分苗的时间和次数。番茄的花芽分化一般在2～3片真叶时进行，因此分苗必须在2～3片真叶前完成，一般在二叶一心时进行。分苗的次数以一次为好，分苗次数多不仅费工，而且影响秧苗的生长发育，推迟花芽分化期和影响花芽质量。如果秧苗生长过旺或育苗面积小的情况下可以采取二次分苗，以达到控苗和有效利用育苗面积的目的。③分苗方式。通常有三种，一种是直接在营养土里划沟移植，采用灌暗水分苗，开沟、浇水、摆苗和覆土；第二种是利用营养钵塑料套、草钵或纸袋分苗，把钵装上营养土，把苗移入，浇透水，营养钵的营养面积一般采用10cm×10cm规格，优点是可以移动，便于管理；第三种是采用营养土块分苗，即利用10cm厚的营养土，切成10cm见方的土块。④分苗的注意事项。分苗时必须保护子叶，少伤根系，防止脱水。起苗时要浇透水，最好用小铲子挖苗，而不用手直接拔苗，分苗时营养土要整细整平，防止土块伤根，栽植时要使根系在土壤中舒展，防止根系挤成一团或卷曲扭结，分苗时要选无风、晴朗的天气进行，对子叶已发黄脱落的幼苗，尽可能将其淘汰，以保证培育壮苗。

（2）温度管理：在幼苗生长的不同时期不断地调节温度。番茄苗期温度管理要掌握三高三低，即出苗前或分苗后温度要高，出苗后分苗前温度要低；白天温度要高，晚间温度要低；晴天温度要高，阴雨天温度要低。播种后昼温在 28~30℃，夜温 24℃，床土温度保持在 20~25℃，有利于出苗，苗出齐后要降温，白天床温降至 20~25℃，夜间 17~18℃，主要采用通风的方法，先放小风，后放大风，缓慢降温。第一片真叶展开至分苗前是小苗的生长阶段，应创造良好的条件，地温保持在 15~20℃ 以上，促进根系发育，分苗后白天温度 25~28℃，夜间 18℃，地温 15~20℃，使幼苗尽快出新根，加快缓苗。缓苗后白天控制在 20~25℃，夜间控制在 12~15℃。分苗后到定植前一周是幼苗花芽分化期，采用变温处理可以保证花芽分化质量，促进生长和防止徒长，具体做法是：上午 25~27℃，下午 20~25℃，前半夜 14~17℃，后半夜 12~13℃，昼夜温差 5~8℃。这样有利于同化物质的形成和积累，定植前的一周开始低温锻炼，夜间可达 7~8℃，增强幼苗的抗寒性。

（3）苗期水分管理：番茄幼苗根系发达，吸水力强，容易徒长，因此番茄幼苗要吃小水，即浇水量小，浇水次数要少。要注意水分调节，以控水为主，促控结合，使苗床保持见干见湿状态，保证晴天的空气湿度 50%~60%，土壤湿度为 75%~80%；阴天的空气湿度 50%~55%，土壤湿度为 60%~65%。一般播种和分苗时要打透底水。

出苗后可选晴朗无风天气覆一层干燥的床土，厚约 2cm，以利保墒。一直到分苗前不浇水，分苗后发现表土干燥，午间幼苗发生萎蔫，傍晚又不能恢复时，表明床土湿度小，需要浇水，浇水后覆土保墒，防止土壤龟裂。阴雨天不要浇水，在幼苗锻炼阶段尽量少浇水。只是在定植前一天，在苗床内浇透水，以便起苗，用营养钵或营养土块分苗的定植前不用浇水。

（4）苗期营养管理：苗期除施足有机肥料外，还应追施速效肥。除了氮肥以外，注意配合使用一点磷、钾肥。在幼苗生长的 30~40d 内，每 10 天根外追肥一次，用 0.2% 的过磷酸钙溶液或 0.1%~0.2% 的磷酸二氢钾溶液叶面喷洒。

5. 苗期容易出现的问题及解决方法

（1）土壤板结：土壤板结是由于土质黏重，有机质含量少和浇水不当引起的。床土表面干硬结皮，阻碍空气流通，妨碍种子呼吸，不利于种子发芽，已发芽的种子因被硬结层压住，无力顶破硬土钻出土面，种子闷死或幼苗茎细弯曲，子叶发黄，成为畸形苗。采取方法是增施土壤有机肥，改良土壤，播种时浇暗水后覆地膜保湿，不要浇明水。

（2）出苗少：一是由于种子发芽率低；二是可能种子消毒时浓度过高或烫种时温度过高，降低种子活力；三是播种时地温过低，浇水量过大；四是土壤中混有除草剂，尤其是大田中使用的除草剂，或者覆土过厚。针对上述原因进行分析，并挖开检查一下，如发现种子已丧失发芽能力，只得毁种重种或购买壮苗。

（3）出苗不齐：一是由于种子质量不好，出芽不整齐，有的出土早，有的刚发芽；二是施用生粪、化肥不均，整床质量差，地势不平，坷垃多，浇水、播种盖土不均匀；三是苗床地温不一致以及遮阳处地温低，苗少甚至不出苗；四是苗床滴水或有地下害虫等。要针对具体原因采取相应措施。

（4）带帽出土：由于土壤干燥，覆土过薄，以致土壤对种壳压力不够引起的，应在种子拱土时盖一层土。

（5）烧苗：由于施化肥或生粪，农药过浓以及氨气熏蒸造成的。

（6）徒长苗：徒长苗特征前已叙述，主要产生原因有：一是温度过高，特别是夜温过高，秧苗呼吸作用增强，消耗氧分多；二是偏施氮肥；三是水分充足，湿度过大；四是光照不足。解决的方法是增强光照，降低温度，当发现秧苗过密时，及时分苗，扩大营养面积；发现苗已徒长时，应及时通风降温，控制浇水，降低湿度，喷施磷、钾肥料。

（7）僵化苗：与徒长苗相反，幼苗矮小，茎细，叶小，根少，不易生新根，花芽分化不正常，易落花落果，定植后缓苗慢。主要原因是苗龄过长，长期处于低温、干旱状态造成的。所以防止徒长的同时，也要注意僵化苗的产生，解决的方法是及时浇水，防止苗床干旱，适当提高苗床温度，改控苗为促苗。

（8）苗期病害：主要是猝倒病和立枯病，两者症状基本相同，但立枯病立而不倒，中午萎蔫，早晚又能恢复，该病的植株有时可以延续到定植以后才被发现。解决的方法主要是采取种子消毒，土壤消毒，提高苗床温度，降低湿度等。

（四）定植

1. 整地和施基肥

定植番茄的地块应在冬前深翻，晒袋疏松土壤，耕深 25～30cm。翻耕时结合施基肥每亩施入腐熟厩肥或堆肥 5000～7500kg，在厩肥中混入 30～40kg 的过磷酸钙，10kg K 肥或 10～25kg 复合肥。定植前翻地耙平做成宽 65cm、高 15cm 的高畦，沟宽 45cm，并进行地膜覆盖，可提早定植。

2. 定植

当室内气温稳定在 10℃以上，10cm 地温在 8℃以上即准备定植。每畦上铺 2 条滴灌毛管，毛管出水向上，以免使用时堵塞；铺宽 90cm、厚 0.008mm 的地膜。畦上做双行栽培，三角形错开定植。株距 35～40cm。灌 1 次透水，随水施药：将 120g 多菌灵放入追肥罐进行消毒。番茄易生不定根，可适当深栽，栽植深度以地面与子叶相平或稍深为适。但也不能定植过深，因早春地温低，深层土壤温度更低影响缓苗。对于徒长苗，在生产上一般采用"卧栽法"，即将番茄苗卧放在定植穴内，将基部数节埋二，这样有利于根系扩大，防止定植后风害。

（五）定植后管理

1. 温度管理

定植后至缓苗后开始生长 5~7d，因此时外界气温低，所以加强防寒，提高室内气温、地温是管理重点。要保持昼温 25~30℃，夜温 15~17℃，10cm 土层温度 18~20℃。但要防止温度过高，当晴日中午前后室内气温高达 32℃以上时，要立刻开天窗通风，适当降温和排湿，使午间最高室温不超过 30℃。

缓苗后开始生长至第一穗果膨大时，要保持昼温 20~25℃，夜温 12~15℃，空气相对湿度 60% 左右，以进行蹲苗，防止徒长，促进营养生长和生殖生长协调稳健。

结果期，即从第一穗果膨大直至拉秧。此期处在 3 月中下旬至 6 月上、中、下旬。适宜于番茄此期生育的温度和空气湿度为：气温，白天 23~27℃，前半夜 10~13℃，后半夜 7~10℃，地温 18~20℃。昼夜温差保持在 10℃，10cm 土层的地温 20~25℃。空气相对湿度控制在 45%~55%。气温高于 35℃，花器官发育不良；地温低于 13℃和高于 33℃时，根系生长受阻。空气相对湿度>65%，不利于授粉受精，落花落果加重，坐果率降低，且利于脐腐病等病害发生。

2. 水肥管理

膜下滴灌根据实际情况灌水。番茄苗定植时灌 1 次透水，定植后前期注意控水，第 1 穗花坐果前一般不浇水，进行蹲苗。以防高温高湿造成植株徒长，开花坐果前维持土壤湿度 60%~65%。开花坐果后以促为主，保持土壤湿度在 70%~80%。第 1 穗果核桃大小时，随水每亩追施尿素 15kg 作催果肥，每 2 穗果追 1 次肥，每隔 7~14d 用 0.3% 磷酸二氢钾或复合微肥 500 倍液叶面追肥。气温较高时为减轻灰霉病、病毒病的发生，应避免中午滴水。番茄全生育期亩滴水 180~230m^3。

3. 植株调整

采用单秆整枝。在晴天植株上无露水时整枝打杈，并及时摘除畸形果，每个花序可选留 4~5 个发育正常的果实摘除。当第 1 穗果实转色时，把果穗下部叶片全部打掉，增加通风透光，促进果实发育。摘除下部叶片的同时进行落蔓。采用滴灌单株留 5~6 穗果，落蔓时不会发生果穗泡水发病现象，沟里操作方便，不耽误打杈、授粉工作。

4. 保花保果

为避免花期出现落花落果现象，可使用番茄灵、坐果灵人工辅助授粉。防止落花脱果的措施：除在栽培管理技术上，采取施足基肥，增施磷、钾肥，及时整枝打杈，防止徒长疯秧，避免高湿和夜温过低，合理定植密度外，用植物生长激素蘸花或涂花柄处理是防止落花脱果，提高坐果率的主要措施。

（1）2，4-D：是一种生长调节剂，能防止番茄因低温或高温引起的落花，同时还能促进果实的生长，果实可提早 5～7d 成熟，而且果实大，种子少，含糖量高。2，4-D 是一种白色晶体，它难溶于水，易溶于无水酒精。配制时先把 1g 的 2，4-D 倒入 5mL 无水酒精中，加温使之迅速溶解成为橙色透明的溶液，然后倒入 995mL 的温水中，配制成的浓度为 0.1% 作为原液，使用时可将原液随时稀释成不同的浓度，如取此原液 20mL 加入 980mL 水，则成为 20mg/L 溶液，2，4-D 常用的浓度为 10～20mg/L。目前，市场销售的都是稀释后的溶液，要根据使用说明配制。

在花即将开或刚开放时用药量为适宜，最好在上午露水消失后或下午高温过后进行。可用毛笔等涂抹花序的梗部、花柄上或蘸花。不可将花序浸入药液，以免发生药害。一些早熟品种对 2，4-D 反应敏感，浓度过大，往往出现桃形果，果顶端带一大瘤。应用 2，4-D 处理必须注意如下事项：①最好选择晴天处理，阴天时温度低，光照弱，药液在植株体内运输慢，吸收也慢，易出现药害，阴天处理时一定要适当降低浓度，同时要防止重复使用；②不能接触生长点和嫩叶，防止叶片皱缩变小，影响生长和结果；③2，4-D 不是营养源，应用 2，4-D 处理后，由于营养物质向花果部分运转速度加快，因此，必须多施肥和适时灌水，以保证茎叶的生长，否则会出现营养生长和生殖生长的比例失调。

（2）番茄灵：也称防落素，化学名称是对氯苯氧乙酸。可溶于酒精，不溶于水。使用浓度为 30～40mg/L，可以用手持喷雾器直接喷到花蕾上，比 2，4-D 省工，容易推广，也比较安全，不致发生药害。

当每个花序有 3～4 朵花盛开时进行喷药，花宜开大些，不宜过小，每朵花处理一次即可，一般隔 4～5d 喷一次药，如开花期比较集中，一个花序喷一次药就可以了，如果花多，可再喷一次，配制方法同 2，4-D。

使用番茄灵注意事项：番茄灵处理的花朵子房膨大速度开始慢于 2，4-D 处理的花朵，10～15d 以后逐渐赶上来，不能认为这是番茄灵的浓度不够、效果差而加大浓度，否则会产生药害。

（3）番茄丰产剂 2 号：该药剂使用方便，果实膨大速度快，果实大小整齐，产量高，不易造成畸形果，而且蘸花省工，是目前较好的番茄坐果增产药剂。规格为 8mL 塑料瓶装无色液体，应用时每瓶加水 500～1000g，当每花序有 3～4 朵花开放时蘸整个花序。

（4）人工辅助授粉：在每层花序的开花盛期，于上午 9～11 时用细竹竿或细木棒敲打花序处茎蔓，震动花朵辅助授粉。或空摇喷粉器对准正开的花序吹风，也可辅助授粉。

5. 疏果

如果一个果穗上坐住的果实过多，往往因植株供应养分不足和光照条件差，造成果实大小不匀，畸形果率增高，平均单果重量减轻，影响果实品质和产量提高。因此，疏果能提高果实品质和增加优质果产量。疏果时间宜在计划选留果实长到蚕豆大小时进行。每穗选留果实数要因品种结果习性和整枝方式制宜。

6. 采收与催熟

番茄的采收期随气候、温度、日照条件和品种不同而不同。从开花到果实转色，早熟种一般需 40～50d，中晚熟品种需 50～60d。番茄果实的色素形成主要是受温度支配，转色的适宜温度为 20～25℃，温度过高或过低转色缓慢。番茄早熟栽培由于有棚膜，光线较弱，并且夜间温度偏低，白天温度又偏高，果实不易转色。为了加速转色和成熟，除加强田间管理外，还可以采用人工催熟方法。

目前催熟用的药剂主要是乙烯利，化学名称为乙基磷酸。当前市场出售的乙烯利药剂主要是北京农药二厂的产品，含量 40% 的水剂，呈酸性，不能和碱性农药混合使用，也不能用碱性较强的水稀释。为了增加使用效果，使用时可加入 0.2% 的洗衣粉，稀释后的药液不能长时间放置，必须随配随用，防止分解失效。

（1）处理方法：一般有青果浸药法和摸果法。青果浸药法是将已采收的绿熟果用 0.1%～0.2% 浓度的药液，浸果 1min 或喷果，置于 25℃ 条件下催红，可提前 5～7d 上市。摸果法就是把药水配好后戴上手套蘸药水摸一下果即可。另外也可以用 0.05%～0.1% 浓度的药液田间喷洒，注意不要喷到植株上部的嫩叶上，以免发生黄叶。

（2）乙烯利配制方法：如用 40% 的原液配制成 0.2% 药液时，用原液浓度/稀释浓度（即 40%/0.2%）计算，可得 1 个单位的原液需加入 200 倍水。

（六）番茄病虫害防治

1. 番茄主要病害

近几年来，随着番茄种植面积的不断扩大，番茄病害的发生也越来越严重。目前大棚、温室栽培番茄主要发生的病害有病毒病、早疫病、叶霉病、枯萎病、灰霉病和根结线虫病等，以及苗期的猝倒病和立枯病。

（1）番茄病毒病：病毒病是番茄生产上的主要病害，全国各地都有发生。苗期染病后由于发生严重而可能导致绝产，一般情况下减产 30% 左右。病毒病主要有三种类型：花叶型、蕨叶型和条斑型。花叶病较为普遍，其次是蕨叶病，条斑病也日益严重。

①症状。

花叶型：主要由烟草花叶病毒引起，叶片上出现轻微的黄绿相间、深浅不一、斑驳的花叶。新叶细小、扭曲变形，老叶卷曲、叶脉变紫，病株较正常植株矮小，大量落花落蕾，果实小而硬，呈花脸状。

蕨叶型：植株矮小，下部叶片向上卷起，严重时呈筒状，中部叶片微卷，主脉稍扭曲。上部叶片细小，形如蕨叶，全部侧枝都发生蕨叶状的小叶，复叶间距缩短，呈丛枝状。

条斑型：主要发生在番茄的茎上，茎的上中部初生为暗绿色下陷的条纹，后变为深褐色下陷的坏死条斑，逐渐蔓延扩大而导致植株萎黄枯死。叶片上呈褐色条状坏死斑点。果面上呈褐色下陷油浸状坏死斑。

②防治方法。选用抗病品种：如中杂 11 号、中杂 12 号、佳粉 10 号、佳粉 15 号、早丰、西粉 3 号、L-402、毛粉 802、东农 702、东农 704、东农 705、东农 707、中杂 9 号等抗病品种。种子消毒：用 10% 的磷酸三钠浸种 20～30min，捞出后用清水洗干净，然后再催芽播种，可除去种子表面的病毒。防治蚜虫：蚜虫是传播黄瓜花叶病毒的主要媒介之一。用防虫网隔离或可以用 10% 的吡虫啉或腚虫咪乳油 300～400 倍液防治。有病株感染时及时拔出，防止接触传染：田间操作时，接触过病株的手一定要用肥皂水或磷酸三钠水洗一下，所用的工具也要消毒。

（2）番茄早疫病：又叫轮纹病。是番茄上的主要病害，整个生长期都可以发生。以叶片和茎叶分枝处最易发病，一般可减产 30% 以上。

①症状。叶片发病初期，病斑为暗绿色水浸状小斑点，扩大后呈圆形或近圆形病斑，稍凹陷，边缘深褐色，上有较明显的同心轮纹。潮湿时，病斑上出现黑色霉状物，病叶常变黄脱落或干枯致死。茎部受危害时呈灰褐色凹陷的长形病斑，可致使茎部倒折。果实被害时，先从萼片附近形成圆形或椭圆形的病斑，凹陷，后期果实开裂，提早变红。

②防治方法

选用耐病品种：如强丰、满丝等品种前期耐病性较强。

处理种子：用药剂对种子进行处理。

合理轮作：与非茄科作物实行轮作。

加强管理：在大棚或日光温室中后期较高温度条件下，容易满足病菌生育的要求。如果棚内温度过高，更易诱发病害。因此，番茄生长后期应注意适当延长午后通风时间，加大通风量。采用小水浇灌等尽量降低棚内湿度，以抑制病害蔓延。选择地势高的地块种植，排水不良时应实行高垄栽培。种植密度不宜过大，底肥要充足，增施磷钾肥，提高植株的抗病能力。

药剂防治：在发病初期喷洒 72% 克露可湿性粉剂 700 倍液，50% 瑞毒霉可湿性粉剂 800 倍液或铜制剂（如可杀得）。打药应连续进行 2～3 次，每次间隔 7d 左右。还可用 45% 的百菌清烟雾剂，每亩用药 250g，由里向外逐次点燃烟剂，密闭大棚或温室 2～3h，效果显著。

（3）番茄疫霉根腐病

①症状。植株顶部茎叶萎蔫，进而全株萎蔫；拔出病株可见细根腐烂，仅残留变褐的粗根，不发生新根，剖开病株根、茎，可见维管束从地面数十厘米的一段变褐。发病后期，病株多枯萎而死。

②防治方法

土壤消毒

轮作：实行 3 年以上的轮作。

加强水肥管理：适时、适量灌水，浇小水，切勿大水漫灌，使用充分腐熟的有机肥，增施磷钾肥，初见发病植株及时拔出烧毁。

药剂防治：预防为主，在幼苗定植成活后 2 周内，用 50% 多菌灵可湿性粉剂 1000 倍液与甲霜灵 800 倍液灌根，每株灌药液 150mL，每隔 7～10d 灌 1 次，连续灌 2 次，效果佳。发病初期，可用 72% 的普立克水剂 600 倍或 50% 甲霜铜 500 倍灌根效果更好。

（4）番茄枯萎病

①症状。该病多在番茄开花结果期发生。发病初期，植株中、下部叶片在中午前后萎蔫，早、晚尚可恢复，以后萎蔫症状逐渐加重，叶片自下而上逐渐变黄，最后枯死，一般不脱落；茎基部接近地面处呈水渍状，高湿时产生粉红色霉层。剖开病茎基部，可见维管束变褐。

②防治方法

药剂防治：预防为主，在幼苗定植成活后 2 周内，用 50% 多菌灵可湿性粉剂 1000 倍液与 50% 甲基托布津 600 倍液灌根，每株灌药液 150mL，每隔 7～10d 灌一次，连续灌 2 次，效果佳。发病初期，可用 10% 的双效灵水剂 200 倍或 50% DT 灌根，每株灌药液 300-500mL，每隔 7～10d 灌一次，连续灌 2～3 次。

2. 番茄主要生理病害

（1）畸形果

①症状。保护地番茄栽培时常年发生各种畸形果，如椭圆形果、大脐果、突指果、尖顶果等。

②防治方法

品种选择：选用不易发生畸形果的品种，发生畸形果后要及时摘除，以利于正常花果的发育。

加强温度管理与肥水管理：做好光温调控，培育抗逆力强的壮苗。

正确使用植物生长调节剂：使用植物生长调节剂时，注意其使用浓度与时期疏花疏果；发现畸形果及时摘除。

（2）脐腐病

①症状。又叫蒂腐病。多发生在果实迅速膨大期的幼果上。初在幼果的脐部出现水浸状斑，后逐渐扩大，至果实顶部凹陷，变褐，变硬。严重时病斑可扩大到半个果面左右，果实停止膨大并提早着色，但果实表面缺少光泽，果形变扁。后期湿度大时腐生霉菌寄主其上，产生黑色的霉状物。

②防治方法。土壤中缺钙时要适量地施用石灰或硫酸钙。要避免施用过多的氮肥，尤其是避免施用过多的速效氮肥，更应防止一次大量施用，否则会阻碍钙的吸收。要适时灌水，均匀灌水，避免土壤忽干忽湿，经常保持土壤湿润。作为应急措施，可叶面喷洒 0.5% 氯化钙，每隔数日一次，连续喷数次。

（3）日灼病

①症状。日灼病又叫日伤病，主要危害番茄的果实。果实的向阳面出现大块褪绿变白的病斑，似透明的薄纸状，后变成黄褐色的斑块，有的出现轮纹、干缩、变硬而凹陷，果肉变成褐色，块状。当日灼病部位受到霉菌感染或寄生时，会长出灰霉或腐烂。

②防治方法。定植密度要适宜，适时、适度整枝、打杈，果实上方留有叶片遮阴。增施有机肥料，增强土壤的保水能力。在绑蔓时应把果实隐蔽在叶片的下面，减弱阳光的直射。摘心时要在最顶层花序的上面留 2~3 片叶，以利于覆盖果实，减少日灼。

（4）番茄裂果

①症状。放射状纹裂是以果柄为中心，向果肩部延伸，呈放射状开裂。同心圆状纹裂是以果柄为中心，在附近的果面上发生同心圆状断续的微细裂纹，重时呈环状开裂。

②防治方法。选择不易裂果的品种，如早丰、东农 704、大牛、BHN110、利生 1 号、美国大红等。在果实着色期合理灌水，避免土壤水分忽干忽湿，特别应防久旱后过湿，保持土壤水分湿度在 80% 左右。番茄果实应避免阳光直射，摘心不可过早，打底叶不能过狠。

（5）番茄生理性卷叶病

①症状。卷叶分生理性卷叶和病毒性卷叶两种。叶片不同程度地翻卷，从而影响光合效率，使植株代谢失调，坐果率降低，果实畸形，产量锐减。

②防治方法。生产上应首先选择抗病不卷叶的品种，如中蔬 5 号、中杂 9 号、东农 704、东农 707 等。要合理灌水，在植株生长旺盛期，土壤水分应保持在 80% 以上，尤其是防止干后过湿。整枝不宜过早，一般在叶芽长到 3.3cm 时进行。摘心时最上层果的上部应留 2~3 片叶。同时注意整枝、摘心要在上午 10 点至下午 4 点温度较高、阳光充足时进行，以利于伤口的愈合。加强温光管理，高温干燥时，叶片向上卷曲，注意及时放风；注意合理施肥，各种肥料的比例搭配要适当。注意生长调节剂的使用时间和浓度，要隔 4~5d 为好。

（6）高温和低温的危害

当温度达到 35.8℃ 以上时，番茄植株营养状况变坏，落花、落果增多，被太阳直射的果实有日灼现象。高温干燥时，叶片向上卷曲，果皮变硬，易产裂果。

番茄遇到连续 10℃ 以下的低温，容易产生畸形果。温度在 5℃ 以下时，由于花粉死亡而造成大量的落花。同时授粉不良而产生畸形果。如果温度低于 -1~3℃，番茄植株就会冻死。所以，当温室和大棚温度超过 30℃ 时就应及时通风，防止高温危害。当有寒流出现时，加强保暖措施，防止冻害的发生。

3. 番茄主要虫害

（1）棉铃虫

①症状：棉铃虫，又名棉铃实夜蛾，属鳞翅日夜蛾科。分布广，食性杂，危害重，寄主多达 260 余种。在棚室蔬菜中，棉铃虫主要危害秋延茬、晚春茬、伏茬番茄。幼虫以蛀食蕾、花药、果为主，也可蛀食嫩茎和啃食叶片、嫩芽，造成落花脱果和茎蔓折断或茎枝失去生长点。严重时发生株率达 100%，蛀果和蛀茎株率达 30% 以上。

栽培技术防治：在定植越冬茬大棚番茄之前 10～15d，深翻地破坏棉铃虫蛹的土巢，然后闭棚高温烤棚 3～5d，使棚内最高气温达 60～70℃，5cm 地温也高达 50℃，既灭菌，又可高温杀死棉铃虫蛹。或深翻地后灌水，淹杀越冬蛹。在棚室通风窗口处设置尼龙避虫网（20～40 目尼龙纱网），避免外界的棉铃虫蛾迁飞入棚室内产卵。定植后采用地膜将棚内地面全覆盖，可使老熟幼虫不能入土做巢在土壤中化蛹，同时能阻止在土壤中的蛹羽化的蛾从膜下出来。结合整枝打杈，摘除部分虫卵。摘掉虫蛀果，消灭幼虫。

②防治方法。

农业防治：结合整枝打杈，摘除部分虫卵。摘掉虫蛀果，消灭幼虫。

生物防治：在主要危害世代产卵高峰后 3～4d 至 6～8d，喷洒 2 次 Bt 乳剂（每克含活孢子 100 亿个）250～300 倍液或 HD-1，使幼虫感病而死亡。

物理防治：用黑光灯、杨柳枝或糖醋液杀虫。

药剂防治：掌握在棉铃虫产卵高峰期至 2 龄幼虫期喷药，以上午施药为宜，重点喷洒植株中上部。可选用下列药剂之一。喷药：2.5% 溴氰菊酯乳油 1500～2000 倍液，20% 甲氰菊酯乳油或 20% 氟胺氰菊酯乳油 2000～2500 倍液喷雾。交替使用农药，于棉铃棉产卵高峰期至 1～2 龄幼虫期 3～5d 喷一遍药，连喷 3～4 遍。

（2）温室白粉虱

①症状：又名小白蛾。成虫和若虫群居于叶的背面吸食汁液，使叶片褪绿变黄，还可分泌大量的蜜露污染叶片、果实，发生霉污病，造成减产和降低商品的品质，还可以传播病毒。

②防治方法。在温室中育苗时，彻底清理杂草和残株，用熏烟杀死残余成虫，通风口增设尼龙纱网，控制外来虫源，培育无虫苗。在田间可用涂上机油的黄板诱杀成虫。在保护地内可用丽蚜小蜂防治，也可用 25% 的扑虱灵可湿性粉剂 1500 倍液，或 1% 的溴氰菊酯烟剂放烟，效果明显。

（3）地老虎

①症状：又称截虫、切根虫、地蚕、土蚕。食性很杂，为害广泛。以幼虫咬食番

茄的嫩茎、子叶、嫩叶，造成缺苗断垄。

②防治方法：采用秋翻等消灭越冬蛹、幼虫和卵。春季可用糖醋液诱杀越冬成虫，糖、醋、酒、水的比例为 3：4：1：2，加少量的敌百虫。

四、樱桃番茄膜下滴灌大棚生产技术

樱桃番茄是番茄大家族中成员之一，是野生型亚种和半栽培型亚种的统称，是番茄半栽培亚种中的一个变种。圣女果番茄又叫微型番茄、迷你番茄、小番茄。它果型小，单果重 10～20g，植株生长势强，结果多，每株结果 400～500 个。其果近圆形，似樱桃，品质好，糖度高。其维生素 C 含量大于普通番茄。酸甜可口，营养丰富。圣女果番茄成熟果实既可以作为蔬菜食用，又可以当成水果食用，风味独特，营养丰富，近年来发展速度极快，全国各地均有种植，深受种植者和消费者的青睐。同时对人们的一些疾病有抗防作用，还具有一定的观赏性，是一种经济和保健效果十分显著的作物。北方的栽培一般都进行育苗。多选用耐热，抗病力强，丰产潜力大，结果连续性好的中晚熟品种。

（一）品种选择

主要品种有圣女、樱桃红、龙女。

（二）播种育苗

1. 适宜的播种期

早春 2 月下旬播种，苗期 45d，可根据定植时间倒推。

2. 播种前准备

（1）穴盘的选择：选用 187 穴育苗盘效果较好，穴孔长 4cm，宽 4cm，高 6.9cm，体积 30cm³。使用前要进行消毒，选用多菌灵、百菌清等广谱性杀菌剂即可。

（2）基质的选择与配比：一般我们选择用泥炭土和蛭石配制好的育苗基质，或自己进行配制育苗基质，配制比例为：泥炭土：蛭石 =1：1（体积比）。

（3）基质的用量：5.6 升基质/盘。

（4）基质的消毒：用 50 倍福尔马林溶液将基质淋湿，然后用薄膜盖严密闭，在 30～40℃的温度下经过 3d 后打开晾晒 3～5d，待甲醛气味完全挥发掉即可使用。

3. 播种

（1）地点选择：要求温度在 20℃，能够方便密闭和通风的温室。

（2）温度和湿度控制：苗期对温度要求较严，发芽室温控制在 24～26℃，基质温度保持在 22℃左右有利于种子尽快出苗和出苗整齐。

（3）播种方式

穴盘点播：穴孔用手指按 1.5cm 深度的穴孔，种子平放，播种时用镊子夹取种子，播后种子上面覆盖消毒基质，与穴盘等平即可。

营养钵点播：先将营养钵内放入 2/3 的基质，然后每钵中心位置放 1 粒种子，再覆 1cm 厚的基质，用薄膜覆盖保湿，促进早出苗。

4. 苗期管理

温、湿度管理：出苗后，白天保持 23 ~ 25℃，夜间保持 15 ~ 18℃。为防止发病，应保持苗床湿度在 50% ~ 60% 为宜。

5. 壮苗标准

日历苗龄 45d 左右，生理苗龄 4 片真叶，株高 10cm，叶片颜色深绿，叶柄长度适中，根系发达，无病虫害。

（三）整地与定植

1. 定植前的准备工作

（1）土壤整地：先将棚内土壤加入 5m³ 腐熟畜粪，按 42kg/棚（50kg/亩）硫酸钾复合肥施入耕作层，接着进行 30cm 的深翻拌匀。

（2）土壤消毒：主要用五氯硝基苯进行土壤消毒。该药剂无内吸性，属保护性杀菌剂，用粉剂 500g/亩拌细土 15 ~ 25kg，施入播种沟、穴或根际，进行土壤消毒或 500 倍液灌根处理或喷施。我们现在使用的是喷施的方法，600g/棚（0.85 亩/棚）。

（3）旋耕：将土壤中的大块土块打碎：以利于土壤的保水、保肥。

（4）作苗床：将旋耕过的地做成苗床进行栽培，苗床长 55m，面宽 1.2m，床埂高 15cm，向内倾斜角度为 60°，苗床上部之间的距离为 40cm，每棚可做 6 个均匀一致的苗床，苗床做好后，用耙耙平。铺滴灌带后覆膜。

（5）浇水：在定植前两天，用滴灌将苗床定植苗子的区域浇水，以浇湿润为准，检查办法：可将浇过水的土捏成团，土团掉地散开即可。

2. 定植

（1）双行定植：栽培株行距 50cm×70cm，220 株/床，1320 株/棚。

（2）定植覆土不宜深或者略将苗覆一层土，如果铺膜定植则需将膜孔用土封严。定植完毕及时浇定植水，水量不宜太大，一般为 10 ~ 20m³/亩左右。栽苗的深度以不埋过子叶为准。适当深栽可促进不定根的生长。如遇徒长苗，苗子较高，可采取卧载法将苗朝一个方向斜卧地下，埋入 2 ~ 3 片真叶。

（3）温度指标

缓苗前：温度要高，特别是地温应高，在缓苗前一般温度不超过 30℃，不需放风，以 28℃ 左右为宜。

缓苗后：温度较缓前略低 3℃ 左右。日：24 ~ 26℃，夜：15℃ 左右。

结果期：温度较缓苗后略高。日：25℃，26℃以上开始施风，20℃关闭风口。夜：13 ~ 15℃。地温不低于15℃。

（四）植株调整及管理

1. 植株调整

采用双秆整植，仅留主枝，侧枝留1 ~ 2叶打顶，主枝不打顶。整枝需要注意6个问题。

（1）由于地上部分与地下部分生长有相关性，所以，在第一次打杈如果过早摘除侧芽，植株上保留的枝叶少，会抑制根系的发育。为避免这种现象，可用带叶整枝法：在第一次整枝时，把第一花序下的2 ~ 3个侧枝，留两片叶摘心，以后整枝时再把侧枝去掉。如果嫌费工，头次整枝应在侧枝长到6cm以后再掰掉。

（2）病毒病时，整枝时先不要接触病株，以免传染。

（3）尽量避免在下雨以前，下雨时，早晨露未干时或雨后叶子潮湿时整枝，以免传染病。

（4）打杈用手掰杈法，伤口整齐，便于愈合。

（5）掰下的侧枝应带出田间外。

（6）当番茄长到一定程度后，下部的老叶同化功能大大降低，这时如果田间过于郁闭，通风不良可适当摘除，有利于通风透光和采收；进入采收期后果实采到哪一档位，就把基部老叶摘到该档位置。

2. 掌握适宜时间，及时授粉

授粉：番茄属自花授粉植物，受环境条件影响较大。因此需进行人工授粉。方法是每天在棚内湿度较小的情况下振动花序，忌蘸花。

（五）肥水管理

番茄不同时期施肥管理见表12-7，不同生长阶段灌水管理见表12-8。

表 12-7 不同时期氮、磷、钾施肥量 （单位：g·棚/d）

时期	N	P	K
定植→第一层果	70	70	70
第一层果→第五层果坐住	135 ~ 200	80 ~ 120	200 ~ 300
开始采摘	350 ~ 550	200 ~ 320	500 ~ 800
采摘高峰	400 ~ 550	250 ~ 320	600 ~ 800
拉秧前8周→拉秧	150 ~ 200	80 ~ 120	200 ~ 300

表 12-8　不同生长阶段灌水量　　　　　　　（单位：m³·棚/d）

生长阶段	时期	给水
成活和开花	定植两周后开始	2～3
生长和结果	定植后 45～50 天开始	3～4
成熟和收获	定植后 75～80 天开始	6～7
收获	定植后 115 天开始	8
收获	定植后 145 天开始	5～6
收获	定植后 165 天开始	4

注：大棚规格：长 57m，宽 10m，面积 570m²；以上数据为参考数据，在不同月份和生长阶段每天的给水量根据蒸发率而定。

（六）中耕松土，棚内不得有杂草

1. 缓苗后一次，宜深。近根处 5～7cm，远根处 10cm 左右。

2. 苗期 2～3 次，间隔 7～10d，原则上较缓苗的松土略浅，而且近根处宜浅，远根宜深。

（七）对几种影响产量的生理病害的防治

1. 番茄脐腐果

脐腐果又称蒂腐果，顶腐果，烂脐等，通常是由于光照，温度和影响钙离子吸收的环境胁迫的共同作用而发生的。防治它要做到以下几点。

①深耕，细耙，增施有机肥，保证水分均衡供应。采用地膜覆盖，保证土壤水分相对稳定，减少土中钙的流失。

②在番茄开花时，尤其在花序上下 2～3 叶每 7～10d 喷洒 1% 过磷酸钙或 0.5% 氯化钙，或含钙的复合微肥，喷洒时为促进钙的运转，在氯化钙液中加入萘乙酸 50mg/kg 或少量维生素 B_6，能阻碍草酸形成，减轻脐腐，使用绿芬威 3 号 1000 倍液喷洒，喷后 5d 发病部位开始结痂，7d 后植株恢复正常生长，如果提前喷施，整个生育期不会发生脐腐。

③发生脐腐后，立即喷布脐腐宁或脐腐王，每 7～10d 喷 1 次，连喷 2 次。

2. 空洞果

其果实带棱角，酷似八角帽，切开后可看到果肉与胎座间缺少充足的胶状物和中子而出现明显的空腔；防治它必须用 2，4-D 或番茄灵蘸花重复蘸，浓度要准确。高温时浓度要低，低温时浓度要高，每花蘸药不要过多，不能重复蘸。而且发育程度不同时，2，4-D 等激素的反应能力有差异，作用速度不一致会引起空洞果。

（八）采收

采收是保证樱桃番茄产量的重要步骤之一，通常花开后30d，果实已不再生长，第一档果开始转色，可用2000mg/L的乙烯利液进行催红，及时采摘，以利于后续果实加快生长。为了延长贮藏时间，采收时要掌握好以下几点。

（1）在早晨或傍晚温度偏低时采收，不要在温度较高的中午前后采收，中午前后采收的果实含水量少，鲜艳度差外观不佳，同时果实的体温也较高，不便存放，容易腐烂。

（2）果实要用剪刀带小段果柄采收，不可硬拉，避免拉裂果实以及拉伤茎秆等。带果柄有利于保护果实，防止疤痕处染病后感染果实，有利于长途运输，但应注意果柄不宜过长，以免装筐或装箱后刺破其他果实。

（3）采收后果实面要擦拭干净，并按等级分级装箱，不可沾泥带水，大小混装，否则会影响外观及贮藏时间，降低商品价值。

（九）秋后清园

为保证来年工作更好地开展，秋后应及时做好清园工作。将棚内的老秧及杂草清理干净，再将不用的吊蔓绳子整理好。

第二节　设施黄瓜膜下滴灌水肥高效栽培技术

一、黄瓜生产概况

（一）世界黄瓜生产概况

2003年全球黄瓜收获面积3000多万亩，产量3640万t，其中以亚洲栽培最多，面积2475万亩，总产量3012万t；欧洲次之，面积330万亩，总产量390万t。中国收获面积1875万亩，总产量2292万t，居世界首位。黄瓜的播种面积和总产量在中国主要蔬菜中均位居第3位[9]。

（二）中国黄瓜生产概况

黄瓜是中国主要的蔬菜作物之一，截至2002年年底，中国的黄瓜栽培面积已达1879.5万亩，比1980年扩大了近3倍，占全国蔬菜面积的10%左右，其中58%左右为露地种植。主要的种植地区为山东、河南、河北、辽宁、甘肃、江苏、广东、广西等省（区）。近年来，中国黄瓜种植区分布逐渐扩散，几乎在每一个省、每一个大城市周围都有一些大的黄瓜生产基地，区域化生产越来越突出，根据不同的地理位置和栽培习惯，中国黄瓜生产大体可分为6个种植区域[10]。

1. 东北种植区

主要包括黑龙江省、吉林省、辽宁省北部、内蒙古自治区、新疆维吾尔自治区北部。该区冬季气候寒冷，日照时间长，冬季加温日光温室种植虽有逐年上升趋势，但仍以早春节能日光温室、春季塑料大棚和春夏露地栽培为主。

2. 华北种植区

主要包括河北省、河南省、山东省、山西省、陕西省和江苏省北部的广大地区。该地区是中国传统黄瓜种植区，生产技术水平高，生产面积大，种植的茬口多，也是目前中国黄瓜设施栽培面积最大的地区（节能日光温室、塑料大棚）。

3. 华中种植区

主要包括江西省、湖北省、浙江省、安徽省和江苏省南部的区域。该地区主要以露地和塑料大棚黄瓜生产为主，虽然近年来部分地区也有越冬日光温室的栽培，但面积不大。

4. 华南种植区

主要包括广东省、广西壮族自治区、福建省和海南省。这一地区黄瓜种植以露地栽培方式为主，冬季以塑料小拱棚和地膜覆盖为主，夏季由于高温炎热种植面积很小。

5. 西南种植区

主要包括四川省、重庆市和贵州省。该地区地处高原，纬度低、海拔高，气候及地理条件复杂，栽培方式及茬口多种多样，但归纳起来还是以露地和塑料大棚生产为主，近年来，四川省、重庆市的高山地区，利用节能日光温室进行黄瓜栽培也有了一定的发展。

6. 西北种植区

主要包括甘肃省、宁夏回族自治区、青海省和新疆维吾尔自治区南部。此区黄瓜栽培基础较差，但近年来发展较快，特别是保护地黄瓜种植的面积有了很大的增长，但栽培技术与华北及其他地区还有一定的差距。

二、设施黄瓜膜下滴灌技术模式

随着设施蔬菜的发展和生产水平的提高，膜下滴灌技术也相应得到了发展和普及，该项技术的推广应用，给温室蔬菜尤其是北方温室蔬菜的生产带来了节约成本、提高效益和品质的丰厚利益。

膜下滴灌指在地膜下应用滴灌技术。这是一种结合了以色列滴灌技术和国内覆膜技术优点的新型节水技术，即在滴灌带或滴灌毛管上覆盖一层地膜。这种技术是通过可控管道系统供水，将加压的水经过滤设施滤"清"后，与水溶性肥料充分融合，形成肥水溶液，进入输水干管—支管—毛管（铺设在地膜下方的灌溉带），再由毛管上的滴水器一滴一滴地均匀、定时、定量浸润作物根系发育区，供根系吸收。

（一）设施黄瓜膜下滴灌的特点

膜下滴灌能对蔬菜适时、适量地向根区供水供肥，使蔬菜根部土壤经常保持适宜的水分、养分，土壤通气性好，降低了空气湿度，减少了病害的发生。蔬菜生长快、发育早，植株健壮，增产 20% 以上，经济效益显著。

和常规种植相比，膜下滴灌的优点主要体现在以下六个方面。

1. 节水

传统沟灌由于土壤、渠道水分大量流失，而滴灌仅湿润作物根系发育区，属于局部灌溉，不会产生深层渗漏和水平流失。实施膜下滴灌，可大大减少棵间蒸发，因而省水效果明显。一般比沟灌节水 52.7%[11]。

2. 省肥省工

传统沟灌水量大，所施用的肥料易被水下渗到土壤深层，使作为根系难以利用。滴灌追施的肥料，大多于作物根际部位，避免了肥料的淋失，提高了肥料的利用率。

3. 改良土壤

传统的灌水方式易造成土壤板结，而滴灌的土壤疏松，土壤容重小，孔隙适中，有利于根系生长[12]。

4. 提高土地利用率

输水管及滴灌带基本不占用有效土地面积，可提高土地利用率。

5. 减轻病害危害

保护地由于密闭高温，病害危害严重，滴灌浇水量小又有地膜覆盖，土壤水分蒸发少，能显著提高地温和气温，比地面沟灌降低空气湿度 10% 以上，减少了病虫菌害的发生。促进作物生长，提高蔬菜产量。

6. 增产增收

膜下滴灌比漫灌区平均亩增产 1583kg，增产率 20.99%[13]，采用膜下滴灌的棚菜亩收入比沟灌棚菜相比，净增效 46%。

（二）设施黄瓜膜下滴灌设计与安装

1. 膜下滴灌设备组成[14]

该模式主要采用膜下软管滴灌技术，滴灌控制设备、输水管、滴灌带、连接部件均采用塑料制成，轻便，易于安装、拆卸。软管滴灌设备主要由以下几部分组成：

（1）输水软管：大多彩用黑色高压聚乙烯或聚氯乙烯软管，内径 40~50mm，作为供水的干管或支管应用；

（2）滴灌带：由聚乙烯吹塑而成，国内厂家目前生产的有黑色、蓝色两种，膜厚 0.10～0.15mm，直径 30～50mm 软带上每隔 25～30cm 打一对直径为 0.07mm 大小的滴水孔。水器流量选择 3.7～4.5L／（m·h）；

（3）软管接头：用于连接输水软管和滴灌带，也是塑料制成；

（4）其他辅助部件：施肥器、变径三通、接头、堵头、旁通。根据不同的铺设方式及使用需要。

2. 铺管与覆膜

作物栽植带做成高畦，畦宽 70～90cm，畦中心高 15～20cm，两畦之间留 30～50cm 作业道；每畦种植双行，在双行间铺管

图 12-3　黄瓜膜下滴灌

（图 12-3）。在温室中或跨度在 8 米以下的大棚中铺设输水管路，可在温室的北侧或大棚的长度方向铺设，管上用旁接头连接滴灌带；若温室长度超过 50m，宜在输水管中部位置引入水源，并在水口两侧输水管上分别安装分组控制阀门，轮流滴灌；要注意滴灌带的滴孔朝上。全部铺设好后，应通水检查滴水情况，如果正常，即绷紧拉直，末端用竹木棍固定，然后覆盖地膜，绷紧、放平，两侧用土压严。一个种植期灌溉结束后，对管道及其他系统进行一次检修，并把管道内存水放空，防止冬季冻胀。输水管及滴灌带用后要清洗干净，卷好放到荫凉处保存，防止高、低温和强光曝晒，以延长使用寿命。

（三）灌溉技术

1. 设施黄瓜的需水规律

黄瓜喜湿而不耐旱。要求土湿度为 85%～90%，空气湿度白天为 80%，夜间为 90%。需水特点：根系入土浅，不能吸收土壤深处的水分，要求耕层有充足的水分供其吸收；叶大而薄，蒸腾量大，要求空气湿度大以减少蒸发；连续结果能力强，要求有足够的水分供其继续生长结果的需要。就土壤湿度与空气湿度比较，黄瓜对高的土壤湿度比对高的空气湿度的要求更为重要。植株对于低的空气湿度的抵抗性是随着土壤湿度的增高而加强。这是北方干燥区栽培黄瓜仍能获得高产的重要原因之一。

黄瓜在不同阶段对水分的要求也不相同：种子发芽期、播种时需水多，以利储藏物质水解转化和利用，但是播种时，尤其在土壤温度底，不利于种子发芽时，水分过多往往引起种子腐烂，对已发芽的种子引起根尖发黄或锈根。幼苗期，适当供水，不可过湿，以防烂根、徒长或病害。初花期，对水分要加以控制，解决水分、温度和坐果三者的矛盾。结果期：需要大量的水分，在这个时期如果供应不足或不及时，大大削弱结果能力，甚至使正在生长的果实，由于水分不足而发生尖嘴、细腰等畸形果，失掉

商品价值。但水分过多也是有害的，雨水多，土壤潮湿，空气湿度大，病害严重，同时，干扰立体交换，折射光线，影响光合强度，蒸腾作用受阻，影响水和养分的吸收。

2. 设施滴灌黄瓜的灌溉制度

黄瓜在膜下滴灌条件下，苗期共灌水 45mm，开花期灌水周期为 7 天，灌水定额 15mm。土壤水分保持在 80% ~85% 田间持水量；黄瓜叶面积大，茎粗，根系活力强，黄瓜瓜条增长速度快，尤其是瓜条长的增长。结果期适宜的耗水量应为 120 mm 左右，日耗水强度为 3.04 ~4.68mm。每隔 4 ~5d 灌 1 次水，灌水量为 15 mm，理想的土壤含水量指标为田间持水量的 85% ~90%。全生育期耗水量控制在 171.8 ~202.6mm，可获得优质高效的结果（表 12-9）。随着灌水量的增加光合速率、蒸腾速率、气孔导度都不同程度地增加[15]。

表 12-9　黄瓜生育期耗水量及结果期耗水强度

不同生育期	苗期 （mm）	开花期 （mm）	结果期 （mm）	全生育期耗水 （mm）	结果期耗水强度 （mm·d^{-1}）
灌水定额	45	15	120	171.8 ~202.6	3.04 ~4.68
灌水周期	5 ~7 d	7 d	4 ~5d		

（四）施肥技术

1. 设施黄瓜的需肥规律

黄瓜根系弱，对高浓度的肥料反应特别敏感，在施肥浓度高的情况下，容易发生烧根的现象；黄瓜生长快、结果早，营养生长和生殖生长几乎同时并进，要求养料严格。因此，黄瓜施肥应采用勤施薄施的施肥原则。

黄瓜对三要素的吸收量以 K 最多，其次是 N，P 为最少。黄瓜全生育期不可缺 P，特别是播种后 20d ~40d 之间 P 的效果格外显著，此时决不能忽视 P 肥的施用。黄瓜全生育期缺 K 时，不论是营养生长还是生殖生长，情况均十分严重，且前半期缺 K 所造成的后果较后半期缺 K 更为严重。

黄瓜适于在肥沃的壤土上生长，喜腐熟的农家肥，所以，深耕重施腐熟的农家肥是培根壮蔓的基础。每生产 1000kg 黄瓜果实大约吸收氮 2.8 ~3.2kg、磷 0.8 ~1.3kg、钾 3.6 ~4.4kg（表 12-10）。氮肥 30% ~40%，磷肥 20%，钾肥 40%，苗期对氮、磷、钾的吸收量仅占总吸收量的 1% 左右，从定植到结瓜时吸收的养分除磷的吸收量较大以外，对氮、钾的吸收量不到总吸收量的 20%，而 50% 的养分是在进入盛果期以后吸收的。黄瓜叶片中氮、磷的含量较高，茎蔓中钾的含量较高。当黄瓜进入结果期以后，约 60% 的氮、50% 的磷、80% 的钾集中在果实中。由于黄瓜需要分期采收，养分随之脱离植株被果实带走，所以，需要不断补充营养元素，进行多次追肥。

表 12-10　黄瓜对氮磷钾养分的吸收量吸收比例

黄瓜产量 (kg/亩)	每生产 1000kg 黄瓜吸收量（kg）			$N : P_2O_5 : K_2O$
	N	P_2O_5	K_2O	
用量　5000	2.8~3.2	0.8~1.3	3.6~4.4	5：3：7

2. 设施滴灌黄瓜的施肥制度

从催瓜水起，滴灌施肥完全与灌溉同步进行，从催瓜水起，每灌两次水随水追肥一次，以磷酸二胺、硫酸钾、尿素为主，肥料总量配比为 N：P：K＝5：3：7（表 12-10），每次约施纯氮 9.2kg，P_2O_5 约 38.8kg，K_2O 约 13kg/亩[16]。

三、膜下滴灌黄瓜高产设施栽培技术模式（以新疆为例）

（一）育苗

1. 栽培季节（表 12-11）

表 12-11　设施黄瓜栽培季节安排表

茬口	播种期	定值期	采收期
大棚春茬	2 月 25 日	4 月 10 日	5 月初
大棚秋延后	8 月初	8 月底	9 月底
温室秋冬茬	8 月中旬至 9 月上旬	9 月上旬至 10 月中旬	10 月中旬至次年 1 月中旬
温室冬春茬	12 月下旬	2 月初	3 月中旬
温室深冬茬	11 月中旬	1 月初	2 月初

2. 品种选择

随着蔬菜育种水平的提高，黄瓜新品种大量出现，特别是适合不同保护地栽培的黄瓜品种很多，重点选择抗逆性、抗病性强的具有一定推广面积的代表性品种有：

（1）适宜春秋露地栽培：津优 1 号、中农 8 号；

（2）适宜春大棚栽培：津优 2 号、中农 116、园丰园 3 号；

（3）适宜夏季露地栽培：津春 4 号、津春 5 号、津绿 4 号；

（4）适宜秋大棚栽培：津优 1 号、园丰园 3 号；

（5）适宜秋延后节能日光温室：津优 2 号、津优 1 号、中农 7 号、新黄瓜 2 号、津优 3 号、津绿 3 号、津优 31、新黄瓜 1 号；

（6）适宜冬春茬日光温室：津优 2 号、津优 30、津优 31 等。

3. 播种

（1）育苗温室的准备：中午把棚室密闭，将 3～5 个 20～30cm 口径的花盆均匀摆放在棚室内，盆内放入燃烧的木屑，然后将 0.5～1.0kg 硫黄粉分撒在各个花盆上燃烧，密闭 12h，在硫黄粉中混入敌百虫等农药熏蒸，可杀白粉虱、红蜘蛛及白粉病菌等。

（2）营养土的配制：3～4 份腐熟有机类肥、6～7 份菜园土，土肥都要过筛，还应加适量化肥，每吨营养土加磷酸二铵 0.1kg 或尿素 0.25kg：过磷酸钙 1kg：硫酸钾 0.25kg，充分混合后，用 50% 福美双与五氯硝基苯等量混剂 8～9g 粉剂拌闷消毒 2 天。如腐熟厩肥是鸡粪、羊粪，用量不宜超过 2 份。

（3）装钵。

（4）种子播前处理：亩播种量 150～200g，种子的好坏直接关系到收获产量的高低及品质的好坏，进而影响经济效益，因而一定要保证种子的纯正和质量，符合 GB16715.1—1999 标准的要求。

播前温汤浸种（在盆内放入种子，再缓慢倒入 4～5 倍 55℃ 的热水，一边倒一边搅拌，保持 15min，然后在 25～30℃ 的水中浸种 2～3h）。催芽温度先 25℃，后 30℃，胚根将出，再降至 25～20℃，经 1.5d 后可出齐。

（5）播种：播前浇透水播种。直播法，将发芽的种子播在纸钵、营养袋内，覆土 1cm；再用恶霉灵 800 倍液喷淋浇透。覆膜增温保湿。

4. 苗期管理

（1）温度：根据黄瓜幼苗不同生育阶段对温度的要求，可分为四个时期，进行温度调节。从播种到子叶出土：需高温促使出苗快而整齐，日夜保持 27～29℃ 的气温和 22～25℃ 的地温，两天内出齐，否则天数增多。当 80% 左右的种子破土出苗后，及时去膜，降温。

苗出齐至第一片真叶展开：降温、开始通风换气。气温 20～22℃/18～15℃，地温 20℃ 左右。以控制徒长，促进花芽分化。地温高促进根系的发生和发展。

第一片真叶展开至第四片真叶展开。气温 20～25℃ 促使茎叶和根系的生长，但夜间气温仍应偏低（13～15℃），控制呼吸以利养分积累。地温 15～20℃ 以利物质运输。此期若温度过低，易出现"花打顶"的早衰现象，过高，易徒长。

在定植前 7～15d 内，降低温度，进行幼苗锻炼以适应昼夜温差大，温度变化剧烈的特点。白天气温 15～20℃；地温 15～20℃。夜间 10～12℃，到定植前 3～5 天内，夜间气温与定植环境基本相同，不得低于 8℃。

（2）光照：苗期每天有效光照 8～10h，低于 6h 时则需补光 2h。冬春季育苗在光照管理方而主要采取延长光照时间，增强光照强度等措施；而秋茬则采取回苦降温，缩短光照促进雌花分化。

（3）气体：冬春育苗以保温为主，很难克服保温与通风（温度和 CO_2）的矛盾，但是湿度大易使幼苗徒长，也易染病害；CO_2 缺乏，影响光合强度和同化物质的积累。在生产上，只有控制灌水，把相对湿度控制在 80% 左右；CO_2 气体施肥开放苗床的空气中 CO_2 浓度一般为 300mg/kg，在封闭条件下白天会更低，如提高到 1000 ~ 1500mg/kg，可明显促进生长。其施肥办法：一是利用 CO_2 施肥器，一般在密闭条件下日出揭苫后 2h 施用；二是利用固体缓释剂土埋施用，或增施有机磷肥料补足 CO_2。

（4）养分：由于幼苗根系少，吸收能力弱，所以必须施用高质量的完全肥料。一般在播种时只要施足基肥，灌透茬水，就能满足苗期的需要。如有缺肥症状，则可适当喷施少许磷酸二氢钾 500 倍液。

（5）生长调节剂：当第一片真叶展平后，可用 100 ~ 200ppm 的乙烯利进行叶面喷洒，每 7 天 1 次连续 2 ~ 3 次，可降低雌花节位，增加雌花数目。

（6）倒苗：保护地内环境条件分布不均匀，从而导致秧苗长势差别较大。生产中常将环境条件较好而略显徒长的苗与环境条件较差而长势较弱的苗互调位置，并对弱小苗加强肥水管理以达到苗齐、苗壮的目的。

（7）出苗：苗龄要适当。适龄（生理苗龄）壮苗的标准：胚轴长度为地表上 3cm 高，子叶肥厚，较大，叶缘稍向上扣，茎粗，节间短；株高 15cm 左右，粗 1cm 左右，叶柄与茎呈 45°，叶 4 ~ 5 片水平展开，肥厚色绿而浓。株冠大而不尖，根多、粗、色白。生长势强。若用日历苗龄表示，那就要看育苗的条件和方法。如气温适宜，地温和光照好的温室，宜用 25 ~ 30d 的苗龄。一般炉火加温的温室，因地温和光照不足，就需 40 ~ 50d，而温床秧苗就需要 50 ~ 60d。采用纸袋营养土方等保护根系的育苗方法，苗龄可长些。秧苗要健壮无病：需要在育苗前，精选种子，进行种子消毒，并对用过的温室、器具、土壤等进行严格的消毒。

（二）定植

1. 整地施肥

一般亩施腐熟有机肥 4000 ~ 5000kg，油渣 200 ~ 300kg，配合整地施尿素 10kg；过磷酸钙 40kg；硫酸钾 20kg。深翻 30cm，南北作畦，畦宽 80cm，高 15cm 左右，沟宽 40cm，在垄中间开宽 10cm、深 5cm 的小沟，铺设滴灌带并覆膜。布置滴灌管网：布好滴灌支管，连接毛管，注意检查，保证滴灌系统正常运行。

2. 定植时期

适宜的定植时期应在温室内地温稳定在 8 ~ 10℃ 以上和早春降温不低于 0℃ 左右，是温室黄瓜定植的安全时期。

3. 栽植密度

早春栽培，多用小架或吊架，密度为（25 ~ 30）cm×（50 ~ 60）cm。密度 3600 ~

3900 株/亩。

4. 栽植方法

一般分为明水栽和暗水栽两种。明水栽即在畦面按株距挖穴，将苗栽入后浇水。暗水栽也叫坐水栽、水稳苗或类水稳苗，也有两种形式：定植前先开沟晒土，栽时一般顺沟施入部分基肥，与土混合后先滴水，待水渗到一定程度将瓜苗土坨大部分坐入泥水内，使根土密接。待坨和土晒暖，覆以"阴土"。另一形式是先在畦内开沟晒土，然后按株距摆苗，用沟帮土把苗坨固定，然后浇水，水量与坨面平即可，待水渗下后再用土封沟。这两种方法，既可提高地温，又可防止板结，起到透气、保墒、促进缓苗、发根的作用。

5. 栽植深度

黄瓜根浅喜氧气，定植时不宜过深，一般以封沟后土坨与畦面相平即可。俗话说"深栽茄子，浅栽瓜"，"茄子没脖，黄瓜露坨"。

注意事项：栽植时，同一沟内左右两行的秧苗要栽在同一高度，以利于以后的肥水管理，否则易出现一边受干，一边受淹的现象。

（三）田间管理

1. 温度管理

缓苗期温度白天控制在 30℃，夜间 20℃。缓苗后及时浇缓苗水。前期白天不高于 35℃不通风，尽量增加光照时间，在有利于保温的前提下，草苫要早揭晚盖，阴天要适当降低室内温度，夜温保持在 10℃以上。当白天温度低于 25℃就缩小通风口，低于 20℃停止通风，后期夜间不低于 12℃时可不闭；结果期可采用四段式变温管理，即上午使温度尽快达到 28～32℃，湿度降至 60%～70% 左右，下午温度降至 20～25℃，湿度为 60% 左右，上半夜湿度上升至 85%，温度降至 13～15℃以下，下半夜湿度上升至 90% 以上时，温度控制在 10～13℃。日光温室冬茬黄瓜不同生育期对温湿度的要求见表 12–12。

表 12–12　日光温室冬茬黄瓜不同生育期对温湿度的要求

生育阶段	温度（℃）		空气湿度（%）		水分管理	备注
	白天	夜间	白天	夜间		
前期	25～28	10～15	50～60	60～70	不旱不浇水，小垄眼下暗浇	降湿防病
中期	32～34	13～18	80～90	90～95	土壤湿润，大小垄并浇	升温防病
后期	28～30	18～22	70～80	80～90	见干见湿	保护防病

2. 灌水

前期以控水保墒为主，灌水量要少，灌水次数也要少。以后随着气温逐渐增高，灌水量逐渐加大，灌水次数也逐渐增多，所谓"前控、后促"的原则。灌溉定额为290m³/亩，其中定植前15d灌底水60 m³/亩，定植时灌定植水16 m³/亩。

（1）蹲苗期：缓苗后以雌花现蕾开始到根瓜收获之前为蹲苗期。一般不浇水，以调节植株地上部分与地下部分生长，营养生长与生殖生长的平衡关系。蹲苗时间一般为12~15d。蹲苗时间的长短要根据品种习性，植株生长状况，天气和土壤情况灵活掌握。

（2）结果期：蹲苗后，由于经过较长时间的控制水分，土壤水分较少，蹲苗后第一次灌水往往不能达到土壤深层，常需连续灌水两次。即当植株长出一片新叶时（约12d）连灌缓苗水2次，每次9 m³/亩，正如农谚说"头水晚，二水赶"。两三天后浅中耕一次。这次中耕做得要细至清除杂草。根瓜采收后灌水次数逐渐增加。根瓜采收后（约15d）灌催瓜水10 m³/亩，以后每4d灌水1次，每次7 m³/亩。从果实采收高峰后直到拉秧，新根形成减少，老根逐渐死去，根的吸收能力大大减弱。所需肥水减少，但为了延长采收期，力争多采收一些"回头瓜"，应继续加强肥水肥管理以推迟茎叶衰老。结果盛期及以后，浇水应在早晚进行，且以早上为最好，以利降低土温。

3. 配方施肥

按亩产5000kg计算化肥用量，尿素总用量81.5kg（N37.5 kg）；过磷酸钙总用量125 kg（$P_2O_5$20kg），硫酸钾总用量140 kg（K_2O 61.6 kg），配方施肥方案见表12-13。

表12-13　配方施肥方案表

施肥类型	施肥时间	肥料种类及用量	施肥要点	施肥方法
叶面追肥	苗期	尿素、磷酸二氢钾，2‰	氮肥为主	叶面喷施
基肥	整地定植前	尿素：40 kg 过磷酸钙：75 kg 硫酸钾：50 kg	氮、磷肥为主，配合钾肥	条沟法
追肥	结瓜初期	尿素：5 kg 磷酸一铵：1.5kg 硫酸钾：9 kg	根据结瓜及黄瓜长势，灵活施入	随水滴施
	结瓜盛期	尿素：5 kg 磷酸一铵：2.0 kg 硫酸钾：12 kg 共施6次	根据结瓜及黄瓜长势，灵活施入	分次随水滴施
	结瓜后期	尿素：5 kg 磷酸一铵：1.5 kg 硫酸钾：9 kg	根据结瓜及黄瓜长势，灵活施入	随水滴施

黄瓜田间施肥过程：

（1）苗期施肥：苗床营养土配制：未种过瓜的菜园土7份、腐熟厩肥3份，加入占总量2%的过磷酸钙，充分均匀即可。如发现苗期缺肥，按尿素、磷酸二氢钾2‰，喷洒在叶面上，有利于培育壮苗。

（2）土壤追肥：黄瓜从定植到采收结束，共需追肥8次左右。结瓜初期因温度低，需肥量少，第一次追肥，随水施入尿素5 kg、磷酸一铵（晶体，下同）1.5 kg、硫酸钾9 kg；进入结瓜旺盛期后，一般5～7d追肥一次，每次随水施入尿素5 kg、磷酸一铵2.0kg、硫酸钾12 kg，此约持续6次；在黄瓜生产结束前1周，随水施入尿素5 kg、磷酸一铵1.5 kg、硫酸钾9 kg。

（3）叶面追肥：结瓜盛期后，在地面追肥的同时，可用1%尿素加0.5%磷酸二氢钾叶面喷施。如缺其他微量元素，可同时喷施，有利于壮秧保果。

（4）增施二氧化碳气肥：在大棚、温室内每日清晨日出后半小时施放二氧化碳1500ppm，有利于增强植株光合效率，提高总体产量。

施用液态肥料时不需要搅动或混合。一般固态肥料需要与水混合搅拌，必要时分离，避免出现沉淀等问题。施肥时要掌握剂量，注入肥液的适宜浓度大约为灌溉流量的0.1%。滴灌施肥的程序分三个阶段：第一阶段，选用不含肥的水湿润；第二阶段，施用肥料溶液灌溉；第三阶段，用不含肥的水清洗滴灌系统。

4. 植株调整

黄瓜为蔓性植物，在生长的后半期，由于茎长叶多，侧枝丛生，互相遮蔽，净同化率便会下降，所以必须进行搭架、整枝、绑蔓、摘心、摘叶等调整措施。

（1）搭架、整枝、绑蔓：搭架和绑蔓是黄瓜植株调整的主要工作。搭架要及时，露地多用竹竿，搭成人字形大架，搭成花架，中间每4根绑在一起，两端6根一束绑紧。大棚栽培可用吊架。架材应插在离瓜秧8cm远的畦埂一面，既可保护植株，也不致伤根过多。绑蔓也要及时，一般植株高25cm左右时开始绑蔓，以后每隔3～4叶绑一次，绑在瓜条的下方节位，既方便又不易伤瓜，不易折断。绑蔓须在中午或下午进行，可避免发生断蔓。绑蔓还可调节瓜秧长势，对生长速度正常的植株绑蔓时要松紧适度；生长过旺的植株可绑的紧一点。同一架上的瓜秧长势不齐时，可把秧长的弯着绑在架上，而对短秧的植株要向上拉直绑在架上，使全架瓜秧龙头一样高。结合绑蔓可去掉卷须以减少养分消耗，同时，摘除根瓜下的全部侧蔓，防止养分分散。

（2）摘心、摘叶：春黄瓜以主蔓结瓜为主，所以幼苗期一般不摘心。待主蔓快到架顶时，进行摘心，以利"回头瓜"的发生。及时打掉底部黄老的叶片，也是节约养分、改善通风透光的有力措施。根瓜的侧枝见瓜后，在瓜上留1～2片叶摘心。

（3）吊蔓与落蔓：温室内黄瓜栽培采用吊蔓，室内南北行拉铁丝，用缝麻包绳吊蔓，黄瓜甩蔓时开始引蔓；随植株生长进行人工绕蔓，当植株长到固定铁丝的高度时，要落蔓，落蔓时打掉下部老叶，按顺时针或逆时针方向将蔓盘绕在根部，增加空间和透光。

（4）摘除侧枝及卷须：早春茬黄瓜以主蔓结瓜为主，要及早摘除侧蔓与卷须，节省养分。

（5）摘老叶：黄瓜长至 20 片叶后，要注意去掉下部老黄病叶，一般果实采到哪里，叶子摘到哪里。

5. 采收

黄瓜的采收期由于品种，定植时期，苗龄大小，栽培环境和管理水平的不同而不同。一般定植后 25～30d 即进入采收期。一般根瓜应早采，以免赘秧。生长中期茎叶茂盛，叶面积大制造养分多，植株中部的果实发育快，数量多是产量构成的主要部分。此时采收要勤要细，做到每个果实都能及时采收，避免瓜赘秧或瓜赘瓜以保证产量。植株生长后期长势弱，由于结果多、温度高、湿度大病害较重、营养不良而出现畸形瓜，要及时摘掉，使养分集中到发育正常的瓜中，以保证质量。

最好是在清晨采收，因为，果实是储藏养分和水分的器官，白天植株经光合作用制造养分，到了夜间转运到果实中去。特别是当天经过灌水，夜间增重很快，次日早晨采收，品质脆。

（四）主要病虫害防治

1. 霜霉病

（1）症状。黄瓜霜霉病发病初期叶片呈水浸状褪绿斑。主要为害叶片。叶上病斑受叶脉限制，呈多角形淡褐色或黄褐色，叶背面产生灰黑色霉层。后期病斑破裂或连片致叶片干枯。

（2）防治方法。

选用抗病品种，如津杂、津研、中农系列抗病性较强。

农业防治：育苗地与生产地隔离，定植时严格淘汰病苗，采用变温管理，以降低湿度，增加温度，不利病害发生，并施足基肥，增强植株的抗病性。

药剂防治：发病初期，可喷甲基托布津 500 倍液或 600 倍 64% 杀毒矾可湿性粉剂；发病中期，用杜邦克露、安克+品润混合液或西先玛林+代森锰锌混合液，用量见产品说明。发病后期，将病叶全部摘除，注意喷药剂应该均匀的正反两面喷洒，喷药量应该在 60kg 药液/亩以上。

高温闷棚法：病情严重时易采用，晴天早上先喷药，而后浇大水，同时关闭所有通风口，使室内温度升高到 42～48℃，持续 2 小时，后开风口，逐渐降温，立即追肥，补充营养，0.2% 磷酸二氢钾，促进尽快恢复生长。

2. 细菌性角斑病

（1）症状　叶片先出现针尖大小的淡绿色水浸状斑点，渐呈黄褐色，大小在 1mm² 以内。叶上病斑受叶脉限制，呈多角形，病斑上产生白色菌脓，干燥后为白色膜状或粉末状；叶部病斑后期穿孔，危害瓜条，腐烂有臭味。

（2）防治方法

选用抗病品种：如津春 1 号、中农 13 号抗病性较强。

种子消毒：用温汤浸种即可。

药剂防治：发病初期喷新植霉素 5000 倍液、30% 琥胶肥酸铜（dt 杀菌剂）可湿性粉剂 500 倍液或 70% 甲霜铜可湿性粉剂 600 倍液，以上药剂可交替使用，每隔 7～10d 喷一次，连续喷 3～4 次。

3. 白粉病

使用 75% 甲基托布津 1000～1500 倍液；乙密酚磺酸酯 1000 倍液；交替使用。

4. 枯萎病

方法同番茄。

5. 红蜘蛛

用 2% 的阿维菌素 3000 倍液、70% 的炔螨特 3000 倍液交替使用。

6. 蚜虫

10% 的吡虫啉或腚虫咪乳油 3000～4000 倍液防治。

（五）生理性病害

1. 畸形瓜

包括大肚瓜、蜂腰瓜、曲形瓜等，主要是因为授粉不良，营养和水分供应不均衡，温度不适宜等原因造成。主要是花期环境条件不适宜，温度过高或过低，湿度大，光照弱，影响黄瓜的正常授粉受精，果实局部产生种子而膨大，使瓜条畸形；植株生长势弱，肥水不足，使得果实中不能得到正常的养分供应；黄瓜在生长过程中瓜条受到外物的阻挡而不能伸直等。

防治方法：①保护地生产选用单性结实能力强的黄瓜品种；开花结果期间创造良好的温湿度条件和光照条件；坐果期要加大肥水供应，保证有充足的营养运输到果实；生育后期根系吸收能力弱，可通过叶面施肥来补充植株体内的营养。②花期可通过人工授粉、放蜂授粉来减少畸形瓜的发生。③及时去掉阻碍黄瓜生长发育的外物，可使黄瓜伸直。及时摘除畸形瓜，避免养分消耗，并且要注意 N、P、K 的配合使用。

2. 花打顶

症状：早春黄瓜移栽后不发枝，植株顶端心叶不及时抽出，花集中顶部，自封顶。

主要原因是棚内温度偏低，尤其是夜温偏低，昼夜温差大造成的。其次地温偏低，土壤过干或过湿，使用了未腐熟的粪肥，或单一过量施用氮素化肥，造成根系发育不良。

防治方法：首先摘除雌花，叶喷 5000 倍液赤霉素，对烧根引起的根系发育不良而导致的花打顶要及时送水，对沤根引起的花打顶及时中耕，提高地温降低土壤湿度。

3. 化瓜

黄瓜的雌花不发育，逐渐变黄而萎缩干枯，就叫化瓜。

①品种、单性结实差的品种容易化瓜，如津研一号、大棚栽培应选长春密刺、新春密刺。②温度：白天高于 35℃、夜间高于 18~20℃ 或白天低于 20℃、夜间低于 10℃ 或连续阴雨天，昼夜温差小。③光照：覆盖遮光或密度大、相互遮蔽、易化瓜。④气体：大棚 CO_2 浓度低，影响植株光合作用，也易造成化瓜。⑤水分：土壤含水量低光合产物下降；植株徒长；空气湿度大，易引起病害，增加化瓜。⑥肥料：肥料供应不足，根系不能很好发育，植株瘦弱，雌花营养不足易引起化瓜，但 N 肥过多也会引起化瓜。⑦采收：如不及时采收，商品瓜就会吸收大量的同化产物，使上部的雌花养分供应不足而造成化瓜。

4. 苦味瓜

根瓜易出现。苦味素积累过多造成。偏施氮肥而磷钾肥不足，特别是氮肥突然过量极易形成；地温长期低于 13℃，土壤干旱或土壤盐溶液突然过量，使根系发育不良，抑制养分和水分吸收，苦味素极易在干燥条件下进入果实；棚内持续 30℃ 以上高温，使植株同化能力减弱，消耗过多养分或营养失调，都会出现苦味瓜；也有遗传性的影响，叶色深绿的品种易产生苦味。

四、水果黄瓜膜下滴灌大棚生产技术

水果黄瓜植株全雌性，节节有瓜，瓜长 12~15cm，无刺，直径约 3cm，口感好，清香脆甜，颜色深绿，光滑均匀，美观好看。种植水果黄瓜经济效益为普通黄瓜的 3 倍，极具推广价值。以色列大棚，长 57m，宽 10m，标准面积 570m²/棚（相当于 0.85 亩/棚）。

（一）品种选择

选择适合进行春提早或秋延晚的品种类型，标准果长 13cm，粗 3cm，果实绿色至深绿色，抗寒性、抗病性强。推荐品种为 MK-160、454。

（二）播种育苗

1. 适宜的播种期

早春 2 月下旬播种，苗期 25 天，可根据定植时间倒推。

2. 播种前准备

（1）穴盘的选择：选用 187 穴育苗盘效果较好，穴孔长 4cm，宽 4cm，高 6.9cm，体积 30cm³。使用前要进行消毒，选用多菌灵、百菌清等广谱性杀菌剂即可。

（2）基质的选择与配比：一般选择用泥炭土和蛭石配制好的育苗基质，或自己进行配制育苗基质，配制比例为泥炭土∶蛭石=1∶1（体积比）。

（3）基质的用量：5.6 升基质/盘。

（4）基质的消毒：用 50 倍福尔马林溶液将基质淋湿，然后用薄膜盖严密闭，在 30～40℃下经过 3d 后打开晾晒 3～5d，待甲醛气味完全挥发掉即可使用。

3. 播种

（1）地点选择：要求温度在 20℃，能够方便密闭和通风的温室。

（2）温度和湿度控制：苗期对温度要求较严，发芽室温控制在 24～26℃，基质温度保持在 22℃左右有利于种子尽快出苗和出苗整齐。

（3）播种方式：

穴盘点播：穴孔用手指按 1.5cm 深度的穴孔，种子平放，播种时用镊子夹取种子，播后种子上面覆盖消毒基质，与穴盘等平即可。

营养钵点播：先将营养钵内放入 2/3 的基质，然后每钵中心位置放 1 粒种子，再覆 1cm 厚的基质，用薄膜覆盖保湿，促进早出苗。

4. 苗期管理

（1）温、湿度管理：出苗后，白天保持 23～25℃，夜间保持 15～18℃。为防止发病，应保持苗床湿度在 50%～60% 为宜。

（2）苗期病虫害防治

日常防治：每 7～10d 喷 1 次百菌清 800 倍液或甲基托布津 800 倍液进行预防，一般情况下不会发生病害。

猝倒病防治：可施用 25% 甲霜灵 800 倍液。

立枯病防治：用 50% 恶枯灵可湿性粉剂 500 倍液进行防治，3～5d 喷一次。

枯萎病防治：可用 350 倍液乙磷铝灌根。

白粉虱防治：在密闭性好的温室可用硫黄熏蒸，效果较好。也可用粉虱一遍净进行药物的喷施。

蚜虫防治：可用一遍净 2000 倍液进行药物的喷施。

5. 壮苗标准

日历苗龄 25d 左右，生理苗龄 4 片真叶，株高 10cm，叶片颜色深绿，叶柄长度适中，根系发达，无病虫害。

（三） 整地与定植

1. 定植前的准备

（1）土壤整地：先将棚内土壤加入 5m³ 腐熟畜粪，按 42kg/棚（50kg/亩）硫酸钾复合肥施入耕作层，接着进行 30cm 的深翻拌匀。

（2）土壤消毒：主要用五氯硝基苯液对土壤进行消毒。

该药剂无内吸性，属保护性杀菌剂，用粉剂 500g/亩拌细土 15～25kg，施入播种沟、穴或根际，进行土壤消毒或 500 倍液灌根处理或喷施。现在使用的是喷施的方法，600g/棚（0.85 亩/棚）。

（3）旋耕：将土壤中的大块土块打碎，以利于土壤的保水、保肥。

（4）做苗床：将旋耕过的地做成苗床进行栽培，苗床长 55m，面宽 1.2m，床埂高 15cm，向内倾斜角度为 60°，苗床上部之间的距离为 40cm，每棚可做 6 个均匀一致的苗床，苗床做好后，用耙耙平。铺滴灌带后覆膜。

（5）浇水：在定植前两天，用滴灌将苗床定植苗子的区域浇水，以浇湿润为准，检查办法：可将浇过水的土捏成团，土团掉地散开即可。

2. 定植

采用每床 2 行的定植方式进行定植，栽培株行距 50cm×70cm，220 株/床，1320 株/棚。定植深度在子叶下 1cm 处为准。先将滴孔处土壤用小手铲挖适中的小坑，将小苗从穴盘中取出（注意保持穴盘苗根系的完整），再用左手拿苗，右手将周围的土封好，稍微镇压一下以挤出土壤中的空气。

（四） 植株调整

1. 吊蔓

水果黄瓜长到 20～25cm 时，就开始进行吊蔓工作，每植株吊蔓约 2m 长。留单蔓，及时绕蔓，使其生长有序，不造成相互遮挡。剪除老化、黄化叶片，以使通风透光良好。

2. 整枝

采用单蔓整植，仅留主蔓，侧枝留 1～2 叶打顶，主枝不打顶。整枝时需要注意以下 6 个问题。

（1）由于地上部分与地下部分生长有相关性，所以，在第一次打杈如果过早摘除侧芽，植株上保留的枝叶少，会抑制根系的发育。为避免这种现象，打杈时至少保留 3 片叶。

（2）有病毒病时，整枝时先不要接触病株，以免传染。

（3）尽量避免在下雨以前进行整枝，下雨时，早晨露水未干时，因为空气湿度较大，叶子表面潮湿，易得传染病。

（4）打杈时用手掰去侧枝，要求伤口整齐，以便于愈合。

（5）掰下的侧枝应带出大棚外，集中处理。

（6）当长到一定程度后，下部的老叶同化功能大大降低，这时如果田间过于郁闭，通风不良可适当摘除。

3. 留花打杈标准

当植株长至 50cm 高度时，植株上所有的杈留一叶一花；当植株长至 50cm 以上时，植株上所有的杈留两叶两花。

4. 黄瓜生产技术参数

温度控制白天 28～30℃、夜间 15～17℃。叶、蔓、枝及时绑蔓上架，剪除枯枝、叶、病枝并处理出棚，结果期间加强肥水管理。

（五）施肥和灌水

黄瓜不同生长阶段施肥量见表 12-14，不同生长阶段灌水量见表 12-15。

表 12-14　不同生长阶段施肥量 　　　　　（单位：g/棚·d）

生长阶段	时　期	N	P	K
成活和开花	定植两周后开始	200	200	200
生长和结果	定植后 45～50 天开始	250	100	350
成熟和收获	定植后 75～80 天开始	300	100	400
收获	定植后 165 天开始	300	100	400

表 12-15　不同生长阶段灌水量 　　　　　（单位：m^3/棚·d）

生长阶段	时期	给水
成活和开花	定植两周后开始	2～3
生长和结果	定植后 45～50 天开始	3～4
成熟和收获	定植后 75～80 天开始	6～7
收获	定植后 115 天开始	8
收获	定植后 145 天开始	5～6
收获	定植后 165 天开始	4

注：大棚规格：长 57m，宽 10m，面积 570m^2；以上数据为参考数据，在不同月份和生长阶段每天的给水量根据蒸发率而定。

（六）主要病虫害

1. 出现病虫害及时反映

如染有灰霉、霜霉、白粉病的枝条及时剪下并清理出棚，个别发现棉铃虫要随见随处理。严格按照技术人员的要求进行配药、打药，并填好打药记录，绝对不能私自更改打药浓度和打药方式，合理利用所配药量，杜绝浪费药液。

2. 病虫害防治方法

（1）从定植后两周起就可用黄板诱杀斑潜蝇，或用1.8%阿巴丁乳油2000倍液或斑潜净2000倍液喷雾防治。

（2）棚内湿度较大时发生霜霉病，用53%雷多米尔每亩100~120g或64%杀毒矾每亩170~200g或600~750倍液喷雾防治。

（3）当棚内湿度较大时易发生细菌性角斑病，用可杀得600~800倍液喷雾防治。

（4）定植初期黄瓜易得枯萎病，用10%双效灵200倍液或50%甲基托布津400倍液灌根。

（七）采收

1. 采收工具

剪刀（需每周用84消毒液消毒、打磨一次）。

2. 采收大小

长短以13cm为标准，粗度直径不大于3cm。

3. 采收要求

带黄花，带1cm果柄（如遇果柄太短情况尽量保留果柄）。

4. 采收规范

左手拿瓜，右手用剪刀从植株上将瓜带果柄剪下。注意要轻拿轻放，尽量避免伤及果皮，影响商品性。

5. 采收时间

选择早晚温度相对较低，湿度相对较大的时间采收。保持每天采收2次（早晨和下午各一次）：具体为早晨8~9点，傍晚6~7点。

6. 采收后相关工作

采收结束之后必须及时将水果黄瓜送至包装车间按照包装标准进行包装，不能及时送至包装车间的要用湿麻袋将水果黄瓜盖住，否则，果实极易失水皱缩。

7. 根瓜采收

为保证植株的正常生长，根瓜长至8cm时就要采收。

（八）清园

为保证来年工作更好地开展，秋后应及时做好清园工作。将棚内的老秧及杂草清理干净，再将不用的吊蔓绳子整理好。

参 考 文 献

[1] 陈碧华．番茄日光温室膜下滴灌水肥祸合效应研究［J］．核农学报，2009，23（6）：1082–1086.

[2] 李跃辉，谢仁菊，骆俊．番茄膜下滴灌栽培技术试验［J］．长江蔬菜（学术版），2012（2）：30–31.

[3] 王敬安，马军，陈勇宏，等．番茄膜下滴灌技术在河套灌区的试验研究［J］．内蒙古水利，2010（3）.

[4] 张静，任卫新，严健．番茄膜下滴灌综合效益分析［J］．节水灌溉，2004（1）.

[5] 温变英．温室番茄膜下滴灌单膜单行栽培技术［J］．中国蔬菜，2010（13）：43–44.

[6] 颜挺民．日光温室番茄膜下软管滴灌技术［J］．新农业，2002（6）.

[7] 邹以强，毛剑．膜下软管灌番茄高产栽培技术［J］．农村科技，2008（2）.

[8] 刘浩．温室番茄需水规律与优质高效灌溉指标研究［D］．中国农业科学院博士学位论文．

[9] 余冰，等．加工黄瓜的标准化与质量控制［J］．中国农学通报，2007，23（3）：109–112.

[10] 李光，付海鹏，杜胜利．中国黄瓜新品种应用和良种生产现状［J］．长江蔬菜，2007（1）.

[11] 张亚莉，等．膜下滴灌与膜下沟灌对设施黄瓜生长发育及生长环境的影响［J］．北方园艺，2011（13）：55–56.

[12] 张秀顺．北方日光温室春茬黄瓜膜下软管滴灌技术［J］．农民致富之友，2011（13）.

[13] 宋君柳．肥水一体化膜下滴灌在日光温室越冬茬黄瓜上的应用［J］．安徽农业科学，2009，37（3）：1027–1034.

[14] 王海．温室黄瓜膜下滴灌技术［J］．新农民，2011（12）：60–61.

[15] 张西平．日光温室膜下滴灌黄瓜需水规律的研究［D］．西北农林科技大学，硕士论文．

[16] 设施节水灌溉模式，中国灌溉排水发展中心主办，节水灌溉综合技术应用模式系列讲座，第3期，2010.

第十三章 滴灌田间机械作业技术

第一节 概 述

"膜下滴灌栽培技术"是将地膜覆盖技术、滴灌技术和机械化铺管作业等技术进行科学融合的一项农业节水综合技术，是目前干旱缺水地区最有效的一种节水灌溉方式。种植作物已从初期的棉花拓展到了番茄、马铃薯、玉米、小麦等10多种作物，经济效益显著。

膜下滴灌有节约用水、植株根部土壤疏松、提高肥料利用率等优势；地膜覆盖栽培技术有提高地温、有效防止土壤水分蒸发、提高肥效、防治杂草等好处；机械化铺管作业有省工、节本、提效等优点。较好地解决了滴灌工程施工劳动强度大、作业层次多、工作效率低等问题，直接影响滴灌技术的大面积推广。如何使先前主要在温室大棚、小面积种植的先进灌溉技术走向大田，提升滴灌的规模化效益，首要问题是解决滴灌技术田间作业的机械化。

在国家和兵团的支持下，新疆农垦科学院经过多年努力，研制出膜下滴灌玉米、棉花、加工番茄等作物铺膜铺管播种一体机，将精量播种、施肥、铺膜、铺滴灌带等环节集于一体，一次性完成的机械化作业。该机具的推广应用，加快了新疆膜下滴灌栽培技术大面积推广，促进了新疆滴灌作物种植面积的迅速扩大和单产的稳步提升。据不完全统计，2012年新疆滴灌面积达2500余万亩；同时作物的单产大幅提升，其中兵团2011年的802万亩棉花皮棉平均单产达到了161.3kg。

滴灌田间机械作业技术包括铺膜播种、残膜回收、滴灌带回收三个环节。铺膜播种机械的特点是将畦面整形、滴灌带铺设、精量播种、铺膜、膜上打孔精量点播一次完成，多次工序联合作业。残膜回收机械在我国经过了20多年的研究，开发出了滚筒式、弹齿式、齿链式、滚轮缠绕式、气力式等多种形式的残膜回收机。滴管带回收机械是降低滴灌投资、节省费用的重要措施，目前大多是由小型拖拉机牵引进行滴灌带回收作业。滴灌田间作业机械针对不同的作物，作业技术要求、作业机械也有所不同。但目的是为了保墒、省工、节种、节肥、播深一致、提高种植质量、减轻劳动强度、降低生产成本、增加经济效益。本章从精量铺膜播种、残膜回收、滴管带回收的三个作业环节，介绍其机型的技术性能、特点和作业的技术要求，供读者参考。

第二节　铺管铺膜播种机械

目前，采用滴灌技术的作物精量播种机械都实现了苗床平整、滴灌带铺设、精量播种、种孔覆土镇压等多项工序的联合作业，有的播种机械还增加了施肥、铺膜等功能。通过精量播种复式作业，减少了作业层次、节省了生产成本、降低了劳动强度，增加效益。以下重点介绍几种常用机型及作业技术。

一、气吸式铺膜铺管播种机

1. 产品主要特点

气吸式铺管铺膜精量播种机是近年来为适应膜下滴灌、精量播种研制的新机具，一次可以完成种床整形、铺膜、铺滴灌带、精量播种等多项工序；播种、铺膜、铺管精准，可靠性强。针对不同的种植模式，按配套动力相继开发了1膜2行、1膜4行、3膜6行、4膜8行、3膜12行、2膜12行、3膜18行、5膜20行等机型。随着我国西部干旱地区节水农业的迅速发展，精播的作物种类也从棉花发展到玉米、甜菜、瓜类、番茄等，相应的铺管铺膜精量播种机也开发成功，形成了系列产品（见图13-1、图13-2）。

图13-1　3膜12行气吸式精量铺膜播种机　　　　图13-2　2膜16行气吸式精量铺膜播种机

2. 主要工作部件

（1）气吸式排种器[1]

气吸滚筒式精量穴播器主要由刮籽器、取种盘、分籽盘、鸭嘴滚筒、梳籽板、气轴、接盘等零部件组成（图13-3）。气轴一端固定于播种机机架上，另一端经接盘直通气室，接盘外侧固定取种盘，通过取种盘边缘的凸台实现与穴播器挡盘同步回转；分籽盘紧压在取种盘上，利用沉头螺钉固定于穴播器挡盘上；鸭嘴、种道、滚筒经焊合形成鸭嘴滚筒，通过螺栓固定于挡盘和挡板之间，挡盘经轴承与气轴相配；梳籽板和刮种器固定于穴播器端盖上，端盖利用键槽套接于气轴外侧。

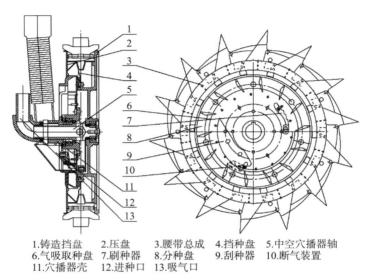

1.铸造挡盘　2.压盘　3.腰带总成　4.挡种盘　5.中空穴播器轴
6.气吸取种盘　7.刷种器　8.分种盘　9.刮种器　10.断气装置
11.穴播器壳　12.进种口　13.吸气口

图13-3　气吸滚筒式精量穴播器结构示意图

工作过程

气轴内腔是一全封闭的真空负压室，表面开有与气室相通的孔。鸭嘴滚筒在苗床上滚动，取种盘、分籽盘、种道随成穴器做回转运动，经过吸种区时，将种子吸附至吸种孔上；在经过刷种区时，梳籽板对其进行连续轻微碰撞敲打，清除掉多余种子，使吸种孔处仅剩一粒种子。回转至一次投种区时，吸种孔被堵，气压消失，同时刮籽器接触到种子并将其推落。脱落的种子在其重力、惯性离心力和刮籽器推力的综合作用下经分籽盘导向落至滚筒内圈（种道），被种道内的挡板挡住后随种道一块回转通过输种区，当种道内的种子回转到二次投种区时，种子克服自身与种道壁之间的摩擦力落入鸭嘴内腔，并随鸭嘴滚动落至鸭嘴底部。鸭嘴成穴器滚动至点种区后，破膜入土成穴同时活动鸭嘴被压开，种子确落入穴底，完成一个投种周期。

（2）铺膜机构

由开沟圆盘、膜卷架、导膜杆、展膜辊、压膜轮、膜边复土圆盘等部件组成。开沟圆盘刚性固定在单组框架上。单组框架在平行四杆机构仿型作用下，保持单组框架对地面高度的一致性，镇压辊保持对畦面进行良好镇压，使开沟圆盘开出的膜沟深浅稳定。展膜轮、压膜轮、膜边覆土圆盘工作中均可单体随地仿型。工作原理：将地膜卷安装在地膜支架上，地膜通过导膜杆、展膜辊等部件拉向后方。工作时，随着机组的行走，开沟圆片在待铺膜畦面上开出两道压膜沟，地膜从膜卷上拉出，经过导膜杆，由在地面滚动的展膜辊平铺在经镇压辊整形后的畦面上，然后由压膜轮将膜边压入开沟元盘开出的膜沟内，靠压膜轮的圆弧面在膜沟内滚动，对地膜产生一个横向拉伸力，使地膜紧紧贴于地表，紧接着由覆土圆片取土压牢膜边。铺膜机构结构示意见图13-4。

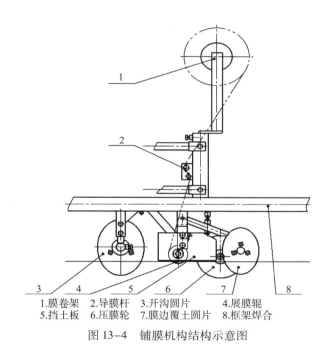

1.膜卷架　2.导膜杆　3.开沟圆片　4.展膜辊
5.挡土板　6.压膜轮　7.膜边覆土圆片　8.框架焊合

图13-4　铺膜机构结构示意图

（3）膜上覆土装置

膜上覆土装置由膜上覆土圆盘、种孔覆土滚筒、覆土滚筒框架、击打器、框架牵引臂、种行镇压轮等部件组成。膜上覆土圆盘通过肖轴安装在单组框架圆盘座上，与圆盘座铰接，弹簧加压。覆土滚筒刚性安装在覆土滚筒框架上，工作时由框架牵引臂牵引。覆土滚筒可随地仿型，驱动爪运行在膜沟内，带动覆土滚筒转动，同时驱动爪是覆土滚筒重量的主要支撑，托起覆土滚筒稍微离开膜面或明显减轻覆土滚筒体对膜面的压力，减少地膜与种孔错位。覆土滚筒击打器周期性击打滚筒，减轻土壤粘连在滚筒内臂和导土叶片上。种行镇压轮与滚筒框架活动铰链铰接，单体仿型，依靠自重对种行进行镇压。膜上覆土装置结构示意见图13-5。

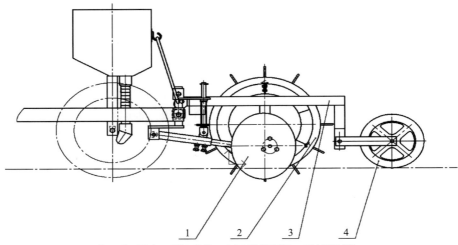

1.膜上覆土圆片 2.覆土滚筒 3.覆土滚筒框架 4.种行镇压轮

图 13-5　膜上覆土装置结构示意

（4）滴灌带铺设机构及技术要求

滴灌带铺设机构由滴灌带卷支承装置、引导环、开沟浅埋铺设装置等组成。工作中滴灌带在拖拉机牵引力作用下不断从滴灌带管卷拉出，通过限位环，经过导向轮及引导轮铺设到开沟浅埋装置开出的小沟中，并在滴灌带上覆盖 1～2cm 厚的土层，完成滴灌带铺设全过程。

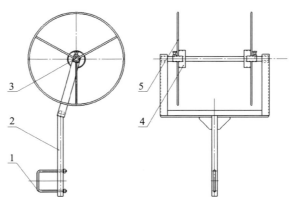

1.U型卡子 2.支撑架 3.固定架管支撑 4.支撑套 5.管卷挡盘

图 13-6　滴灌带卷支承装置结构示意

①滴灌带卷支承及铺设引导环：滴灌带卷支承架刚柔固定在主梁架上，是滴灌管卷的支承架。由 U 形卡子、支承架、滴灌管卷支承轴、支承套、滴灌管卷挡盘、引导环等组成，结构示意图如图 13-6。

②滴灌管开沟浅埋铺设装置：滑刀式开沟铺管装置组合主要由开沟器固定架、滑刀式开沟器组合、滴灌带引导环等组成。该装置具有通过性能强，工作中不堵塞、滴灌带铺设深浅一致、准确、不划伤滴灌带等特点。结构示意图如图 13-7。

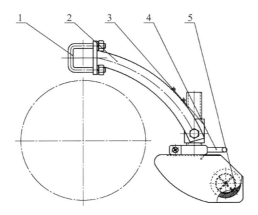

1.固定卡子 2.开沟器固定架 3.开沟器组合 4.引导环 5.引导轮

图 13-7 开沟浅埋铺设装置结构示意

3. 提高铺滴灌管作业质量关键因素分析

（1）滴灌管卷转动灵活性对铺管质量的影响

管卷支承架强度、管卷芯轴内孔与支承套间隙、管卷挡盘对滴灌带卷的有效限位决定管卷转动灵活性。管卷转动不灵活，将增加滴灌带铺设中的拉伸率。拉伸率过大，将使滴灌带产生变形、强度降低，滴灌带产生破损的概率增加，直接影响到使用效果。滴灌管铺设中的拉伸率一般不超过 1%。

（2）引导环与滴灌管铺设质量的关系

引导环光滑、无毛刺，不划伤滴灌管，材质硬度应高于滴灌管。使用中对引导环的技术要求：

滴灌管铺设过程中顺利拉出，沿引导环光滑表面导向开沟浅埋铺设装置。引导环不易过宽，两端应呈圆弧形，在滴灌管从管卷拉出过程中不翻面。

（3）对开沟浅埋铺设装置的技术要求

①安装于开沟器内的铺管轮转动灵活，光滑、无毛刺，即便在拉伸率大的状态下

也不易划伤滴灌管。②开沟器两边侧板能有效护住铺管轮不接触到土壤，保持铺管轮转动灵活性，铺管轮内孔应耐磨，铺管轮轴应光滑。③开沟器宽度要窄，安装后刚性要好，受外力作用后不变形，开沟器过去后土壤能自动向沟内回流，保持畦面平整，不影响铺膜质量。

（4）滴灌带铺设质量要求

①滴灌管（膜）纵向拉伸率≤1%；②滴灌管（膜）与种行行距一致性变异系数≤8.0%；③滴灌管（膜）铺设应无破损、打折或打结扭曲。

4. 提高铺膜作业质量因素分析

（1）地膜宽度与畦面宽之间的关系

畦面宽度是根据地膜宽度来确定的，合适的畦面宽度是铺好膜的关键，一般畦面宽度为膜宽减15cm（见图13-8）。

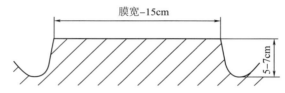

图13-8　地膜宽度与畦面宽之间的关系示意图

（2）开沟圆盘调整对铺膜质量提高的影响

开沟圆盘调整分为角度调整和高度调整，开沟质量对铺膜质量的影响较大。提高铺膜质量基本条件是膜沟明显。一般膜沟深度应达到5~7cm，膜沟的宽度应达到6~8cm。开沟圆盘的角度应调整到20°~25°。也可将开沟圆盘的角度设计为固定值，一般为23°，工作中只作高低位置调整，不作角度调整。

（3）主要工作部件与提高铺膜质量的关系

主要工作部件与提高铺膜质量密切相关，各部件安装位置，达到的作业性能，均对铺膜质量有重大影响。概括起来讲，膜卷支承装置应转动灵活，无卡滞，地膜能顺利拉出。顺膜杆光洁无毛刺，展膜辊、压膜轮转动灵活，无卡滞。一般设计中压膜轮中心与膜边覆土圆盘中心应靠近，拉开6~9cm的距离。压膜轮在前，膜边覆土圆盘靠后，让压膜轮同时起到挡土板的作用，但又能使膜边覆土厚度不受影响。

（4）提高铺膜作业质量的要点

①膜沟明显，这是铺好膜的最关键问题之一。如果膜沟开不出来或开出来后又让展膜辊回填了，那么铺膜质量就上不去了，膜沟深度一般应达到5~7cm。

②地膜纵向拉伸适中。拉伸太大，种孔易错位。拉伸太小易造成地膜铺的松，鸭

嘴打不透地膜的比例增多。同时浪费地膜，成本增加。（见图13-9）

③压膜轮应随地仿型，转动灵活，无卡滞；压膜轮应具有一定的重量，一般应达到3.6～4kg，压膜轮圆弧面应调整到紧贴内侧沟边的位置。

④覆土轮应随地仿型，转动灵活，无卡滞；整体式覆土轮的两端带有驱动爪，复土轮轮体工作中应稍离开膜面，防止轮体辗压膜面而造成种孔错位。（见图13-10）

图13-9　展膜机构总成示意

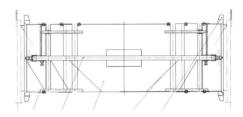

图13-10　覆土滚筒结构示意

二、双膜覆盖精量铺膜铺管播种机

1. 双膜覆盖播种机的主要特点

双膜覆盖精量播种机就是一次完成畦面整形、铺滴灌管、开膜沟、铺设宽膜、宽膜膜边覆土、膜上打孔、精量播种、种孔覆土、铺设窄膜、窄膜膜边覆土等多项工序的联合作业播种机具。

2006年以前新疆兵团棉花铺膜播种采用的大多是膜上点播，也有少部分是膜下点播。这两种播种方式各有自己的优缺点。膜上点播的优点是可以免去放苗、封土两大作业工序，可大幅度减少田管劳力，节约大量的生产成本费用。主要缺点：一是防冻害能力差；二是出苗前如遇降雨，一方面使种穴内形成高湿低温，极易造成烂种、烂芽，另一方面是表面土壤板结，影响出苗。膜下点播这种播种方式具有保墒、增温的好处，不怕天灾。但要进行放苗、封土、定苗等项工作，劳动消耗大。

双膜覆盖精量播种栽培模式，是在膜上点播后的种行上再覆盖一层地膜。这样当播后碰上雨天时，由于雨水淋不到种行上，不会造成土壤板结，同时增温保墒效果更好。出苗后将上层地膜揭除，即完成放苗作业，方便快捷，省时省力。由于双膜覆盖能使苗床内形成一个小温室，明显提高了棉花出苗期对不良气候环境（低温、霜冻、降雨）的抵御能力，一般较常规膜上穴播出苗早2～3d，提高了出苗率，缩短了出苗时间。双膜覆盖同时还能抑制膜下水分通过种孔蒸发而引起的种孔附近盐碱上升，充分发挥增温、保墒、防碱壳、防病虫害的作用。因此，双膜覆盖精量播种栽培模式既克服了膜上穴播和膜下穴播的缺点，又保持了膜上穴播和膜下穴播的优点，是又一种先

进的播种栽培技术。（见图 13-11）

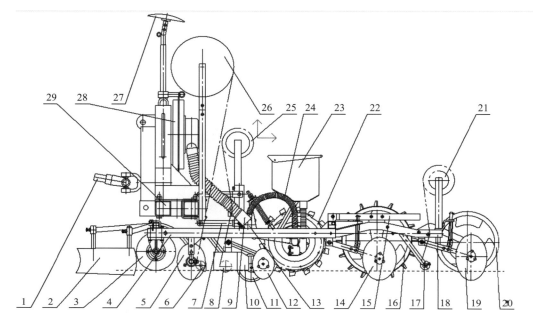

1.传动轴　2.整形器　3.镇压辊　4.铺膜框架　5.开沟圆片　6.铺管机构　7.四杆机构　8.展膜辊1　9.吸气管1　10.挡土板　11.压膜轮　12.覆土圆片1　13.点种器牵引梁　14.覆土圆片2　15.覆土滚筒1框架　16.覆土滚筒2　17.展膜辊2　18.铺膜框架2　19.覆土圆片3　20.覆土滚筒2　21.窄膜支架　22.点种器　23.种箱　24.气吸管2　25.宽膜支架　26.滴灌支管　27.划行器　28.风机　29.大梁总成

图 13-11　双膜覆盖精量播种机结构示意图

2. 工作原理

（1）第一层地膜（宽膜）覆盖过程：首先由开沟圆片在种床的两侧开出膜沟，地膜通过展膜辊展开，并通过膜边两侧的压膜轮进一步使地膜拉紧、展平。随后由膜边覆土圆片在地膜两侧覆盖碎土，完成整个铺膜过程。

（2）播种过程：由拖拉机动力输出轴通过万向节及皮带轮带动风机转动，产生一定的真空度，通过气吸道传递到气吸室。排种盘上的吸种孔产生吸力，存种室内部分种子被吸附在吸种孔上。种子随排种盘旋转至刷籽板部位，由刷籽板刮去多余的种子。在气吸盘背面断气、正面刮籽双重作用下，种子落入取种勺，经过鸭嘴的开启将种子播入地中。

（3）种孔覆土：通过膜上覆土圆片取土并送入种孔覆土滚筒，通过覆土滚筒的间隙土落到种孔表面。

（4）第二层地膜（窄膜）覆盖过程：地膜通过展膜辊展开，并通过窄膜覆土滚筒两侧自带压槽装置进一步使地膜拉紧、展平。随后由窄膜膜边覆土圆片取土在地膜两侧覆盖碎土，完成整个工作过程。（见图13-12）

图13-12　双膜覆盖精量播种机工作图

3. 双膜覆盖播种技术的作用特点

（1）出苗保苗率高。自推广棉花精量半精量播种技术以来，由半精量到目前实现单粒精播的转变，技术上日趋成熟，棉田的保苗率不断提高，但常规的精量半精量播种技术使棉田的保苗率仍然没有达到农艺预期90%以上目标。双覆膜双覆土精量播种技术解决了棉花的出苗保苗率水平达不到90%，这是长期制约棉花进一步提高产量的问题。根据大田实践，采用了双覆膜双覆土精量播种技术的地块，个别棉田的出苗率高达95%以上，平均可达到90%以上。

（2）出苗整齐度高，可实现促壮苗早发。常规播种的棉田，棉苗由于土壤墒情差异、外部环境的差异和种子自身的差异，不能够实现种子吸胀、萌动、发芽等一系列过程的一致性，从而导致出苗在时间上差异较大。出苗的时间不同，生长发育的程度也就不同，严重的棉田就形成了大小苗。大苗发育早，一直争光、争肥和争水，导致小苗发育弱，最后结果就是小苗结实少，产量低。如何实现出苗整齐，除了种子自身的差异以外，在出苗的三要素：温度、墒度、氧气中，氧气供应在播前整地作业后地表疏松的条件下是完全可以满足的，温度和墒度就成为关键。而双覆膜双覆土精量播种技术恰好可以解决温度和墒度的问题。采用了双覆膜双覆土，增温保墒作用明显，其次结合目前大面积推广的滴灌节水技术，保证了温度、墒度和氧气的一致性。因此，从根本上解决了棉花出齐苗和整齐发育的难题，实现了出苗整齐，壮苗早发的目标，并且为出苗后的苗期管理创造了基础条件，方便了管理。

（3）出苗时间短，为作物生长发育节约了农时。采用了双覆膜双覆土精量播种技术，由于增温和保墒作用明显，膜下温度较常规播种膜下温度高，墒度的一致性好，可实现出苗比较快，缩短了出苗时间，节约了农时。正常情况下，采用双覆膜双覆土精量播种技术较常规播种出苗早 2～3d，为作物生长发育创造了好的条件。在北疆次宜棉区，必须坚持"矮、密、早、膜、匀"的栽培技术路线，才能实现棉花生高产、高效、优质。保证"早"字即 4 月苗和"密"字即 90% 以上的出苗率是取得棉花丰产稳产至关重要的两个方面。采用双覆膜双覆土精量播种技术，就较容易实现 90% 以上的 4 月苗和 90% 以上的出苗率。

（4）出苗期能有效提高抵御自然灾害风险的能力。北方天气宜棉区在春季发生多风、干旱、多雨、倒春寒、冰雹和低温等自然灾害的可能性频率较高，这些自然灾害的因素会不同程度影响棉花的出苗保苗率。推广双覆膜双覆土精量播种技术：一是防止种行雨后板结。多雨的天气是影响棉花出苗率的因素之一，常规的膜上点播在棉苗出土的阶段最容易发生遇雨种行土壤板结。雨后板结多发生在土壤团粒结构差的地块，严重时由于下雨造成土壤板结使棉苗的子叶板结在土壤的土块中，致使无法正常出土。即使使用工具破除板结也会使 10%～15% 左右棉苗死亡，达不到保全苗的目标；二是增温、保墒、防风效果明显。温度是影响棉花出苗和保苗率的重要因素。低温天气会影响种子的发芽势，消耗种子自身的营养，导致种子发芽出苗晚，生长发育缓慢，缓苗期较长。新疆北部发生倒春寒天气的频率较高，例如 2008 年 4 月 18 日下雪，19 日最低气温达到 −5.4℃。而此时正是棉花的适宜播期（4 月 10～18 日），已经出苗的棉田，遇到这一场低温天气就会发生冻害，必须进行重播。双膜覆盖后，两层地膜间形成了温室效应，提高了地温，一定程度防止低温多风的天气的影响，保证了土壤一致的温度和湿度，避免了棉苗早春低温的冻害；四是可以结合天气合理安排最佳播期。应用双覆膜双覆土精量播种技术可以结合天气预报，根据种子吸水萌发出苗的时间倒推滴水时间来确定播种和滴出苗水的时间，从而可选择最佳播期，避开倒春寒天气的影响，增加了抵御自然灾害风险的能力。

（5）节本、增产、增效作用显著。推广棉花双覆膜双覆土精量播种技术可节约种子成本和出苗期放苗、封洞、定苗、破板结等劳动投入。该技术由于一定程度上改善了出苗的外部及土壤环境，采取单粒播种，可最大限度节约种子，每亩节约种子 3kg 以上。上层地膜在棉花出苗和天气稳定后可以一次性揭膜，节约了放苗、封洞、定苗、破板结等劳动成本。采用该技术可增加保苗株数 10% 以上。目前新疆兵团多采用小三膜 3×12 行的播种机，株距为 9.5cm，行距为 10cm+66cm+10cm+66cm 的播种模式，平均行距为 38cm，每亩理论保苗株数为 18400 株，而近年来，新疆兵团常规精量播种每亩保苗株数只有 1.3 万～1.5 万株左右，推广棉花双覆膜双覆土精量播种技术后可增加亩保苗株数，为增产奠定了基础。

4. 双覆膜双覆土精量播种机作业中的注意点

（1）对整地作业质量要求较高。要求整地前后都要进行机械和人工辅助清田作业，整地后要达到地表平整，表层土壤松碎，上虚下实，地表无杂草残膜，无大土块。

（2）播种机工作时一级覆土量要控制稳定。随着土壤质地、墒情的变化覆土量时大时小，要随时调控。覆土量过大会直接影响出苗率。

（3）出苗期如遇到高温天气，应及时打开上层地膜。否则膜内高温高湿易造成表层土壤湿度过大，引起苗期立枯病的发生。

（4）部件多、铺膜覆土的工序多，安装地膜卷、滴灌带和作业调整时要严格精细。播种机日作业量较常规播种机少。

窄膜覆土装置结构如图13-13所示。

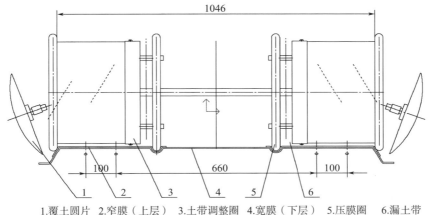

1.覆土圆片 2.窄膜（上层） 3.土带调整圈 4.宽膜（下层） 5.压膜圈 6.漏土带

图13-13 窄膜覆土装置结构示意图（单位：cm）

三、作物专用铺膜铺管系列机型介绍[2]

播种机系列产品包含了从1膜2行到5膜20行等13种系列机型。播种的作物从棉花扩展到玉米、番茄、土豆、小麦等多种作物。最小行距9cm，株距按照农业技术要求可选择3~16穴不同规格的穴播器。现介绍主要机型的技术性能特征、配套动力及行距配置。

1. 棉花铺膜铺管精量播种机

（1）2膜12行棉花铺膜铺管精量播种机

2膜12行棉花铺膜铺管精量播种机，用于棉花铺管铺膜精量播种作业。配套动力：功率≥40kW，三点后悬挂。适用膜宽：200cm或205cm；膜内行距：10cm+66cm+10cm或其他形式行距；膜间行距：66cm。1膜3管。适用于棉花机械采收模式的播种作业。该机主要优势是采用宽膜，增温保墒效果好，棉花增产效果明显，是新疆地区大量推广使用的种植模式。该机主要的缺点是不便于拖拉机进地作业。常见机型见图13-14，种植模式见图13-15。

图13-14 2BMJ-12/2 精量播种机

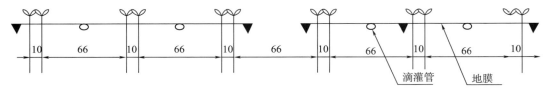

图13-15 2膜12行精量播种机种植模式示意图（单位：cm）

（2）3膜12行棉花铺膜铺管精量播种机

3膜12行棉花铺膜铺管精量播种机：用于棉花铺管铺膜精量播种作业。配套动力：功率≥40kW，三点后悬挂。适用膜宽：125cm 或 120cm。行距配置：10cm+66cm，1 膜 2 管。适用于棉花机械采收种植模式的播种作业。该机主要优势是便于拖拉机进地作业方便，是新疆地区推广使用的主要种植模式。常见机型见图13-16，种植模式示意见图13-17。

技术参数如表13-1所示。

表13-1 2BMJ-12 精量播种机技术参数

项目名称	2BMJQ-12/2	2BMJQ-12/3
铺膜幅数（幅）	2	3
工作幅宽（mm）	4560	4560
播种行数（行）	12	12
穴粒数（粒）	1 或 2	1 或 2
行距（cm）	66+10	66+10
播种深度（mm）	25～30	25～30

续表

项目名称	2BMJQ-12/2	2BMJQ-12/3
配套动力（hp）	≥55	≥55
作业速度（km/h）	3～4	3～4
空穴率（%）	≤3	≤3
适合地膜宽度（mm）	2050	1200

图 13-16　2BMJQ-12/3 精量播种机

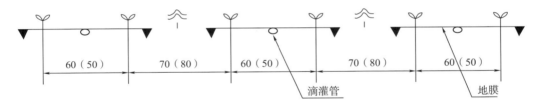

图 13-17　3 膜 12 行精量播种机种植模式示意图（cm）

2. 番茄铺膜铺管精量播种机

3 膜 6 行番茄铺膜铺管精量播种机：用于番茄的铺管铺膜播种作业。采用 90cm 地膜，带种肥，种肥施在种行内侧，种肥行间距 10cm，种肥深 5～8cm。行距配置：60cm×70cm，膜内行距 60cm、接行 70cm，平均行距 65cm，株距 31.5cm、667m。理论株数 3250 株。当采用滴灌时，1 膜 1 管，滴水出苗。

采用 90cm 地膜，行距配置：50cm×80cm，膜内行距 50cm、接行 80cm，平均行距 65cm，株距 26.5cm、667m。理论株数 3870 株。膜下滴灌、1 膜 1 管，目前采用此种模式的单位较多。

图 13-18　2BMJ-3/6 铺膜铺管播种机

采用 120cm 地膜，行距配置：60cm×85cm，膜内行距 60cm、接行 85cm，平均行距 72.5cm，株距 22cm、膜下滴灌、1 膜 1 管，滴水出苗，667m。理论株数 4200 株。常见机型见图 13-18，种植模式示意见图 13-19。

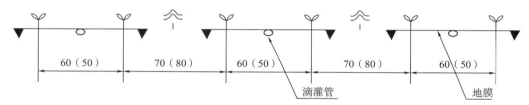

图 13-19　3 膜 6 行铺膜铺管播种机种植模式示意

技术参数如表 13-2 所示。

表 13-2　2BMJ-3/6 播种机技术参数

项　目	指　标
铺地膜幅数（幅）	3
配套动力（kW）	≥55.1
作业速度（km/h）	≥3
播种量	按农艺要求
膜下播深（cm）	2.0～3.5
膜上行距（cm）	可调
种行与滴灌管（膜）行距（cm）	按农艺要求可调
种子覆土厚度（cm）	3～6
穴粒数（粒/穴）	4～12

3. 玉米铺膜铺管精量播种机

4 膜 8 行玉米铺膜铺管精量播种机：用于玉米的铺管铺膜播种作业。配套动力：功率
≥55kW 拖拉机，三点后悬挂。行距配置：40cm×60cm。膜宽 70cm。膜下滴灌，1 膜 1 管。
该种植模式在新疆地区使用较为广泛。常见机型见图 13-20，种植模式示意见图 13-21。

图 13-20　2BMJ-4/8（A）精量播种机

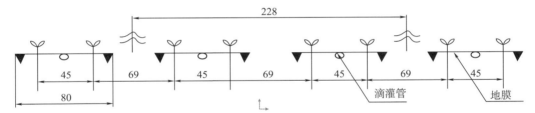

图 13-21　4 膜 8 行精量播种机种植模式示意图（单位：cm）

技术参数如表 13-3 所示：

表 13-3　2BMJ-4/8（A）精量播种机技术参数

项目名称	指标
铺膜幅数（幅）	4
工作幅宽（mm）	4000
播种行数（行）	8
穴粒数（粒）	1 或 2
行距（cm）	按用户要求
播种深度（mm）	20～40
配套动力（hp）	≥55
作业速度（km/h）	3～4
空穴率（出厂检验）	≤3
适合地膜宽度（mm）	700

4. 滴灌水稻铺膜铺管播种机

3 膜 24 行滴灌水稻铺膜铺管播种机：用于滴灌水稻的铺管铺膜播种作业，适宜无霜期短、积温低的地区。种植模式如图 13-22 所示，常见机型见图 13-23。

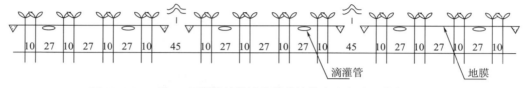

图 13-22 3 膜 24 行铺膜铺管播种机种植模式示意图（单位：cm）

图 13-23 3 膜 24 行滴灌水稻铺膜铺管播种机

技术参数如表 13-4 所示：

表 13-4 3 膜 24 行滴灌水稻铺膜铺管播种机技术参数

项目名称	指标
铺膜幅数（幅）	3
播种行数（行）	24
穴粒数（粒）	6～10
行距（cm）	窄行 10，宽行 27
株距（cm）	10.2
播种深度（mm）	20～30
膜间行距（cm）	45
配套动力（kW）	≥40
作业速度（km/h）	3～4
合格穴率（%）	≥90

5. 马铃薯滴灌种植机械[3]

（1）马铃薯种植机的种类及技术要求

①马铃薯种植机的种类。马铃薯种植机按其工作工艺过程特征可分为三种：机器开沟人工投薯种植型；机器开沟、人工喂薯、排薯器种入沟型；机器开沟、排薯器自动取薯、传递、投薯入沟型。三者的覆土工序都靠机械覆土器进行，核心工作部件都是排薯器，并可加装滴灌铺膜装置。

②排薯器的技术要求。保证排薯过程的稳定性，旋转一周或数周排薯的数量应一定；多行排薯器的排薯量应相等，各行排薯量应一致；应有较强的适应性和通用性。不但能排播一般种薯，而且能排播春化种薯、特大和特小种薯。能适应不同分级种薯的要求；排薯频率应能调整，误差不应超过额定量的8%～10%；漏植率、重植率和伤薯率不应超过现行农业技术要求。

（2）链勺式马铃薯种植机

链勺式马铃薯种植机主要应用链勺式排薯器，是目前世界上较为流行的全自动化种植机（见图13-24）。

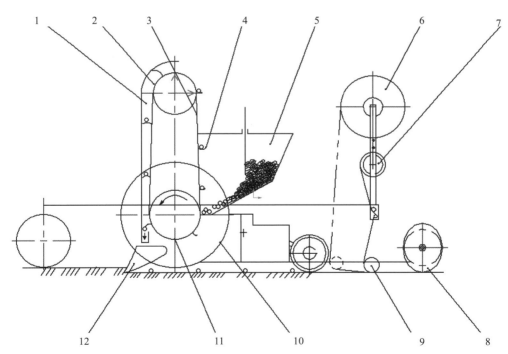

1.投薯管　2.被动链轮　3.升运链　4.托薯勺　5.薯箱　6.滴灌管架
7.地膜架　8.圆盘覆盖器　9.展膜辊　10.地轮　11.主动链轮　12.开沟器

图13-24　链勺式马铃薯种植机

排薯器的结构：排薯器主要由固定在升运链上的托薯勺、主动链轮、被动链轮、投薯管和薯箱等部分组成。

工作过程：工作时，托薯勺与升运链一起由下向上运动，经由圆锥形薯箱底孔进入薯箱的喂薯区，穿过薯层，舀取一颗或数颗种薯。被托勺舀取的种薯最初可能以长轴方向竖立于托勺内，以宽轴方向"侧卧"于托勺内，或以宽轴"平躺"于托勺内。在升运过程中，由于链条的抖动、机器的振动，托勺内的多余种薯即被筛出托勺，重新返回薯箱。剩下的单颗种薯在重心力矩的作用下逐渐采取以宽轴平置的方式稳躺在托勺内。当托勺携薯块绕过被动链轮的顶端后，即改变方向朝下，薯块被抛向前行的托勺背上，并进入投薯管。随着链勺的继续下移，种薯沿着投薯管壁摩擦碰撞，采取运动阻力最小、最稳定的薯块宽轴与地面平行的状态移到下端的投薯口。当托薯勺通过出口时，活门打开，种薯投落到开沟器开出的种沟内。随后地膜从地膜架上被拉下来，绕过随地滚动的展膜辊后平铺于地面，紧跟着压膜轮就将膜边压入前面已于好的膜沟内，再由圆盘覆盖器覆土，完成种植过程。

（3）主要产品介绍

2BMF系列悬挂式马铃薯播种机主要用于马铃薯等块茎类作物的播种作业，一次进地能完成开沟、施肥、播种、覆土、铺滴灌管、镇压等六项作业。该机具有结构紧凑、使用操作简单方便、运输容易，动力适应范围大，侧施底肥均匀、肥量调节范围大，使用安全可靠，生产率高，地区适应性强等诸多优点，尤其是独特设计的导种及清种机构能最大限度地保证作业质量好，株距合格率高、重种率、漏种率低。通过大面积生产考核和各地区实际应用，表明其适应性、可靠性及各项性能指标等均超过国家标准的要求，在国内同类产品中处于领先地位（参见图13-25），主要参数见表13-5。

图13-25　2BMF系列马铃薯滴灌铺膜播种机

①解决了整机模块化组装设计的关键技术，使机架、地轮架、播种架通用单体、传动机构等根据行距灵活调整，机器区域适应性广，适合产业化批量生产。

②研制了一种播种机构单体仿形装置，能实现播深一致及对种植深度进行精确调整控制且工作可靠。

③创新设计了分置式传动箱驱动与挂轮式株距调节组合，与传统的塔轮式株距调节方法相比，既提高了可靠性又提高了工作效率。

表 13–5　2BMF 系列马铃薯滴灌播种机技术参数

整机外形尺寸（mm）	3000×2270×1700	2780×4139×2760
播种及滴灌带行数（行）	2	4
种植器形式	勺式	
开沟深度调节范围（mm）	50～180	
设计株距调节范围（mm）	121～397（30 种）	
配套动力（hp）	>80	>160
适应作业速度（km/h）	5	
作业效率（亩/h）	9.75	15～22.5
合格率（%）	>80	
重种率（%）	<12	
漏种率（%）	<8	

第三节　滴灌带回收作业

一、滴灌带回收作业的意义

随着滴灌技术在大田作物中的大面积采用，滴灌带的用量非常大，是滴灌作业一项较大的投资。滴灌带不及时回收对作物的影响是极为严重的，势必影响来年的使用，特别是多年使用的滴灌带，如果残存在土壤中将会影响土壤结构，影响作物生长。滴灌带回收循环利用，可以大大降低购买滴灌带的价格，增加农民收入。滴灌带的回收已成为人们迫切需要解决的问题。滴灌带的回收和重复使用是降低滴灌投资、节省费用的重要措施，对土壤保护也是有积极的意义。

21 世纪初，滴灌带的回收主要采用的是人工回收，每个人工每天可回收 15～20 亩地，劳动强度较大，投入人力较多，作业效率低，尤其是大面积回收则需要的劳动量较大，回收成本高（见图 13–26）。

图 13–26　滴灌带人工回收

　　近年来，众多研究和生产单位，开展了滴灌带回收机械的研制和应用，大大提高了滴灌带回收的效率。

二、滴灌带回收机械的发展现状

　　目前，滴灌带回收机械大多是由小型拖拉机牵引进行作业。滴灌带缠绕动力来自滴灌回收机的行走地轮，或者是以拖拉机动力输出轴为动力，然后通过链传动、皮带传动、齿轮传动等多种传动形式来带动滴灌卷筒的转动，完成对滴灌带的回收作业。以行走地轮机构作为动力源的回收机，工作过程中随着卷筒上卷盘直径逐渐增大，卷筒的绕管速度不断增加。工作时若绕管速度小于拖拉机前进速度，将出现毛管来不及回收的现象。若绕管速度大于拖拉机前进速度将出现扯断毛管的现象。所以部分滴灌回收机设计了无级变速装置及相应的调速机构，以确保绕管速度基本与拖拉机前进速度同步。废旧滴灌带卷盘缠绕回收后，体积大，储运很不方便，所以有的回收机设计了切断机构，切成小段的滴灌带输送到收集箱，提高了工作效率。有的为了给后续加工创造价格条件，用挤压、风送的方法清除滴灌带黏附的泥土[4]（见图 13-27）。

图 13-27　滴灌带回收机械

三、几种主要回收机械技术原理

（一）技术一

主要由机架、传动机构、卷带盘、导带移位机构、导带器等构成（图13-28）。

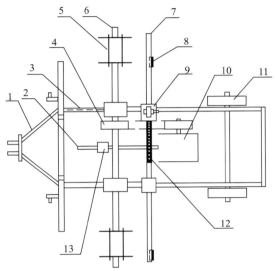

1.牵引架　2.传动架　3.机架　　4.传动轮　5.卷带盘　6.卷带轴　7.滑杆
8.导带器　9.滑道　　10.变速器　11.行走轮　12.齿条　13.离合器

图13-28　滴灌回收技术一

作业时，将滴灌带穿过导带器，缠绕在卷带盘上，传动轮带动卷带轴上的卷带盘转动，为使在卷带过程中卷带盘上的滴灌带均匀分布，滑杆上的驱动机构可驱动滑杆在滑道上来回移动，就可将滴灌带均匀的卷在卷带盘上，另外在番茄等有藤蔓作物的田间作业时机架下的割刀还可将藤蔓割断，以便将滴灌带顺利拉出。

（二）技术二

主要由破膜刀、引导轮、破带机构、挤杂机构、破碎机构和收集箱等构成（图13-29）。

该技术采用先对残旧滴灌带进行破带并将带中杂质挤压去除，然后进行粉碎的方法处理，可以使回收机械大大简化，同时能大大减少回收的滴灌带中的杂质含量，使运输和后期处理都大为方便。

作业时，破膜刀在行进中将滴灌带上的地膜破开，引导轮将滴灌带揭起并导入破带机构进行破带；当滴灌带经过两滚筒之间时，针状物即在滴灌带上打出孔洞，挤杂

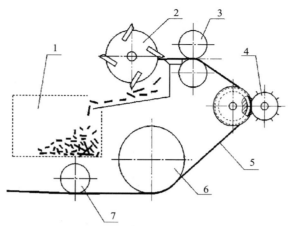

1.收集箱　2.破碎机构　3.挤杂机构　4.破带机构　5.滴灌带　6.引导轮　7.破膜刀

图 13-29　滴灌回收技术二

机构将滴灌带中的泥沙一类杂物从孔洞中挤出；破碎机构可将滴灌带切成段状，收集箱将破碎的滴灌带进行收集。

（三）技术三

包括机架、牵引悬挂机构、地轮、传动机构、无极变速机构、卷带轮和排管机构（图 13-30）。在无极变速机构与卷带轮之间设有变速控制机构，该变速控制机构为一摆杆机构，该摆杆机构中部安装于一轴上，摆杆机构的一端设有一感应杆，摆杆机构的另一端设有变速张紧轮。

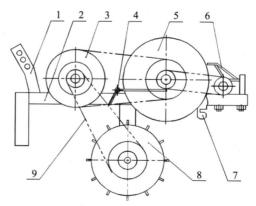

1.牵引悬挂机构　2.机架　3.无极变速机构　4.变速控制机构
5.卷带轮　6.排管机构　7.滴灌带导引机构　8.地轮　9.传动机构

图 13-30　滴灌回收技术三

　　该技术的使用过程如下：作业时拖拉机牵引回收机工作，地轮随拖拉机前进而转动，并通过传动机构将动力传到无极变速机构、卷带轮和排管机构，滴灌带导引机构将滴灌带引导到排管机构，排管机构则将收回的滴灌带在卷带轮上分布均匀。当卷筒上毛管卷盘直径逐渐增大时，通过杠杆原理仿形的变速控制机构使无极变速机构改变传动比，进而实现卷带轮和排管机构速度始终与拖拉机前进速度同步。

（四）技术四

　　主要由地轮、传动机构、废滴灌带输送、加工装置及收集箱等构成（图13-31）。

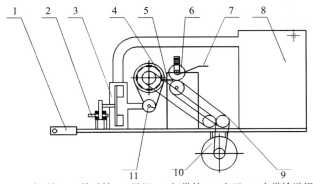

1.牵引架　2.传动轴　3.风机　4.切带轮　5.定刀　6.夹带输送辊
7.提升杠杆　8.收集箱　9.传动轮　10.地轮　11.螺旋推运器

图13-31　滴灌回收机技术四

　　作业时，废滴灌带黏附的泥土在压紧输送、剪切震动、推运搅拌、风力运送过程中被分离出来，最后从收集箱壁的网眼中筛分出来，回归田野，为后续的废塑料加工提供了极大的方便。

第四节　残膜回收作业

一、残膜回收作业的意义

　　地膜覆盖技术自20世纪70年代引入我国以来，以其保温、保土、增产等显著特点，给农业生产带来巨大经济效益，被称为农业生产中的"白色革命"。随着地膜覆盖种植技术的推广，塑料薄膜的使用量迅速增加，每年用量达数万吨而且还在逐年增长。然而，由于使用过的地膜难以被完整地回收，有很大部分残膜被翻入土壤逐年累计，造成土地严重污染。资料表明，连续3年残膜没有清理的地块小麦产量下降2%～3%，玉米产量下降10%左右，棉花产量下降10%～15%。因此，研制推广先进适用的残膜回收机械迫在眉睫。

二、残膜回收机械发展现状

我国使用的地膜很薄,厚度为 0.006 ~ 0.008mm,强度小,覆盖期相对较长,清除时易碎,不易回收。经过 20 多年的研究,我国在残膜回收机械化技术领域共取得专利技术 60 多项,开发出了滚筒式、弹齿式、齿链式、滚轮缠绕式、气力式等多种形式的残膜回收机。其中,滚筒式残膜回收机的研究较为集中,滚筒结构主要有伸缩扒杆捡拾滚筒、弧形挑膜齿捡拾滚筒、弹齿滚筒、夹持式捡拾滚筒、梳齿转筒等多种形式。据不完全统计,残膜回收机研制的机型达 100 余种,按作业形式分为单项作业和联合作业两种,按作业时期可分为苗期残膜回收机、秋后残膜回收机和播前残膜回收机[5-7] (见图 13-32)。

图 13-32 残膜回收机械

三、几种主要残膜回收机

(一) 耧耙式残膜回收机

主要由驱动轮、集膜箱、梳膜机构、捡拾器及传动机构等构成 (图 13-33)。

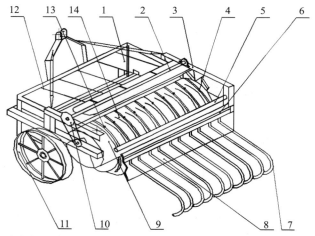

1.集棉箱 2.梳膜机构 3.机架 4.弧形起膜器 5.安装板Ⅰ 6.压板
7.耧耙 8.安装板Ⅱ 9.捡拾器 10.链传动 11.驱动轮 12.清膜弹齿
13.起膜主齿 14.起膜副齿

图 13-33 耧耙式残膜回收机

工作时，拖拉机牵引机具向前行驶，驱动轮在地表滚动并带动捡拾器转动，捡拾器通过链传动带动梳膜机构转动。弧形起膜器的起膜主齿扎入土壤地膜下方，地膜及杂草沿起膜主齿向上运行。由于起膜副齿与起膜器滚筒外壁间隙由下至上逐渐变小，当起膜器的伸缩齿逐渐缩回时，起膜副齿将残膜推向捡膜器滚筒表面防止挑起的残膜脱落，随着捡拾器转动，残膜被逐渐缩回的伸缩齿带至捡拾器上方，梳膜机构将残膜拨落至集膜箱内，为了防止残膜缠绕在梳膜机构上，清膜弹齿不断地从梳膜机构上拨落残膜。弧形起膜器未捡拾到的残膜，搂耙可以起到二次捡拾的作用，将残膜搂起，提高残膜捡拾率。

（二）吸清式残膜回收机

由机架、牵引装置、动力输入装置、行走地轮、清杂装置、残膜捡拾装置、残膜清理装置和残膜回收装置构成（图13-34）。清杂装置设在牵引装置后，残膜清理装置设在残膜捡拾装置斜上方，残膜回收装置由吸膜管和收集箱构成。

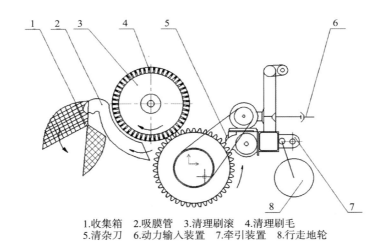

1.收集箱　2.吸膜管　3.清理刷滚　4.清理刷毛
5.清杂刀　6.动力输入装置　7.牵引装置　8.行走地轮

图13-34　吸清式残膜回收机

（三）气力式农田残留地膜回收机

主要由风机、集膜箱、地轮、拾膜辊、起膜刀辊等构成（图13-35）。作业时，拖拉机将动力传递给起膜刀辊并使其旋转，将土壤中的地膜挖出，完成起膜作业；拾膜辊将挖出的地膜捡拾起来，完成拾膜作业；风机叶轮旋转，将捡拾起来的地膜收集到集膜箱内，从而完成地膜回收作业。

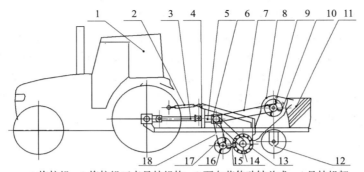

1.拖拉机　2.拖拉机三点悬挂机构　3.万向节传动轴总成　4.悬挂机架
5.变速箱　6.皮带轮　7.皮带一　8.风机　9.皮带轮一　10.风机叶轮
11.集膜箱　12.地轮　13.拾膜辊　14.皮带轮二　15.皮带二　16.皮带轮三
17.起膜刀辊　18.皮带三

图 13-35　气力式农田残留地膜回收机

（四）链耙式农田残膜回收机

主要由机架、传动机构、脱膜轮、链带、限深轮、地轮、松土铲组成（图 13-36）。作业时，拖拉机牵引其前进，松土铲掘松压在残膜边上的土层，拣膜链上的拣膜齿将地面的残膜挑起；脱膜轮通过高速旋转将拣膜齿上的残膜脱下并送入残膜箱，从而完成地膜回收作业。

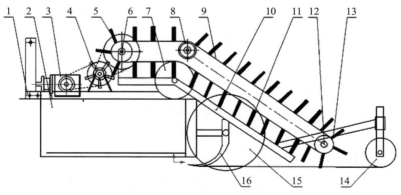

1.机架　2.残膜箱　3.传动机构　4.脱膜轮　5.主动轮　6.主动轴　7.下张紧轮　8.上张紧轮
9.拣膜链带　10.链带架　11.底板　12.被动轴　13.被动轮　14.限深轮　15.地轮　16.松土铲

图 13-36　链耙式农田残膜回收机

（五）秸秆粉碎还田及残膜回收联合作业机

主要由牵引架、机架、边膜铲、秸秆粉碎还田机、残膜清理滚筒、梳齿式松土齿、残膜脱送装置、膜箱等构成[8]（图13-37）。作业时，残膜清理滚筒和边膜铲深入到残膜下方将土壤疏松，并将边膜上抬到土壤表面；秸秆粉碎还田机对棉花秸秆进行切割、粉碎；挑膜齿将土壤表面及表面以下5厘米范围内的残膜挑起，随着滚筒的转动，将残膜带到脱膜位置，由残膜脱送装置从滚筒上脱下，并输送到膜箱内。

棉花秸秆粉碎还田及残膜回收机可一次完成秸秆还田和残膜回收两项作业，工作效率高、清膜率高，使用方便可靠。不仅可以保持地膜覆盖获得的高产，而且有利于环境保护和提高土壤的有机质和养分。

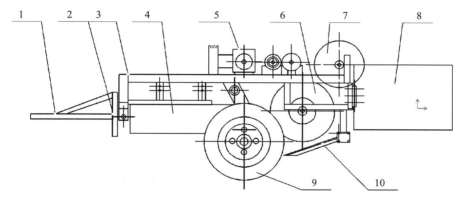

1.牵引架 2.边膜铲 3.机架 4.水平刀盘式秸秆粉碎还田机 5.传动系统
6.残膜清理滚筒 7.残膜脱送装置 8.膜箱 9.行走系统 10.梳齿式松土齿

图13-37 秸秆粉碎还田及残膜回收联合作业机

（六）整地与残膜回收联合作业机

包括牵引装置、机架、传动系统、翻土装置、残膜箱、地轮、残膜回收装置和镇压辊，翻土装置由多个圆盘耙片组成（图13-38），残膜回收装置由链齿耙、脱膜轮和底板组成。链齿耙上有齿杆，底板在链齿耙的下侧，底板与齿杆有一定间隙[9]。

作业时，机组在地面前进，翻土装置将地面土壤翻松，传动系统带动残膜回收装置工作，残膜回收装置上的链齿耙转动，链齿耙上的齿杆依次连续刮过地面时，地面土壤被进一步搅碎，并将地面的残膜挑起，挑起的残膜在齿杆与底板之间的间隙中被输送至残膜箱，然后镇压辊压实地面，通过向残膜回收装置靠近地面的一端施加载荷可以调节碎土和收膜强度。

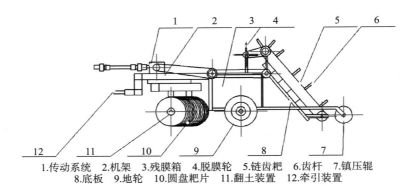

1.传动系统　2.机架　3.残膜箱　4.脱膜轮　5.链齿耙　6.齿杆　7.镇压辊
8.底板　9.地轮　10.圆盘耙片　11.翻土装置　12.牵引装置

图 13-38　整地与残膜回收联合作业机

参 考 文 献

[1] 李宝筏 . 农业机械学 ［M］. 北京：中国农业出版社，2003.07.

[2] 陈学庚，胡斌 . 旱田地膜覆盖精量播种机械的研究与设计 ［M］. 乌鲁木齐：新疆科学技术出版社，2010.10.

[3] 张伟，胡军，车刚 . 田间作业与初加工机械 ［M］. 北京：中国农业出版社，2010.06.

[4] 汤爱民，罗建和 . 2JMSD-4.5 型揭膜、回收滴灌带机 ［J］. 新疆农机化，2008，5：12-25.

[5] 唐军，陈学庚 . 农机新技术新机具 ［M］. 乌鲁木齐：新疆科学技术出版社，2009.10.

[6] 高杰 . 残膜回收机发展现状及存在问题 ［J］. 新疆农机化，2007，4：18-19.

[7] 林育，唐军 . 兵团农田残膜回收机械研制现状及对策 ［J］. 新疆农机化，2004，6：22-23.

[8] 王学农 . 一种牵引式棉花秸秆粉碎还田及残膜回收联合作业机 . 实用新型 . 02284867.3，2003.9.24.

[9] 王吉奎 . 整地与残膜回收联合作业机 . 发明专利 . CN102144439，2011.8.10.

索　引

中国科协三峡科技出版资助计划
2012 年第一期资助著作名单

（按书名汉语拼音顺序）

1. 包皮环切与艾滋病预防
2. 东北区域服务业内部结构优化研究
3. 肺孢子菌肺炎诊断与治疗
4. 分数阶微分方程边值问题理论及应用
5. 广东省气象干旱图集
6. 混沌蚁群算法及应用
7. 混凝土侵彻力学
8. 金佛山野生药用植物资源
9. 科普产业发展研究
10. 老年人心理健康研究报告
11. 农民工医疗保障水平及精算评价
12. 强震应急与次生灾害防范
13. "软件人"构件与系统演化计算
14. 西北区域气候变化评估报告
15. 显微神经血管吻合技术训练
16. 语言动力系统与二型模糊逻辑
17. 自然灾害与发展风险

中国科协三峡科技出版资助计划
2012 年第二期资助著作名单

（按书名汉语拼音顺序）

1. BitTorrent 类型对等网络的位置知晓性
2. 城市生态用地核算与管理
3. 创新过程绩效测度——模型构建、实证研究与政策选择
4. 商业银行核心竞争力影响因素与提升机制
5. 品牌丑闻溢出效应研究——机理分析与策略选择
6. 护航科技创新——高等学校科研经费使用与管理务实
7. 资源开发视角下新疆民生科技需求与发展
8. 唤醒土地——宁夏生态、人口、经济纵论
9. 三峡水轮机转轮材料与焊接
10. 大型梯级水电站运行调度的优化算法
11. 节能砌块隐形密框结构
12. 水坝工程发展的若干问题思辨
13. 新型纤维素系止血材料
14. 商周数算四题
15. 城市气候研究在中德城市规划中的整合途径比较
16. 管理机理学——管理学基础理论与应用方法的桥梁
17. 心脏标志物实验室检测应用指南
18. 现代灾害急救
19. 长江流域的枝角类

中国科协三峡科技出版资助计划
2013 年第三期资助著作名单

（按书名汉语拼音顺序）

1. 滴灌——随水施肥技术理论与实践
2. 当代中医糖尿病学
3. 蛋白质技术在病毒学研究中的应用
4. 地质遗产保护与利用的理论及实证
5. 分布式大科学项目的组织与管理：人类基因组计划
6. 港口混凝土结构性能退化及耐久性设计
7. 国立北平研究院史稿
8. 海岛开发成陆工程技术
9. 环境资源交易理论与实践研究——以浙江为例
10. 荒漠植物蒙古扁桃生理生态学
11. 基础研究与国家目标——以北京正负电子对撞机为例的分析
12. 激光火工品技术
13. 抗辐射设计与辐射效应
14. 科普产业概论
15. 科学与人文
16. 空气净化原理、设计与应用
17. 煤炭物流——基于供应链管理的大型煤炭企业分销物流模式及其风险预警研究
18. 农产品微波组合干燥技术
19. 配电网规划
20. 腔静脉外科学
21. 清洁能源技术创新管理与公共政策研究——以碳捕集与封存（CCS）为例
22. 三峡水库生态渔业
23. 深冷混合工质节流制冷原理及应用
24. 生物数学思想研究
25. 实用人体表面解剖学
26. 水力发电的综合价值及其评价
27. 唐代工部尚书研究
28. 糖尿病基础研究与临床诊治
29. 物理治疗技术创新与研发
30. 西双版纳傣族传统灌溉制度的现代变迁
31. 新疆经济跨越式发展研究
32. 沿海与内陆就地城市化典型地区的比较
33. 疑难杂病医案
34. 制造改变技术——3D 打印直接制造技术
35. 自然灾害会影响经济增长吗——基于国内外自然灾害数据的实证研究
36. 综合客运枢纽功能空间组合设计理论与实践
37. TRIZ——推动创新的技术（译著）
38. 从流代数到量子色动力学：结构实在论的一个案例研究（译著）
39. 风暴守望者——天气预报风云史（译著）
40. 观测天体物理学（译著）
41. 可预测的地震预报（译著）
42. 绿色经济学（译著）
43. 谁在操纵碳市场（译著）
44. 医疗器械使用与安全（译著）
45. 宇宙天梯 14 步（译著）
46. 致命的引力——宇宙中的黑洞（译著）

发行部
地址：北京市海淀区中关村南大街 16 号
邮编：100081
电话：010-62103354

办公室
电话：010-62103166
邮箱：kxsxcb@ cast. org. cn
网址：http：//www. cspbooks. com. cn

注：本书所有图表除注明外均为作者提供。